NEW
CHINESISM
DESIGN
SCIENCE

新中国主义
设计科学

方海 著

东南大学出版社
SOUTHEAST UNIVERSITY PRESS

新中国主义
设计科学

方海 著

内容提要

　　该书详细论述国际设计团队方海—库卡波罗工作室在过去 20 年间设计完成的新中国主义家具设计产品，尤其是从设计学的角度和创新设计的视野介绍该书中 13 个系列的家具产品生产理念、人体工程学、设计美学、材料研究诸方面的考量和设计手法。该书通过从新中国主义设计实践到当代设计科学理念的基本梳理，力图强调中国传统设计智慧和现代科学理念对设计实践的双重引导作用，期待对中国当代设计的发展有所贡献。

　　本书适合设计师、建筑师、高校相关专业师生、相关领域的企业家以及有关领域的研究人员阅读。

图书在版编目（CIP）数据

新中国主义设计科学 / 方海著 . — 南京：东南大学
出版社，2021.6
　ISBN 978-7-5641-8773-6

Ⅰ. ①新… 　Ⅱ. ①方… 　Ⅲ. ①家具 – 设计 – 研究 – 中
国 　Ⅳ. ① TS664.01

　中国版本图书馆 CIP 数据核字（2019）第 290837 号

书　　名	新中国主义设计科学　Xin Zhongguo Zhuyi Sheji Kexue		
著　　者	方　海		
责任编辑	孙惠玉	书籍设计	晴　佳
出版发行	东南大学出版社	社　　址	南京市四牌楼 2 号（210096）
网　　址	http://www.seupress.com		
出 版 人	江建中		
印　　刷	上海雅昌艺术印刷有限公司		
开　　本	889 mm × 1194 mm　1/16	印　张　24.25　字　数　720 千	
版 印 次	2021 年 6 月第 1 版　2021 年 6 月第 1 次印刷		
书　　号	ISBN 978-7-5641-8773-6	定　价　280.00 元	
经　　销	全国各地新华书店	发行热线　025-83790519　83791830	

谨以此书献给尊敬的

张 齐 生 院 士 (1939-01-18 至 2017-09-25)

谨以此书献给尊敬的

张 齐 生 院 士 (1939-01-18 至 2017-09-25)

目录

序一 设计科学与设计实践

中国工程院机械与运载工程学部院士 徐志磊[1]

2017 年 5 月

当中国与欧美日发达国家一道步入信息网络时代,设计科学显示出愈来愈重要的作用。与此同时,我们也面临着众多矛盾和疑惑:当各级政府大力建造各种名目的创新工业园时,我们知道我们严重地缺少创新;当社会各界以各种方式呼吁工匠精神时,我们知道中国曾经引以为豪的工匠精神逐渐消失。国家的科技栋梁与民族英雄形象在青年一代头脑中渐趋模糊,而娱乐明星的一举一动则会引来社会大众媒体无止无休的报道追踪;国家的传统制造业与民族手工业举步维艰,而追风模仿西方文化所谓的时尚成为主流。我们国家领导人及时提出的"创新创业"和"工匠精神"的战略理念提醒并引领着我们,创新驱动的双创精神和工匠精神正在萌发新时代的思想,重振具有中国特色的国家经济繁荣。我们希望青年一代既要适应时代洪流,也要传承中华文化,实现伟大的复兴理想中国梦。

中国当今的领导层在制定国家发展战略时已将设计创新和设计科学置于非常重要的地位,但我们更期待看到一批学者和设计师能够脚踏实地地进行学术研究和设计实践,为设计科学的发展添砖加瓦,为中国的设计创新谱写华丽的篇章。最近,中国旅芬学者方海教授的新著《新中国主义设计科学》正是基于对设计科学的系统思考和对设计实践的执着追求,在家具设计和生态设计领域做出的独特贡献。科学虽无国界,但也自然形成不同的研究风格,而中国的设计创新无疑具有更浓郁的民族风尚。中国的发展需要中国风尚的设计,更需要具有中国精神的设计科学。方海教授的《新中国主义设计科学》在这方面做出

了潜心而大胆的尝试,也必将赢得学术和市场两方面的可喜收获。方海 1985 年毕业于南京工学院(今东南大学)建筑系,后追随已故著名建筑学家郭湖生[2]教授学习中国建筑史,并尤其关注中国传统建筑文化中的小木作设计文化。方海后来于 1996 年赴瑞典和芬兰留学,并于 2003 年获得芬兰阿尔托大学设计学博士学位,但他在北欧至今 20 余年的学习和工作中最大的收获是来自与芬兰当代设计大师库卡波罗[3]多年的合作。这是一种非常值得推介的奇妙而成功的合作:毕生对中国文化都非常倾心和热爱的欧洲设计大师与中国建筑师和设计学研究者长期交流合作;以中国传统建筑与设计文化元素作为创意灵感,以现代生态原理和人体工程学设计准则为主导,研发出一套深具科学精神且表现形式丰富多彩的设计手法,并在制作和设计两方面都与中国手工艺匠全方位合作;最终发展出一系列既带有强烈中国特色又符合中

国文化和生活习俗，并与时尚需求相默契的家具和灯具，由此引发系统而深入的"新中国主义设计科学"研究。

"设计科学"作为学科名词，如同现代科学中的大多数学科一样源自西方。西方的设计文化发轫于古希腊和古罗马，经文艺复兴走向工业革命，其发展的动力是理性的思维和创新的观念。而中国的传统设计亦曾领先世界水平，却随着社会历史进程在宋代之后趋于停滞。而后在西方文化侵入下，直到今天，对世界知名品牌的抄袭、复制与模仿依然是中国设计界和制造业的通病。虽然我们需要学习西方的科学和技术创新，但我们更需要创造中国自己的设计品牌和设计科学体系。而要创造"新中国主义"设计品牌和设计科学，我们不能离开对中国传统设计智慧的研究和提取，在这方面，方海教授在过去20余年的设计研究和实践中做出了卓有成效的尝试。《新中国主义设计科学》虽以生态设计为原则，以家具设计为实例主线，但它为当今设计界带来的启发却远远超出家具领域，其设计科学的理念和方法必将为中国当代建筑设计、工业设计、艺术设计等领域带来启发和活力。

当今的中国，我们有太多的"专家"和教授，他们习惯于将别人的教科书转化为自己的备课笔记，而后进行照本宣科式的"传授"；我们有太多的企业家和设计师，他们热衷于抄袭、复制或模仿世界各地的畅销品牌，快速完成原始资本积累；我们有太多的各级官员和普罗大众，他们在丰衣足食之后，依然满足于劣质山寨的"物美价廉"，停留在对创新和设计科学的麻木状态……如果说上述境况是中国工业化发展初级阶段无可回避的状态的话，当今已进入全球化和信息化的中国设计界则必须认真思考如何创造由中国自主设计的品牌和设计理念的问题，力求从科学的层面思考设计，站在祖国文化传承的立场学习并发展设计科学。在这方面，方海教授的新著《新中国主义设计科学》树立了榜样，也为中国设计界同仁带来启迪。

[1] 徐志磊（1930— ）：上海人，教授、中国工程院院士。他是我国核武器工程设计专家，曾两次获国家科技进步特等奖、光华龙腾奖中国设计贡献奖金质奖章等。他对我国第一代核武器和新一代核武器的设计和制造做出了重要贡献，对核装置初级的关键部件，从工程设计、材料、结构到制造工艺的研究都起到了关键作用，使核装置新型初级的研究得以顺利完成，显著提高了我国自卫核威慑能力的有效性。徐院士近年关注设计科学和中国创新设计的推动和发展，为中国现代工业设计和创新产业的科学发展推波助澜，贡献自己的卓越智慧。

[2] 郭湖生（1931—2008）：河南人，东南大学（原南京工学院）教授，国务院学位委员会第二届学科评议组成员。他是国际著名建筑学家，主要从事中国建筑史及东方建筑史的教学与研究，作为主创作者参加编写的刘敦桢教授主编《苏州古典园林》和作为合作主编完成的《中国古代建筑技术史》获国家科技成果一等奖。其他主要著作包括《中国古代建筑史》《中华古都》等，撰有论文《中国古代建筑的艺术传统》《我们为什么要研究东方建筑》等。

[3] 约里奥·库卡波罗（Yrjö Kukkapuro，1933— ）：芬兰人，被誉为当代伟大的天才设计大师之一，在建筑、室内设计、家具、灯具、展示设计诸领域都有杰出贡献，尤其在办公家具领域成就卓著，曾创立芬兰海米（Haimi）家具设计公司和芬兰阿旺特（Avarte）办公家具公司，并参与创立中国阿旺特家具公司。其代表作卡路赛利椅被誉为世界家具发展史中最舒适的座椅。他的设计风格简洁、现代、时尚、前卫；这种风格正是当代简约时尚主义设计的精髓所在。库卡波罗认为，如果一件产品的功能达到了百分之百的满足，那么它同时也就具备了美学价值。库卡波罗同中国学者方海教授一起与中国传统家具工匠印洪强先生在中国传统家具设计及手工艺基础上结合北欧人文功能主义理念创立了新中国主义设计品牌。其代表作有中国龙椅和中国图案框架椅系列等。

序二 建筑师、家具设计和地域主义风格

中国工程院土木、水利与建筑工程学部院士 程泰宁[1]   2017 年 8 月

在过去的 30 年，中国经历了人类历史上最大规模的建筑热潮，我们在非常有限的时间范畴内要完成古今中外任何时期都难以想象的巨大工程量，我们疲惫地赶路，难以进行深入思考……今天，我们已从"大跃进"一般的建设状态逐渐回归正常的建设发展，中国建筑界开始思考一些基本问题：我们的建筑设计和施工建设体系如何趋于合理？我们的设计水准如何提高？我们如何创造出独具中国特色的建筑风格和设计品牌？这时，方海教授的新著《新中国主义设计科学》让我进入广泛而深入的思考状态，并产生两个断想：其一是关于建筑师与家具设计的关系；其二是关于新中国主义风格的创造。

那批开创伟大设计风尚的经典建筑大师为什么能够创造出引领一代风骚并能屹立百年而不衰的旷世杰作？排除他们的天才与勤奋因素，我感觉有另外两个原因铸成了他们的创意素养和专业品质：第一个原因是古典主义的专业训练。赖特[2]、老萨里宁[3]、格罗皮乌斯[4]和阿尔托[5]都是科班出身，其建筑学和工程学的古典主义训练根深蒂固，而柯布西耶[6]和密斯[7]虽是自学成才，但也是在古典建筑遗产中通过游历和培训获得了同样的古典主义训练；源自古埃及、古希腊、古罗马直到文艺复兴运动才最终定型的欧洲古典主义传统则是人类数千年归纳、总结、凝练而定格的美学结晶，它以人体的比例尺度为依据形成了一整套比例关系与尺度和谐的系统，因此，在设计中具有经久的生命力。第一代建筑大师之后的建筑与设计教育体系虽然百花齐放，创新不断，但无形当中都使古典主义的养分逐步流失，因此，我们看到在第一代

[1] 程泰宁（1935—）：江苏人，教授、建筑学家、中国工程院院士、东南大学建筑设计与理论研究中心主任，中国第三代建筑师的代表人物。他主张适应自然，强调用一些自然的方法来解决建筑功能和舒适性等问题，提出了"立足此时，立足此地，立足自己"的创作主张，力图改变现时中国建筑设计千城一面的状态，杜绝长官意志对建设设计的致命影响。其代表作有加纳国家大剧院、南京博物院新馆、南京长江大桥桥头堡、浙江美术馆等。

[2] 弗兰克·劳埃德·赖特（Frank Lloyd Wright, 1867—1959）：美国著名建筑大师、室内设计师、作家和设计教育家，工艺美术运动美国学派的主要代表人物。他设计了 1000 多座建筑，其中 532 个建成，创作期超过了 70 年。他认为在建筑设计中存在一种哲学体系，即人文与自然的和谐相处，他称之为有机建筑。其代表作有流水别墅和罗比住宅等。

[3] 埃利尔·萨里宁（Eliel Saarinen, 1873—1950）：世界闻名的芬兰建筑大师、城市规划师和设计教育家，也被称为"老萨里宁"。其前半生作为芬兰民族浪漫主义的代表性建筑师，主要在芬兰工作，在赢得第二届芝加哥特里比思塔楼国际竞赛后，他迁居美国，创立并担任克兰布鲁克艺术学院院长。由他设计的位于底特律附近布鲁姆菲尔德山庄的整体校园是现代校园设计的典范，他在该校培养的学生如伊姆斯夫妇（Ray & Charles Eames）和小萨里宁（Eero Saarinen）等都成为引领世界建筑与设计潮流的创意大师。

[4] 沃尔特·格罗皮乌斯（Walter Gropius，1883—1969）：德国著名建筑大师，现代建筑五位经典大师之一。1919年他创办包豪斯设计学院，积极提倡建筑设计与工艺的统一、艺术与技术的结合，讲究功能、技术、经济与社会效益。1934年他离开纳粹德国，受邀担任哈佛大学建筑学院院长，成为美国现代建筑教育的重要推动者，并以其远见卓识开创联合建筑事务所工作模式，是20世纪现代建筑教育和建筑实践领域最重要的创意大师之一。

[5] 阿尔瓦·阿尔托（Alvar Aalto，1898—1976）：芬兰现代建筑大师、芬兰科学院院士，世界级设计大师、雕塑家及画家。他的作品包括绘画、雕塑、建筑、家具、灯具、纺织品及玻璃容器。作为现代建筑五位经典大师之一，阿尔托在城市规划、建筑设计和室内设计中提倡以人为本和生态设计，强调地域文化和尊重环境，是北欧建筑学派的旗手，其代表作有维堡图书馆、帕米奥疗养院、玛利亚别墅和芬兰大厦等。他主创发明的现代胶合板成为现代家具的主体材料，同时利用发明过程中的材料首创自然雕塑，其家具设计以人性化而闻名世界并影响全球，其玻璃设计作品以自然性与功能性的天然结合成为芬兰设计和北欧设计的品牌标志。

[6] 勒·柯布西耶（Le Corbusier，1887—1965）：20世纪著名的法国建筑大师，同时也是设计大师、著名画家、雕塑家、城市规划大师和作家。他是现代主义建筑的主要倡导者之一、现代建筑机器美学的重要奠基人，被称为现代建筑的旗手，主要作品包括萨伏伊别墅、马赛公寓、印度昌迪加尔行政中心和朗香教堂等。其建筑设计作品遍及欧洲、美洲、亚洲的10余个国家，其中在7个国家设计的17件杰出作品被联合国教科文组织世界遗产委员会誉为"现代设计运动的杰出贡献"。柯布西耶生前出版学术著作50余种，其中《走向新建筑》和《模度》都成为现代建筑和设计理论发展的里程碑。

[7] 密斯·凡·德·罗（Mies van der Rohe，1886—1969）：德国建筑大师，最著名的现代主义建筑大师之一，与赖特、柯布西耶、格罗皮乌斯和阿尔托并称"现代建筑五位经典大师"。密斯坚持"少就是多"的建筑设计哲学，在处理手法上主张流动空间的新概念，通过对钢框架结构和玻璃在建筑中应用的探索，在建筑和家具中探索细节设计的极致，发展出一种具有古典式的均衡和极端简洁的风格，其建筑代表作有巴塞罗那国际博览会德国馆、柏林新国家美术馆等。作为包豪斯设计学院第三任校长，密斯也为设计教育做出了杰出贡献。

[8] 亨利·凡·德·威尔德（Henry van de Velde，1863—1957）：比利时建筑大师、设计大师和设计教育家，比利时早期设计运动的核心人物与领导者，一度成为比利时新艺术运动的领袖，德意志制造联盟创始人之一，"新艺术运动"的重要代表之一。1914年，他设计了德意志制造联盟剧院并对相关类型的大型会堂设计产生了重大影响。他认为设计应以审美性和感性为存在的目的，应鼓励现代设计中的自由和创造性的艺术表现，赞成建筑设计与实用主义的结合，为现代主义建筑运动的成长推波助澜，并直接促成包豪斯设计学院的诞生。

[9] 查尔斯·雷尼·麦金托什（Charles Rennie Mackintosh，1868—1928）：英国工艺美术运动和新艺术运动的代表人物，19世纪与20世纪之交英国最重要的建筑师和产品设计师、格拉斯哥学派的旗手。他发掘了被称为"传统精神"的元素而设计出具有新时代风格特色的建筑、室内和家具产品。麦金托什的风格不是突然产生的，他是英国设计运动和欧洲大陆设计运动长期发展的结果，其代表作有格拉斯哥艺术学院、高背椅系列等。

建筑和设计大师之后，世界各地的建筑虽多，但难遇历久弥新的经典之作。第二个原因是经典建筑大师与家具设计的关系。从现代主义发轫之初的威尔德[8]、麦金托什[9]、高迪[10]，到第一代经典建筑大师里特维尔德[11]、格罗皮乌斯、密斯、柯布西耶、阿尔托和布劳耶尔[12]，再到第二代建筑大师小萨里宁[13]、伊姆斯[14]、雅各布森[15]和伍重[16]，直到当代建筑大师盖里[17]、福斯特[18]、安藤忠雄[19]、哈迪德[20]和霍尔[21]等，他们都同时创造着建筑设计和家具设计的辉煌。因此，现代建筑与现代家具的发展不仅是同步的，而且是融为一体的，即使其他很少或没有参与家具设计的当代建筑大师，他们对家具和室内设计也具有天然的品位和敏感，这种对家具和室内设计的敏感和品位实际上是优秀建筑创造的基本保证。正如芬兰建筑大师老萨里宁早年教导他的儿子小萨里宁时所说：如果你要完成一个经得起时代考验的城市规划，你必须具备创作优秀的建筑的能力；如果你要创作一个优秀的建筑作品，你必须精通并设计出好的室内；如果你要完成一件好的室内设计，你必须设计出好的家具。

中国是世界四大文明古国中唯一没有中断过文脉的国家，我们的建筑、家具、绘画、书法、青铜器、玉器、陶瓷、漆器和丝绸等设计与艺术门类都别具一格并曾引领人类文化风骚数千年。近现代以来，虽然从西方传来的钢筋混凝土系统占据了近现代建筑的主流位置，但以木构系统为主导的中国传统建筑绝非一无是处。实际上，无论在欧美还是日本，传统的木构建筑不仅以钢筋混凝土、钢与玻璃以及砖石结构为主体的现代建筑体系提供了大量创作灵感，而且木构建筑本身也逐渐进入复兴状态。作为中国建筑师，我们有责任对中国传统的建筑和设计文化进行深入而系统的思考，我们更有责任创造出既属于这个时代，又蕴含中华民族传统设计智慧的新型的中国当代建筑风格和设计学派。实际上，从第一代中国现代建筑师开始，我们从来没有停止过对中国设计风格的现代建筑的追求，从民国的模拟中式建筑到新中国成立后的民族风格和"夺回古都风貌"的大屋顶，从新唐风和明清古街复原到书法、山水和古诗词对建筑创作的灵感导向，我们在探索中感受快乐，经历失败，但也看到希望。在这方面，《新中国主义设计科学》无疑是一种非常有价值的尝试：它虽以家具设计为主体，但都是作为建筑师和设计师的方海教授从建筑学和设计学的综合角度出发并基于"新工科"思维所做出的跨界思考；它从家具设计的研究和创作切入我们对中国传统木构文化的广博思考，中国的建筑与家具原本就属于同一构造系统，分属大木作和小木作的体系，我们从中国传统家具中得到的研究和创作经验必将引起我们对中国传统建筑的深思；它从理论和实践两方面展开对"新中国主义"的持久探索，并努力追求设计科学的高度，这是我们当代中国建筑界、设计界应该推介的工作态度和方法。从设计科学的角度出发，我们就能站得高、看得远，在融入全球信息化发展步伐的同时，努力创造出具有中国文化根基的现代建筑和设计

[10] 安东尼奥·高迪（Antonio Gaudi, 1852—1926）：西班牙建筑大师和设计大师，塑性建筑流派的代表人物。塑性建筑流派属于现代主义建筑风格中独具特色的流派，作品受其生活模式和哲学理念的影响引向建筑、自然和宗教的深度结合，反映了独有的个人主义风格与形式。他的设计反对单纯的功能主义立场，强调追求建筑的精神力量和纯粹形式，他被认为是一位充满幻想的浪漫主义建筑家，其代表作有米拉之家、古尔大市场和圣家族大教堂等。

[11] 吉瑞特·托马斯·里特维尔德（Gerrit Thomas Rietveld, 1888—1964）：荷兰著名建筑与工业设计大师，荷兰风格派的重要代表人物之一。在现代设计运动中，里特维尔德更是创造出众多"革命性"设计理念的创意大师，他将风格派艺术的平面绘画升华为立体空间，进而呈现与传统风格形式截然不同的现代主义设计语汇，其主要代表作"红蓝椅"和施罗德住宅，两者都被联合国教科文组织世界遗产委员会认定为世界文化遗产。

[12] 马歇尔·布劳耶尔（Marcel Breuer, 1902—1981）：匈牙利裔美国现代建筑大师与家具设计大师。他将包豪斯的艺术创意和工匠精神发展为个性化的现代建筑并扩展了雕塑式的设计语汇，使其成为20世纪现代设计运动中最有影响的顶级建筑大师之一。他以工业材料的革命性应用开创现代家具的新纪元，其代表作瓦西里椅因第一次应用新材料弯曲钢管制作家具而名垂青史。对于他而言，现代社会中的任何材料，只要恰当理解并合理使用，都会在设计中表现出其内在的价值。

[13] 埃罗·萨里宁（Eero Saarinen, 1910—1961）：芬兰裔美国建筑大师，20世纪中叶美国最有创造性的新未来主义建筑大师，现代建筑史和现代设计史上最重要的创意大师之一。他在其父亲老萨里宁创办的美国克兰布鲁克艺术学院学习，被称为"小萨里宁"。他前期曾追随密斯有古典风格的、技术精美的现代建筑，后期则倾向于多变的空间组织与有力的结构表现，其建筑和家具作品都富有独创性，不断地创立新的风格，其代表作有杰斐逊国家开拓纪念碑、耶鲁大学冰球馆和纽约肯尼迪机场候机楼等。

[14] 查尔斯·伊姆斯（Charles Eames, 1907—1978）：美国最杰出并在全球有影响力的家具与室内设计大师，以设计一系列平民化的、舒适而高雅的家具和工业设计产品而闻名。1940年他与小萨里宁共同设计的胶合板椅在美国现代艺术博物馆举办的世界设计竞赛中获得大奖，从此发展出合乎科学与工业设计原则的家具结构、功能与外形，这一特征成为他与之合作的米勒公司的设计原则，使米勒公司在市场上立于不败之地。伊姆斯也是美国最优秀的建筑大师之一。

[15] 阿诺·雅各布森（Arne Jacobsen, 1902—1971）：20世纪丹麦最著名的建筑大师，工业产品与家具设计大师。他受现代主义的影响，在实践中以材料性能和工业生产过程为设计主导，摒弃那些不必要的繁琐装饰。雅各布森的家具设计具有强烈的雕塑形态和有机造型语言，将现代设计观念与材料研究及色彩相结合，其代表作有蚁椅、蛋椅和天鹅椅等。

[16] 约翰·伍重（Jorn Utzon, 1918—2008）：丹麦建筑大师，2003年获得普利兹克建筑奖，第三代建筑师的代表人物。他主张建筑必须有地方意义。在阿尔托建筑事务所工作时期被看作伍重在创作阶段进一步发展的重要时期，加深了他对地域建筑和生态与环境的理解。尽管这样，伍重仍觉得自己不够充实，仿佛只有周游世界，从不同国家、不同民族的建筑中汲取养料，才是最直接有效的学习方法。他游历了很多地方，中国、日本、墨西哥、美国、印度，以及中东地区等，不同地区的古老文化成为影响他设计的主要因素。其最著名的设计作品是悉尼歌剧院，同时他也设计过大量的家具和灯具。

风格。

　　《新中国主义设计科学》的作者方海教授自南京工学院（今东南大学）毕业后去北欧留学多年，随后又在芬兰和国内高校工作至今，有幸与多位北欧建筑大师和设计大师密切合作，但他从来没有忘记中国传统设计文化的无穷魅力，并在现代设计中展现中国文化元素带来的启发和引导。可喜的是，当代西方的建筑师和设计师也同样对中国古代的优秀文化遗产充满兴趣和热情，让我们更深刻地体会到中国的传统文化遗产不仅属于中国，而且属于全人类。方海教授的设计实践充分融合了北欧模式的精髓内容：其一是建筑、室内、家具、灯具和产品的一体化设计与制作，同时也伴随着对相关材料的系统研究；其二是北欧人文功能主义的归纳总结和推介，即同时强调生态设计、人体工程学、经济原则和美学创意。由此所产生的"新中国主义"设计风格便具备了足够的说服力和吸引力。我认为，对设计科学的自觉研究和追求应该成为当代中国建筑师和设计师的一种基本素养和高层精神诉求，而在探索具有中国文化特色的地域主义风格的道路上，我们还有很长的道路要走，更为重要的是，我们需要有一批中国建筑师和设计师进行持之以恒的设计研究和实践。

[17] 弗兰克·盖里（Frank Gehry, 1929—）：加拿大裔美国建筑师，当代著名的解构主义建筑大师，1989年获得普利兹克建筑奖。他以玩味奇特的建筑形态而享誉世界，其创造的众多作品由于形态特征突出、时代气息浓郁、艺术风格独特而举世闻名。盖里的设计风格源自晚期现代主义，同时注重与当代艺术家深入合作，并往往从材料的研究入手展开创意思考，其最著名的建筑是位于西班牙毕尔巴鄂的古根海姆博物馆。

[18] 诺曼·福斯特（Norman Foster, 1935—）：英国当代建筑大师，被誉为"高技派"主要代表人物，1999年获得普利兹克建筑奖。他强调人类与自然的共同存在，而不是互相抵触，强调要从过去的文化形态中吸取经验教训，提倡广泛应用高科技手法创造适合人类生活形态需要的建筑方式，其代表作有香港汇丰银行总部大楼、德国议会穹隆等。

[19] 安藤忠雄（Tadao Ando, 1941—）：日本建筑大师，被誉为"无师自通的鬼才"，开创了一套独特、崭新的建筑风格，成为当代最为活跃、最具有影响力的建筑师之一，1995年获得普利兹克建筑奖。他的设计源于几何学并使用清水混凝土，借用了现代主义的形式，同时对现代主义理念进行深入思考，其代表作有亚洲国际美术馆、住吉的长屋和维特拉会议中心等。

[20] 扎哈·哈迪德（Zaha Hadid, 1950—2016）：伊拉克裔英国建筑大师，2004年获得普利兹克建筑奖，是该奖项的第一位女性获奖者。她被英国《卫报》誉为"曲线女王"，其设计以系统的数学思考为出发点，用锐角尖顶、流动的长弧曲线和支离破碎的几何形状，唤起现代生活的活力元素和流动感，成为现代艺术和建筑的主要代表之一，其代表作有维特拉消防中心、蒙彼利埃摩天大厦、广州大剧院等。

[21] 史蒂文·霍尔（Steven Holl, 1947—）：美国当代建筑大师、作家和艺术家。他信奉现代主义思想，但又不满于现代主义建筑过于具体、过于冷酷的结构表现，强调设计目的是寻找建筑难以琢磨的本质，由此对建筑的空间、表皮的设计和表现具有独到的诠释，其建筑作品遍及世界各地，主要作品包括1998年建成的赫尔辛基当代艺术博物馆和堪萨斯城纳尔逊—阿特金斯艺术博物馆，2009年建成的中国北京万国城和深圳万科集团总部。

序三　材料研究：现代设计师的必修课

中国工程院农业学部院士　张齐生[1]　　　　　　　　　2017 年 8 月

　　从 20 世纪到 21 世纪，材料科学是当代最重要的显学之一，对相关材料的研究，不仅是科学家和工程师的任务，而且是建筑师和设计师的必修课。方海教授的新著《新中国主义设计科学》是现代建筑师和设计师对材料科学的礼赞，是工业设计与材料研究密切结合从而产生佳作品牌的典型案例。方海教授的设计研究和设计实践表明：建筑设计、室内设计和工业设计，它们与材料科学的结合是一种双向互动、共赢共生的发展过程。

　　人类的设计史实际上就是人们如何认识材料、使用材料和创造材料的历史，对材料的使用是所有设计的决定性因素。人们最早发现石材和木料并用它们制作生活用品，后来发现需要加工的金属和陶器，以及再后来的竹器、漆器和纺织品，人类的日常生活随之丰富多彩，到近代，人们在愈来愈发达的物理学和化学等自然科学引导下，又不断发展出各种合成材料，直到当代，出现了由纳米、微米技术为主导的

[1] 张齐生（1939—2017）：浙江人，教授、中国工程院院士、南京林业大学教授、浙江农林大学名誉校长。张齐生院士是世界著名的木材加工与人造板工艺学专家、竹材加工利用领域的开拓者，也是我国杰出的林业科学教育家。他长期从事木材加工与人造板工艺、生物能源联产技术的研究工作。他出版专（译）著 8 部、论文 70 余篇，是国家林业局科学技术委员会委员、中国竹产业协会副会长，是我国和世界竹材加工利用研究领域的开拓者，为竹材加工利用事业做出了创造性的贡献，在国内外学术界享有盛誉。

材料科学的革命。当我们谈论设计时，我们不能忘记任何设计都必须通过使用某种材料才能实现，没有材料的介入，任何设计都会流于空谈，没有材料科学方面的相关知识，任何设计师都不可能创造佳作。方海教授的新中国主义家具系列与合成竹材料的关系从一开始就体现着设计师与材料研究的积极互动，从最早的国际竹藤组织"竹产品的现代化研究"到浙江大庄实业集团[2]的合成竹材的研发与生产，从无锡大剧院[3]室内竹材的大规模运用到东西方系列"新中国主义"设计品牌的诞生，作为建筑师和设计师的方海教授始终在关注和学习中体会材料科学，并尝试运用不同类别的合成竹料，以期达成各种不同的设计目标。

竹子是中国传统文化中一种极具代表性的符号和材料，3 000多年来早已融入中国人衣食住行的方方面面，从竹楼、竹制脚手架和竹家具，以及竹制日用器物，中国人对竹子的使用千百年来都是停留在原竹状态，而对于原竹状态的竹制品，我们始终难以从根本上解决防虫、防腐、防潮、防裂的本质问题，因此，有关科学家开始对竹材进行系统研发，最终开发并研制出不同类型的合成竹胶合板以及用于多种场合的竹纤维制品。浙江大庄实业集团是我们主要的科研协作单位之一，最初研制多种规格的合成竹地板，随后开始与以方海教授为开端的国内外建筑师和设计师合作，逐步介入家具设计、室内设计和建筑设计的范畴。在《新中国主义设计科学》一书中，13个系列的竹家具产品大都是方海教授及其设计团队为不同时期主持或参与设计的建筑项目而完成的，如建于2003年的深圳家具研究开发院[4]，完成于2006年的成都天府国际社区教堂[5]，以及竣工于2009年的无锡大剧院等项目。此外，方海教授使用的合成竹材也同样被其他建筑师用于大型建筑项目

[2] 浙江大庄实业集团：创建于1993年，是我国最早从事毛竹资源研究、开发和利用的高新技术企业，先后与中国林业科学研究院、国际竹藤组织、国际竹藤中心、南京林业大学、浙江大学、英国剑桥大学、芬兰赫尔辛基大学等科研院所以及芬兰太尔集团、德国坚弗公司等知名企业建立了密切的合作关系，并开展了一系列关于竹材研究与开发的科研活动，取得了丰硕的成果。其产品广泛用于建筑、室内、家具和工业设计领域，著名项目包括深圳家具研究开发院、无锡大剧院、西班牙马德里巴拉哈斯机场、深圳万科集团总部、成都天府国际社区教堂以及方海—库卡波罗工作室主持设计的"新中国主义"家具系列等。

[3] 无锡大剧院：建于2009年，占地面积约为6.76万 m²，为地上七层、地下一层建筑，总建筑面积约为7.8万 m²，高度超过50 m。它由芬兰当代建筑大师佩卡·萨米宁（Pekka Salminen）主创设计，以北欧人文功能主义为设计出发点，充分体现"绿色设计"理念，从设计到建造的每一个环节都表现出对环境和生态的关注及对能源的有效利用策略，是世界上首次大面积使用合成竹材料。大剧院建筑由主观演厅、综合观演厅和相关配套设施组成。

设计美学的内涵。

中，如英国建筑大师理查德·罗杰斯[6]设计的马德里巴拉哈斯机场[7]中数十万平方米的天花和地板都使用大庄实业集团的竹材，而美国建筑大师史蒂文·霍尔设计的深圳万科集团总部[8]则在所有室内装修和家具设计中全方位使用大庄实业集团的合成竹材，成为生态建筑的现代经典案例。

方海教授在《新中国主义设计科学》一书中对全部13组家具的论述，始终认为竹材的使用是整个设计项目的理念基础和风格源泉。竹材的选择是生态材料对当代设计师的基本诱惑和设计引导；单向平压的合成竹材所形成的强度和韧性使之成为结构用条形构件的理想材料，而双向侧压的合成板材则更适合用于非结构板型构件；合成竹材达成的高强度所带来的最小构件截面是极简主义理念的基础，而其韧性所引发的材料弹性则在人体工程学方面带来更大的舒适度；上述诸种材料品格汇成一种独特的结构美感，并最终与中国竹文化的传统美学观念一道，形成独具特色的新中国主义设计美学的内涵，与以芬兰和丹麦

[4] 深圳家具研究开发院：设计于2002年，2004年建成并投入使用，由方海—库卡波罗工作室和深圳市华森建筑工程咨询有限公司完成建筑工程设计，主创建筑师方海与库卡波罗教授共同完成室内设计、家具和灯具设计以及景观设计。该建筑从景观到建筑，从室内到家具，从灯具到办公产品，都全方位使用合成竹材，是中国最早的生态设计作品之一。

[5] 成都天府国际社区教堂：位于成都高新区天府一街剑南大道口，为典型的北欧简约风格，展现了谦卑而又庄严的环境。该建筑由洪科宁—方海工作室和中国建筑西南设计研究院完成建筑设计，芬兰主创建筑师洪科宁和方海主持室内设计、家具和灯具设计以及教堂器具设计，使用合成竹材和汉白玉为主要材料。这是一座以光明和黑暗的关系为创作理念的教堂，让光流入黑暗之中，凸显"光"之珍贵。建筑师还透过钟楼加入了"声音"的元素，因此教堂名为光音堂。

[6] 理查德·罗杰斯（Richard Rogers, 1933—）英国当代建筑大师,"高技派"代表人物,2007年获得普利兹克建筑奖。他认为城市作为一种文明的教化中心,能将人类在世界上的活动对环境的影响减少到最低限度,主张未来城市的区块应该把生活、工作、购物、学习和休闲重叠起来,集合在持续、多样和变化的结构中。其代表作有巴黎蓬皮杜国家艺术和文化中心（与意大利建筑大师皮阿诺合作）、伦敦"千年穹顶"、西班牙马德里巴拉哈斯机场等。

[7] 马德里巴拉哈斯机场:位于距离马德里市中心12 km远的东北处。在2006年重新启用后,此机场成为国内最大的出入境通道,也是伊比利亚半岛和南欧最大的机场。该建筑是英国建筑大师理查德·罗杰斯的最新生态设计代表作,新航站楼的巨型屋顶呈连续的波浪形,由众多的巨型"Y"字形钢柱支撑。四周墙面均为巨幅落地玻璃,屋顶设计了众多圆形玻璃天窗,用经过防火处理的一根根长条竹片装饰,大厅内的主色调呈米黄色,既充分利用了自然光,起到节约能源的作用,又使厅内的光线柔和,体现出设计者人与自然和谐的设计理念。

[8] 深圳万科集团总部:位于中国深圳大梅沙的万科集团总部办公大楼,总建筑面积为11.89万 m²,共有6层。它由美国当代建筑大师斯蒂芬·霍尔设计,被称为"躺着的摩天大楼",如果将它竖起来则和美国帝国大厦的高度相当。该建筑是霍尔的生态设计代表作,也是当代全球建筑中使用合成竹材最多、最广泛的作品之一,6万 m²的建筑基地,除8个支撑主题的交通核心塔楼外,整体悬空,海风、山风依然流通,形成独特的地貌景观。

家具为代表的北欧人文功能主义设计美学有异曲同工之妙。对于关注材料、热爱材料研究的设计师而言,设计的过程也是进行材料研究的过程,方海教授与大庄实业集团的每次合作都能催生出合成竹材的新产品,这些新型竹制品又能再度启发设计师的思维并引发新一轮创新设计产品,从而形成设计构思与材料研究互动双赢的运作模式。

材料研究正在受到全球建筑师和设计师以及艺术家的普遍重视,越来越多的设计师开始从材料出发展开设计的历程。在此,身兼教师和设计师的方海教授以其新著《新中国主义设计科学》为设计界和教育界同仁奉献了一堂生动的设计课。

序四 新中国主义与新中式

中南林业科技大学教授　胡景初[1]　　　　　　　　　2017 年 5 月

　　方海教授是第一位在北欧获得设计学博士学位并多年专注现代家具设计的中国学者，我与他相识于中国家具刚刚开始起步的年代，至今已有 20 多年了。当时由已故的中国建筑学会室内设计分会原会长曾坚[2]先生介绍，我与方海教授开始了在教学、研究、著述、设计和会展评委诸多方面的交流与合作。20 年前的中国家具无论是总体产量还是出口量在全球都是十名之外，而今早已位居榜首多年，方海教授以自己的勤奋和智慧为中国现代家具事业的总体发展和设计质量的提高做出了独特的贡献。除了多年在深圳、广州、上海、北京等地家具博览会上担任评委工作，在中南林业科技大学、北京大学、同济大学、南京林业大学、江南大学、山东工艺美术学院和广东工业大学任教之外，方海教授对中国家具的主要贡献是史论著述、设计实践和设计研究。

　　自 2001 年出版《20 世纪西方家具设计流变》一书之后，方海教授又接连出版《芬兰现代家具》《芬兰当代设计》《现代家具设计大师：约里奥·库卡波罗》《艾洛·阿尼奥》，与我和彭亮教授合著的《世界现代家具发展史》，与许柏鸣教授共同主编的《家具设计资料集》等中英文版本的学术专著 30 余部，与此同时，他还为国内外多种学术期刊撰写家具、建筑、室内、工业设计、艺术史论等方面的学术论文 100 余篇。他的两部英文著作《约里奥·库卡波罗》（*Yrjö Kukkapuro*）和《现代家具设计中的"中国主义"》（*Chinesism in Modern Furniture Design*）自出版15年来已成为全球各大主流设计院校的常备参考书目，而中文版的《现代家具设计中的"中国主义"》更是成为现代家具和中国家具研究史上的重要节点，影响了众多的青年学子和设计师。方海教授充分利用其在欧洲留学和工作的宝贵经历，最早对欧美设计发展史中的"中国风"和"中国主义"等思潮进行了系统的梳理、总结和归纳，一方面引发了一大批中国学者在该领域的多层次、多样化后续研究，另一方面也在相当大的程度上激发中国的家具设计师和企业家开始认真思考本民族自身的丰富设计传统并进一步探索如何从中国传统出发走向全球化的世界家具舞台。

中国家具在过去20年的发展速度是惊人的，其结果是令人震撼的。然而，这种惊人和震撼主要是数量的飞跃和国内生产总值（GDP）的统计幻觉。国内虽然已出现很多中国人的自主品牌和中外合作的联合品牌，但与当今世界欧美日知名品牌相比还存在相当大的差距。毕竟这20年中国家具制造业的腾飞，主要来自模仿与复制，我们在付出巨额学费时也深刻意识到本民族自主设计品牌的重要意义，于是我们有一批青年学者和设计师开始在模仿与学习国际先进设计品牌的同时试图创造属于中国人自己的设计风格和商业品牌，如今各种"新中式"家具设计的尝试就是这种努力的集中体现。作为建筑师和设计师的方海教授，在设计史论研究方面虽已成绩斐然，但他并不满足于"清静高雅"的纯学术研究。作为建筑师，他自己的设计项目中所需要的家具品类往往成为其家具设计的出发点，他深知中国当代建筑设计的水准之所以与世界先进水平有相当差距的原因之一就是建筑师对室内和家具设计的无知和漠视，而中国目前依然缺乏世界知名家具品牌的原因之

[1] 胡景初（1941— ）：湖南人，中国高等院校家具设计专业的创始人之一，中南林业科技大学家具与艺术设计学院教授、中国家具协会理事等。他长期从事家具设计与工艺研究，20世纪80年代初受任创办了"家具设计与制造"专业，编著出版了国家教育委员会面向21世纪重点教材《家具设计概论》以及《现代家具设计》等著作9部，创办了《家具与室内装饰》专业期刊，长期从事家具企业的咨询与服务。

[2] 曾坚（1925—2011）：上海人，中国室内设计行业的开创者和奠基人之一。他长期从事室内设计、家具设计创作工作，对我国建筑和室内设计事业贡献卓著。曾坚先生很早投身革命并成为中共上海地下党组织的重要成员之一。在上海圣约翰大学，曾先生一方面从事地下党工作，另一方面在现代建筑和设计领域打下了坚实的基础。新中国成立初期，他除了参与组建华东建筑设计研究院，赴京参与北京建筑设计研究院领导工作之外，还担任轻工业部家具研究所所长，对中国的家具发展做出了巨大贡献。20世纪70年代末，他参与组建中国第一家民营建筑事务所，即大地建筑事务所。20世纪80年代，他应建设部委派，在香港和深圳设立华森建筑与设计工程咨询有限公司并担任该公司的第一任董事长兼总经理。离休以后，他创建了中国建筑学会室内设计分会，并被推举为首届室内设计协会的会长，后又被推举为中国建筑学会室内设计分会终身荣誉会长。

一则是家具界对当代建筑思潮和设计理念的断层与失联。因此，方海教授牢记芬兰设计大师库卡波罗的名言，即"建筑是家具和工业设计之母"，从深圳家具研究开发院开始完成建筑、景观、室内、家具、灯具及部分工业设计产品的一体化设计，并由此开启其"新中国主义"的品牌塑造历程。

中国的家具系统源远流长，博大精深，是人类家具史中与欧洲家具系统并列的世界两大家具系统之一，对现代家具的发展曾起过举足轻重的作用，正如方海教授的著作《现代家具设计中的"中国主义"》中所归纳的，中国传统家具不仅以其简洁实用的功能主义风尚促成了文艺复兴之后欧洲大众家具的普及，而且在近现代家具发展过程中，为无数欧美建筑师、设计师、工艺师和艺术家提供了直接和间接的设计创意灵感。遗憾的是，在相当长的时期内，中国设计师群体对本民族的家具设计智慧基本上熟视无睹。因为种种原因，从设计教育到家具企业运作，都长期局限于狭隘的材料设定的怪圈当中，我们的祖先、设计前辈固然发展出独步全球的木构家具，但他们也同样发展出多姿多彩的竹藤家具、漆饰家具、陶瓷家具、金属家具等等，所有这些都是我们的民族设计遗产，值得我们去研究和借鉴。从方海教授的新著《新中国主义设计科学》中，我们可以看出作者在现代家具的设计过程中对中国传统的迷恋和自觉。当国内大多数"新中式"的追求者将目光过多地集中在材料的贵重、造型的奇特和装饰主题的应用等方面时，方海教授的"新中国主义"家具设计已从设计科学的高度关注家具设计中所蕴含的人文功能主义的本质。

在《新中国主义设计科学》的绪论"设计科学与新中国主义十三章"中，作者一方面追溯其设计心路从东西方系列到"新中国主义"设计品牌的发展历程，另一方面以简约的笔法系统梳理设计科学的发展轨迹及内容要点，从达·芬奇[3]到洪堡[4]，从格罗皮乌斯到诺曼[5]，设计科学的每个发展阶段和其中的

[3] 莱昂纳多·迪·皮耶罗·达·芬奇（Leonardo di ser Piero da Vinci, 1452—1519）：欧洲文艺复兴时期意大利天才科学家、发明家、画家、解剖学家、工程师和博物学家。现代学者称他为"文艺复兴时期最完美的代表"，是人类历史上绝无仅有的全才。他最大的成就是绘画，他的杰作《蒙娜丽莎》《最后的晚餐》《岩间圣母》等作品，体现了他精湛的艺术造诣。他以大自然为师，潜心关注和研究世间万物，在机械、力学、地理、地质、博物、航空、制图、解剖等科学和技术领域都做出了开创性的贡献。他认为自然中最美的研究对象是人体，人体是大自然的奇妙作品，画家应以人为绘画对象的核心。

[4] 亚历山大·冯·洪堡（Humboldt Alexander, 1769—1859）：德国著名博物学家、探险家和自然地理学家，19世纪欧洲科学界中最杰出和影响最大的科学领袖。他被公认为近代地理学和生态学的奠基人，在其他一些学科如气象学、地球物理学、海洋学、植物学、动物学等方面也多有建树。洪堡的科学活动和学术思想使得千百年来纯经验性的地理描述进入科学的行列。洪堡的系统科学思想和研究方法对后世的科学发展产生了深远影响，惠及后来众多的科学大师，如达尔文、海克尔、梭罗等。洪堡的科学考察报告和学术论著以前所未有的创意和诗情画意将科学的精确性和艺术的想象力融为一体，其经典著作如《个人自述》和《宇宙》系列早已成为后世科学著述的典范。

[5] 唐纳德·诺曼（Donald Norman, 1935— ）：美国认知心理学家、计算机工程师、工业设计师以及美国认知科学学会的发起人之一，尤其关注人类社会学、行为学和现代工业设计诸方面的研究。他近年的研究课题集中在记忆、注意力和学习能力以及人类的活动与工作等方面，包括意识和潜意识机制的作用。这些研究对分析人们的失误、正确地进行机械设计以提高人的能力起到了一定的作用。同时，他的研究兴趣还集中在产品设计的人性化及适用性。其主要著作有《设计心理学》和《情感化设计》等。

每一位宗师大家都能为我们的设计教学和设计实践带来启发。对于已经完成的"新中国主义十三章",作者在书中对所有的设计细节进行了毫无保留的剖析,从创意思维到设计灵感,从技术要点到构造细节,从比例尺度到装饰主题,从模型制作到包装运输,作者用图文并茂的方式与读者分享了每一个系列产品的全方位设计过程,从中展现出一位学者型设计师如何以设计科学和材料研究为出发点,以中华民族的传统设计智慧为灵感,以世界级设计大师的经典作品为榜样,脚踏实地地创造出具有中国特色的家具设计品牌的心路历程。

将近20年前,方海教授在写作《20世纪西方家具设计流变》时,其开篇即"在丰富多彩的20世纪家具设计舞台上,竟然没有中国人的一席之地",这是他的感叹,也是我们中国家具界人士的共同心结,他也因此用了近20年的时间潜心钻研,设计不止,其家具作品每年都有在欧美相关展会亮相交流。我们虽然不能确认,方海教授的"新中国主义"家具作品已在世界家具舞台上占据了怎样的位置,但在《新中国主义设计科学》中我们可以看到作者的设计已经以良好的心态接受和应对了中国当代家具面对世界的挑战。

前言

　　时光飞逝，一转眼，张齐生院士（以下简称张院士）已离开我们一个多月了（本文写于 2017 年 11 月），然而他却始终在我的脑海中栩栩如生。他健朗的身躯、睿智的思辨、引人入胜的谈吐、乐于助人的教诲，仿佛就在昨天一样依然让我们如沐春风，让我们感受着他对现代材料科学的卓越认知，尤其让我们时常以一种近乎痴迷的心态体会着他对竹材的挚爱。这种充满科学探索精神的挚爱沁人心脾，从内心深处感染着我们。我曾与张院士有约，就竹材的科学研究和现代化应用进一步细聊，却无奈世事无常。以往十多年的有限交往已成灵感追思的绝唱，引领着我们在开创新中国主义设计科学方面的探索。

　　我想起 20 年前自己开始关注中国传统工艺中竹编与竹家具的成就，这些独特的成就引领我进入《现代家具设计中的"中国主义"》的研究范畴，并随即立志研发新时代的新中国主义家具。这是一个艰辛的过程，在最困难的时刻，张院士以其对竹材的精湛研究和丰硕成果为"新中国主义"设计带来光明、带来希望，更带来材料科学的设计支撑和生态理念的人性化思考，合成竹从此成为我们所研发的新中国主义设计系列的主体材料。我想起每次与张院士的约见，两杯浓茶之后的关于合成竹材的最新成果、最新专利和最新工业化应用，每次都为我们解答疑难之外又为我们展开合成竹材最新应用的前景。我想起张院士在安吉、在杭州、在南京、在北京、在深圳、在无锡慷慨激昂的主题演讲，他呼唤中国竹文化的复兴，他宣传竹生活的和谐，他讲解竹世界的科普，他提升竹设计的哲理。2017 年

10月，世界绿色设计组织[1]为张院士颁发绿色设计终身贡献奖，以表彰他对绿色设计所做出的巨大贡献。与此同时，我也获颁当年的绿色设计国际贡献奖，惭愧之余亦感荣幸，能与张院士同年获得绿色设计国际贡献奖是我的幸运，也是一种特殊的缘分，更是张院士对我也是对所有运用竹材进行设计的建筑师、设计师、艺术家的一种馈赠。我想起前不久与张院士的交流，拙著《新中国主义设计科学》定稿之后，立即依照约定发邮件给他。因为他计划将其序文再次修改和充实，并很快约定了在南京会面的时间。遗憾的是，张院士的工作行程太紧，只好再约定在他去江西出差之后再会面，此间只能在电话中讨论序文内容的修改细节，并约好见面可讨论材料科学与设计师相互关系的更深入思考。然而，没有人能够预料，此番交流竟成绝章，噩耗传来，唯有悲伤。我们会记住张院士的教诲，继承张院士对竹材的热爱，弘扬张院士对绿色设计的推广，努力发展和完善新中国主义设计科学，用最好的学术研究和设计产品告慰张院士的英灵！

拙著虽从对设计实践的研究入手，却定名为《新中国主义设计科学》，其主旨即力图强调对设计科学和创新设计的系统研究，以顺应我国新时代社会经济和工业设计的迅猛发展状态。我国著名科学家徐志磊院士（以下简称徐院士）多年来一直关注并大力推动中国设计科学和创新设计的发展。一方面，徐院士积极支持和协助以中国科学院前院长路甬祥[2]院士和中国工程院前常务副院长潘云鹤[3]院士为代表的中国创新产业联盟及其领导下的相关工作；另一方面，徐院士热心提携后进，鼓励各领域同仁和青年学子的创新设计和设计科学方面的学术研究。拙著中所涉及的设计实践很早就引起徐院士的极大兴趣，并由此承蒙其多次鼓励以进行更深一步的学术研究，其中对设计科学的探讨在诸多方面都受到徐院士的启发和激励。徐院士老当益壮，高屋建瓴，时刻关注着全球范围内设计科学和创新设计的具体发展和理论动

[1] 世界绿色设计组织（World Green Design Organization，简称WGDO）：于2013年9月在比利时布鲁塞尔成立，是世界上首个致力于推动绿色设计发展的非营利性国际组织。WGDO旨在全球范围内倡导和传播"绿色设计"理念，以"绿色设计"为手段引领生产方式、生活方式、消费方式变革，实现人与自然融合共生。通过世界绿色设计论坛中国峰会、欧洲峰会、世界绿色设计博览会以及评选绿色设计国际大奖/绿色设计国际贡献奖、发布《世界绿色设计报告》等形式，促进"绿色设计"信息、技术、材料、项目、资本、人才等的交流与合作，搭建全球性绿色发展对话平台。

[2] 路甬祥（1942—）：浙江人，教授、中国科学院院士、中国工程院院士，曾任中共中央委员、十一届全国人大常委会副委员长、党组成员、中国科学院院长、浙江大学校长。他撰写了大量有深远影响力的学术专著、学术论文和科技报告，不仅有丰硕的科研成果，而且在培养人才上也是成果卓著。他培养了30多位博士、25位硕士以及5位博士后。为此，他在1989年荣获高等工程教育国家级优秀奖。

[3] 潘云鹤（1946—）：浙江人，教授、计算机专家、中国工程院院士、国际欧亚科学院院士、国务院学位委员会委员。他是中国智能CAD（计算机辅助制图）领域的开拓者，创造性地将人工智能引入CAD技术，成功实现了轻纺花型、广告装潢、建筑布局、管网规划等多个新颖实用的智能CAD/CAM（计算机辅助制造）系统等创造性的重大突破，产生了显著的经济效益。他发表专著多部、论文120余篇，在开拓与推动我国计算机美术的发展方面成效卓著，完成的15项研究成果均达国际先进水平。

态，尤其密切关注最前沿的科学思维导向和最新的高科技产品状况，以其对工程学、设计学、科学史的全面修养，归纳总结出中国与当代世界创新设计和设计科学的发展状况与趋势。感谢徐院士百忙之中为拙著赐序，并多次专门安排时间就有关新中国主义和创新设计的问题进行交流。我会记住徐院士对设计科学审时度势的讲解，对中国传统设计中肯而客观的评述，对中国传统座椅中所蕴含的关于礼仪和舒适度的理解，对中国传统建筑和家具中榫卯结构系统的关注，这些洞见必然会给我们带来无尽的启发和深入系统的思考。

我在《新中国主义设计科学》中所呈现的13个系列的家具设计，每一个都有中国古代家具设计元素的影子或意味，这是新中国主义设计思维的最基本要求，同时也是最高要求，即关注蕴涵中国传统设计智慧的因素但绝不能用直接照搬的方式，而是以符合现代生活习俗和时代要求的工程理念表达出来，在这方面，程泰宁院士（以下简称程院士）多年来一直是我的学习榜样。程院士虽已80高龄，却依然精神抖擞地奋斗在建筑设计和相关教学研究的第一线。作为中国当代建筑师群体的领军人物，程院士也是中国建筑师当中屈指可数的既能长期坚持有意识地探索新中国主义建筑风格又能及时研究并定时出版其设计实践的建筑大师。程院士的探索本身令人信服，其丰硕的设计实践发人深省，数十年如一日对中国传统艺术、中国古代建筑和设计的热爱与研究更令人对其多样化的丰富建筑创作由衷叹服。程院士对建筑中新中国主义理念的追求非常执着，同时也放眼全球关注当代世界各地建筑大家的创作进展，力图树立新时代中国设计的风尚。如同建筑大师柯布西耶一样，程院士也是从其建筑实践的早期开始，即定期总结出版设计作品专辑，对自己的设计理念归纳疏理，至今已由中国建筑工业出版社出版了六部《程泰宁》建筑专辑，从中不仅能够看到中国改革开放大时代下一位中国优秀开业建筑师的典型探索，而且可以强烈感受到一位富有强烈民族自信心和时代责任感的中国建筑师对中国传统设计智慧和艺术风尚的精湛理解和精彩表达。深情感恩程院士在极其繁忙的设计事务之余为拙著赐序，对我在家具设计和设计科学思维方面的探索给予热情鼓励，使我更加坚定信心，继续向程院士学习，一方面放眼世界，一方面时常回溯中华民族的设计智慧，努力探索新中国主义设计科学和创新设计的发展道路。

　　20年前，我在芬兰留学不久，在已故的中国建筑学会室内设计分会前会长曾坚教授的敦促和引导下，决心致力于推介和引进北欧优秀设计大师和家具企业，最终将当代欧洲最重要的设计大师库卡波罗教授介绍到中国。非常巧合也幸运的是，库卡波罗和他的夫人——芬兰著名艺术家伊尔梅丽 [4]，都是中芬友好协会的创会会员，他们很早就对中国文化充满兴趣，他们来到中国完全是顺理成章的事。更重要的是，作为当代设计一代宗师的库卡波罗，对中国文化和中国传统设计有着非常独到和深刻的理解，因此能够以完全不同于当代全球大多数建筑大师和设计大师的态度和认识来看待中国设计在当代发展中出现的抄袭及版权争端问题，由此给中国设计师带来非常深刻的启示。实际上，库卡波罗的经典设计作品自20年前刚由上海阿旺特家具制造有限公司 [5] 开始生产，立刻遭到数十家上海、江

[4] 伊尔梅丽·库卡波罗（Irmeli Kukkapuro，1934—）：芬兰著名艺术家，国际设计大师库卡波罗的妻子。她早年致力于平面设计和版画艺术，是芬兰20世纪现代版画艺术的代表性大师之一，后转向从事抽象绘画艺术创作。其创作构思时常与库卡波罗的建筑和家具设计构思交相呼应、互动启发，对库卡波罗的设计思想影响很大。

[5] 上海阿旺特家具制造有限公司：是一家专业的现代办公家具产品制造商，是芬兰 AVARTE OY 公司（北欧著名的家具商）唯一的海外授权制造基地和远东地区唯一的授权销售商。该公司自1998年开始与芬兰 AVARTE OY 合作，已成功地实现 AVARTE 主创设计师库卡波罗教授九大系列作品的中国本土化生产。阿旺特的产品崇尚简约的设计风格，致力于将人体工学的研究应用于现代家具设计，注重细节处理，追求卓越品质。阿旺特家具对中国当代家具设计和制造产生了深远影响。

浙以及广东家具企业的疯狂抄袭。他们的手法极其简单,即直接到上海阿旺特家具制造有限公司购买原装的库卡波罗作品,而后拆装研究并用偷工减料或换料的方式制作出来,最后低价销售,造成恶性竞争。虽有法院判决并要求抄袭厂家停止抄袭并赔款道歉等,但无任何监督执行机制,由此造成当年与库卡波罗同时进入中国的数十位来自欧洲、美国和日本的设计大师以及相应设计品牌很快撤离中国。库卡波罗一方面在中国各大学讲学,一方面充满深情地考察中国各地名山大川和风土人情以及源远流长的中国传统工艺,与此同时也关注着各类"抄袭事件"的进展,最终以一种坦然而豁达的心态认可现实。库卡波罗认为,这些厂家抄袭自己的作品,是因为他们喜欢并认可这些作品,也意味着中国市场和中国人民喜欢这些作品;作为真正的设计师,其天性和职责就是全身心创造出最好的设计作品为人民服务,为社会和谐发展做出贡献。

库卡波罗教授对传统与抄袭的认知并非简单地缘自他对中国文化的个人兴趣,而是源自他对设计经典与创新的深层理解。什么是传统?什么是经典?库卡波罗认为,就人类的家具设计而言,古埃及家具、中国家具,以及后来的英国温莎椅[6]、美国沙克家具[7],它们均是传统的经典,是后世创作的无尽的灵感源泉。库卡波罗认为所有的现代设计都与传统和经典有着千丝万缕的联系,其区别只是程度上的不同而已。他将自己的设计分为四大类:第一类源自艺术创意与人体工程学的结合,如其最著名的卡路赛利椅[8],它们时常被称为划时代的经典作品;第二类追随已有的经典但又依据时代的需求做出改良,如他设计的丰思奥和赛可思[9]办公椅系列;第三类是结合当代艺术风尚创作出的时尚家具,如他早期的实验家具系列[10]和最近的海报家具系列[11];第四类则是

[6] 温莎椅:发源于17世纪末—18世纪初的英国,其名字来源于当地一个叫"温莎"的小镇。其风格上被冠以乡村风格,但在不同时期、不同阶段又融入新的设计元素。其结构上的特点主要为:构件完全由实木制成,并多采用乡土树种;椅背、椅腿、拉档等部件基本采用纤细的木杆旋切成型;椅背和坐面充分考虑到人体工程学,强调了人的舒适感。温莎椅以自己的独特性、稳定性、时尚性、经济性和耐用性等特色历经300年而长盛不衰。

[7] 沙克家具:沙克设计是一种由宗教而引起的独特风格。沙克教是美国19世纪最大、最著名的宗教流派之一。为了追求与外部世界的完全脱离,沙克教建造了属于自己的建筑,并设计制作自己的生活物品。沙克教所有的设计都是围绕"功能性和永恒性"而产生,在家具设计上主张反对装饰,强调功能性,制作家具完用于日常使用,尤其是摇椅、斜靠背椅以及简单的木架部分加上编织坐垫的直靠背椅,更是影响全球。正是沙克教的宗教哲学在无形中的指导才使他们的设计更贴近大众生活。

[8] 卡路赛利椅:诞生于1964年,是库卡波罗大师最经典的一款座椅。他用玻璃钢与皮质材料完美地解释了"卡路赛利"北欧人文功能主义和现代主义的设计特点,是人体工程学与设计美学和结构原理结合的里程碑作品,屡获国际殊荣,并被誉为"人类最舒服的座椅"(见本书绪论注释[27])。契合人体构造和人体美感是"卡路赛利"外形设计的灵感所在,该产品在设计方法和造型理念上长期影响着后来的设计师。

[9] 丰思奥和赛可思:芬兰设计大师库卡波罗的经典设计作品。丰思奥是库卡波罗大师用人体工程学的理念指导办公家具的设计,此系列更为简朴、更符合人体工程学;赛可思这一系列产品为人们提供多功能的小型座椅。它们充满现代感,可以很方便地在家里和办公室中使用,具有容易清洗、占用空间小的特点。

依托现代材料科学的最新成果,同时从传统文化元素获得灵感,如我与库卡波罗教授最近 20 年一直在发展中的合成竹家具系列[12]。针对无数次中外记者关于中国设计界抄袭问题的咨询,库卡波罗的回答耐人寻味:从某种意义上讲,人类生活在进化中依托于文化传承,就家具而言,我们历代设计师始终在研习、模仿或者有时叫抄袭,在研习和模仿中有所创新、有所突破就能带来设计的进步。中国的书法和绘画、建筑与工艺等传统文化门类都是在研习和模仿中不断发展的,其模仿或创新的程度有其自身的发展规律,当我们指责中国某些设计师和企业的抄袭现象时,我们不应该忘记中国伟大的设计传统对全球现代设计文化的哺育。

我国现代家具设计学科的创始人胡景初教授认为,库卡波罗对中国家具抄袭现象的宽容而智慧的理解源自其对人类设计文化的全面而深刻的洞见,对广大中国设计师的启发尤其重要。衷心感谢胡景初教授为拙著赐序,在题为《新中国主义与新中式》的序文中,他以中国当代资深家具专家的身份点评中国设计师力图从祖国传统设计文化中汲取创作灵感从而对创造具有中华民族特色的现代家具风格做出努力,我们需要学习和吸收祖先的设计智慧,我们更需要理解和消化当今世界最先进的设计科学理论和创新设计理念。对于优秀设计师而言,重要的不是去关注别人的抄袭,而是全身心投入创新设计的活动当中。正如库卡波罗对抄袭的回答:"随他去!别人的抄袭是我进一步创新的动力。"

最后需要说明的是,与本书相关的申请并获批的专利有 166 项(其中,发明专利授权 11 项、特批 35 项、实用新型专利授权 91 项、外观专利授权 29 项),已有 50 余项被用于本书的家具设计实例中。此外,本书未标注的尺度单位均为毫米(mm)。

[10] 实验家具系列:芬兰设计大师库卡波罗结合当代艺术风尚和后现代设计思潮创作的根植于北欧人文功能主义理念的时尚家具设计作品。他将简洁的功能形式进行了艺术性的发展,在胶合板做成的结构部件和扶手中运用了简洁而欢快的色彩和造型。他力图弥补功能主义和怀旧的浪漫主义之间的隔阂,这些作品被视为库卡波罗大师探讨后现代主义设计的一种尝试。

[11] 海报家具系列:芬兰设计大师库卡波罗与芬兰著名艺术家塔帕尼·阿尔托玛(Tapani Aartomaa)合作创作出的时尚家具系列。该系列设计区别于严谨规范的普通办公家具,其结构设计的灵感来自建筑师使用的传统绘图桌的简洁有力的形态——两对叉开的支脚支撑着木制的桌面。桌面是胶合板,其表面有一层树脂塑料覆面,它们是设计师展示其艺术设计灵感的平台。在不同的环境中,人们可以按照自己的意愿来选择由特色图案构成的家具,从而自由、舒适地安排空间,满足多层面的心理与生理功能。

[12] 合成竹家具系列:芬兰设计大师库卡波罗与中国建筑师方海教授自 1997 年开始密切合作,依托现代材料科学的最新成果,同时从中国与世界各国传统设计文化元素中获得灵感而设计的作品。该系列设计的模型制作主要由江苏无锡的印洪强家具工作坊担任,最初采用胶合板与金属连接件模式,后来尝试用中国传统榫卯构造制作,由实木入手,完成基本结构体系,然后引入合成竹作为主要制作材料,探索传统榫卯系统与合成竹材的结合,形成具有中国文化特色的现代家具系列。

0 绪论 设计科学与新中国主义十三章

0 绪论 设计科学与新中国主义十三章

20余年前，当我在芬兰和瑞典开始"现代家具设计中的中国主义"博士研究工作时，对家具设计了解甚少，对设计科学几乎没有任何关注。那时候中国开始发展家具行业的步伐迈得非常大，但同时质量也很差，因为设计人员很少"设计"自己的产品，而是直接去米兰或者科隆国际家具博览会[1]拍照或购买他们喜欢的、认为对中国市场有好处的模型或产品，模仿或复制它们……通常老板都是"设计师"，他们只是抄袭或模仿他们喜欢的东西。令人感叹的是，中国家具行业在过去几十年中发展如此之快，现在已经是世界上规模最大的家具制造国家，并已经将这些家具出口到这么多的国家。然而，中国是否有哪些设计品牌可以与芬兰阿泰克（Artek）[2]、美国赫曼米勒（Herman Miller）[3]、丹麦PP[4]或德国维特拉（Vitra）[5]比肩［图 0.1至图 0.4］？当然还没有，正如柳冠中[6]教授所说，"抄袭"仍然是中国当代设计师的通病。没有独立创新的设计，就不会有真正的创意设计品牌；没有设计科学，就不会有真正创新的设计。通过对"现代家具设计中的中国主义"的研究，我了解到许多西方设计师从尚未被中国人自己充分研究的中国传统家具实例中得到灵感，此外，迄今为止很少有中国设计师试图深度研究我们自己的设计智慧并从中学习科学方法来创造现代经典。我决定尝试通过从传统智慧和设计科学中学习设计家具，从而引发出由中国木匠印洪强[7]主持样品制造与测试的"方海—库卡波罗"团队设计[8]的"新中国主义十三章"家具系列［图 0.5］。

＊图 0.1

＊图 0.3

＊图 0.2

＊图 0.5

生前长期担任中国室内建筑师学会（现中国建筑学会室内设计分会）主席的曾坚先生，是中国第一代家具设计师的领军人物，曾为北京人民大会堂、中央政府大楼等机构做过家具设计。多年来，即使在非常困难和封闭的时期，他也试图收集斯堪的纳维亚现代家具的资料，并嘱咐我帮助收集芬兰和其他北欧国家现代设计的材料。在他看来，斯堪的纳维亚现代家具设计是世界上最好的，因为其拥有深厚的人文主义精神和人体工程学内涵。曾坚先生是第一位对人体工程学和人文主义设计进行认真研究的中国设计师，曾出版我国第一部关于室内设计与人体尺度模式的书[9]［图0.6］。在为曾坚先生收集资料的过程中，我了解了更多的斯堪的纳维亚设计，特别是芬兰和丹麦的家具设计。后来，当曾坚先生在我的笔记本电脑上看到关于室内和家具方面的读书笔记时，他立刻联系了中国建筑工业出版社，于是我的第一部书《20世纪西方家具设计流变》诞生了［图0.7］。

20多年前，中国开始向世界全面开放，在诸多领域吸收不同类型的知识，曾坚先生是第一批开始与国际设计大师联系的中国设计师之一，他告诉我他已经联系过丹麦设计大师汉斯·威格纳[10]并通过威格纳的女儿建立了友谊。面对曾坚先生对其访问中国的热烈邀请，威格纳先生感到非常遗憾，他因为高龄（1996年时82岁）和严重的视力问题而不能来，实际上

图0.1 阿尔托设计的胶合板悬挑椅［20世纪30年代；引自阿泰克家具（Artek Furniture）］
图0.2 伊姆斯夫妇设计的多功能办公椅［20世纪50年代；引自赫曼米勒家具（Herman Miller Furniture）］
图0.3 威格纳设计的折叠椅（20世纪50年代；作者摄）
图0.4 柯布西耶设计的躺椅（1929年；作者摄）
图0.5 作者设计团队设计的东西方系列家具第一阶段样品（作者摄）
图0.6《人体尺度与室内空间》封面（天津科学技术出版社，1987年）
图0.7 方海著《20世纪西方家具设计流变》封面（中国建筑工业出版社，2001年）

*图0.4

*图0.6

*图0.7

当时他已经几乎失明但他仍然每天用双手制作小比例家具模型。威格纳先生还告诉曾坚先生，他真的很喜欢中国家具，中国家具带给他很多的设计灵感，特别是他开始于 20 世纪 40 年代的中国椅系列。后来我了解到丹麦设计师对设计传统有着非常聪明和智慧的理解，因为他们将全球所有民族的传统设计遗产都视为自己的设计传统，包括中国家具、英国家具、美式家具、西班牙家具、丹麦家具等，这也是丹麦设计在整个 20 世纪都能保持非常高的水准和全球影响力的一个重要原因［图 0.8］。

直到今天，威格纳依然是将中国传统家具转化为现代经典的最著名的设计师，他最早的设计风格和他对中国家具的初步理解来自 17 世纪丹麦贸易公司从广州带回来的几种中国古代家具的小比例模型[11]［图 0.9］，1944 年他在丹麦国家艺术博物馆看到了那些模型。我可以理解为什么威格纳感到遗憾，因为他毕生没有去过中国，如果他去中国看到更多的中国传统家具，他会创造出怎样的现代经典呢？曾坚先生也感到遗憾，因为年迈，他感觉到出国远行已不是很容易的事，所以他建议我，如

* 图 0.8

* 图 0.11

* 图 0.9

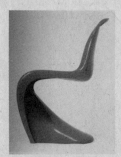

* 图 0.12

* 图 0.10

* 图 0.13

果可能的话去丹麦看望威格纳先生。1998年我去哥本哈根，希望能拜访威格纳大师。由于很多原因，那次我没有看到他，但我按威格纳先生的建议参观了丹麦设计博物馆。虽然威格纳先生当年看到的那些小比例模型没有展出，但我看到许多中国古代家具和其他设计用品，更重要的是，我看到了这些标志性的丹麦名字，如威格纳、克林特[12]、雅克布森、默根森[13]、潘顿[14]等，以及其他一些国际大师，如阿尔托、塔佩瓦拉[15]、库卡波罗、阿尼奥[16]、伊姆斯、萨里宁和许多其他人［图 0.10 至图 0.20］。特别是两组家具模型：一组围绕英国的温莎椅组成，展出丹麦设计师设计的三种温莎椅现代版本，包括威格纳设计的温莎椅；另一组则以中国圈椅为核心，展示两件由丹麦设计师设计的中国椅现代版本，包括威格纳设计的中国椅［图 0.21］。对于一位年轻的设计师来说，这样的展览平台非常令人兴奋，有时他会觉得从古老的椅子中得到灵感来设计一张新的椅子是很容易

* 图 0.14

* 图 0.15

图 0.8 威格纳设计的中国椅（1944 年；作者摄）
图 0.9 17 世纪丹麦贸易公司从广州带回来的几种中国古代家具的小比例模型（引自方海著《现代家具设计中的"中国主义"》，中国建筑工业出版社，2007 年）

图 0.10 丹麦皇家建筑艺术学院家具陈列馆收藏的部分丹麦设计师家具设计的样品（作者摄）
图 0.11 克林特设计的圈椅（20 世纪 20 年代；作者摄）
图 0.12 潘顿设计的潘顿椅（20 世纪 60 年代；作者摄）
图 0.13 雅各布森设计的蛋椅和天鹅椅（20 世纪 50年代；作者摄）
图 0.14 阿尔托设计的帕米奥茶几（20 世纪 30 年代；作者摄）
图 0.15 塔佩瓦拉设计的多莫斯椅（20 世纪 40 年代；作者摄）
图 0.16 阿尼奥设计的球椅（1964 年；作者摄）
图 0.17 库卡波罗设计的A500 系列多功能办公椅（20 世纪 70 年代；作者摄）
图 0.18 默根森设计的多功能躺椅（20 世纪 50 年代；作者摄）
图 0.19 伊姆斯设计的多功能椅（20 世纪 50 年代；作者摄）
图 0.20 小萨里宁设计的胎椅（20 世纪 40 年代；作者摄）
图 0.21 丹麦设计博物馆收藏的一组中国椅和温莎椅（作者摄）

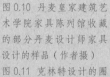

* 图 0.17

* 图 0.16

* 图 0.19

* 图 0.18

* 图 0.20

* 图 0.21

的事情，但随后他又会觉得这并非那么简单，实际上后人很难创造出非常好的现代型号的传统版本。无论如何，这是我第一次认为应该设计一些起源于中国传统模式的现代家具，这是即将到来的持续20年的龙椅系列的开始。

然而，当我回芬兰继续研究"现代家具设计中的中国主义"之后，我感到了创造新型中国主义设计的巨大压力，在发现了越来越多源于中国传统设计理念的现代设计经典之后，我开始怀疑并思考：以前已出现过这么多伟大的设计，我怎样才能创造更好的一个？随后，我开始注重研究周边的现代芬兰家具设计，它们给我带来了一种现代主义传统：从技术革新和人体工程学研究入手的新型设计。我逐渐体会到为什么芬兰现代设计是世界上最具创意的设计之一。幸运的是，几乎所有这些大师的经典设计如今仍然批量生产，如老萨里宁、阿尔托、维卡拉[17]、萨帕奈瓦[18]、弗兰克[19]、塔佩瓦拉、诺米斯耐米[20]、阿尼奥和库卡波罗。在芬兰的学习年代里，对我来说更重要的是，与从传统中寻找灵感相比，设计科学对现代设计师来说更显重要，芬兰设计师在这方面取得了巨大成就。阿尔托在20世纪20年代后期花了3年多的时间发明胶合板技术，因为他认为人类应该从设计科学的角度来看待木质表面和结构。阿尔托于1926年从包豪斯设计学院的设计大师布劳耶尔手中获得用工业钢管制作的瓦西里椅[21]，他非常喜爱，但很快，阿尔托发现布劳耶尔的钢管椅对于北欧的芬兰人来说太冷了，因此决定找到"木制的方式"来创造新型芬兰现代家具。阿尔托发明了如今世界各地都在使用的胶合板，同时，阿尔托用胶合板设计了一系列现代家具，这些家具是现代设计史的里程碑：它们始终被仿制，但从未被超越［图0.22至图0.26］。

* 图 0.24

* 图 0.22

* 图 0.23

* 图 0.25

当阿尔托在第二次世界大战后开始专注于建筑设计和城市规划业务时，塔佩瓦拉已经在芬兰家具设计领域处于领导地位，并从设计科学的角度对实木、胶合板、金属、塑料以及所有可能的材料进行了系统的研究和使用，并创造了大量的经典现代家具和室内设计。塔佩瓦拉曾经与阿尔托、柯布西耶和密斯合作多年，从而将原创的包豪斯理念与人文主义、生态思想和人体工程学方面的斯堪的纳维亚思想相结合［图 0.27、图 0.28］。塔佩瓦拉凭借系统的科学化教学和出色的设计实践，激发和培养了许多后来的设计大师，如阿尼奥和库卡波罗，而库卡波罗则继承和发展了塔佩瓦拉的设计思想和教学理念，并教导和启发了许多再后来的设计师，如威勒海蒙[22]、海科拉[23]、雅威萨洛[24] 和洪伯格[25]，从而使芬兰家具设计在一个多世纪的时间

始终保持顶尖水平。这些芬兰设计师大多没有使用实木，他们使用最多的是胶合板，但也广泛尝试其他材料。他们放眼世界，但从不局限于历史的例子；相反，他们更多关注设计科学、材料科学和技术进步。最后，我的初步想法是设计新型中国多功能座椅或龙椅（最早的命名），在中国古代设计的宝库和现代设计科学之间进行研究和评价，或者，我希望想到能把它们结合起来创造新的中国式椅子。

* 图 0.27

图 0.22 老萨里宁设计的一款办公椅（20 世纪 40 年代；作者摄）
图 0.23 阿尔托设计的靠背椅系列（20 世纪 30 年代；作者摄）
图 0.24 阿尔托设计的 41 号帕伊米奥（41PAIMIO）椅［1932 年；引自阿泰克家具（Artek Furniture），朱哈·内农宁（Juha Nenonen）摄］
图 0.25 诺米斯耐米设计的多功能休闲椅（20 世纪 60 年代；作者摄）
图 0.26 布劳耶尔设计的瓦西里椅（1925 年；作者摄）
图 0.27 塔佩瓦拉设计的多莫斯（DOMUS）软垫休闲椅［1946 年；椅座和靠背由桦木单板模压成型；引自阿泰克家具（Artek Furniture），朱哈·内农宁（Juha Nenonen）摄］
图 0.28 塔佩瓦拉设计的克里诺莱特（CRINOLETTE）扶手椅［1962 年；引自阿泰克家具（Artek Furniture）］

* 图 0.28

* 图 0.26

0.2 库卡波罗：现代家具设计中的科学家

库卡波罗属于20世纪60年代设计革命时期的那一代影响全球的欧洲设计巨匠。他从20世纪50年代后期就因其早期的几个设计开始建立声誉，其中一些经典设计已经生产了60多年。作为芬兰第一位全职的室内设计和家具教授，库卡波罗努力使自己的设计理念和方法系统化；作为赫尔辛基艺术设计大学[26]校长，库卡波罗需要更广泛地考虑跨界设计训练以及设计科学作为芬兰现代设计教学的关键。

正如诺米斯耐米所说："今天的设计世界充满了不断变化的元素，它们来去匆匆，在我们的人文环境中没有任何痕迹。时髦的趋势一个接着一个，它们奢华的表面和时尚的奇想只能带给人们些许惊奇。然而，库卡波罗的世界不是那样的。"作为多年的同事和朋友，诺米斯耐米曾经与库卡波罗合作了半个世纪，从而观察到了库卡波罗如何用他的手和心来发展他的设计，然后获得了自己可以独立触及和把控

的设计领域。"他时常鞭策自己说，设计师应该是一个艺术家，同时也是医生和工程师……他的技术专业水平非常高。他对高科技有足够的了解，在必要的时候可以自己动手制作样品。"直到今天（2017年），84岁的库卡波罗继续执着于设计科学的理念从事设计活动，同时充当着艺术家、医生和工程师的角色。

＊图 0.31

＊图 0.29

图 0.29 方海著《约里奥·库卡波罗》（*Yrjö Kukkapuro*）封面（东南大学出版社，2001年）
图 0.30 库卡波罗设计的卡路赛利（Karuselli）椅[1964年；由玻璃纤维和镀铬钢组成主要结构；引自阿泰克家具（Artek Furniture）]
图 0.31 库卡波罗设计的丰思奥系列椅（1976年；作者摄）
图 0.32 库卡波罗设计的实验系列家具（1981年；作者摄）

＊图 0.30

曾坚先生在我写的英文专著 *Yrjö Kukkapuro*（《约里奥·库卡波罗》，2001年出版）"序言"中强调了库卡波罗作为设计大师的素养，他用库卡波罗的例子来定义"设计大师"："我想我可以根据约里奥·库卡波罗教授的思想、设计原则和经典作品来确定设计大师的真正的先决条件。"然后，曾坚先生提到了以下方面展示库卡波罗的设计哲学：创新意识、人体工程学、美学观念、生态学原理以及保持设计的个性［图0.29］。

对于设计科学，库卡波罗的首要关注点是对艺术史、设计史和建筑史的学习和研究，这是所有设计实践的基础。他曾经带我去芬兰各地的露天博物馆参观古老的村落和房屋，特别是对室内和家具尤为关注，以学习传统功能中的设计精神。他对世界各地的各种博物馆都非常感兴趣，最近20年则痴迷于中国各地的博物馆和古村落，我们在那里学习中国古代设计文化

的许多细节。正如他经常提到的那样，"没有人能逃脱历史，因为我们的祖先已经为我们做了很多事情"，同时，"建筑是所有设计之母"，库卡波罗在此强调了任何设计的功能和目的的重要性。

自1974年以来，库卡波罗开始在国际上被称为设计科学家，当时他的玻璃钢系列418号休闲椅获得了纽约国际"最舒服的座椅"竞赛[27]的第一名。这是他认真研究和应用人体工程学原理的结果。对于设计科学，库卡波罗最重要的关注点是人体工程学，他实际上是在设计中促进人体工程学系统应用的最重要的推动者之一，在他看来，人体工程学与功能主义密切相关。1958年年初，他聆听了芬兰著名建筑学家博格[28]教授的演讲，该演讲介绍了瑞典医学家阿克布隆[29]关于人类脊背构造的研究以及座椅靠背对一个人健康的影响，阿克布隆试图告诉设计师如何做一把健康的椅子和如何治疗由椅子的不良设计造成

的痛苦。这次演讲给库卡波罗留下了深刻的印象，他顿时明白了家具设计的秘密："现在我找到了上帝，并将会成为一名设计师。"从那时起，人体工程学始终处于其设计实践的核心位置［图0.30、图0.31］。

在设计史论和人体工程学之后，库卡波罗认为生态学对于现代设计师来说非常重要，并坚持认为生态思维是唯一具有持续真实可能性的趋势。对于这一点，科学和社会方面都有相应的要求。生态学对于库卡波罗是非常自然的，因为他在森林里生活和工作，熟悉自然系统。从木材和金属到玻璃纤维和塑料，库卡波罗熟悉与家具设计和制造相关的各种材料，并在设计中遵循这些材料的自然属性。库卡波罗认为，生态学是功能设计的基础，他坚定地强调生态学的最低限度原则：尝试使用最小的材料来达成最大的功能［图0.32］。

＊图0.32

库卡波罗喜欢研究材料，实际上他是欧洲最早使用和推广玻璃钢的创新设计师之一，创造了许多划时代的设计经典。同时，他非常专注于细节设计及其制作过程，强调"工厂是设计学生最好的大学"。当库卡波罗自己制作设计原型时，他与工厂有非常密切的联系和合作，并参与了所有的过程：从设计、制造、包装到营销和运输［图0.33］。

年轻时，库卡波罗一直非常熟练于绘画和雕塑，并想成为一名艺术家。最后，他成为一名设计师，但自然而然成为一名具备艺术家气质的设计师，或者更确切地说，是艺术家、医生、科学家和工程师的组合。曾坚先生说，库卡波罗创造了一种新的审美风格的设计，在这种设计中，功能找到了它的核心位置。"库卡波罗设计的风格是功能简捷，优雅大方，其最突出的特点是暴露的结构。"库卡波罗的美学坚定地基于设计科学，他说："如果一件产品100%符合所有功能需求，那么它一定是美的。"［图0.34］

自1997年以来，我非常幸运地与库卡波罗一起从事设计和研究工作。更幸运的是，库卡波罗和他的艺术家妻子伊尔梅丽都非常喜欢中国文化，从而奠定了我们未来在中国的设计研究与合作。库卡波罗传授给我很多设计科学方面的基本知识，促使我从传统的智慧、人体工程学、生态学和美学等方面思考设计。当我开始龙椅的基本构思时，库卡波罗给了我关键性的提示和建议，从而将简单的想法发展成一系列现代座椅、桌子和其他家具门类。实际上，"新中国主义十三章"的内容由我和库卡波罗共同设计研发，再邀请中国木匠印洪强及其制作团队加入我们，继而我们可以用真正的中国工匠精神丰富和发展我们的设计［图0.35］。

图0.33 库卡波罗设计的安泰逸沙发（1963年；作者摄）

图0.34 库卡波罗与作者合作的中国龙椅（1997年；作者摄）

图0.35 在芬兰国家设计博物馆展览的由作者团队设计的竹家具产品系列（2005年；作者摄）

* 图0.33

* 图0.35

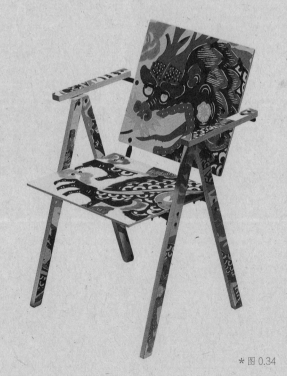

* 图0.34

0.3 中国木匠

数千年以来,从建筑到室内,从家具到日用器物等各个门类的木工工艺在中国都高度发达,即使在今天,我们依然怀念并好奇某些现代人难以复制或无法做到的特殊技能。据说中国木工祖师鲁班不仅设计了普通的日用家具,而且设计了非凡的工具和机器装备,如飞行机器和移动座舱。中国木工分为大木作和小木作两大类,大木作负责建造中国传统建筑构架,小木作负责中国传统室内装潢、家具和日常器具的制作。在过去的30年中,中国传统家具在很多国际拍卖会上的价格越来越高,同时人们不仅欣赏这些卓越的中国古典家具的外在形式,而且开始关注其内部构造系统中优美而复杂的节点设计。在中国,木匠凭借成熟的木工节点设计,可以制作多种多样的器具,并借此发展成一种多才多艺的行业。

早期在关于欧美建筑师和设计师对中国古代家具的借鉴和再设计的研究中,我发现他们虽然了解大量关于古代中国家具设计的形式语言和装饰元素,但很少有人真正系统研究中国木工节点的细节设计与制作。如丹麦大师威格纳,他自然而充分地借助世界各地的工艺设计传统,大多结合中国和英国的家具形式语言和丹麦传统的木工节点与手工艺技巧,创造出精彩的现代家具。在世界大多数国家,木工手艺都是一种悠久的制作传统,而且需要很长时间的学习和训练才能对其精通。遗憾的是,在中国当代无孔不入的现代化进程中,源远流长的中国木工技艺正在一点一点地消失。中国有数十万家的家具工厂,但只有极少数真正继承了这些弥足珍贵的中国木工技艺。我们在向西方学习现代设计思想和技术的同时,也在不断遗失我们的祖先传承给我们的最好的设计智慧和手工技艺。

库卡波罗告诉我,中国传统家具设计的许多经典作品是非常科学的,值得深入系统的研究。当我提出设计一件现代的中国椅子或龙椅时,库卡波罗非常感兴趣并鼓励我在深入研究的前提下设计现代座椅,他认为中国设计师如果在理解现代设计原理的同时也掌握本民族传统的设计智慧,新颖的设计指日可待。这件中国龙椅的主要设计理念是将现代设计的生态学和人体工程学与中国传统木工节点结合起来。为此,我们需要与中国工匠密切合作。

自1997年以来,我和库卡波罗教授受邀担任深圳—香港国际家具展和广州国际家具博览会评委,因此有机会在展会上看到许多中国当代家具产品,并了解和联系了一批用传统工艺和节点制作中国硬木家具的企业。我们参观了其中一些工厂,并建议在不久的将来进一步合作。那几年，我们设计了一些样板并请这些中国家具工厂制作原型，他们都顺利地完成原型制作，总体上我们感到满意，并因此极大地增强了将现代设计理念与传统工艺手法相结合创造现代设计经典的信心。我们在广州、深圳、成都、北京、无锡、上海、杭州和南京都拥有这样的原型制作合作伙伴。然而，在这些工厂制作的模型中，我们始终在期待一种默契，一种理解现代设计的科学和美学的默契，一种感受制作细节的手感与心绪的默契，直到我们遇到了江苏省无锡市江阴市长泾镇的印洪强先生。

我们在长泾镇遇到印洪强及其家具工作坊是意料之外的事，但也正是我们期待中的那种"默契"的缘分。1998年春，江南大学邀请我和库卡波罗在无锡讲学，并计划参观包括灵山大佛在内的无锡周边的几个旅游景点。在去灵山大佛的路上，我们突然想起，无锡正是属于中国几千年来木工高度发达的苏州—扬州地区，所以我们询问当时陪同的周浩明教授可否在路过

的任何一个小镇停下来，看看中国民间家具作坊。于是，我们在长泾镇停下，刚好就停在印洪强先生的家具工作坊前，我们进去后开始了首次访问。这是一家制作中国传统家具的小型家庭作坊，大约有20人。当我们第一次遇到他们时，他们正在按照古老的模式制作中国传统硬木家具，并且对每一个细节的处理都非常严谨和认真。随后我们发现，与此前我们合作过的大型家具企业相比，和小规模作坊的合作是一种更容易运作的方式，因为小企业的老板兼主要技师能把握并探讨原型制作中的每一个节点细节。更重要的是，印先生（即印洪强）对现代设计思想很感兴趣，并非常欢迎进一步的交流与合作。

已经持续20年的中芬国际设计合作证明，印先生不仅对我们带来的现代设计理念和手法感兴趣，而且对中国传统节点的设计建议有充分的准备。这个精彩的国际设计合作过程从我们的第一批设计产品

"龙椅及其茶几系列"开始。

我开始将设计一批现代家具作为在北欧进行博士学位研究的附录部分。通过深入研究中国古代家具史和欧洲家具史，我希望完成一批具有中国文化内涵的设计。在库卡波罗的影响下，我谨记以设计科学作为现代家具设计的指导思想，开始从设计历史发展轨迹、人体工程学、生态学和美学等方面切入思考。考虑到很多现代设计大师如威格纳和克林特等都从中国传统圈椅中获得灵感，并依然能感受到中国圈椅具有超强气场的设计内涵，因此我也计划从这种蕴藏丰富设计思想和手法的中国经典座椅中学习。幸运的是，当我过于关注中国元素尤其是传统装饰元素的时候，库卡波罗会提醒我转向简捷的功能化思考方向。我把第一个设计想法绘制成设计图并在赫尔辛基用高密度板和胶合板做成一系列的家具原型，在得到库卡波罗的肯定和鼓励后，我继续沿着这个方向深入设计

* 图 0.37

* 图 0.36

并先后完成后续的两轮原型制作。在芬兰完成第三轮原型制作并反复进行功能测试之后，我对下一轮的原型进行了补充设计，然后请印先生制作新一轮原型［图0.36、图0.37］。

在本书主体"新中国主义十三章"的第一章"龙椅系列"中，我完成以中国圈椅为原型的多功能座椅、休闲椅和摇椅系列，之后库卡波罗建议将这些加入以他早年为芬兰国家设计博物馆设计的博物馆椅为原型的另一系列办公椅、休闲椅和摇椅，然后我们将这个设计系列统称为"东西方家具系列"。在后续的原型制作过程中，我们希望看到中国木匠如何让这些家具拥有我们所期待的东方传统工艺气息。印洪强用普通中国硬木（水曲柳和柏木）和我们从芬兰带来的金属连接件制作了中国版第一批原型。其结果令人振奋，给了我们很大信心，同时也启发了我们下一步的设计理念，更重要的是，我们体会到这种在

现代设计科学引导下的设计方法是合理的。但是，当我们讨论下一阶段的原型制作时，印洪强坦率谈到对上述第一阶段原型的看法，他认为金属构件连接不够牢固，用木材连接会更贴合我们的设计构想。通常我们会理所当然地认为金属比木材的强度大，但考虑不同材料之间的连接所产生的复杂作用，木材与木材的连接会比木材与金属的连接更具强度和韧性，这也是中国传统木工节点全部用木材制作的主要原因［图0.38、图0.39］。

印洪强用普通实木和中国传统节点制作了"东西方家具系列"第二阶段的原型，我们感觉视觉效果很好，结构也足够牢固，经得起反复测试。事实上，印洪强放了四张"东西方家具系列"中的龙椅在店铺前，让来自四面八方的人们可以在那里不断试坐，经过5年、10年、15年的测试，证明其结构是非常牢固的［图0.40］。同时为了下一阶段的原型制作，我们也测

试了其他用不同木材试制的关键节点。为了达到符合人文功能主义的现代座椅形式，我们用了几年时间去反复讨论所有节点，并根据人体工程学和生态学的原理调整各要素的位置和尺度。在尝试了很多不同种类的木材之后，我们发现各种硬木制作的模型会更加优雅，这不仅因为硬木强度大，我们可以用更薄、更小的材料而又具备足够的强度，而且硬木表面纹理也更加细腻和多样。遗憾的是，大多来自热带雨林地区的硬木有很重要的生态意义，在欧洲，很多建筑师和设计师反对使用硬木，因此我们不得不继续思考如何发现更合理的材料。幸好印洪强先生有足够开放的合作心态，随时准备好迎接关于设计和制造方面任何新颖的建议，我们继续紧密合作，同时开始寻找更适合新中国主义设计的材料。很快，我们找到了中国竹材，并将其运用在我们接下来的所有新中国主义设计的产品中。

*图0.38

*图0.39

*图0.40

图0.36 库卡波罗和中国木匠印洪强、印峰（周浩明摄）

图0.37 作者与中国木匠印洪强（周浩明摄）

图0.38 作者设计团队设计并由印洪强家具工作坊制作的第一批测试样品（1998年；库卡波罗摄）

图0.39 作者设计团队设计并由印洪强家具工作坊制作的第二批测试样品（1999年；作者摄）

图0.40 作者设计团队设计并由印洪强家具工作坊制作的第二批样品的测试模型（1999年；作者摄）

0.4　中国竹：材料科学与新中国主义家具

竹是中国最重要的天然材料之一，中国人已经与各类竹制器物共同生活了3 000多年。从日常生活的各个方面来说，竹子对中国人都非常重要：它既为房屋和脚手架提供建筑材料，也是造纸原料；我们使用竹家具、竹篮等日用品；我们很早就在竹简上写字，用竹子烹调食品，弹奏竹乐器；更重要的是，我们把墨竹发展为中国传统艺术中最重要的类型之一。竹子具有很重要的艺术和文化意义，并与梅花、菊花、兰花在中国画和其他艺术形式中并称为"四君子"，亦与松树和梅花并称为"岁寒三友"。竹子是大量中国诗词的永恒主题，最有名的是苏东坡写的"宁可食无肉，不可居无竹"[图0.41、图0.42]。

中国并非世界上唯一栽培竹子的国家，却是发明并发展出完善的竹制家具系统并使之影响现代家具设计的重要国家。从材料分类方面观之，中国家具可分为四类，即漆家具、木制家具（包括硬木和软木）、竹家具（包括藤蔓家具）和其他材料（包括金属、石头、瓷器和陶器）的家具。在相当长一段时间内，竹器与玉器、青铜器、瓷器一道，在中国文化中成为独具中国特色也非常受尊重的器物文化的典型代表。在我的博士学位论文《现代家具设计中的"中国主义"》中，我已经对中国竹家具中的竹坐具进行了相关的研究和讨论，但是我必须说明，在博士学位论文中的探讨仅限于原竹家具。在中国古代，

＊图 0.41

＊图 0.42

＊图 0.43

＊图 0.44

＊图 0.45

人们在长期的生活中仔细观察并深入研究竹材特性，由此创造出大量的竹家具和日用竹器，发展和完善了具有中国特色的功能主义设计，贡献出弯曲元素和堆叠结构等现代设计原则［图 0.43 至图 0.46］。

中国传统竹家具曾经激发了许多现代设计师的设计灵感，从家具的一系列弯曲部件入手，现代版藤蔓家具以及钢家具系列的设计应运而生。但竹家具和竹材本身呢？当完成"东西方系列家具"原型的第三阶段时，我们开始思考竹子作为基本材料的可能性。我们在尝试使用竹材的过程中遇到原竹特性的基本问题：既然我们可以吃竹子，那么昆虫也可以吃竹子。许多科学家和竹材专家多年来一直在为解决这个问题而努力，然后借助于阿尔托早年发明木制胶合板的技术启发，开始生产竹胶合板和竹集成材，实际上这是一种充分发挥竹纤维特性的新"木材"或胶合板。这种新型竹材与原竹相比具有新的特征：它

不仅防虫、防腐、防火，而且在各个方向都有很高的强度，同时也有一定的弹性，可以按照设计构成做成任何形状和尺寸。

2000 年，南京林业大学材料科学与工程学院院长王厚立[30]教授主持获得联合国教科文组织资助的"亚洲地区传统竹制品现代化"项目，并邀请我和库卡波罗作为设计顾问加入。王教授（即王厚立教授）首先向我们介绍了竹材及其相关应用领域顶尖科学家张齐生院士，使我们更有信心用好竹子这种材料，并把竹胶合板作为"新中国主义设计"的基本材料。然后，王教授组织我们对竹材及其加工过程进行了田野调查，先后访问了宜兴、安吉、杭州等地。在杭州，我们遇到了林海[31]先生和他创办的世界最大的现代竹材企业"大庄"［图 0.47］。

浙江大庄实业集团总裁林海先生是国内除张齐生院士之外的另一位研究竹材的顶级专家。他拥有关于竹材料以及如何大批量生产竹胶合板的丰富而系统的第一手知识。我们第一次参观位于杭州的大庄竹材工厂时就承蒙林海先生传授如何使用竹集成材的基本技能，之后我们每年都去那里学习几次并运用竹材。在大庄竹材工厂每个生产车间的参观学习中，我们观摩不同种类的竹胶合板和竹集成材的整个生产过程，以及不同竹材的产品特性，同时考虑如何把它们运用到我们的家具设计和建筑室内设计中。

*图 0.47

*图 0.46

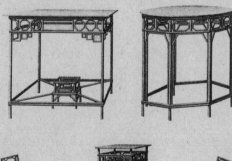

图 0.41 四川省崇州市道明镇的某竹作坊的商店（作者摄）

图 0.42 江苏省江阴市某竹家具作坊（作者摄）

图 0.43 作者收藏的民间竹编篮子（作者摄）

图 0.44 作者收藏的现代竹产品（作者摄）

图 0.45 四川民间的竹家具（作者摄）

图 0.46 钱伯斯出版的《中国建筑、家具、服饰、机器和日用品设计》英文版一书中几幅竹家具的图片（1957 年；引自伦敦 V&A 图书馆之吉莲·瓦尔克林的《古代竹家具》）

图 0.47 张齐生院士等主编的《中国竹工艺》封面（中国林业出版社, 1997 年）

在林海先生的指导和帮助下，我们决定以竹胶合板作为龙椅和茶几的新材料，并从大庄实业集团购回一批尺寸为1 200 mm×2 400 mm的标准竹胶合板到长泾，请印洪强先生研究并使用这种合成竹材。而后我们多次一起研究了这些竹板，讨论并决定了使用它们的基本模式。我们将用不同竹材制成的原型放在一起进行比较研究，以找出最好的模式。经过两轮模型制作的细节探讨，我们认为我们原则上可以像使用木材一样运用竹板，同时竹纤维在材料的单向方向具有更大的强度和塑性，这种特性使之在硬度和受力强度上已接近甚至超过许多种类的硬木，而其弹性特征则弥补了硬木的不足，至此，合成竹材为现代家具提供了全新的设计灵感［图 0.48］。

竹胶合板本身是科学研究的产物，为我们提供了更多的设计科学研究的可能性。在"东西方家具系列"和龙椅之后，我们将设计注意力转移到中国传统设计智慧和现代家具类型的更广泛的范围。我们开始研究中国框架椅、各种凳子、橱柜、桌子、摇椅等，将其作为设计灵感的起源，然后确定我们计划中设计产品的功能，同时谨记我们的基本设计原则：人体工程学、生态学和美学。最后我们设计出本书主体"新中国主义十三章"所涉及的十三组竹材料家具产品系列。

0.5 达·芬奇：艺术、科学与设计

在人类历史悠久的发展长河中，设计科学在一定程度上包括了自然科学，尤其是力学和工程学方面的内容。同时，建筑学是设计科学的重要组成部分，在古罗马时期，维特鲁威发表了他的划时代著作《建筑十书》[32]，该书成为西方建筑学的理论鼻祖，也是设计科学的先驱内容［图0.49］。在中国，"设计"刚刚成为这些年的官方主题用词之一，设计立国已成为从中央领导到企业经营者的共识。幸运的是，一批有影响力的中国科技精英在十多年前就开始在中国大力提倡和推广"设计"及其最新的科技与人文内涵，中国科学家路甬祥院士、潘云鹤院士以及徐志磊院士等许多专家学者则开始系统推广和宣传设计科学。

事实上，如果我们从古老的埃及历史中研究其奇妙的设计产品——城市、建筑、家具、首饰等，那么设计科学在古埃及时代就有悠久的历史。而比古埃及文明更早的美索不达米亚，古埃及之后的古希腊和古罗马，都是设计科学引领下建筑设计与艺术高度发达的时代。然而，从更严格的定义来看，意大利的达·芬奇（也简称莱昂纳多）应该是设计科学历史上的第一位大师，他在艺术、哲学、设计、科学、技术和工程几乎所有领域都取得了很大成就，或者我们可以说达·芬奇实现了设计科学在当时的条件下所能达到的最大成果。达·芬奇有无尽的想法来为人类的发展设计一切，但他的生命是有限的，因此后人将继续他的设计梦想。人们开始用英国瓦特[33]发明的蒸汽机等新技术设计各种机械设备来利用和控制大自然。当美国的富兰克林[34]在18世纪中叶将闪电收入仪器中时，人类不再认为闪电是上帝愤怒

图 0.48 作者设计团队所使用的大庄实业集团竹材构件（作者摄）

图 0.49 维特鲁威著《建筑十书》封面［多佛出版公司（Dover Publications），1960 年］

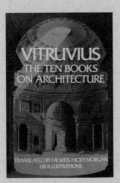

＊图 0.49

的表现。有了这样的利用和主导大自然的力量，人类不再对大自然抱有深深的恐惧，科学家开始提出基于数学原理的普遍科学思想，英国的牛顿则通过将数学应用于研究自然而发现了宇宙的运行规律。

就设计科学的综合性发展内涵而言，达·芬奇之后的下一位伟大导师是洪堡。对于达·芬奇来说，虽然同时代的哥伦布已经发现了新大陆，但他在欧洲范围内的世界是有限的，他无法在世界各地旅行，所以其设计科学观有一定的局限性。然而，对于洪堡而言，全球性探险和科学考察已经不是梦想，他可以设法去地球上的任何地方去考察、调研、学习，而后广泛宣传他自己建立在对世界各地实地调研基础上的人类的设计科学：自然可以带给人类一切事物，但自然和人类本身也可能因不良的设计被毁灭。与其前辈哥伦布或牛顿不同，洪堡并非局限于一个事实或某种发现，而是通过科学方法或包括艺术、历史、文学和政治在内的宏观设计科学与世界观，以及坚实的大数据提出综合性的科学理论。洪堡是人类历史上第一位运用大数据看出全球性问题并提出解决建议的科学大师。作为生态学之父，洪堡关于社会、经济和政治问题与环境问题密切相关的见解仍然是当今世界的主题。同时，洪堡的另一个伟大成就是使科学普及化并受大众欢迎，以至每个人都能从他那里学习：农民和工匠，学童和老师，艺术家和音乐家，科学家和政治家等。洪堡的远见卓识和综合性设计科学体系启发了许多同时代和后来的伟大人物，包括德国的歌德[35]、海克尔[36]，美国的杰斐逊[37]、马什[38]、梭罗[39]、缪尔[40]，英国的达尔文[41]，委内瑞拉的玻利瓦尔[42]等［图 0.50］。

对于设计科学而言，生态学的关注是其核心。生态设计是一个极点，人体工程学则是另一个极点，两者从根本上都来自对大自然的观察、学习和研究。当洪堡建构生态学的基本问题之后，海克尔最终发明了"生态学"一词来表达关于有机体与环境关系的科学。这是设计科学最深刻的意义，因为所有的设计都是为人类保持和建立更好的环境服务的。

* 图 0.50

* 图 0.51

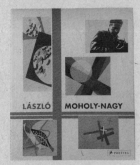

* 图 0.52

* 图 0.53

从现代设计的观点来看，设计科学的第一位大师是德国建筑师格罗皮乌斯，他在1919年建立了20世纪最重要的设计学院包豪斯。格罗皮乌斯通过结合艺术、设计、手工、工程、科学和技术来推动艺术与科学的融合和设计科学的发展。他邀请了一批当时世界创意领先的艺术家在包豪斯设计学院任教，同时邀请工匠和技术人员在包豪斯设计学院主持各门类设计工场，从而为全世界所有后来的设计学院创造了完美的原型。格罗皮乌斯的设计科学是对用机械完成需求的新世界或现代世界的合理映射，在建筑设计、工业设计、工艺革新、艺术创作和设计教育诸方面产生了全球性和持久性的影响。在包豪斯设计学院的优秀教师当中，来自匈牙利的纳吉[43]无论在包豪斯设计学院时期还是在美国时期都是全球具有影响力的设计科学大师之一。纳吉将机械和电力引入他的艺术设计活动，从而创造了新的艺术手段，并在未来几十年引领世界。他也是现代摄影伟大的创新者之一，并为新媒体艺术和其他相关艺术形式开辟了道路。纳吉发展了以现代科学技术为基础，以艺术创新为导向的新型设计科学。当包豪斯设计学院在1933年被迫关闭时，著名的艺术史学家里德[44]教授在包豪斯设计理论和设计教育实践的基础上开始更系统地思考设计科学，出版了《艺术与工业》一书，大力提倡和宣传格罗皮乌斯和纳吉等包豪斯设计学院大师开创的现代设计科学。该书在纳吉的帮助下于1942年再版，而后这本书的修订版版本在1952年和1956年又出版了第三版和第四版，对世界设计科学有着强烈的影响力［图0.51至图0.53］。

与格罗皮乌斯同时代的另外两位建筑大师——法国的柯布西耶和芬兰的阿尔托也以不同的理念对现代设计科学做出了杰出贡献。柯布西耶身兼建筑师、规划师、艺术家、思想家、作家和时尚大师，强调艺术创意对设计科学的引领作用；阿尔托则以建筑师、规划师、思想家、工艺发明家、艺术家、教育家和设计大师的身份，大力提倡生态设计原理在设计实践中的决定性意义，同时强调以人为本的人体工程学设计原则，由此开创北欧人文功能主义设计学派［图0.54、图0.55］。

图0.50 梭罗著《瓦尔登湖》封面（华东师范大学出版社，2015年）
图0.51《包豪斯：一个概念模型》（Bauhaus: A Conceptual Model）封面［汉杰·坎茨（Hatje Cantz）出版社］
图0.52《拉兹洛·莫霍利·纳吉》（László Moholy-Nagy）封面［普雷斯特尔（Prestel）出版社］
图0.53 里德著《艺术与工业》（Art and Industry）封面［费伯—费伯（Faber & Faber）出版社］
图0.54《现代主义修辞学：勒·柯布西耶作为讲师》（The Rhetoric of Modernism: Le Corbusier as a Lecturer）封面［伯克豪斯（Birkhauser）出版社］
图0.55 芬兰著名建筑设计大师阿尔瓦·阿尔托（阿尔托博物馆宣传图片）

*图0.54

*图0.55

达·芬奇去世近400年后，我们迎来了另一位设计全才：美国的富勒[45]。除了艺术贡献之外，他与达·芬奇一生所做的事情非常相似。作为科学家、工程师、发明家、建筑师、设计师和作家，富勒是第一位以自身设计理论和设计实践来定义和推广"设计科学"的现代科学家。1967年，富勒在以色列特拉维夫发表了著名的科学报告《设计科学：工程，人类的经济成功》，他定义了以全球视野和宇宙学观念为基础的设计科学观点。在富勒之后，奥地利的亚历山大[46]成为推动设计科学的领军学者。作为建筑师和数学家，亚历山大认为艺术、设计、建筑、景观与人类环境因素的理性需求密切相关，同时又构成非常复杂的关系，因此必须建立合理的设计科学。此外，美国的帕帕奈克[47]和诺曼等学者也从不同的侧面丰富和发展了设计科学：

帕帕奈克关注真实世界的设计状态并大力推动绿色设计运动；诺曼则重点研究设计心理学，关注产品的情感设计、复杂系统设计和细节设计［图0.56、图0.57］。

让我们回头瞻望人类历史上伟大的天才达·芬奇。直到今天，世界各地还在不断出版关于达·芬奇（即莱昂纳多）的各种新发现和新研究。在《未知的莱昂纳多》一书中，主编瑞提[48]介绍了马德里抄本中令人兴奋的发现：马德里抄本是20世纪所发现的最重要的古典手稿之一，它毫无疑问地使达·芬奇成为他那个时代最伟大的科学家和技术专家。理解达·芬奇

意味着我们要与人类历史上一位真正的天才对话，这位天才的成就超越了时间、地点、历史，甚至也超越了人类状况本身的正常限制。奥地利的弗洛伊德[49]写道："莱昂纳多就像一个在黑暗中醒来太早的人，而其他人都还在沉睡。"在历史的长河中，达·芬奇的许多笔记本、设计作品和绘画都不知所踪，17世纪之后不断出版的各种达·芬奇作品及相关研究成果是对这位绝世天才的重新发现和相关知识的再度组合，它们一方面逐渐显现了他天才的谜团，另一方面也逐渐扩大了我们对未知的达·芬奇的认识和理解［图0.58至图0.61］。

＊图 0.56

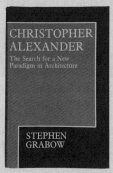

＊图 0.57

＊图 0.58

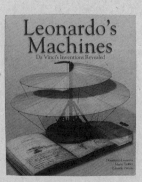

＊图 0.59

＊图 0.60

＊图 0.61

2015年，意大利米兰皇宫博物馆举办了大型的达·芬奇展览，在展厅里我们可以看到他的许多笔记本册页、设计图纸、绘画作品、雕塑模型和机械装置等。达·芬奇终生勤于笔耕，以创作为乐事，并勇于开拓未知领域的研究，因此留下了许多设计作品和笔记，从中我们可以欣赏他伟大的画作、他的文学遗产、他对艺术理论的创新论述、他的乐器设计、他对军事建筑的新想法、他的机器设计和机械原理研究、他对水力原理和空气动力学的洞察力、他的钟表设计，以及他革命性地用青铜铸造一座巨大的骑马雕像的巧妙计划等。

可以说，达·芬奇是人类历史上第一个也是最典型的设计天才，他将艺术与科学以极其自然的方式结合起来，超越时代地开创和发展了设计科学。他一生中一直坚持非常细致地观察自然并写作记录，用他深刻的学习习惯，并伴随着他的诗意和幽默来记录他所有的兴趣点。他把大自然当作他最好的老师，从而时刻观察着他周围的自然万物，并将自己的发现转化为创意理念和设计构思运用在艺术创作、科学研究和工程设计中，并在创意实践中发现更多的秘密。

达·芬奇是人类历史上最重要的艺术家之一，因为他开创了描绘大自然和人类活动的完美技法和理念。作为设计科学的重要主题，达·芬奇认为对艺术家和设计师同样重要的是将所有细节了解清楚并记录下来。通过大量的观察笔记、艺术批评

和设计思考，达·芬奇将自己定位为极其重要的艺术理论家，并将自己的艺术理论应用于他的绘画和雕塑创作，从而创造了无与伦比的大师级作品，如《蒙娜丽莎》《最后的晚餐》《岩间圣母》等。

达·芬奇喜欢音乐，他对音乐的热爱比正常的音乐爱好者拥有更多的含义，因为他希望自己既是一个表演者，也是一个研究者，他关注声音的性质及传播规律，从而成为许多乐器的发明家、设计师和制作者。达·芬奇对"钟表"非常感兴趣，他对时间的关注和测量已经通过他的许多钟表元素的草图和他对钟摆运动的深入研究得到证明。达·芬奇作为科学家和工程师，在机械设计领域展示了最为多才多艺的成就，他系统研究各种机器和机械系统的组成和运作，特别是他对液压和航空的强烈兴趣，使他设计出最早的液压机和飞

图 0.56 史蒂文·西登（Steven Sieden）著《巴克明斯特·富勒的宇宙：他的生活和工作》（Buckminster Fuller's Universe: His Life and Work）封面［基础读物（Basic Books）出版社，2000年］

图 0.57 斯蒂芬·格拉博（Stephen Grabow）著《克里斯托佛·亚历山大：寻找新的建筑典范》（Christopher Alexander: The Search for a New Paradigm in Architecture）封面［奥利尔（Oriel）出版社，1983年］

图 0.58 肯尼斯·克拉克（Kenneth Clark）著《莱昂纳多·达·芬奇》（Leonardo da Vinci）修订版英文原版封面［企鹅（Penguin）出版社，1993年］

图 0.59 多米尼哥·罗伦佐（Domenico Laurenza）等著《莱昂纳多的机器：揭示达·芬奇的发明》（Leonardo's Machines:

Da Vinci's Invention Revealed）封面［大卫与查尔斯（David & Charles）出版社，2006年］

图 0.60 詹姆斯·贝克（James Beck）著《莱昂纳多的绘画规则：现代艺术的非常规方法》（Leonardo's Rules of Painting: An Unconventional Approach to Modern Art）封面［企鹅布特南姆（Penguin Putnam）出版公司，1979年］

图 0.61 查尔斯·奥马利和桑德斯（Charles D. O'Malley and J. B. de C. M. Saunders）著《莱昂纳多·达·芬奇在人体上：莱昂纳多·达·芬奇的解剖图、生理图和胚胎图》（Leonardo da Vinci on the Human Body: The Anatomical, Physiological, and Embryological Drawings of Leonardo da Vinci）封面［格拉梅西（Gramercy）出版社，2003年］

机模型。在他生活的时代，达·芬奇试图通过发明和建造机器来解除人们的劳作压力，于是他发明了许多机器，包括自行车。多年来，达·芬奇一直在各地担任军事建筑师和工程师，为战争与和平的目的设计和建造了许多大型市政项目，同时他也是远远超出他所处时代的天才制图师。

为了取得相关的成果，达·芬奇必须充分掌握设计科学，他以自然观察为基础，并在观察中了解如何观察自然的方法进而发展成科学理念。达·芬奇的笔记本揭示了一个具有无限好奇心的男人的心态和视界，他在笔记中探索绘画技术、设计液压工程，同时也进行解剖学研究。他的许多设计和概念对于他同时代的人来说太先进了；因此毫不奇怪，他构思的许多设计项目在他去世后大约200年才被更广泛地理解［图0.62至图0.68］。

凭借着他那个时代最先进的设计科学理念，达·芬奇创造出最好的画作、最合理的机器，以及他所感兴趣的一切。达·芬奇的设计科学中最重要的一点就是学习大自然，于是洪堡才会在更广阔的大自然中体会到生态学设计原理；于是格罗皮乌斯才会强调把艺术、工艺与科学结合起来，从而将艺术史和人体工程学作为设计科学的新原则而引入；于是柯布西耶以艺术创意为引导现代建筑发展的旗帜；于是阿尔托以生态理念和地域文化为依托开创人文功能主义的设计学派；于是纳吉通过摄影和电力等现代技术丰富和发展了包豪斯设计科学的观念；于是富勒将设计科学发展成为与全球经济发展密切相关的普世科学；于是帕帕奈克、诺曼、亚历山大等专家学者进一步在设计过程中强调生态思想和理性思维，强调感性设计和设计的心理因素，同时坦然面对信息时代大数据主导下越来越复杂的设计境地。设计科学永远是一个持续发展的过程，日本的设计师和学者们在这些年来通过加入对人文主义和人体工程学的分类和详细研究，已发展出独具日本特色的感性工学。希望我们的新中国主义设计系列将通过我们对自身文化的深入理解，力求为现代设计科学做出特别的贡献。

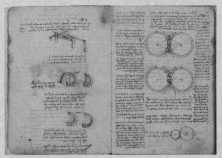

* 图 0.62

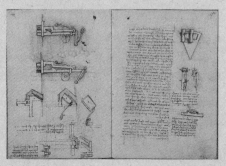

* 图 0.63

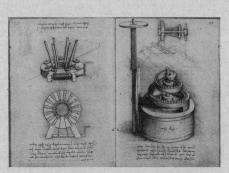

* 图 0.64

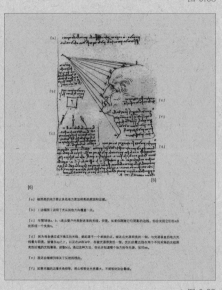

* 图 0.65

图 0.62 达·芬奇对齿轮原理的总结（引自"马德里抄本"）

图 0.63 达·芬奇的机械结构设计（引自"马德里抄本"）

图 0.64 达·芬奇的复杂齿轮机设计（引自"马德里抄本"）

图 0.65 达·芬奇对光影的总结（引自《达·芬奇笔记》）

图 0.66 达·芬奇对建筑拱形结构的分析（引自《达·芬奇笔记》）

图 0.67 达·芬奇的肌肉解剖分析（引自《达·芬奇笔记》）

图 0.68 达·芬奇的滑翔器设计（引自《达·芬奇笔记》）

图 0.69 安德烈娅·沃尔夫著《创造自然：亚历山大·冯·洪堡的科学发现之旅》封面（浙江人民出版社，2017年）

0.6 冯·洪堡：自然的发明

亚历山大·冯·洪堡曾被认为是世界上最著名的科学家。然而在两次世界大战之后，作为德国最伟大的科学家之一，洪堡在以英语为母语的国家已经在很大程度上被遗忘了。然而，我们不可能真正忘记他，因为他深刻地影响了整个世界，尤其在当代世界，当我们需要更多的思考生态学和设计科学的时候，我们会自然地想起洪堡和他的成就，他的理论和他的教诲。正如《自然的发明：亚历山大·冯·洪堡——失落的科学之星的探险》一书的作者沃尔夫[50]在她的书中所说："在过去的几年里，

许多人问我为什么对洪堡抱有如此大的兴趣？这个问题有几个答案，因为洪堡对我们后人来说非常重要而且充满魅力的原因有很多，不仅是他的生活丰富多彩，充满冒险经历，而且他的故事为我们建立了今天的我们如何观察大自然的基本模式。在当今的世界里，我们倾向于在科学和艺术之间画一条线，在主观和客观之间做出区分，而洪堡的洞见则是只能通过使用我们的想象力才能真正了解自然，这种远见卓识今天依然在启发着我们。"[图 0.69]

面对全球环境中越来越严重的生态问题，我们深深地怀念洪堡，并深刻认识到在知识、艺术与诗意之间，在科学与情感之间的联系比以往任何时候都更为重要。今天，世界各地的生态学家、环保人士、设计师、科学家、自然作家等各领域人士依然坚定地秉持着洪堡在艺术、科学、技术、工程和设计方面的理念和愿景。

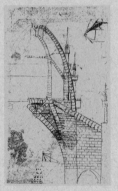

＊图 0.66

＊图 0.67

＊图 0.68

＊图 0.69

歌德曾经把洪堡比作一座"拥有许多泉眼的喷泉，这些泉眼如同大自然的溪流清新而无限地流淌着，所以我们只需要把容器放在泉眼下面"。沃尔夫在她的书中总结说："这些泉眼，我相信它们从来就没有干枯过。"

像达·芬奇一样，洪堡对大自然中的一切——植物、动物、水、山脉和岩石等都感兴趣。他观察了星空，描绘了景观，对他遇到的土著居民感到好奇并希望全面了解他们，洪堡一直想要学习更多的知识……洪堡最早意识到，大自然是一张由生命和自然力量编织成的网络，而世间万物都具有千丝万缕的联系。这种全新的自然观念彻底改变了人类理解世界的方式。

洪堡的天才洞见并非空穴来风，一方面，洪堡从小就建立了自己独立的思维模式，在对作为整体的大自然的广泛探索和调查过程中，用脑、用手、用全身心的智慧进行思考；另一方面，其广博的知识储备和深邃的远见卓识也得益于他与许多同时代伟大思想家和科学家的广泛联系和深度交流，如德国著名哲学家康德[51]，以及歌德和谢林[52]等。

洪堡创造的"自然资源一体图"（Naturgemalde）首次表明，大自然是全球各大洲各大洋相对应的气候与地理条件所共同孕育的力量系统。洪堡看到了"变化中的统一"。他不再把植物分别放在各种生物分类学的类别中，而是通过各地气候和地理位置的视角观察作为整体的植被：这是一个全新的想法，它至今仍然塑造着我们对生态系统的理解。这幅"自然资源一体图"和形成它的思想从根本上改变了后人对自然世界的认识。这幅智慧的插图被首次发表在他的第一部出版物《植物地理学论文集》中，洪堡在此使用自己独创的、全新的视觉表达方法，以便最直观地吸引读者的想象力［图 0.70］。这一部《植物地理学论文集》在前所未有的广阔的背景下观察植物，把大自然视为各种现象的整体性相互作用。洪堡自豪地宣称，所有这些都是用"宽阔的画笔"描绘出来的。这是世界上第一部生态学论著。在过去几个世纪，植物学被分类的概念所统治。各种植物的定位命名都是按照它们与人类的关系进行确定：有时根据不同的实际用途，如药用和作为观赏植物；或根据他们的色彩形态、味道和可食性。在 17 世纪的科学革命时代，植物学家根据种子、叶子、

* 图 0.70

花朵等部位的结构差异和相似之处，试图更加理性地对植物进行分类，从而试图对大自然施加秩序。在18世纪上半叶，伟大的瑞典植物学家林奈[53]用他开创性的性别系统革新了这个概念，他根据植物中生殖器官的数量和种类，即雌蕊和雄蕊对开花植物的世界进行了分类。到18世纪末，各国博物学家又发明出其他分类系统，但总的来说科学家仍然坚持认为分类学是博物学领域的最高统治者。而洪堡的《植物地理学论文集》则促进了人们对大自然完全不同的理解。他继承了他以前的教授布鲁门巴赫[54]关于生命力量的重要理论：宣称所有的生命都是一个整体。但洪堡却不像布鲁门巴赫那样仅仅关注有机世界，而是全面呈现植物、气候和地理学之间的关系。植物的分类摆脱了以前单纯的分类观念，它是按照区域和气候进行划分的。洪堡将文化的、生物的和物理的世界结合在一起，勾画出全球格局，从而使西方科学成为人类观察自然世界的新的视野。

洪堡的下一部书《自然的视野》出版后很快成为欧洲有史以来最有影响力的科学著作，同时也是他所有出版物中最畅销的一部书。在《自然的视野》中，洪堡创造了一种全新的写作风格，即将活泼的散文笔法和丰富的景观描述与科学观察相结合，这种风格已经成为今天大部分自然与科普写作的蓝本。这是一部充满抒情意味的科学论著，在这里，洪堡深刻地表明大自然如何影响人们的想象力。他写道：大自然与我们人类的"内心情感"进行了神秘的沟通。《自然的视野》再次将大自然生动地描述为一个生命网络，在这个网络中植物和动物相互依存，构成一个充满生机的世界。洪堡在此反复强调"自然力量的内在联系"。歌德认为，《自然的视野》具有极大的启发性，它必将在未来几十年激发一代又一代的科学家和艺术家。梭罗阅读了它，爱默生[55]也阅读了它，随后

宣称洪堡创造了全新的科学写作风格。当英国的达尔文搭乘比格尔号航行到南美洲时，坚持让他的哥哥将刚出版的《自然的视野》从欧洲给他寄过去。法国著名科幻小说作家凡尔纳[56]认真阅读了洪堡的《自然的视野》和其他科学论著后受到深刻启发，后来完成了大量科幻作品作为向洪堡的致敬。

在1814年，洪堡开始出版第一卷《个人叙事》，用包罗万象的科学笔记形式，以考察的时间顺序为纲，精确记录了洪堡和邦普兰[57]从1799年开始的自西班牙出发的探险与科学考察旅程。这部书后来启发和激励了达尔文加入比格尔号的探险之旅。

自1834年以来，根据其柏林系列演讲，洪堡开始著述他最有影响力的科学专著《宇宙：关于世间万物的物理描述》（以下简称《宇宙》）。1845年4月，洪堡出版《宇宙》第一卷，其中最重要的部分是长篇绪

图 0.70 洪堡的春分植物地理图（Géographie des Plantes Équinoxiales；引自《创造自然：亚历山大·冯·洪堡的科学发现之旅》）

论。在这里，洪堡阐述了他对一个充满各式生命的世界的看法。世间万物都是这个充满活力的世界力量的永无止境的活动的一部分，自然是一个"生命的整体"，各种生物在"网状的精致织物"中结合在一起。洪堡在近200年前已经向我们展示了今天大家习以为常并时常讲述的大自然设计的宏观形象。该书在绪论之后由三部分组成：第一部分关于天体现象；第二部分关于地球，包括地磁、海洋、地震以及气象学和地理学；第三部分涉及植物、动物和人类等有机生命。1847年，洪堡出版了《宇宙》第二卷，在这里，洪堡通过讲述人类从古代文明到现代的历史，带着读者进行心灵航行。此前没有任何类似的科学出版物做过这样的尝试，也没有任何科学家同时讲述诗歌、艺术和花园，讲述农业和政治以及感情和情绪。《宇宙》第二卷是对从希腊和波斯直到现代文学和艺术的自然与景观的诗意描绘的历史，它也是人类的科学发现和探索的历史，涵盖从亚历山大大帝到阿拉伯世界的一切内容，从哥伦布到牛顿……《宇宙》系列的著述，启发了欧美的许多思想家，文学家和科学家。如爱默生，爱伦·坡[58]，惠特曼[59]和梭罗等。1850年，洪堡出版了《宇宙》第三卷的上半部分，1851年出版《宇宙》第三卷的下半部分，该卷是对宇宙现象更加专业化的研究，从恒星和行星到光速和彗星。然后，他完成了《宇宙》第四卷，该卷将研究重点放在地球上，包括地磁、火山和地震。最后，在1859年，也是他生命的最后一年，洪堡完成了《宇宙》第五卷，作为对地球及其植物分布更多信息的延展研究。

洪堡在人类历史上第一次正确解释了森林生态系统和气候的基本功能，即树木储存水分、滋养大气、保护土壤以及冷却大地的能力。他还谈论了树木通过释放氧气对气候的影响。洪堡坚定地认为人类对大自然干预的影响已经是"无法估量的"，如果人类继续粗暴地扰乱大自然，那么今天的"粗暴"就可能变成明天的灾难，这是一个生态链的反应。"世间的一切事物，"洪堡后来说道，"都呈现互动互惠的联系。"

洪堡成功地摆脱了主导人类1 000多年，在人类与大自然的关系中以人为核心的观点。早在古希腊时代，亚里士多德就写道："大自然是为了人类而创造出一切事情。"到了2 000多年后的1749年，伟大的瑞典植物学家林奈依然坚持认为"大自然的一切都是为了人类而设"。长期以来，人们相信上帝已经赋予人类主宰自然的权利。在17世纪，英国哲学家培根[60]宣称"世界是为了人类而产生的"。法国哲学家笛卡尔[61]则认为，动物也许可以被看成复杂的自动机器，但却不具备理性，因此总要比人类低级。笛卡尔写道：人类是"世界的主人和大自然的拥有者"。18世纪中叶，法国自然学家布丰[62]将原始森林描绘成一片充满腐烂的树木枝叶、寄生植物、停滞的水池和有毒昆虫的可怕的地方，他认为大自然已经丑态百出了，需要被人类治疗，然后成为他所描写的美丽的"培育好的自然"。他们生活在分裂和信息不畅的时代，其周遭环境充满了碎片和不完整，即使伟大的哲学家和科学家如笛卡尔或林奈，也是将对大自然的理解转化为狭隘的收集、分类或进行数学抽象的实践。然而，洪堡警告说，人类需要了解自然力量是如何工作的，以及大自然中这些不同的线索是如何相互关联的。人类不能只是按自己的意志，为了自己的利益改变自然世界。"人类只能通过理解大自然的规律来适应自然并适度动用它有限的资源，"洪堡再次警告："人类将会有力量摧毁自己周围的自然环境，其后果可能是灾难性的。"

洪堡是第一位将殖民主义与环境破坏联系起来的科学家。一次又一次地，他的思想返回到一种作为复杂的生命网络的大自然，同时也关注人类在其中的位置。他探讨了大自然、生态问题、帝国势力和政治问题以及他们之间的相互关系。洪堡的远见卓识使他很早就批评不公正的土地分配、单一文化以及针对部落群体的暴力行为和土著的恶劣生存条件，这些问题在今天依然是人类面临的严峻挑战。

自然是洪堡的老师。大自然为人类提供的最伟大的课程就是自由。洪堡说："大自然是一种自由的领域。"因为大自然的平衡是由多样性造成的，它反过来可以被视为政治和道德真理的蓝图。大自然中的一切，从无足挂齿的苔藓或昆虫到大象或高耸的橡树都有其自身独特的功用，他们在一起形成一个整体，人类只是其中一个很小的部分。大自然本身就是一个自由的共和国。

洪堡也为欧洲的园林设计和博物学做出了巨大贡献。1804 年，当他在美洲完成了 5 年多的科学考察回到巴黎时，他带回了大约 6 万件植物标本，包括 6 000 余种植物种属，而其中近 2 000 种是欧洲植物学家从未见过的：这是一个非常惊人的数字，考虑到 18 世纪末的欧洲，人们已知的物种也只有 6 000 余种。此后，欧洲园林的发展获得了更多博物学的可能性，并在科学方向上得到更大进步，这种进步又反过来要求从全世界获取更多的物种。

洪堡全心全意地推动全球性的自由的学术交流，并与欧美各国有关专家保持着密切而频繁的接触。例如在巴黎，他经常会遇到法国自然科学家居维叶[63]、生物学家拉马克[64]、著名的天文学家和数学家拉普拉斯[65] 等。这些学术交流使大师得以互相了解和帮助。他坚信，知识的分享是通向更新更伟大的发现的捷径。

作为他那个时代引领科学风骚的讲演者，洪堡也是第一位大力提倡最广泛学科交叉设计思考的科学家。他把听众带到了穿越宇宙时空的旅程中，他带领听众上天入海，穿越大地，攀登最高的山峰，然后又回到岩石上的一小片青苔。他谈到诗歌和天文学，还谈到地质学和山水画；而气象学、地球的历史、火山和植物的分布都是他讲课的一部分。他的科学漫游时常从化石谈到北极光，从漫画说到植物、动物和人类的迁徙。洪堡的讲座是一幅跨越整个宇宙的生动的、万花筒般的图像。1828年，洪堡邀请了来自欧洲各地的数百名科学家出席在柏林举行的科学交流大会，在那里他只是要求来自不同领域的科学家在植物学、动物学和化石收集方面以及在大学和植物园之间进行广泛的、轻松愉快的交流，从而确保他们建立起友谊，并促成密切的交流网络。洪堡设想着一种以交流和分享知识为核心内容的跨学科科学家之间的兄弟情谊。正如他在柏林会议的开幕词中提醒大家的那样："如果没有不同的观点，发现真相是不可能的。"

0.7 海克尔：艺术、生态与自然

在洪堡的启发下，恩斯特·海克尔一直对自然、艺术、设计和科学抱有浓厚的兴趣。洪堡的一系列著作引导着海克尔从小就酷爱大自然、科学、探险和绘画。同时，海克尔一直在思考如何找到自己在艺术和科学之间的平衡，以及如何达成用内心感受自然与通过艺术和科学的方式表达自然之间的平衡。他希望为自己找到一种作为动物学家的学习模式，而且也想为其他艺术家、设计师、建筑师和科学家建立一套具有普遍意义的设计科学系统。

海克尔通过反复阅读洪堡的《宇宙》系列著作学到了很多科学知识，洪堡强调关于知识、科学、诗歌和艺术感觉之间的联系纽带，这种全新的科学观念对海克尔触动很大，但他在很长一段时间内依然不知道如何将其应用于他的博物学研究工作。博大精深的动植物王国的形形色色的现象时刻引诱和召唤着海克尔，邀请他解开大自然的秘密，而他难以确定自己是否应该使用画笔进行描绘或是用显微镜进行观察。他应该如何确定呢？经过长时间的体验与观察后，海克尔终于发现了自己在科学史上的位置，建立了独具特色的设计科学体系，它影响了一代又一代的艺术家、工程师、科学家、工艺师和设计师，同时把洪堡所提倡的自然观念和生态理念带进了20世纪。

中学时代的海克尔就已经拥有了广博的兴趣：喜欢植物学、比较解剖学和海洋无脊椎动物；酷爱显微镜、登山、游泳、绘画和制图。他对洪堡著作的阅读越多，对探索大自然的渴望就越强烈。《自然的视野》《个人叙事》与《宇宙》一起，引领着海克尔一步一步地调和自己内心中两个相互冲突的灵魂：由理性和逻辑控制的科学家与由情感和诗意主宰的艺术家。洪堡的一生已经做了几乎所有的事情，除了成为他所收集的美妙图像的主要制图艺术家，实际上，洪堡对绘画尤其是风景画和各种科学制图始终抱有浓厚的兴趣。海克尔凭借自己的艺术才华和科学知识，相信自己一定会在科学史和艺术史上拥有独特的地位，于是他决定拿起洪堡留下的工具，宣布自己希望成为一名画家和科学制图艺术家，"用画笔穿越从北极到赤道的所有地区"，通过完美地结合艺术与科学来推动人类知识的进步，从而以自己的理解建立新型的独具特色的设计科学。

此后，海克尔开始以动物学家和艺术家的身份观察大自然的这些生物。当他在显微镜下仔细地滴下一滴海水时，海水中所蕴含的奇迹露出自己的真实面目。这些小型的海洋无脊椎动物看起来像"精美的艺术作品"，它们简直可以被看成由五彩缤纷的切割玻璃或宝石制成的。海克尔并没有被显微镜工作通常引起的单调岁月所湮没，而是被这些"海洋生物奇观"所深深吸引，海克尔很快确信他已经找到了可以成为自己职业生涯的科学项目：它们被

称为生物放射学[66]。

这些微小的单细胞海洋有机体的体量约为1/1 000英寸（1英寸 = 2.54 cm），仅在显微镜下可见。然而一旦放大，生物放射学家就会发现其惊人美艳的结构。它们精湛的类矿物晶状骨架呈现出复杂的对称图案，通常具有射线状投影，从而使它们呈现出一种漂浮的外观。海克尔在一周又一周地耐心观察之后，不断发现新的物种，甚至新的生物种属，仅仅在其显微镜观察工作的第一阶段，他已发现了超过60个以前未知的物种。海克尔宣称这项工作是专门"为他而设的"，因为他可以把自己对体育运动、大自然、科学和艺术的热爱结合在一起：从清晨日出前他自己下海捕获海洋生物，到夕阳西下时用彩色铅笔结束对一系列海洋生物的描绘。海克尔全方位地享受着科学探索和艺术创作的双重快乐。生物放射学向海克尔展示了一个全新的世界：这是一个有序的世界，但同时也

充满神奇；它们富于诗意，同时也令人愉悦。海克尔用他自己的绘画作为其动物学著作的插图，这些插图在展现其完美的科学准确度的同时，也宣示着新型科学制图非凡的美感。海克尔的工作方式有如神助一般，他可以用一只眼睛看着他的显微镜，而另一只眼睛同时关注他的绘图板，这是一种非常不寻常的才能，他以前的教授认为海克尔的惊人才华前所未有。对于海克尔而言，绘画的行为是理解自然的最好方法，借助于画笔，他已潜入自然之美的深层秘密之中。

海克尔开始依据他的研究和绘画准备著述《生物放射学》一书，与此同时他也开始阅读达尔文的《物种起源》（全名为《论依据自然选择即在生存斗争中保存优良族的物种起源》），达尔文用生物自然演化并且适者生存的观点取代了长期以来流行的由上帝创造动物、植物和人类的神圣信念，这一革命性的观念从根本上震撼了宗教的

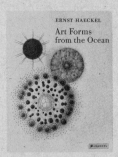

* 图 0.71

* 图 0.72

* 图 0.73

* 图 0.74

* 图 0.75

* 图 0.76

* 图 0.77

* 图 0.78

核心信念。海克尔的研究则更加证实了达尔文的进化观点。从洪堡到达尔文再到海克尔，与博物学和自然科学相伴成长的设计科学是以科学发现和创造性思维为基础发展出来的。在《生物放射学》之后，海克尔在1866年又隆重推出两卷本《有机体形态学概论》，这是关于生物结构和形态的系统性科学研究。达尔文将该书描述为"《物种起源》是迄今为止所能得到的最为波澜壮阔的颂歌"。依然是由洪堡开创，从达尔文到海克尔，生态学成为成熟的科学，理解生态意味着探索以自然的发展规律运行的充满生命的新世界。

像洪堡和达尔文一样，海克尔终其一生都在世界各地旅行和考察大自然，并用他自己的画笔绘制生物界万物，他所有的科学论著都以自己的插图作为佐证。海克尔以丰富同时又严格按照科学规范绘制的插图，通过令人信服的表达方式使大自然的演变叙事变得"可见"。对于海克尔来说，艺术已经成为他传达科学知识的工具。

在20世纪初，海克尔出版了一系列名为《自然的艺术形式》的图册，这是由一系列精美的博物学插图为主题兼具科学和艺术内涵的科普读物，它们出版后立刻成为新艺术风格造型语言的开创者。这些精美而严谨的《自然的艺术形式》系列图册向艺术家和设计师介绍了大自然的科学内涵。海克尔的著作如同艺术和设计创作的隐秘宝藏，展示了微观生物世界的壮观美景，其精美绝伦的结构只有通过显微镜才能看到，海克尔希望用这些科学插图来指导工艺师、艺术家、建筑师和设计师从自然灵感的角度创造新时代的建筑和设计产品。海克尔在1899年至1904年间陆续出版的《自然的艺术形式》在全球产生了巨大影响。在城市化、工业化和技术进步使人们与自然界的土地愈来愈见脱离的时代，海克尔的绘画提供了一种自然形式和科学图案的调色板，成为那些试图通过艺

术重新联结人与自然的艺术家、建筑师和设计师的日用词汇［图0.71至图0.81］。

当20世纪初开始起步的新艺术运动艺术家、建筑师和设计师试图通过从自然世界获取审美灵感来调和人与自然之间的不稳定关系时，《自然的艺术形式》成为他们所能获得的最好的教科书之一。随后我们可以看到那些著名的新艺术运动领军人物如何创造他们的杰作：法国玻璃艺术家加勒[67]将《自然的艺术形式》放在他的设计工作室以便随时翻阅；巴塞罗那的建筑师高迪将海克尔的海洋生物图像放大后应用到自己建筑作品中的栏杆和拱门；美国建筑师沙利文[68]拥有海克尔的全部著作并借用书中的风格化图案装饰自己建筑作品的立面；美国设计师蒂芙尼[69]以海克尔著作中的插图为创意灵感创作了精美的照明用品和珠宝；设计了著名的1900年巴黎世界博览会大拱门（Porte Monumentale）的法国建筑师比奈[70]写信

*图0.79

*图0.80

*图0.81

图0.71 恩斯特·海克尔（Ernst Haeckel）著《海洋的艺术形式》（*Art Forms from the Ocean*）封面［普雷斯特尔（Prestel）出版社，2005年］

图0.72 恩斯特·海克尔（Ernst Haeckel）著《自然的艺术形式》（*Art Forms in Nature*）封面［普雷斯特尔（Prestel）出版社，2008年］

图0.73 花水母目（Anthomedusae）（海克尔绘；引自《自然的艺术形式》）

图0.74 羚羊（Antilopina）（海克尔绘；引自《自然的艺术形式》）

图0.75 蛙（Batrachia）（海克尔绘；引自《自然的艺术形式》）

图0.76 蝙蝠（Chiroptera）（海克尔绘；引自《自然的艺术形式》）

图0.77 真蕨纲（Filicinae）（海克尔绘；引自《自然的艺术形式》）

图0.78 蜂鸟（Trochilidae）（海克尔绘；引自《自然的艺术形式》）

图0.79 鲀形目（Ostraciontes）（海克尔绘；引自《自然的艺术形式》）

图0.80 泡沫虫目（Spumellaria）（海克尔绘；引自《自然的艺术形式》）

图0.81 蛾（Tineida）（海克尔绘；引自《自然的艺术形式》）

告诉海克尔，为了这个巨大的金属拱门，他从海克尔的生物放射学图像插图中直接得到启发："关于它的一切，从最小的细节到整体的设计，都受到你的科学研究的启发。"

当人类将自然世界分解为越来越小的组成部分——细胞、分子、原子，然后是电子时，洪堡坚定地相信大自然的统一性，而海克尔则更进一步，通过全身心推动"一元论"，热情传播有机和无机世界之间没有任何界限的观念。海克尔在1899年出版的《宇宙之谜》一书解释了这种世界观的哲学基础，在这里海克尔谈到了灵魂、身体和自然界的统一，谈到了知识和信仰，也谈到了科学和宗教，从而使这本书成为理解自然和设计科学的最基本的读本。

海克尔认为自然界的统一可以通过美学方式来表达，他强烈意识到了设计科学的重要性。对于海克尔来说，这种沉浸于大自然的艺术可以借助出色的设计创造崭新的世界。海克尔坚持认为，洪堡所说的关于自然界的"科学与审美的沉思"对于理解宇宙至关重要，对于运用设计科学从而合理有效地建设我们的环境更具有深刻的指导意义。

图 0.82 包豪斯设计学院 1919 年成立时曾用标志 [引自魏玛包豪斯大学（Bauhaus-Universität Weimar）]

图 0.83 沃尔特·格罗皮乌斯（Walter Gropius）著《新建筑与包豪斯》封面 [麻省理工学院出版社（The MIT Press），1965 年]

图 0.84 包豪斯设计学院创始人沃尔特·格罗皮乌斯 [引自沃尔特·格罗皮乌斯著《新建筑与包豪斯》]

＊图 0.82

0.8 格罗皮乌斯与包豪斯

在现代建筑设计实践、现代建筑教育、现代设计教育、设计科学的系统创立与发展这四个方面，格罗皮乌斯及其创办的包豪斯［图0.82］设计学院（以下简称包豪斯）所做出的贡献都占据首位，至今无人能够超越。因此瑞士的建筑评论家吉迪翁[71]在其名著《空间、时间和建筑》（Space, Time and Architecture）中，将格罗皮乌斯列为欧洲现代主义建筑大师之首，尽管格罗皮乌斯的综合成就和影响力与柯布西耶和阿尔托在伯仲之间。1935年，格罗皮乌斯出版《新建筑与包豪斯》（The New Architecture and the Bauhaus）［图0.83］，时任英国艺术与产业委员会主席的皮克[72]

教授应邀作序，对格罗皮乌斯和包豪斯做出非常客观的评价："本书提出这样的问题：过去曾用木、砖和石块所构筑起的建筑，今天则将要采用钢筋、水泥和玻璃来建造。文章明确宣称，只有基于一种新的思想才能建造起真正的建筑。令我颇感兴趣的是，文章继而强调这些适用于建筑的观点，同样适用于和日常生活用品相关的设计领域。"皮克认为德国有幸拥有格罗皮乌斯："在这样一个过渡时期，德国为能够接纳并得到他的指导而幸运，甚至可以利用他的知识和能力加速这场必将到来的变革，这不仅体现在建筑领域，而且更多地体现在最广泛意义上的建筑和艺术设计教育当中。"在大变革的时代，格罗皮乌斯的远见卓识和专业洞察力只有柯布西耶可以比拟，他们对新的时代都有广泛的观察和深入的思考，他们既熟识传统又拥抱未来，因此用不同的方式选择更多地通过孕育和创造来表达未来的创意。皮克对

格罗皮乌斯及其创办的包豪斯充满信心，尽管当时包豪斯已遭纳粹政府关闭，而格罗皮乌斯避走伦敦，"独特的想象力将越来越多地利用新建筑的技术手段，创造其和谐的空间、优良的功能，并将以此为基础，更确切地说是作为一种新的审美观的构架，实现众所期待并最终光芒四射的艺术复兴。如果建筑师在作用力下摆动得太远而走向工程师，那么也会在反作用力下再次向艺术家靠拢。这种波浪式运动促进了发展。创造性的精神永不疲惫。海潮在不断的起落中上涨，而涨潮才是最为重要的"。格罗皮乌斯的理想、他的个人才华、他的强烈的社会责任感和牺牲精神、他的宽容个性所蕴涵的知识分子的人文关怀、他的创造力和管理协调能力等，都使其成为新时代建筑和艺术设计的领军人物，其影响力从德国到英国再到整个欧洲，然后随着他任教哈佛大学又影响美国，继而影响全球［图0.84］。

WALTER GROPIUS the new architecture and the bauhaus

* 图 0.83

* 图 0.84

我国改革开放之初的 1979 年，中国建筑工业出版社即已出版张似赞译本的《新建筑与包豪斯》，2016 年，重庆大学出版社又出版王敏译本的《新建筑与包豪斯》。然而，各种原因使我国建筑界、设计界和艺术界及相应的教育界对格罗皮乌斯和包豪斯的理解和认识时常出现偏差，甚至出现荒诞可笑的言论：如某些文章认为包豪斯成立于近一百年前，在今天已经过时；有些文章认为包豪斯只存在了十几年，其短命不仅因为纳粹政治迫害，而且因为格罗皮乌斯与伊顿[73]和康定斯基[74]等艺术家发生内斗而使学校分裂；有些文章认为包豪斯建筑早已脱离时代，当今许多建筑都已超越包豪斯建筑等。之所以在中国能出现上述种种荒谬言论，主要还是因为我国学术界的长期封闭以及由此带来的孤芳自赏和自说自话。要真正了解和认识并进而理解和评价包豪斯和格罗皮乌斯，我们必须参观、体验当年包豪斯办学的三个校址，它们分别位于魏玛、德绍和柏林，而后通过文献及实物展览进一步了解包豪斯，在此基础上方能有评价包豪斯的基本发言权；如果要深入理解并进而合理评价包豪斯，那么我们必须阅读并研究包豪斯档案文件和出版物，以及各类研究包豪斯、格罗皮乌斯以及其他包豪斯的大师及学生的作品、理念、思想及教学系统的相关著述。以芬兰阿尔托大学的设计图书馆为例，有关包豪斯的文献占据着近 10 排书柜、书架，而且毫无疑问这只是有关包豪斯研究文献的一小部分［图 0.85 至图 0.88］。

* 图 0.85

* 图 0.86

图 0.85 包豪斯（魏玛）主楼［引自包豪斯德绍基金会（Bauhaus Dessau Foundation），克里斯多夫·佩特拉斯（Christoph Petras）2011 年摄］

图 0.86 包豪斯（魏玛）主楼内的格罗皮乌斯办公室［托比亚斯·亚当（Tobias Adam）摄］

图 0.87 包豪斯（德绍）教学楼［引自包豪斯德绍基金会（Bauhaus Dessau Foundation），伊冯娜·滕切特（Yvonne Tenschert）2009 年摄］

图 0.88 包豪斯档案馆/设计博物馆(柏林)［沃尔特·格罗皮乌斯（Walter Gropius）、亚历克斯·克维雅诺维奇（Alex Cvijanovic）和汉斯·班德尔（Hans Bandel）1976—1979 年建筑设计；赫尔穆特·塞格（Helmut Seger）摄］

来自世界各地的建筑师、设计师、艺术家和学者，只要他们亲眼看见包豪斯校舍及博物馆，只要他们能从关于包豪斯成千上万的著述中任选几种进行阅读和理解，那么，几乎没有人能够再盲目地认为包豪斯建筑已经过时，更不会有人认为格罗皮乌斯与包豪斯艺术家因产生矛盾而导致包豪斯解体。事实上，格罗皮乌斯对当时欧洲顶级艺术家的吸引力和凝聚力是令人叹为观止的，在历史上只有文艺复兴时期的美第奇家族可以媲美。格罗皮乌斯与伊顿纵使因教学理念相左而分手，他们依然是终生朋友，格罗皮乌斯与康定斯基更是绝佳搭档，康定斯基长期担当着副校长的角色，最后几年甚至无薪工作，与格罗皮乌斯等人共渡难关。

中国对包豪斯的引介和了解颇为周折，其中有政治的历史因素，亦有人为的行政因素。2010年，清华大学美术学院举行"包豪斯道路文献展"，随后由山东美术出版社出版由杭间、靳埭强主编的《包豪斯道路：历史、遗泽、世界和中国》，简单梳理了包豪斯在世界各地尤其在中国的发展状况，其后不久，中国美术学院大胆购入一批包豪斯的设计作品收藏，以便成立中国首家"包豪斯博物馆"和"包豪斯研究院"，尽管其过程颇多波折，但可以期待中国本土很快将展开真实意义上的"包豪斯研究"。2014年，山东美术出版社开始出版中国美术学院"包豪斯研究院"的系列成果——"中国设计与世界设计研究大系"，其中又分为两大系列，分别为"包豪斯与中国设计研究系列"和"中国国际设计博物馆馆藏系列"。现已出版由许江、杭间、宋建明主编的《包豪斯藏品精选集》，由杭间、冯博一主编的《从制造到设计：20世纪德国设计》，由许江、靳埭强主编的《遗产与更新：中国设计教育反思》，由张春艳、王洋主编的《包豪斯：作为启蒙的设计》等。

包豪斯对设计科学的巨大贡献前所未有，也基本上空前绝后，其具体贡献主要表现在如下几个方面：其一是三位校长作为建筑大师、设计大师和教育家在设计理念和实践方面对设计科学的贡献；其二是包豪斯教师群体作为现代最具创意的艺术大师和设计大师以其创作和理论及教学文案对设计科学的贡献；其三是包豪斯学生在校和毕业后以其创作和教学实践对设计科学的贡献，其中包括由包豪斯教学理念延伸至世界各地所产生的各类新型建筑、艺术和设计院校。

* 图 0.88

* 图 0.87

包豪斯的三位校长都是举世闻名的建筑大师和教育家，其中格罗皮乌斯和密斯更是影响深远，关于他们两位的相关研究文献都可开设专门的图书馆，梅耶[75]因长期在莫斯科工作，渐渐淡出西方主流建筑圈，但他对建筑、设计及教育的理论与实践依然是现代设计科学宝库中的重要元素，并在近年逐步引起了更多的重视。关于三位包豪斯校长以及其他教师的研究，至今仍以各种方式不断出版，如2009年耶鲁大学出版社推出著名学者韦伯[76]著的《包豪斯团队：六位现代主义大师》(The Bauhaus Group: Six Masters of Modernism)，非常生动地讲述了格罗皮乌斯、密斯、克利、康定斯基与阿尔伯斯[77]夫妇的故事，从中揭示了每位大师的性格特点及艺术成就。2013年机械工业出版社出版郑炘等译本[图0.89、图0.90]。

关于包豪斯的教师群体，几乎每一位都是各自领域的顶级大师，以其理论、创作或设计实践开创出那个时代的辉煌，其中的康定斯基和克利[78]，更是被著名艺术史家里德在其名著《现代绘画简史》中列为与毕加索并列的20世纪最重要的三位艺术大师。而纳吉、费宁格[79]、伊顿、阿尔伯斯、拜耶[80]、布兰特[81]、布劳耶尔、斯托尔策[82]、施莱默[83]、施密特[84]等都是世界级的艺术家、设计师、建筑师和教育家。关于他们的研究，汗牛充栋，层出不穷，在20世纪建筑史、设计史、艺术史、工艺史、文化史、社会史、教育史中都占有不可或缺的核心地位，他们自身的理论著作都是20世纪的经典文献，如康定斯基出版于1912年的《论艺术的精神》(Concerning the Spiritual in Art)一书刚出版即成为现代艺术史上最具革命性的宣言，100多年来被译成几乎所有语言在全球反复出版。此外，由康定斯基和马克[85]主编的《蓝骑士年历》(The Blaue Reiter Almance)也是现代艺术史上的经典文献。当年包豪斯的经典出版物中还包括康定斯基的《点线面》和《艺术与艺术家论》[图0.91至图0.93]。

克利是另一位对设计科学和艺术理

* 图 0.89

* 图 0.90

* 图 0.92

图0.89 彼得·卡特(Peter Carter)著《工作中的密斯·凡·德·罗》(Mies van der Rohe at Work)封面[菲登(Phaidon)出版社，1999年]
图0.90 尼古拉斯·福克斯·韦伯(Nicholas Fox Weber)著《包豪斯团队：六位现代主义大师》(The Bauhaus Group: Six Masters of Modernism)封面[耶鲁大学(Yale University)出版社，2011年]和郑炘等译《包豪斯团队：六位现代主义大师》封面(机械工业出版社，2013年)
图0.91 约1931年包豪斯课后场景(康定斯基坐在中间)[引自包豪斯(德绍)(Bauhaus Dessau)]

* 图 0.91

论贡献卓著的包豪斯大师。包豪斯经典文库早在 1925 年即出版克利的专著《教学速写本》（Pedagogical Sketchbook）和《保罗·克利论现代艺术》（Paul Klee on Modern Art）以及影响极为广泛的《保罗·克利日记：1898—1918》（The Diaries of Paul Klee: 1898-1918）。此后瑞士巴塞尔施瓦布（Schwabe & Co.AG）出版社于 1990 年隆重推出克利关于艺术创作和设计科学的两部巨著《造型思想（第 5 版）》（Das Bildnerische Denken: Fünfte Auflage）和《无限的自然历史（第 2 版）》（Unendliche Naturgeschichte: Zweite Auflage），全面展示克利以科学家的精准和艺术家的浪漫所发展出来的独具一格的艺术创作和设计科学体系［图 0.94 至图 0.98］。

在康定斯基和克利之后对设计科学和艺术理论做出巨大贡献的包豪斯大师中最突出的就是纳吉和阿尔伯斯这两位继伊顿之后完善并再创造包豪斯基础课的天才设计大师。2006—2007 年，在伦敦泰特现代艺术馆（Tage Modern Art Museum）、德国比勒费尔德艺术馆（Kunsthalle Bielefeld）和纽约惠特尼美国艺术博物院（Whitney Museum of American Art）分别举办了关于纳吉和阿尔伯斯的大型展览，并由耶鲁大学出版社出版《阿尔伯斯和莫霍利·纳吉：从包豪斯到新世界》（Albers and Moholy-Nagy: From the Bauhaus to the New World）。纳吉是包豪斯的灵魂教授之一，在艺术和设计的几乎所有领域都有所涉猎，尤其在摄影和动态艺术、材料艺术及装置艺术诸方面更是开创性大师。早在 1928 年，纳吉在包豪斯时就出版了《从材料到建筑》（Von Material zu Architecture），随后由纽约布鲁尔、沃伦和普特南（Brewer, Warren & Putnam）出版社修订出版了《新视觉：包豪斯设计、绘画、雕塑与建筑基础》（The New Vision: Fundamentals of Bauhaus Design, Painting, Sculpture, and Architecture；2014 年重庆大学出版社出版刘小路译本）。包豪斯被纳粹关闭后，纳吉应邀去美国芝加哥开办"新包豪斯"设计学院继续发扬光大包豪斯教学理念，同时发展和完善自己的设计科学和艺术创意理念，并于 1947 年由芝加哥西奥哈德（Paul Theobald）出版社隆重推出其设计科学和艺术创意理念巨著《运动中的视觉》（Vision in Motion；2016 年中信出版集团出版周博等中译本），对后世影响深远。关于纳吉的研究

图 0.92 康定斯基著《论艺术的精神》（Concerning the Spiritual in Art）封面［多佛出版公司（Dover Publications），1977 年］
图 0.93 康定斯基主要著作的中文版封面
图 0.94 克利著《克利大师：包豪斯的老师》（Meister Klee! : Lehrer am Bauhaus）封面［汉杰·坎茨（Hatje Cantz）出版社，2012 年］
图 0.95 克利著《克利与他的教学笔记》封面（重庆大学出版社，2011 年）
图 0.96 克利著《保罗·克利论现代艺术》（Paul Klee on Modern Art）封面［费伯—费伯（Faber & Faber）出版社，1966 年］
图 0.97 克利著《保罗·克利日记：1898—1918》（The Diaries of Paul Klee: 1898-1918）封面［加利福尼亚大学出版社（University of California Press），1968 年］
图 0.98 克利的巨著《无限的自然历史（第 2 版）》（Unendliche Naturgeschichte: Zweite Auflage）和《造型思想（第 5 版）》（Das Bildnerische Denken: Fünfte Auflage）封面［施瓦布出版社（Schwabe & Co.AG），1990 年］

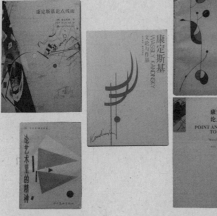

＊图 0.94　　　　＊图 0.95

＊图 0.93

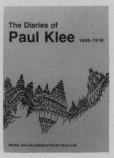
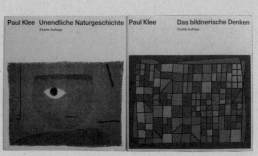

＊图 0.96　　　　＊图 0.97　　　　＊图 0.98

著作，每年都会出版很多，作者最近看到的有：2006 年由德国史泰德（Steidl）出版社出版的《颜色透明度：彩色摄影实验：1934—1946》（Color in Transparency: Photographic Experiments in Color, 1934-1946）；2008 年德国汉杰·坎茨（Hatje Cantz）出版社出版的《黑影照片目录全集》（The Photograms Catalogue Raisonne）；2009 年普雷斯特尔（Prestel）出版社出版的由英格丽·菲佛（Ingrid Pfeiffer）和马克斯·霍莱茵（Max Hollein）主编的《拉斯洛·莫霍利·纳吉回顾》（Laszlo Moholy-Nagy Retrospective）；2011 年日本艺术国际（Art Inter）出版公司出版的《莫霍利·纳吉视觉实验室》（Moholy-Nagy Laboratory of Vision）等［图 0.99 至图 0.103 ］。

阿尔伯斯是包豪斯的第一届毕业生，随后留校任教并担任纳吉的助手主持基础课，包豪斯解体后前往美国并先后在黑山学院和耶鲁大学任教，其设计科学名著《色彩构成》（Interaction of Color）自 1963 年在耶鲁大学出版社出版后立即成为全球设计学的标准教材，其中文版分别于 2012 年和 2015 年在中国大陆和中国台湾以《色彩构成》和《色彩互动学：20 世纪最具启发性的色彩认知理论》的书名出版。关于阿尔伯斯的研究著作，近年有逐步上升的趋势，如意大利西尔瓦娜社论（Silvana Editoriale）出版社出版的《艺术体验和包豪斯大师教学方法》（Art as Experience, the Teaching Methods of a Bauhaus Master）。此外，包豪斯大师关于设计科学和艺术创意理论的出版物还有伊顿于 1961 年出版的《色彩的元素》（The Elements of Color），1963 年出版并于 1990 年由天津人民美术出版社出版曾雪梅、周至禹译本的《造型与形式构成：包豪斯的基础课程及其发展》，以及 2014 年由金城出版社出版周诗岩译本的《包豪斯舞台》（施莱默名著）［图 0.104 至图 0.110 ］。

除阿尔伯斯之外，包豪斯毕业生中后来成为一代大师的还有布劳耶尔、拜耶、谢帕[86]、施密特、斯托尔策、布兰特和比尔[87]。其中布劳耶尔不仅是现代家具的开创性大师，而且是现代建筑运动中仅次于格罗皮乌斯、密斯、柯布西耶、阿尔托、赖特的经典设计大师；拜耶是包豪斯毕业生中最多才多艺的一位，作为画家、摄影家、设计师和建筑师，其最富创意和影响力的作品集中在图形设计领域；谢帕则成为壁画大师，同时也是欧洲最早从事建筑保护的专家之一；施密特不仅是一位雕塑家，而且是天才的印刷专家和绘画大师；斯托尔策作为包豪斯鼎盛时代唯一的女性教授，是 20 世纪最具原创力的纺织设计大师；布兰特则一方面是一位独具一格的摄影大师，另一方面更是金属和玻璃设计的工业设计大师；而比尔后来虽以乌尔姆设计学院首任院长名垂史册，但他更是一位建筑大师、工业设计大师和雕

＊图 0.99

＊图 0.100

＊图 0.101

＊图 0.102

＊图 0.103

＊图 0.104

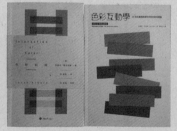

＊图 0.105

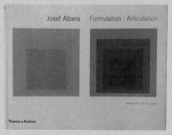

＊图 0.106

＊图 0.107

塑家。2011 年中国建筑工业出版社出版赫伯特·林丁格尔编、王敏译的《乌尔姆设计：造物之道》，系统介绍作为包豪斯在欧洲继承者的乌尔姆设计学院的方方面面。包豪斯教学体系的成功与卓越是无可超越的，其学生的优异成绩说明了一切。2014 年德绍举办了盛大的包豪斯学生作品展览，并由汉杰·坎茨（Hatje Cantz）出版社出版相应的学生作品选集《学生的包豪斯艺术：德绍包豪斯基金会作品选集》（ *Bauhaus Art of the Students: Works from the Stifting Bauhaus Dessau Collection* ），一方面

展示了艺术与技术如何引导包豪斯的创作理念，另一方面充分显示了包豪斯大师所开创的设计科学理念如何运用在学生的课程设计作品当中［图 0.111 至图 0.113］。

图 0.99 威瑞尔斯（Various）著《莫霍利·纳吉视觉实验室》（ *Moholy-Nagy Laboratory of Vision* ）日版封面［艺术国际（Art Inter）出版公司，2011 年］

图 0.100 纳吉著《新视觉：包豪斯设计、绘画、雕塑与建筑基础》封面（重庆大学出版社，2014 年）

图 0.101 纳吉著《运动中的视觉：新包豪斯的基础》封面（中信出版集团，2016 年）

图 0.102 纳吉著《颜色透明度：彩色摄影试验：1934—1946》（ *Color in Transparency: Photographic Experiments in Color 1934-1936* ）封面［史泰德（Steidl）出版社，2006 年］

图 0.103 赫伯特·莫德林斯（Herbert Molderings）等著《黑影照片目录全集》（ *The Photograms Catalogue Raisonne* ）封面［汉杰·坎茨（Hatje Cantz）出版社，2008 年］

图 0.104 弗雷德里克·霍洛维茨（Frederick A. Horowitz）等著《约瑟夫·阿尔伯斯》（ *Josef Albers: To Open Eyes* ）封面［菲登（Phaidon）出版社，2006 年］

图 0.105 阿尔伯斯著《色彩构成》封面（重庆大学出版社，2012 年）和《色彩互动学：20 世纪最具启发性的色彩认知理论》封面（积木文化出版社，2015 年）

图 0.106 约瑟夫·阿尔伯斯（Josef Albers）著《公式化：清晰度》（ *Formulation: Articulation* ）封面［泰晤士与哈德逊（Thames & Hudson）出版社，2006 年］

图 0.107 阿尔伯斯等著《艺术体验和包豪斯大师教学方法》（ *Art as Experience, the Teaching Methods of a Bauhaus Master* ）封面［西尔瓦娜社论（Silvana Editoriale）出版社，2013 年］

图 0.108 约翰尼斯·伊顿（Johannes Itten）著《色彩的元素》（ *The Elements of Color* ）封面［教学（Der Unterricht）出版社，1961 年］

图 0.109 伊顿著《造型与形式构成：包毫斯的基础课程及其发展》封面（天津人民出版社，1990 年）

图 0.110 奥斯卡·施莱默等著《包豪斯舞台》封面（金城出版社，2014 年）

图 0.111 包豪斯学生作品档案（1—4 卷）［包豪斯大学（Bauhaus Universitätsverlag）出版社，2009 年］

图 0.112 林丁格尔编《乌尔姆设计：造物之道》封面（中国建筑工业出版社，2011 年）

图 0.113 包豪斯学生作品选集封面［汉杰·坎茨（Hatje Cantz）出版社］

*图 0.108

*图 0.109

*图 0.111

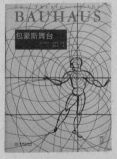

*图 0.110

*图 0.112

*图 0.113

回头再读格罗皮乌斯的《新建筑与包豪斯》，才发现当年格罗皮乌斯为他所处时代的新建筑、新设计构建的教育框架和设计理念也完全适用于当代。我们依然要在合理化和标准化的前提下追求艺术创意的表达，建筑设计、工业设计和艺术创意的教学核心依然是由初步课程、实践与形式课程和建筑课程组成。格罗皮乌斯以其崇高的社会理想和个人魅力将欧洲最优秀的艺术大师群体汇聚在包豪斯，他们不仅培养出一代又一代引领时代设计发展的设计师、建筑师和艺术家，而且在教学和研究中发展出多姿多彩的设计科学和艺术创意理论。在设计科学方面，包豪斯的理论体系至今仍然是无可超越的宝库，就如同包豪斯大师自己的设计作品和艺术创意至今依然无法被超越一样。

0.9　柯布西耶

作为 20 世纪全球范围内影响最大的建筑师，柯布西耶对设计科学的贡献也是非常巨大的。他在城市规划、建筑设计、家具设计、绘画、雕塑诸多领域进行了研究和实践，对设计科学和艺术创意理论进行了不懈的探讨，并最终形成了自己独到的见解和理论，对全球的建筑学、设计学和设计科学诸方面都产生了深远的影响。

改革开放后的中国开始引介世界建筑大师，柯布西耶是最早被介绍到中国

的国际建筑大师之一，其划时代的名著也随之推出中文版。早在 1981 年，中国建筑工业出版社即已出版吴景祥译本《走向新建筑》，在此之后，海峡两岸出版该书的多种中文译本。2016 年，商务印书馆再次推出陈志华译本《走向新建筑》，足见其持久的影响力。进入 21 世纪之后，中国建筑工业出版社又从瑞士布里卡瑟（Brikhäuser）出版社引进版权，出版《柯布西耶全集》中文版，此后又陆续出版牛燕芳译《勒·柯布西耶书信集》及柯布西耶的其他著作，如《明日之城市》《精确性：建筑与城市规划状态报告》《模度》《一栋住宅，一座宫殿：建筑整体性研究》和《现代建筑年鉴》等。然而，就全球范围内对柯布西耶研究的多样化、丰富性和细微化而言，中国目前对柯布西耶的引介还远远不够，更谈不上深入研究了［图 0.114 至图 0.117］。

2014 年，美国新丰（New Harvest）和

* 图 0.114

* 图 0.115

* 图 0.116

* 图 0.117

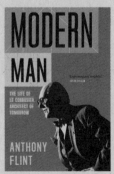

* 图 0.118

霍顿·米夫林·哈考特（Houghton Mifflin Harcourt）出版社出版了美国著名学者安东尼·弗林特[88]所著《勒·柯布西耶：为现代而生》（Modern Man: The Life of Le Corbusier, Architect of Tomorrow）[图0.118]。作者用最新的史料，参照先前出版的近百种关于柯布西耶的各种研究专著和结论，对这位在现代城市、建筑、设计、艺术及现代生活方式诸方面都做出重大贡献的天才人物进行了生动而全面的总结，一方面介绍其一生中的主要专业成就及相应的浪漫故事，另一方面也归纳出柯布西耶惊人成就的源泉何在，以及他对设计科学的最重要贡献是什么。柯布西耶没有受过专业的建筑学或艺术学训练，但他在长期"读万卷书，行万里路"的自学生涯中，发现并充分吸收利用了三大创意源泉，即史论研究，包括科技史、艺术史、设计史和建筑史；对大自然的关注、研究和学习；对艺术创作的渴望和长期而系统的实践，尤

其是对绘画和雕塑的倾心投入及相应的丰硕成果。这三大源泉是柯布西耶在城市规划、建筑设计、室内设计和家具设计诸方面所有创意活动的思想基础，使其始终能走在时代的前沿并引领时代。柯布西耶对设计科学所做出的最重要贡献有三个方面：以人为本的模度研究和人体工程学探讨；设计中的生态设计思想；设计造型语言的系统化塑造模式。

柯布西耶一生无论多忙，都能专注于学术研究和写作，广涉建筑、科技、艺术、社会多种领域，并出版了大量专著，发表了无数文章，主办过多种学术期刊。学术界长期认为《走向新建筑》是柯布西耶的第一部著作，出版于1923年，但实际上只是因为这部专著的影响力巨大，从而掩盖了柯布西耶其他更早的出版物。2008年，德国维特拉设计博物馆隆重再版了柯布西耶的第一部学术专著《勒·柯布西耶：关于德国装饰艺术运动的研究》

（Le Corbusier: A Study of the Decorative Art Movement in Germany）[图0.119]。这部著作出版于1912年，同一年，康定斯基出版了《论艺术的精神》并立即轰动欧洲艺术界，而柯布西耶的这部著作却因种种原因长期被忽略了，事实上，柯布西耶已将该论著中的核心思想和信息移植到《走向新建筑》等其他著作中。1910年前后的德国在工业、科技、艺术、建筑、设计诸多方面都处于引领欧洲创意潮流的地位。贝伦斯[89]不仅领导并参与创立了德意志制造联盟，而且以自己的建筑事务所为基地实践最新的创意理念并由此吸引柯布西耶、格罗皮乌斯和密斯前来学习；穆特修斯[90]不仅潜心引介英国住宅的先进经验，而且身体力行领导德国新住宅的建设；陶特[91]以卓越的洞察力判定玻璃和钢将成为新时代的主流建筑材料并开始系统研究和应用，同时亦投身设计教育，同比利时大师威尔德一样，在德国创办建筑与工艺

图0.114 法国著名现代建筑大师勒·柯布西耶［安东尼·弗林特（Anthony Flint）著《勒·柯布西耶：为现代而生》（Modern Man: The Life of Le Corbusier, Architect of Tomorrow）］
图0.115 勒·柯布西耶（Le Corbusier）著《走向新建筑》（Vers Une Architecture）原文版本封面（出版社不详，1923年）
图0.116 柯布西耶著《柯布西耶全集》（Le Corbusier）封面［布里卡瑟（Birkhäuser）出版社，1995年］
图0.117 柯布西耶著《精确性：建筑与城市规划状态报告》《明日之城市》《勒·柯布西耶书信集》封面（中国建筑工业出版社）

图0.118 安东尼·弗林特（Anthony Flint）著《勒·柯布西耶：为现代而生》（Modern Man: The Life of Le Corbusier, Architect of Tomorrow）封面［新丰（New Harvest）和霍顿·米夫林·哈考特（Houghton Mifflin Harcourt）出版社，2014年］
图0.119 马里奥·克里斯（Mateo Kries）等著《勒·柯布西耶：关于德国装饰艺术运动的研究》（Le Corbusier: A Study of the Decorative Art Movement in Germany）封面［维特拉设计博物馆（Vitra Design Museum），2008年］

＊图0.119

学校，并最终导致包豪斯的诞生。这样的德国吸引着一大批的各国前卫艺术家，如俄国的康定斯基、瑞士的克利、美国的费宁格、匈牙利的纳吉和法国的柯布西耶。当时作为青年建筑师的柯布西耶也是一位天才的学者，他在其第一部学术专著中详细记载和分析了当年德国的应用艺术运动和主要旗手如贝伦斯、陶特、穆特修斯等，同时也记录了当时最前卫的德国艺术家如桥社领袖凯尔希纳[92]的最新艺术动态。目前专家们一致认为，柯布西耶的研究文字是当年德国现代设计发展的最翔实的文献之一，同时也是观察与理解柯布西耶设计生涯的最新窗口，从中可以明显看出柯布西耶对机器美学的崇拜来自何处，柯布西耶绘画的豪放风格受谁影响，柯布西耶对模度的关注始于何时何处等。维特拉设计博物馆 2008 年出版的柯布西耶首部著作（英文版）中还附有两篇研究论文，其一是维特拉设计博物馆副馆长克瑞斯[93] 所写的《勒·柯布西耶在德国》（Le Corbusier in Germany），其二是美国学者安德森[94] 所写的《向德国机器学习》（Learning from the German Machine），全面分析了柯布西耶当年在德国学习的背景及研究细节。柯布西耶对时代变迁和科技文化发展的敏锐观察和勤奋写作在其第一部学术专著中得到充分体现，该书也是柯布西耶从史论研究中获取创意灵感的经典案例。

柯布西耶的第二类创意源泉是对大自然的关注、研究和学习，他毕生收集海螺及各类贝壳，也积累了大量的奇石和树根，但因其在丰富的写作和讲演中早已将大自然的灵感融入自己新创立的设计理念当中，因此有意无意间使人们大都忽视了这位大师的原始个性化收藏，就像很多人都不知道柯布西耶和格罗皮乌斯实际上都是独具品位的摄影师一样，因为有太多的专业摄影师活跃在这些开创性大师身边，以致人们完全忘记这些大师本人在该领域所具有的才华。2011 年德国赫默（Hirmer）出版社出版了德国艺术史学者马克[95]的专著《勒·柯布西耶：海边的建筑师》（Le Corbusier: The Architect on the Beach），揭示出柯布西耶在半个多世纪的职业生涯中始终是海边贝壳及卵石的狂热收藏家，而这些收藏也成为其设计创意的源泉之一。与此同时，柯布西耶的设计科学及建筑理论也与他对大自然的收藏息息相关，例如，柯布西耶明确宣称，朗香教堂惊世骇俗的造型实际上源自他在纽约长岛海滩捡到的大贝壳，而其公寓和修道院项目中的大量细节设计都源自其收藏品中的奇石和树根。作者马克教授在该书中用大量以前不曾被关注的资料探索柯布西耶一生大多数经典建筑的思考源泉，同时也在该书的第 95 页提出这位创意天才发展其设计科学的具体过程，原文如下：

勒·柯布西耶利用他的收藏品形成了一个包含三个阶段的认知通道。他从手中

* 图 0.120

* 图 0.121

的贝壳这种直接的感官体验开始，然后发现其结构底层的基本数学图形，即螺旋。最后，他确定了其独有的特征——有裂纹和缺口，落入水中圆润且光滑，在沙滩上随风或涌流而滚动、碰撞——虽然它是被侵蚀和受流体动力学影响而成，但作为"宇宙规则"的证据，并不会形成可预测的形状。因此，无论一个物体形状多么规则，人们对于它的注意力都主要集中在偶然性所带来的历史痕迹和其特殊性之上[96]。

柯布西耶的第三类创意源泉是艺术创作，尤其是绘画和雕塑。在第一代经典建筑大师中，每一位都从事不同程度、不同侧重点的艺术创作，如赖特的彩铅建筑绘画、密斯的炭笔拼贴绘画、格罗皮乌斯的水彩画，尤其是阿尔托的抽象画和胶合板雕塑等，然而，将绘画和雕塑作为职业并能在现代艺术史上留名的却只有柯布西耶。2013 年，在斯德哥尔摩现代艺术博物馆举办了关于柯布西耶绘画的盛大展览"片刻：勒·柯布西耶的秘密实验室"（Moment: Le Corbusier's Secret Laboratory），随后由汉杰·坎茨（Hatje Cantz）出版社出版让·路易·科恩（Jean-Louis Cohen）和斯塔凡·阿伦贝格（Staffan Ahrenberg）主编的《勒·柯布西耶秘密实验室：从绘画到建筑》（Le Corbusier's Secret Laboratory: From Painting to Architecture），以欧洲各大美术馆、博物馆的收藏为基础广泛探讨柯布西耶的绘画与其建筑的内在联系，包括如下章节的英文论述：To Draw and To Paint; Portfolio: Purist Paintings and Drawings; Jeanneret—Le Corbusier, Painter—Architect; Evocative Objects and Sinuous Forms: Le Corbusier in the Thirties; Portfolio: Post—Purist Paintings and Drawings; Le Corbusier's Plan for the Urbanization of Stockholm; Le Corbusier and the Syndrome of the Museum; Portfolio: Museum Projects by Le Corbusier…这些内容无可争议地指出柯布西耶的城市规划和建筑创作与其绘画生涯密切相关，并受其不同时期绘画风格的直接影响。

关于柯布西耶的绘画及其与建筑和设计的联系还有欧美学者出版的大量著作，如麻省理工学院（MIT）出版社于 1997 年出版的由伊芙·布劳（Eve Blau）和南茜·特洛伊（Nancy J. Troy）主编的《建筑与立体主义》（Architecture and Cubism），斯基拉（Skira）出版社于 2006 年出版的《勒·柯布西耶：艺术的综合》（Le Corbusier: Ou la Synthese des Arts）等。柯布西耶的艺术创作不是孤立的，他与立体派四位巨匠毕加索、勃拉克[97]、格里斯[98]和莱热[99]均有交往，与康定斯基、克利、卡尔德[100]等艺术大师也都熟识，但他并没有被他们的巨大光环所湮没，而是与奥赞方[101]一道发展出"纯粹派"[102]绘画风格并最终启发现代建筑的某些发展契机［图 0.120、图 0.121］。

图 0.120 蓬皮杜国家艺术和文化中心《勒·柯布西耶：艺术的综合》（Le Corbusier: Ou la Synthese des Arts）封面［斯基拉（Skira）出版社，2006 年］
图 0.121 斯塔凡·阿伦贝格（Staffan Ahrenberg）等主编的《勒·柯布西耶秘密实验室：从绘画到建筑》（Le Corbusier's Secret Laboratory: From Painting to Architecture）封面［汉杰·坎茨（Hatje Cantz）出版社，2013 年］

在设计学的发展方面，柯布西耶以其毕生的设计实践和学术研究做出了独特而巨大的贡献，并可归纳为三个方面的内容：首先是以人为本的模度研究；其次是拥抱环境的生态思想；最后是建筑造型语言和原型创作。

柯布西耶的建筑、家具、室内作品在不同时代有非常大的风格变化，有时规范，有时浪漫，有时细腻，有时粗野，然而，无论其风格如何变化，其作品都能给人以归属感和存在感，经久不衰的魅力使其大多数作品成为现代建筑和设计史上的经典和样板。其成功最重要的内在因素就是柯布西耶对模度体系的终身研究，并于1955年出版两卷本《模度》专著［图0.122］。柯布西耶早年受德国机器美学影响，对比例、尺度与和谐关系和工业化系统产生浓厚兴趣，并由此延展至对人体工程学的系统研究，此后又扩展到对色彩和材料质感的比例与尺度研究，由此奠定其对以人为本的设计理念富于科学化的理解，因此，无论柯布西耶在不同的年代采取什么样的风格设计工程项目，都能自动地将"为人的设计"摆在首位。从某种意义上讲，全球一代又一代建筑师都在学习和模仿柯布西耶，但无人能望其项背，除了艺术天分的差异外，缺乏对模度的系统研究是最重要的原因。而柯布西耶对模度的研究深入而持久，广泛而细腻，其成果曾受到爱因斯坦的赞扬，更对全球的建筑师、设计师和艺术家产生了不可估量的影响。在20世纪建筑史上，除了柯布西耶之外对模度系统研究最为深入的则是芬兰建筑大师和建筑教育家布隆姆斯达特[103]，他基于模度体系与比例和谐关系的强有力教学与阿尔托的天才榜样交相辉映，培养出一代又一代杰出的芬兰建筑师，从而使芬兰现代建筑的总体水平居全球首位。2015年，法国蓬皮杜国家艺术和文化中心与柯布西耶基金会联合举办柯布西耶作品大展，并由德国一家出版社（Scheidegger & Spiess）出版《勒·柯布西耶：人的尺度》（Le Corbusier : The Measures of Man）［奥利维尔·辛夸尔布雷（Olivier Cinqualbre）和弗雷德里克·米加罗（Frederic Migayrou）主编］，整个展览虽然陈列出柯布西耶一生设计的各类项目，但贯穿始终的依然是他对人的尺度与模度系统的痴迷。

在柯布西耶最早的著作出版物中，除了上文论及的《勒·柯布西耶：关于德国装饰艺术运动的研究》（Le Corbusier: A Study of the Decorative Art Movement in Germany）之外，还有一部是《东方游记》（Le Voyage D' Orient）［图0.123］，该书已由上海人民出版社于2007年出版管筱明译本。该书是柯布西耶写作生涯中最早的出版物之一，也是他逝世前要求再版的最后一部书。柯布西耶的创意旅程即从该书开始，通过近半年时间在东欧、巴尔干、土耳其、希腊和意大利的考察和思考，他将对人与自然和谐关系的强调深深根植于其艺术创意的血液中，并贯穿其整个设计生涯，与环境和谐的生态理念实际上是柯布西耶所提倡的设计科学的核心内容。然而长期以来，由于片面的分析和人云亦云的附和，柯布西耶时常被看作不顾地域场景只是武断地插入其预先设计好的方盒子。近几年更加深入全面的研究、分析及现场考察终于使人们充分理解了柯布西耶的名言"外面即里面"（The outside is always an inside），并进而发现，柯布西耶的所有设计都非常强调与环境的交融，他的笔记、信件、草图和出版物都可以证实柯布西耶

* 图 0.122

* 图 0.123

图 0.122 柯布西耶著《精确性：建筑与城市规划状态报告》（*Precisions on the Present State of Architecture and City Planning*）封面［公园图书（Park Books）出版社，2015年再版］

图 0.123 柯布西耶著《东方游记》（*Voyage D' Orient*）封面［帕伦西斯（Parentheses）出版社，1966年］

在每个项目中都深深地注重人、设计与环境在视觉、身体及心理上的多重联系。2013年在纽约现代艺术博物馆举办了柯布西耶设计作品展，随后由泰晤士与哈德逊（Thames & Hudson）出版由斯塔凡·科恩（Jean-Louis Cohen）主编的《勒·柯布西耶：现代景观图集》（*Le Corbusier: An Atlas of Modern Landscapes*）。该展览通过对柯布西耶全部作品的回顾再次强调了生态设计理念在其设计中的核心地位［图0.124］。

在城市规划、建筑设计和家具设计的造型语言和原型塑造方面，柯布西耶的贡献在20世纪所有建筑大师中排在首位。早在20世纪20年代中期，柯布西耶即已归纳出著名的"新建筑五点"，并在萨伏伊别墅中全面运用作为示范，从此对全球建筑逐步产生越来越强烈的影响。2006年，中国建筑工业出版社出版日本建筑师越后岛研一著，徐苏宁、吕飞译的《勒·柯布西耶建筑创作中的九个原型》，该书对柯

布西耶设计语言中平面和立面的原型塑造模式进行了归纳总结，显示出其设计语言的原创性和丰富性，对全球建筑界保持着持久的影响力。

柯布西耶对设计科学的贡献早已延展到现代社会发展的许多层面，并由此引发学术界对柯布西耶展开更多、更广、更深的探索，如2003年耶鲁大学出版社出版英国学者西蒙·理查德（Simon Richards）著的《勒·柯布西耶和自我概念》（*Le Corbusier and the Concept of Self*），2004年威力学院（Wiley-Academy）出版社出版英国建筑师弗洛拉·塞缪尔（Flora Samuel）著的《勒·柯布西耶：建筑与女权主义》（*Le Corbusier: Architect and Feminist*），以及2009年中国台湾田园城市文化事业出版公司出版徐明松著的《柯比意：城市·乌托邦与超现实主义》等。对柯布西耶的研究和探索至今仍是一门显学［图0.125、图0.126］。

0.10 阿尔托与北欧设计学派

吉迪翁在其名著《空间、时间与建筑》（*Space, Time and Architecture*）的不断再版的修订中，每次增加内容最多的都是阿尔托的作品，这一方面是因为阿尔托要比赖特、格罗皮乌斯、密斯和柯布西耶年轻一些，当其他几位经典大师已经过世或因年长而不再有新作品时，阿尔托却依然每年奉献出大批高质量并充满创意的作品；另一方面也是因为阿尔托的作品在建筑类型学和生态学方面具有更加强烈的意义，创造出图书馆、疗养院、剧场、教堂、住宅等新时代建筑原型［图0.127］。美国建筑

*图0.124

图0.124 斯塔凡·科恩（Jean-Louis Cohen）主编的《勒·柯布西耶：现代景观图集》（*Le Corbusier: An Atlas of Modern Landscapes*）封面［泰晤士与哈德逊（Thames & Hudson）出版社，2013年］
图0.125 塞缪尔著《勒·柯布西耶：建筑与女权主义》（*Le Corbusier: Architect and Feminist*）封面［威力学院（Wiley-Academy）出版社，2004年］
图0.126 理查德著《勒·柯布西耶和自我概念》（*Le Corbusier and the Concept of Self*）封面（耶鲁大学出版社，2003年）
图0.127 吉迪翁著《空间、时间与建筑》（*Space, Time and Architecture*）封面［哈佛大学（Harvard University）出版社，2003年］

*图0.126

*图0.125

*图0.127

大师赖特一生孤傲，从不把另外几位欧洲经典大师放在眼里，却唯独对阿尔托推崇有加，称之为与他本人并列的天才，从一个侧面反映出阿尔托的作品及其所蕴涵的设计理念具有非常广泛的说服力。

位于现今俄罗斯西部城市维堡的维堡市图书馆经两期维修工程后重新开放，这件阿尔托设计于1927年、建成于1932年的作品被认为是现代图书馆建筑的最重要原型之一，因此受到全世界的珍爱。实际上，阿尔托留下的每一件建筑作品都已成为芬兰和全球的宝贵设计遗产并以各种方式被保护或保护性使用，而阿尔托留下的每一件设计作品都在生产中，并衍生出一系列产品服务于大众，同时也是国家元首馈赠嘉宾的礼物。与同时代的另外几位经典大师相比，阿尔托是在建筑类型学基础上建成作品最丰富的，同时也是涉猎范围最广的，是真正意义上的跨界设计大师，在城市规划、建筑、景观、室内、家具、照明设计、工业产品、玻璃陶瓷、纺织品、绘画、雕塑、写作及教学诸多领域都展示了卓越的才华，留下了无法超越的杰作，更为设计科学的丰富和发展做出了极为重大的贡献，并因此成为影响全球一个多世纪的北欧学派的旗手［图0.128］。

正如赖特所说，阿尔托当然是20世纪罕见的设计天才，但其过人的才华亦来自勤奋而刻苦的学习和观察。阿尔托最令人惊叹的本领就是将来自不同领域的灵感以自然而然的方式转化为全新的符合时代发展的同时又能引领设计潮流和艺术时尚的作品，而阿尔托的创意灵感则主要来自四个方面：其一是大自然；其二是科技与材料；其三是艺术；其四是朋友圈。作为芬兰人，阿尔托与大自然的联系是天然的，其大量作品，无论是城市规划、建筑设计、家具和灯具、玻璃或陶瓷，都源自芬兰大自然的两大标志，即森林与湖泊。阿尔托对科技的敏感和崇敬与柯布西耶相似，当柯布西耶在德国大机器企业中认识到科技的威力和魅力时，阿尔托在20世纪20年代初蜜月旅行时即选择当时最时尚的民航，从而一览飞机的庞大震撼力，同时也从全新的视野领略了大自然的风采。阿尔托对艺术的痴迷与柯布西耶相当，虽然他不像柯布西耶长期将绘画作为职业的一部分，但也毕生从事绘画尤其是抽象绘画的创作，而阿尔托的雕塑则源自科技，源自胶合板发明过程的片断状态，因此浑然天成、别具一格。如果说柯布西耶的雕塑是其绘画风格的延续，依然散发出立体主义的精神，那么阿尔托的雕塑则是其胶合板技术和家具设计理念的延续，从心灵深处洋溢着大自然的气息。阿尔托一生主要在芬兰生活和工作，在相对远离欧洲文化中心的北欧，在资讯远没有今天发达和方便的第二次世界大战之前，作为芬兰人的阿尔托能成为位列现代建筑经典大师的领军人物，其成就离不开伟大的朋友圈。在阿

图0.128 阿尔瓦·阿尔托所参阅的相关书籍《坂茂眼中的阿尔瓦·阿尔托》(Alvar Aalto: Through the Eyes of Shigeru Ban)、《设计师阿尔瓦·阿尔托》(Alvar Aalto: Designer)和《阿尔瓦·阿尔托：在人文主义和物质主义之间》(Alvar Aalto: Between Humanism and Materialism)封面（作者摄）
图0.129 希尔德(Schildt)等著《阿尔瓦·阿尔托：他的一生》(Alvar Aalto: His Life)封面［拉姆(Ram Distribution)出版社，2007年］
图0.130 阿尔托故乡——芬兰于韦斯屈莱（戴梓毅摄）

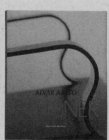

* 图 0.128

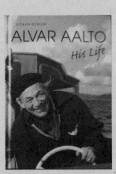

* 图 0.129

尔托成长的早期，瑞典现代建筑大师阿斯普隆[104]是他学习的榜样；在阿尔托设计思想建立的20世纪20年代，包豪斯校长格罗皮乌斯和灵魂教授纳吉成为他的良师益友，纳吉连续几个暑假在芬兰阿尔托家中度过，为阿尔托带来包豪斯和欧洲建筑界、艺术界和设计界的最新信息；包豪斯青年教师布劳耶尔新发明的钢管家具在给阿尔托带来思想震撼的同时，也让阿尔托很快觉察到钢管材料在人体工程学方面的局限性，从而引发他创造出胶合板及胶合板家具；立体派大师莱热、活动雕塑大师卡尔德等都是多年常去芬兰阿尔托家中作客的老友，而毕加索、勃拉克、康定斯基、阿尔伯斯等则时常将画作送给阿尔托一家；柯布西耶和赖特都曾建议阿尔托联合经销他们各自的家具产品；而作为国际建筑师协会创始人兼首任秘书长的吉迪翁则更是阿尔托家的常客［图 0.129］。

阿尔托对设计科学所做的卓越贡献主要表现在如下五个方面：其一是地域文化与生态设计的结合；其二是提倡为普通人服务的人文功能主义设计理念；其三是基于材料科学的现代造型语言的创造；其四是建立在跨界设计基础上的创意生成模式；其五是倡导情感设计和共感设计。

地域文化与生态设计早已成为阿尔托建筑的国际标签，也被建筑界看作其区别于格罗皮乌斯、密斯和柯布西耶的标志。新兴的芬兰共和国渴望建立自己的文化象征，阿尔托所代表的地域主义建筑应运而生。当国际式如潮水一般蔓延到世界各地时，如何在接受时尚、接受先进思想的同时又能考虑如何保留本民族和本地区的文化传统，确实需要智慧和勇气。阿尔托热爱自己的国家，了解本民族的文化传统，更明白接受外来先进设计思想的重要性，因此能用融会贯通的方式将朋友们带来的前卫理念不露声色地融入芬兰的地域文化，率先在国际主义盛行的时代大潮中创立北欧设计流派，为现代设计带来更多的温馨尺度，同时也开启关注民间设计智慧、注重传统建筑工艺的大门，引导现代建筑和现代设计在变革与时尚的惊艳之后重归人性化家园的范畴［图 0.130］。

阿尔托有一句名言：我们的设计是为街上的小人物服务的。从为普通人服务到人文功能主义的建立是阿尔托设计科学的重要环节，其中包含着从"以人为本"的大范畴到"人体工程学"原理引导下的具体设计手法，并以此为思想基础，建立起芬兰和北欧设计的品牌信誉。北欧的寒冷促使芬兰建筑师对功能主义有天然的极度重视，因为任何功能上的疏忽都有可能导致严重的伤害。但阿尔托所倡导的人文功能主义又与国际式功能主义摒弃任何装饰元素不同，芬兰传统中大量兼具精神功能和情绪功能的装饰被保留和发扬光大，与此同时，北欧文化传统中对人的绝对关注所引发的人体工程学更是"以人为本"理

＊图 0.130

念的基本体现。阿尔托的城市规划总是优先考虑行人的运行空间系统，阿尔托的建筑总是以人的尺度为基准，阿尔托的家具总是建立在人体工程学的研究之上，阿尔托的灯具总是首先考虑人的视觉感受和习惯，阿尔托的玻璃总是能将大自然的隐喻结合到人的手工技艺中，阿尔托的绘画是人的内在精神世界的抽象独白，而阿尔托的雕塑则是追求自然材料转化为工业合成制品并与大自然原型对比过程中的某些中间状态。

阿尔托在建筑和设计中所创造的造型语言，一部分来自传统文化，如其建筑中时常呈现的内庭围合空间即来自地中海地区的民居聚落；一部分来自大自然的形态，这方面最典型的实例就是当今已成为芬兰现代设计标签的阿尔托玻璃花瓶［图0.131、图0.132］，其造型元素直接来自鸟瞰下的芬兰湖泊；但其他在建筑、家具及灯具设计中的主流造型语言则来自材料科学以及其他科技成果所带来的产品形态，这方面的典型案例就是举世闻名的胶合板实验。当包豪斯青年大师布劳耶尔首创的工业钢管被引入家具设计，随后密斯和斯坦[105]等建筑大师不断推出革命性的钢管家具，阿尔托受到极大震动，并立即购置数款此类家具放在家中和办公室中，然而在赞叹之余，却又立刻发现其致命的不足：人类的天性对金属的触感排斥。阿尔托坚信人类的天性呼唤具有时代精神的木质家具，而这种木质家具又必须具备钢管的强度和弯曲特性，由此引发了阿尔托与芬兰家具企业合作研制胶合板的光辉历程。1928—1930年阿尔托花费大量时间专注于胶合板的研制及其在家具设计中的运用，其间也穿插一部分具有更多雕塑意念的材料合成，其中最著名的就是扇形家具腿足构件，最终它成为阿尔托家具的设计标签之一。三年的胶合板研究和试制过程硕果累累，阿尔托终于获得与钢管同样强度和弯曲度的层压木材，从而设计出一批又一批形式新颖、坚固美观，同时又舒适温馨的木制家具，彻底改变了国际式风格下现代金属家具的冷漠表情，为现代家具开辟了全新的发展道路，也为后世设计师提供了无限的创意可能性，因此才有了后来瑞典设计大师马松[106]的弯曲纵向胶合板家具系列、丹麦设计大师雅各布森风靡全球的蚁椅系列、美国设计大师伊姆斯夫妇的三向度胶合板系列、芬兰库卡波罗基于人体工程学原理的胶合板办公家具系列等。阿尔托在研制胶合板的过程中非常关注中间过程的每一个环节，并从中抽取不同的胶合板构件组合成形态各异的抽象雕塑，有时亦将自然形态的树木局部引入构图中，创造出一种新型现代雕塑，为现代雕塑做出了独树一帜的贡献。近一个世纪以来，阿尔托的胶合板、胶合板家具和胶合板材抽象雕塑一直被研究、学习和模仿，但从未被超越，充分展示了一代设计宗师

* 图 0.131

* 图 0.132

* 图 0.133

* 图 0.134

* 图 0.135

* 图 0.136

图 0.131 阿尔托花瓶系列（201 mm）［引自伊塔拉（Iittala）］
图 0.132 阿尔托花瓶系列（95 mm、120 mm［引自伊塔拉（Iittala）］
图 0.133 阿尔托著《阿尔瓦·阿尔托：家具》（Alvar Aalto: Furniture）封面［麻省理工学院出版社（The MIT Press），1985年］

的气度［图 0.133 至图 0.138］。

以跨界设计的实践模式最大限度地激活创意潜能是阿尔托对设计科学的另一大贡献。阿尔托一生之所以在诸多领域都取得世界一流的成果，一个重要原因就是跨界设计为其创造力的勃发提供了最大的舞台，跨界设计的思维模式将阿尔托的创意潜能以最大化的方式不断激发出来。当阿尔托用芬兰湖泊的平面形态设计出其标志性的花瓶时，他已在胶合板研制过程中考虑如何以花瓶的形式为模具做出具有足够强度的弯曲层压胶合板，从而设计出名垂青史的帕米奥椅，再由帕米奥椅[107]延展设计出办公及民用家具系列的整套椅、桌、柜、衣架、沙发、屏风、小推车等［图 0.139至图 0.141］。当阿尔托用胶合板技术设计并制作出扇形家具腿足时，他已在脑海中闪现这种美妙而自然的形式如何在建筑设计中运用，并在后来的图书馆、大学、剧场、教堂、公寓、办公楼等建筑中灵活自如地

使用扇形及其变体，为现代建筑增添了清新的活力。后来人们发现，阿尔托的每一幅油画，实际上都是他为不同城市和大学所做总体规划的核心构思概念图，并以抽象的方式表达出来。

第二次世界大战以后的现象学和符号学研究热潮使人们对情感设计、共感设计及目前最热门、最重要的交互设计越来越重视，而阿尔托正是这方面的先驱，他以在设计中注重情感因素而著称，并因此能使其建筑和设计作品穿越时代，成为时尚经典。

阿尔托立志发明胶合板的初衷即出于人们对家具产品的共感反应，他所创造的多曲线花瓶也是出自对人们使用花瓶时情感因素的系统思考。阿尔托的建筑和室内设计总是用宜人的比例和尺度去呼应人的整个身体构架，其家具总是用温润的材质去迎合人的骨骼和触感，其灯具照明总是用合适的光度和色彩去调配人的眼睛和表

情，其日常用品总是用精美脱俗的造型和质感去激发人们的想象力。

阿尔托的成功及其在全球的巨大影响力并不是孤立的，除了他有一大批诸如莱热、格罗皮乌斯、纳吉、柯布西耶、卡尔德、吉迪翁等国际大师作为朋友之外，在北欧也同样有一大批高水准、高质量的建筑与设计大师，他们与阿尔托一道共铸北欧设计学派的辉煌，使之直到今天依然是全球最有感召力和影响力的现代设计学派。尤其令人惊叹的是，北欧学派中的主要四国，即丹麦、芬兰、挪威和瑞典（有时加上冰岛，近年又加上爱沙尼亚）在设计上和而不同，各有千秋，从而使北欧学派更具活力及创新潜质，也使北欧学派在整个现代主义发展的150年中始终能独领风骚，并时常引领全球的时尚潮流。丹麦的细腻，芬兰的创新，挪威的粗放，瑞典的整合，虽各有差异，但北欧这四个国家都表现出共同的设计立国的基本制度，并由此创造出最宜

*图 0.137

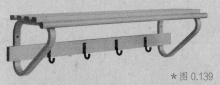

*图 0.139

*图 0.140

*图 0.138

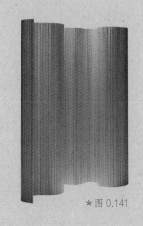

*图 0.141

图 0.134 阿尔托创办的阿泰克家具公司总部（作者摄）

图 0.135 马松设计的休闲椅（20 世纪 30 年代；作者摄）

图 0.136 雅各布森设计的蚁椅（20 世纪 50 年代；作者摄）

图 0.137 伊姆斯设计的胶合板休闲椅（20 世纪 40 年代；作者摄）

图 0.138 库卡波罗设计的丰思奥办公椅系列（20 世纪 70 年代；作者摄）

图 0.139 衣帽架（Coat Rack）109C 金属挂钩（阿尔托于 1936 年设计，使用白桦木、天然漆；作者摄）

图 0.140 茶具车（Tea Trolley）901 油毡（阿尔托于 1936 年设计，使用桦木；作者摄）

图 0.141 屏风（Screen）100（阿尔托于 1936 年设计，使用松木、天然漆，可卷曲；作者摄）

居的环境，最高福利制度的社会，最发达的教育体制，最强劲的高科技竞争力，最适合耐用的工业设计产品等。

追本溯源，北欧学派的开山鼻祖首推芬兰第一代现代建筑大师老萨里宁和丹麦设计大师克林特。老萨里宁同样在城市规划、建筑、景观、室内、家具、灯具诸方面成为一盏明灯，其前半生以芬兰民族浪漫主义风格使芬兰和北欧建筑和设计昂然屹立于早期现代主义运动的高峰，其后半生在美国创办至今仍然具有深远国际影响力的克兰布鲁克艺术学院，同时与他的儿子小萨里宁一道领导着当时美国最具竞争力的设计事务所，以其设计教学、建筑实践和理论研究这三方面的卓越成就影响了美国数代建筑师、设计师和艺术家，培养出伊姆斯、伯托埃[108]等一大批影响全球的新一代建筑与设计大师。克林特的贡献集中在家具和灯具方面，以其强有力的教学和设计实践开启了丹麦家具和灯具设计

的现代辉煌，并延续至今，同时也使丹麦与芬兰一道成为北欧设计学派的主流代表。

从设计科学的角度来看，北欧四国都能秉承上述阿尔托、萨里宁和克林特所开创的人文功能主义设计风格，然而又各有千秋，呈现出带有差异性的风貌。北欧四国只有芬兰是共和国，其他三国都是君主制王国，因此毫不奇怪，芬兰的设计创新能力不仅在北欧名列榜首，而且也多年排在全球高科技创新能力排名的首位。在老萨里宁和阿尔托的引导下，芬兰创新能力代代相传，威卡拉、弗兰克、塔佩瓦拉、诺米斯耐米、阿尼奥和库卡波罗都是引领各自设计领域一代风骚的创意大师；而丹麦、挪威和瑞典三国则因多年的皇家传统，以及与西欧更加便捷的地理联系和文化交融，其设计与传统文脉有更深、更广的联系。例如丹麦设计与其源远流长的手工艺传统密切相关，但也因与西欧艺术风尚的

颇多交流而时常出现如雅各布森和潘顿那样非典型的丹麦创意大师；瑞典设计则始终带有皇家装饰传统的气息，从传统中获取创意的过程更加精致；挪威相对而言不会执着于某一种模式，时常会在沉闷的传统式样的追随中展开某些奇特的创意思考，令世界耳目一新。

阿尔托面对布劳耶尔于1925年设计的划时代的瓦西里椅，在震惊与钦佩之余立刻意识到："布劳耶尔的创意虽然出类拔萃，但金属家具绝非人体所能长期忍受，我必须解决这个矛盾，为普通人设计出最舒适的家具。"然后，阿尔托发明胶合板并创造出至今仍畅销于全球的弯曲胶合板家具系列。库卡波罗毕生坚信人体工程学是解决功能问题的最根本手法，他有一句名言："如果一件设计完全符合功能需求，那么这个设计产品一定是美的。"因此，库卡波罗在每一个设计项目中都以科学家的态度认真解决每一个功能问题，从而使

*图 0.142

*图 0.143

他的所有设计都达到舒适、美观而时尚的境界。

克林特作为丹麦皇家设计学院的首任家具设计教授，在其任职典礼上宣称："全人类的传统也是丹麦的传统，现代设计师有责任吸收任何合理的传统因素。"此理念启发着一代又一代的丹麦设计师不断创造出基于传统元素的现代设计经典。威格纳认为，"真正成功的椅子没有任何背面"。为了达到完美的设计境界，威格纳从中国明式座椅、英国温莎椅、美国摇椅和丹麦乡村家具中吸取灵感，最终创造出堪称艺术精品的威格纳版本中国椅、孔雀椅、公牛椅和多功能休闲椅等。

瑞典设计大师阿克赛松[109]代表着非常经典的瑞典设计模式。他认为，"人类各民族千百年来积累的设计智慧是设计师的宝库，我们首先确认自己追求一种最轻便、最舒适同时又美观的座椅，然后在历史中找到它"。阿克赛松从青年时代开始研究并复原从古埃及、古希腊再到文艺复兴及中国等各民族的家具经典，然后提炼出符合时代风尚的设计元素，创造出当代设计的精华 [图 0.142]。

挪威设计大师彼得·奥布斯威克[110]（Peter Opsvik）在面对芬兰、丹麦、瑞典众多前辈大师的杰出设计成就时既没有盲从，也没有丧失信心，而是以崭新的观念面对家具设计，并且用独特手法将这种观念展示出来。"人类的天性应该是奔跑于丛林当中捕猎野兽，可是今天的我们却整天被动地坐在深深的扶手椅中、书桌旁或被困于交通堵塞当中。我渴望创造一种能激发人们运动和活力的家具，刺激人的身体去正确地变换不同的姿态。"奥布斯威克首先认定阿尔托的胶合板是实现其设计理念的最佳媒介，而后开始在人们日常生活的站、坐、躺之间寻求最佳的休闲姿势，同时结合人体解剖学和人体工程学进一步完善功能和形式的要求，最终创造出一系列既能遵从人体的运动，又能为人的工作和休息提供最好支持的新型家具 [图 0.143]。

图 0.142 阿克赛松将追溯至古埃及的设计灵感并由迈克尔·索耐特（Mickael Thonet）首先量产的蒸汽弯木椅改造成的可叠置式 [伦纳特·杜雷德（ Lennart Durehed）、珍妮·埃克伦德（Jenny Eklund）、克里斯·安德森（Chris Anderson）摄]

图 0.143 平衡椅（DUO BALANS）[奥布斯威克于1984 年设计，可满足多种办公人机关系的椅子；引自思拓科（STOKKE）]

富勒是科学发展史上第一个提出"设计科学"这个概念的，而且是以20世纪科技全才的身份，站在宇宙学的角度，满怀对全人类积极的发展信念提出这一概念的。在相当大的程度上，富勒是达·芬奇和洪堡的衣钵传人，为当代与后世传递着人类科技文明进程中最闪亮的一盏明灯，而这盏明灯又理所当然地出现在不同时代人类科技文明最发达的国家和地区，并且源自文明自身的长期积累。达·芬奇出自文艺复兴时代的意大利，洪堡来自德意志民族精神昂扬勃发时代的德国，而富勒则出现在从第二次世界大战至今国力最强盛、科技最发达的美国［图0.144］。

人类文明之初的各民族只能局限于非常狭窄的视野，直到古希腊文明才带来最早的关于地球和宇宙全局的眼光和科学观念。从泰勒斯[111]到毕达哥拉斯[112]再到人类科学史上第一位全才大师亚里士多德[113]，人类开始系统思考世界的起源、地球的来龙去脉和宇宙的形状等由哲学到科学的问题。古罗马全盘继承古希腊的哲学和科学衣钵，在技术领域贡献巨大，留下至今仍令人赞叹的罗马万神庙、斗兽场、输水道等工程遗址，但欧洲随后却进入因罗马帝国覆灭而开始的千年中世纪，人类的智慧与潜力被长期压抑着，直到文艺复兴才全面迸发出来。意大利文艺复兴三杰[114]达·芬奇、米开朗琪罗、拉斐尔是文艺复兴全才的集中代表，而达·芬奇更是集科学、技术、工程、艺术、设计、博物等当代所有学科领域的先进学识于一身，与此同时，德国艺术家、科学家丢勒[115]则是北方文艺复兴的首席代表，在绘画、版画、透视学研究、艺术设计理论诸方面领先于时代，其观察事物的细腻、描绘事物的系统、科学态度的精致，以及理论思维的习惯，强有力地奠定了德国科学严谨求实的传统和基于哲学层面进行理论思维的模式。特殊的时代为达·芬奇和

＊图0.144

图0.144 约阿希姆·克劳斯（Joachim Krausse）等著《你的私人天空：巴克敏斯特·富勒：设计科学的艺术》（*Your Private Sky: R. Buckminster Fuller: The Art of Design Science*）封面［拉尔斯·穆勒（Lars Muller）出版社，1999年］

丢勒这些文化巨人装上了让思想飞翔的翅膀，从马可·波罗到哥伦布，从发现东方到发现世界，欧洲人的眼界大开，开始用全新的视野观察世界、理解世界，展开各种发明创造，构建全新的科学理念。欧洲随后迎来笛卡尔和牛顿的新一代集大成的科学体系和宇宙观念，并由此催生集探险家、博物学家、科学家、哲学家、宇宙学家于一身的巨匠洪堡的诞生，人类第一次具有真正的全球化视野，第一次意识到地球的一体化生态系统，第一次以可持续发展的眼光审视科学的发展和人类的科技进步。踏着洪堡的足迹，海克尔发现了更多细腻同时也更系统的大自然微观世界的美学和设计构成规律，而达尔文则由此发现进化论。20 世纪的现代科学则以爱因斯坦和玻尔[116] 为旗手，以相对论和量子力学为代表，彻底改变了古典科学的格局，全面颠覆了人类的观念，从根本上催生了现代艺术、现代建筑和现代设计的发生与发展以及现代设计科学的建立和成长。马蒂斯、毕加索、康定斯基、克利等划时代的艺术大师都是从科学最前沿发展成果中获取最重要的创作灵感，格罗皮乌斯、柯布西耶、纳吉、阿尔托等开创性的设计创意也都从最新科学的理念和技术的成果中获得启发，进而创立新时代的教学理念和设计规范，从而改变了我们的生活和工作模式，也在相当大的意义上改变了世界。在 20 世纪的上半叶，人类最伟大的精英们都想以不同的方式探求世界、改善世界，爱因斯坦的后半生力图协调与综合相对论和量子论以期发现宇宙运行的万有规律，而格罗皮乌斯、柯布西耶、阿尔托等设计精英则力图用全新的设计科学理念将现代科技、传统技艺与人文社会价值系统有机结合，以期创造出健康宜人并能可持续发展的建筑、城市、景观和环境，以及人类日常生活和工作中方方面面的物品设计。在这样的发展势态下，时代在呼唤一位新纪元的文艺复兴全才来综合科技、艺术、设计、工业和文化发展，在解决人类遇到的重大问题的同时也预测人类未来的文明发展模式和科技所能提供的潜力极限，于是，作为科学家、建筑师、工程师、设计师、几何学家、地图学家、哲学家、未来学家、教育家、发明家和预言家的富勒终于横空出世，以其一生的传奇为现代文明的发展做出了独特贡献。富勒一生除发明、设计和建造出一系列惊世骇俗而又深具启发意义的建筑和设计作品外，还完成并出版 30 余部学术专著。富勒的思想充满原创性、矛盾性和复杂性，他曾为此与爱因斯坦进行过 5 小时的长谈，获得这位科学大师的鼓励和肯定，从而更坚定其传播和实现自我设计理念和方法的信心，因此其后半生的大部分时间都在世界各地不知疲倦地讲学，与成千上万不同阶层的听众交换看法。1983 年，富勒去世前不久，美国政府为他颁发最高国民荣誉奖——"美国总统自由勋章"。富勒去世后，当化学家发现一种非常重要的碳分子结构类似于球形穹隆，便将其命名为"富勒烯"[117]，在全球科学界则普遍称之为"布基球"或"富勒球"[图0.145]。

作者在十多年前曾读过一部当时新出版的《富勒传记》，立刻被富勒一生的传奇故事和卓越成就深深吸引，最近又读到南伊利诺伊大学出版社于1973年出版的由富勒及其多年好友、合作伙伴马克斯[118]著述的关于富勒早期科学和设计生涯的最有权威性的专著《巴斯敏斯特·富勒的动态世界》（The Dymaxion World of Buckminster Fuller）[图0.146]，对富勒的传奇生涯、关于设计科学的创立和发展历程又有了更深入的了解和体会。富勒从小就不同寻常，并对任何常规事物都要质疑，这种性格来自家族遗传，从富勒生于1630年的曾高祖开始，富勒家族每一代都以非常规业绩而著称于美国历史。曾高祖托马斯·富勒（Lt. Thomas Fuller）在17世纪中叶以英国皇家海军军官的身份去美国的前身新英格兰度假，结果被新世界的自由气息所感染，再也没回英国。他的孙子蒂莫西·富勒（Rev. Timothy Fuller）是哈佛大学1760届的毕业生，被选为麻省议会委员，却坚决拒绝在不废除奴隶制的文件上签字。他的儿子洪·蒂莫西·富勒（Hon. Timothy Fuller）生于1778年，是哈佛大学速成俱乐部创始人，最后因支持学生反潮流从毕业排名第一位降为第二位。富勒的祖父亚瑟·巴克敏斯特·富勒（Rev. Arthur Buckminster Fuller）是哈佛大学1840届毕业生，是一位坚定的废奴主义者，在南北战争中光荣牺牲。富勒的父亲理查德·富勒（Richard Buckminster Sr.）是哈佛大学1883届毕业生，是波士顿进出口商人，成为富勒家族八代传人中唯一没有成为政治家或律师的。富勒的姑奶奶玛格丽特·富勒（Margaret Fuller）作为作家和编辑，是美国著名的女权主义者，与爱默生和梭罗等都有交往。生于1895年的富勒在这样的家族中从小就已遗传有叛逆和创造的基因，例如上几何课时，当老师讲"点、线、面和立方体"时，他会提问："立方体是何时开始存在的？它将存在多久？它的重量如何？温度如何？"因此他很早就知道老师并不能回答他的大多数问题。作为富勒家族在哈佛大学的第五代学生，富勒很快发现学校教的那一套无法满足自己旺盛的求知欲，于是自己退学后乘火车去纽约呼朋唤友、吃喝无度，家人为了惩罚他，将他送到魁北克的一家棉纺厂做体力活。富勒表示忏悔，并迅速陷入对机器和机械世界的迷恋当中，成为出色的工程师。1914年，对其在工厂工作非常满意的家人成功地为他在哈佛大学再次注册，但富勒依然反感当时的"学术风气"，并很快因"没有责任心并缺乏对正规课程的兴趣而再次退学"。然后富勒去纽约兵

* 图 0.145

工厂工作并很快融入其中，第一次世界大战爆发后他多次申请入伍，却每次都因视力问题遭拒，直到1917年才加入海军，随后与安妮·休利特（Anne Hewlett）结婚。其岳父詹姆斯·梦露·休利特（James Monroe Hewlett）作为著名的建筑师和壁画家，后来被任命为罗马美国学院的院长。富勒的海军生涯是其人生的重大转折，为其提供了关于生存问题的第一手经验，大海的无情、寒冷与无常风暴让富勒深深意识到技术在恶劣环境中的极端重要性，而危险的环境也给予其显示"英雄本色"的机会。作为空难救助舰的舰长，富勒目睹空军飞行员被迫降落海面时因缺乏合理的用于降落的船板而被大海无情吞噬的场景，于是重新设计桅杆、帆板和钩锚系统，使空难救助舰能更有效地救助被迫降的飞行员。因为这项发明，富勒被送到海军学院学习，以继续其有限的正规教育。富勒在海军学院并无太多反叛行为，因为他认

为船舰与航海对设计有着最严谨的要求，学习如何征服自然力量的知识满足了富勒内心对知识的渴求。第一次世界大战结束后富勒回到纽约兵工厂并担任进出口贸易部助理，不久又与其岳父合作成立了一家建筑配件公司，拥有五家工厂并建造了数百座建筑，富勒从中学到了真正的建筑知识，并坚信设计科学的重要性。

1922年富勒的长女亚历山德拉（Alexandra）在只有4岁时因流感去世，这对富勒的打击几乎是致命的，其心情与状态陷入谷底，并对任何事情都失去了兴趣，他完全消沉后，公司的业务急转直下；直到卖掉公司股份并搬到一个陌生的小镇，最后富勒将家里人都送回娘家后只身一人去纽约流浪，这时的富勒已接近自杀的边缘，但最终却有一个来自上天的声音制止了他："布基（Bucky），你比这个社会上大多数人拥有更多的科学知识、社会经验和企业管理才能，如果将这些方面合

理组合运用，那么一定会对别人有所帮助。然后你可以通过设计出最好的环境为人类造福，以此来弥补失去亲人的哀伤。无论你如何悲恸，你都要为你所拥有的智慧资源负责。"富勒终于醒悟，并立刻意识到头脑中的知识只有转化为设计的实体才会具有社会意义："我必须为社会奉献自己的知识，将它们组织起来，转化为人们可以看到的、感受到的，并能日常体验到的形式，我要用技术革新的方式实现它们，这种转化就是我的使命。"

富勒的眼界与常人完全不同，常人眼中候鸟的迁徙，在富勒眼中则是全球化的经济模式。他具有天才的梦想，同时又具备理性的操作能力，以及令人难以置信的信息收集和处理天分，在多数情形下他很难被人理解，包括家里人和周围同事中最亲近的人，其原因表现在心理学和语言学两个方面。他的信息种类和信息量及信息交流渠道都是超常规的超量，他总能在

* 图 0.146

图 0.145 马克·威格利（Mark Wigley）著《巴克敏斯特·富勒公司：无线电时代的建筑》(*Buckminster Fuller Inc.: Architecture in the Age of Radio*) 封面［拉尔斯·穆勒（Lars Muller）出版社，2015年］
图 0.146 富勒等著《巴克敏斯特·富勒的动态世界》(*The Dymaxion World of Buckminster Fuller*) 封面（南伊利诺伊大学出版社，1973年）

瞬间给人们带来过多、过快、过于丰富的信息，而任何一个简单的问题都会引发其海量的头脑风暴及真知灼见，他的谈话和讲座都是不知疲倦的长篇大论，最长的讲座达 8 小时之久，因为富勒认为听众能理解或者应该理解他所构想的"第二动力体系""十二面体转换""内转外转系统""四维结构延展理论"等诸多设计科学知识。

对于敏感于创意和设计科学的人而言，富勒是当代最有影响的人物，但对于其他人而言，他却是令人惊异和难以理解的，他集建筑师、设计师、工程师、发明家、数学家和地图学家于一身，在 60 多年的生涯中为世界带来了一次又一次的震惊。"我并非单纯设计一个居住单元，制造一种新型汽车，发明一种新概念地图，或发展一种球形穹隆或能量几何学，而是从宇宙学观念出发，以能源再生和再设计原理综合组织人类的技术经验，将人类引领到更好的状态"［图 0.147、图 0.148］。富勒

的这种设计理念实际上是人类得以进步的伟大传统的延续，从毕达哥拉斯到达·芬奇到牛顿再到爱因斯坦，富勒的设计科学紧随其后。富勒用活塞原理来形容其设计科学的本质："知识转换为技术手段如同活塞运作，由惯常而有规律的模式来推动。"富勒的另一个关键性设计科学概念是"再生"，例如种子是再生的，晶体是再生的，而能源则是一种永恒再生的实体模式。富勒强调科学方法与社会应用的有机结合，并由此发展出一套"大自然的格式塔"理论，并将其建立在宇宙学观念基础上。

富勒设计科学的一项核心内容是能量几何学，并由此发展出各种尺度和构成模式的球形穹隆结构。富勒力图站在巨人肩膀上看到宇宙运行的图景，但又争取超越他们，他认为，毕达哥拉斯是数学家，牛顿和爱因斯坦本质上也是数学家，哥白尼是天文学家，普朗克[119]是物理学家，但

他们都远离人文科学，因此，富勒决心全身心关注大自然的同时也同样关注社会科学，由此构成富勒设计科学的本质内容。富勒非常重视方法论，从宇宙总体与事件的关系入手，将个人经验升华为人类认知模式，而后再归纳为宇宙规律并服务于人类社会的日常运行机制。

富勒坚信人类对美好秩序的渴望，呼唤一种全方位和带有预见性的设计科学，并因此而常年著述致力于设计科学的理论建构。他认为，理论推导实验，而实验引导科学，而后科学引领技术，技术指导工业，工业左右经济，经济则主导着我们每天生命的世界。1934 年，富勒的多年好友——美国著名小说家克里斯托弗·莫利（Christopher Morley），在其刚出版的新著《流线型》（Stream-lines）的扉页上写道："对富勒而言，科学的理想主义者，其真正的创意发明并非来自技术的技巧，而是源自生命的有机视野。"

*图 0.147

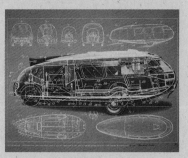

*图 0.148

富勒全方位的带有预见性的设计科学实际上是将宇宙的自然模式发展为具有普遍应用意义的数学系统，当人类的经验进行积累时，应该发展为复合形态，再通过数学系统抽象出经验数据库，由此指导人类在任何领域的建造活动。富勒发明并推动多年的4D（四维）最大化活力住宅是运用其设计科学原理的典型案例，但富勒依然非常明智地预见要投入几十年的时间用于企业对高品质建筑构件的研发和批量生产。其他经典设计实例还包括最大化活力汽车、最大化活力浴室和球形穹隆等。

1967年10月在以色列特拉维夫举行的世界设计年会上，富勒作了主题讲演，标题是"Design Science-Engineering, An Economic Success of All Humanity"（设计科学工程，全人类经济上的成功），以更广、更深、更有预见的视界讲述设计科学，引起与会者的极大兴趣。他们在随后的十几年被富勒一个又一个石破天惊的设计项目不断震撼着：1967年蒙特利尔世博会美国馆的巨大球形穹隆；1968年东京四面体百万人口城市综合体方案；1969年为日本设计的高达2.5 km的日本电视塔；20世纪70年代为多伦多设计的市中心水晶金字塔城市综合体方案和卫星城方案，美国漂浮城市综合体方案，以及令人叹为观止的覆盖曼哈顿1/3面积的超巨型半球形穹隆方案等［图0.149］。

除了作为超常规活跃的建筑师、设计师和工程师之外，作为哲学家、预言学家和学者的富勒也非常勤奋，先后出版了30余部关于设计科学和人类社会发展状态的专著，相关西文著作如下：*4-D Timelock*（1928），*Nine Chains to the Moon*（1938），*Education Automation*（1962）和 *Untitled Epic Poem on the History of Industrialization*（1962），*Ideas and Integrities*（1963）和 *No More Secondhand God*（1963），*World Design Science Decade*（1963—1967），*Operating Manual for Spaceship Earth*（1969）和 *Utopia or Oblivion: The Prospects for Humanity*（1968），*Buckminster Fuller to the Children of the Earth*（1972）和 *Intuition*（1972），*Earth, Inc.*（1973），*Synergetics:Explorations in the Geometry of Thinking*（1975）和 *Tetrascroll*（1975），*And It Came to Pass—Not to Stay*（1976），*On Education*（1979）和 *Synergetics 2: Further Explorations in the Geometry of Thinking*（1979），*Critical Path*（1981）和 *Grunch of Giants*（1981），*Inventions: The Patented Works of Buckmimister Fuller*（1983），*Cosmography: A Posthumous Scenario for the Future of Humanity*（1992）等。

德国拉尔斯·穆勒（Lars Muller）出版社自2008年开始再版富勒的部分著作，同时也出版了一系列关于富勒及其设计科学和设计实践的西文专著，如 *Fuller Houses: R. Buckminster Fuller's Dymaxion*

图0.147 测地线结构——单六角（Geodesic Structures—Mono Hex）（富勒设计；引自 1nventions：Twelve around one, 1981, *Deutsche Bank Collection*）
图0.148 机动车——动态最大张力车（Motor Vehicle—Dymaxion Car）［富勒设计；引自《发明：十二与一》（*Inventions：Twelve around one*），1981年，德意志银行收集（Deutsche Bank Collection）］
图0.149 费德里科·内德（Federico Neder）著《富勒房屋：巴克敏斯特·富勒的戴马克松房屋和其他国家的冒险》（*Fuller Houses: R. Buckminster Fuller's Dymaxion Dwellings and Other Domestic Adventures*）封面［拉尔斯·穆勒（Lars Muller）出版社，2008年］

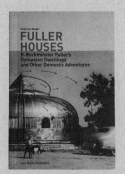
＊图0.149

Dwellings and Other Domestic Adventures（*Author: Federico Neder*），*Your Private Sky: R. Buckminister Fuller: The Art of Design Science*（*Author: Joachim Krausse* 和 *Claude Lichtenstein*）等。其再版富勒著作中最重要的西文著作是《乌托邦或遗忘：人类的前景》（*Utopia or Oblivion: The Prospects for Humanity*）[图 0.150]，该书是为作为空间飞船的地球的未来提供极富启发意义的规划蓝图，选自富勒 20 世纪 60 年代在世界各地的讲座文稿。其核心内容是：当今的人类在历史上第一次有机会创造一个百分之百各取所需的世界，但我们人类必须通过学习和运用设计科学，慎用"能源收入"，停止"过分燃烧我们自己的空间飞船"，因此呼吁利用风力、潮汐、水力和太阳能来提供人类的日常能源需求，如果人类忽视这一点，那么美好的乌托邦将不复存在。

0.12　帕帕奈克的生态设计观

在富勒明确提出"设计科学"的概念之后，除了艺术史家如里德和贡布里希[120]介入设计史和设计科学的研究之外，一批专业设计师和设计理论家开始投身于该领域，维克多·帕帕奈克是其中最突出的一位。帕帕奈克作为设计师和教师主要在大学任教，曾获得许多重要的设计奖项。帕帕奈克长时间在瑞典、芬兰等北欧国家的工作经历建立了他理解设计和设计科学的基础，而后他又多次为联合国教科文组织（UNESCO）和世界卫生组织（WHO）及许多第三世界国家做过设计，并因此对设计的本质有了更深入的理解，这些新见解都集中表现在其出版于 1971 年的名著《为真实的世界设计》中，该书出版后一版再版，影响深远，已被译成 20 余种语言文字在全球发行，是迄今为止世界上读者最多的设计著作之一。

帕帕奈克勤于著述，其著述大都建立在长期的设计调研和设计实践基础上，因此其论点往往能直面现实，引起大众共鸣。他的其他著作包括：*Miljön och Miljonerna*（1970，瑞典），*Big Character Poster: Work Chart for Designers*（1972，丹麦），*Nomadic Furniture 1*（1973），*Nomadic Furniture 2*（1974），*How Things Don't Work*（1977）等，后 3 部与詹姆斯·轩尼诗（James Hennessey）合作。此后，帕帕奈克又出版过两部具有全球影响力的专著，即 *Design for Human Scale*（1983）和 *The Green Imperative: Ecology and Ethics in Design and Architecture*（1995）。

《为真实的世界设计》原版全名为 *Design for the Real World: Human Ecology and Social Change*，该书与《绿色律令：

* 图 0.150

图 0.150　富勒著《乌托邦或遗忘：人类的前景》（*Utopia or Oblivion: The Prospects for Humanity*）封面（1969 年；作者摄）
图 0.151　维克多·帕帕奈克（Victor Papanek）著《为真实的世界设计：人类生态与社会变革》（*Design for the Real World: Human Ecology and Social Change*）封面（1984 年出版，2009 年再版）
图 0.152　帕帕奈克著《为真实的世界设计》封面（中信出版社，2013 年）

设计与建筑中的生态学和伦理学》（The Green Imperative : Ecology and Ethics in Design and Architecture）都被列入许平、周博主编的"设计经典译丛"并由中信出版社于 2013 年隆重推出中文版［图 0.151、图 0.152］。

《为真实的世界设计》是帕帕奈克最重要的著作，作者从生态学和社会学的角度提出自己对设计的新看法，即设计应该为地球上最大多数的人群服务；设计不仅为普通的健康人服务，而且必须考虑无障碍设计系统以便为残疾人服务；设计必须慎重考虑生态环境和可持续发展因素，以便人类能最有效、最合理地利用地球的有限资源。帕帕奈克对风靡全球的绿色设计思潮产生了直接影响，他率先提出设计伦理的观念，即设计究竟为了什么？在第二次世界大战之后，尤其是 20 世纪 60 年代欧美设计革命及随后兴起的艺术与设计"波普"运动所带来的盲目兴奋也为当时的设计界带来迷茫的心态，在这种情形下，帕帕奈克的思想应运而生。他开始从设计科学的理论高度严肃提出人类的"设计目的"问题，这对于现代设计理论和设计科学来说是非常重要的一个节点和新时代设计探讨的起点，有了这个起点，日后的设计科学开始出现更加深入、更加全面的探讨，在完善设计科学的同时，也在催生更加新兴的科学分支。

这部著作是作者在瑞典写作完成并最早在瑞典出版，而后于 1971 年在美国出版后引起极大争议，但争议带来了对相关议题的重视并最终走向共识。幸运的是，帕帕奈克的基本观点受到富勒的鼓励和支持，尽管两个人对设计和设计科学的看法并非一致，但他们都全身心关注地球的生态和人类的发展。富勒应邀为《为真实的世界设计》第一版写了一篇长序，在支持帕帕奈克的生态设计观和设计的社会责任感的同时，重点宣示自己的设计科学。有趣而又耐人寻味的是，帕帕奈克在 1984 年推出第二版（Completely Revised）时，并没有保留富勒为第一版写的长序，而是在保留自己第一版序文的同时，又写下了第二版序。也许帕帕奈克认为富勒的观点与自己的信念有很大分歧，因为帕帕奈克在该书第一版出版之后有大量的时间在芬兰和瑞典工作，同时走遍了亚非大量的贫困地区，在最发达和最贫穷状态的反差之下其设计理念更趋向于迅速落地的心态，而富勒的设计科学源自一种天才的敏锐和对地球资源的宏观把控，两者实际上都有非常深刻的道理。长期以来，在西方世界，无论是富勒还是帕帕奈克，都时常被更保守的"稳健派"学者视为"乌托邦推动者"（Utopian Promoter）和"天真的理想主义者"。许平在《为真实的世界设计》中译本代序"走向真实的设计世界"中的评介很有意味："我仍然认为，帕帕奈克与富勒的态度在大方向一致的前提下，在思想

* 图 0.152

* 图 0.151

与路线的选择上还是存在着微妙的但又意味深长的区别。与富勒那种充满激情的技术想象相比，帕帕奈克对于工业设计的世界图景及设计师责任的描述，更有一种克制的、自我约束的态度。而在我看来，这种克制与约束乃是现代设计的精神发展中一个标志性的转折，值得从设计史的角度予以关注……某种意义上，无论是帕帕奈克还是富勒，都未曾穷尽关于设计的使命及其指向的思考，人类究竟应当如何创造真正的'为真实的世界设计'，如何在一个不断变化的生存环境中最为合理和适当地构建'人与理想世界的现实关系'，探索仍在继续，路就在脚下。"

帕帕奈克虽然勤于思考、敏于观察，同时具有强烈的社会责任感，但所有这些并不能排除其观察和思考的片面性，如其第二版序文中提及印度与中国对比的部分，就显然不能综合考虑两国不同做法所付出的巨大的生命代价和社会发展代价，因此富勒从宇宙学视角和地球作为巨型宇宙飞船的观念出发所做出的宏观思考对人类的总体发展前景应该具有更深刻的启迪意义，富勒的序文值得更多的学者和决策官员学习和审视。富勒强调自己的研究方向是"综合性的预想设计科学研究"（Comprehensive, Anticipatory Design-Science Exploration），他说："我研究的哲学法则既包括一种掌控自然先验的物理设计，也包括主宰人类选择设计的种种能动性。"当帕帕奈克认为任何事情都是设计时，富勒在原则上表示同意的前提下，又用自己的方式详加阐述。富勒认为"设计"这个概念既是一个没有重量的哲学观念，又是一种物理模式。有些设计是主观的经验，而另一些则是客观的设计。"当我们说这是一个设计时，它意味着我们运用某些智慧已经把一些事物加以条理化，并从概念上赋予其内在模式。雪花是设计，水晶是设计，音乐是设计，至于五彩缤纷的电磁波，其呈现的百万分之一的波长也是设计；行星、恒星、星系及其自制行为，以及化学元素的周期律，都是设计的成就。如果某种DNA（脱氧核糖核酸）—RNA（核糖核酸）基因编码规划了玫瑰、大象和蜜蜂的设计，那么我们一定要问，是什么样的智慧设计了DNA—RNA编码，以及是哪些原子和分子实现了其编码程序。"

与帕帕奈克一样，富勒也曾行走于世界各地，对不同人群的生活状态也都有所了解，然而，特殊的身世和人生经历还是引导富勒从更宏观的视界看待设计问题。富勒认为设计的对立面是混沌，人类在大自然中看到的绝美设计都是先验的，如海浪、风、鸟类、兽类、草木、花朵、岩石、蚊子、蜘蛛、鲑鱼等，处处都展示出大自然主宰下的一种先验的全面设计能力。富勒随后以地球为例，"它一开始就通过植物的光合作用在地球上蓄积太阳能，从而设计出维持生命的营养物质。在这个过程中，植物释放出来的所有附带产生的气体都被设计为特殊的化学物质，而它们对延续地球上所有哺乳动物的生命是至关重要的，当这些气体被哺乳动物消耗掉之后，再通过化合及分解作用，转化为气体副产品，而这些副产品对植物的生长又至关重要，最终完成一个整体的可持续生态设计循环"。富勒通过细心观察和人生体验认识到"宇宙以非凡的能力聚集了所有设计的普遍原则，所有原则之间都是彼此协调的，从不会相互抵触，其中一些相互适应的水平，其协调程度令人惊奇，其中有些设计在能量上的交互作用则达到了四次幂的几何水准"。富勒毕生强调设计师对数学的掌握及其对数字事实的敏感和理解，从而能以振聋发聩的信息引起人们对设计及细节的认识和重视，例如"一般单个家庭住宅由 500 种构件组成，汽车则需要 5 000 种构件，飞机更是需要 25 000 种以上构件……对于单元住宅、汽车和飞机最终产品的生产和组装而言，最终装配完成的尺寸与设计师指定尺寸之间的平均误差值是不同的，住宅的误差范围是正负不超过 0.25 英寸，汽车是正负不超过 0.001 英寸，而飞机则是正负不超过 0.000 1 英寸"。

当帕帕奈克面对 20 世纪 60 年代欧美设计革命之后所形成的众多过度设计从而呼唤设计师更加关注贫困的第三世界人民最简单的生活状态时，富勒首先关注的依然是最新和最前沿科技的发展，并强调"生产工程学需要能够兼具艺术家、科学家和发明家才能的人，而且还得经验丰富"。以飞机制造业为例，DC-3 及 DC 系列的创始人道格拉斯[121]曾说："如果一个设计工程师同时不是制造工程师，那么这样的人我是不能要的，我们必须消除这两个领域的隔阂。"在我们人类刚刚经历的 30 年飞速发展的信息时代看来，富勒的设计科学从来没有失去其伟大的意义。我们可以想象得到，地球上的人类还会经历更大的变革，这些都是富勒的综合性预想式设计科学需要全力关注的内容。

帕帕奈克在《为真实的世界设计》中的论述以"设计处于什么状态"和"设计能成为什么样"两个部分展开简洁有力的讨论，前者以"何为设计"开篇，讲述设计的演化发展、设计的艺术与工艺、设计的社会及道德责任、设计的废弃与价值、大众休闲的设计与冒牌时尚等内容；后者则从设计的革新与发明谈起，介绍设计中的生活学原型、设计与环境的互动关系、设计教育与设计团队等内容。其论述中发现的问题让富勒非常认可："时代巨变所导致的各种状况使人类的烦恼有增无减，而帕帕奈克在这本书中如此有效地处理了这些问题。如果人类还想在我们这个星球上存活下去，就必须广闻博见并从内心深处全神贯注于协同的综合性预想式设计科学，其中每个人都会将所有他者的舒适、可持续福祉的实现牢记在心中。"

帕帕奈克生前出版的最后一部书是出版于 1995 年的《绿色律令：设计与建筑中的生态学和伦理学》[图 0.153、图 0.154]。该书是作者晚年思考之大成，它一方面巩固了作为一位替代性的、非市场的、批判性设计方法的关键倡导者的国际声誉，另一方面也慎重提出了现代社会发展所带来的愈来愈严重的环境问题。正如蔡军在该书中文版序文"设计哲学启示录"中所说，该书是在 20 世纪 90 年代西方社会环境污染日益恶化、生态危机日趋严重的背景下完成的。"当人们想象的新鲜空气、干净的饮用水、可以放心取用的食物及没有噪声污染的环境都成了可望而不可即的东西时，当设计师、建筑师和工程师创造的工具、物品、设备和建筑带来了环境恶化时，他们个人是否要负责？有没有法律上的义务？帕帕奈克提出的是一个今天所有设计师群体所面临的问题。"

帕帕奈克的最后这部书，与其早期作品《为真实的世界设计》一样，都是对整个地球未来命运的关切和对设计科学如何发展及其所关注命题的建议，它们都对西方世界尤其是设计界产生了深远的影响，催生了"可持续设计思潮"，同时也将与环境设计的讨论与社会公平、第三世界的发展及全球人类的可持续生存策略等问题密切联系，引发人们对设计科学的深层思考。最后，这部书在《为真实的世界设计》的基础上，继续对人的尺度、设计伦理、生态原理、设计精神及设计教育等问题进行了深入讨论，强调在正确的设计科学引导下的设计活动可以而且必须对人类环境的改善做出应有的贡献。

0.13 亚历山大的设计科学

生于奥地利的克里斯托弗·亚历山大先在剑桥大学获建筑学和数学学位，而后在哈佛大学获建筑学博士学位并长期任教于加利福尼亚大学伯克利分校。亚历山大是影响全球的建筑师、科学家和建造师，早年与塞尔吉·切尔马耶夫（Serge Chermayeff）合著《社区与隐私：建立一种新的人文主义建筑》（*Community and Privacy: Toward a New Architecture of Humanism*)，随后带领自己的科研团队，以科学的思考与遍及全球的建造实践相结合，发展出独特的设计科学和建筑理论。亚历山大认为，"在过去的时代，建筑学如果还称得上科学的话，也只是一种次要的科学。而今天的建筑师意欲科学化，并与物理学、心理学、人类学的原理密切结

*图 0.154

*图 0.153

合，从而跟上科学时代的步伐"。经过长期的思考和设计实践，亚历山大坚信：

我们正处于一个新时代的开端，就是当建筑与自然科学之间的这种关系可能被逆转的时候，同时，正如建筑中所体现的那样，对于空间深层问题的正确理解，会对我们看待世界的方式起到革命性的作用，并且将帮助形成21世纪和22世纪的世界观，就像物理学在19世纪和20世纪所做的那样[122]。

1964年，哈佛大学出版社首次出版亚历山大的重要设计科学著作《形式综合论》（Notes on the Synthesis of Form），该书被不断再版，被认为是关于设计艺术和设计科学的最重要的著作之一，作者以其独特的知识背景发展出处理设计问题的理性的数学方法，对城市规划、建筑设计、工业设计等领域都有根本性的启发作用，注定成为设计科学和设计方法论发展史上的里程碑。亚历山大在书中除了推导出一系列设计方法公式及设定性设计原理外，还提出许多真知灼见，如原首版52页"即使是最无目的性的变化，也会因为过程的组织中固有的均衡趋势，最终形成相称的形式"[123]。又如首版57页"由于这些木匠们需要找到客户，他们就成为做生意的艺术家；他们开始进行个人的创新和改变，不为其他理由，只因潜在客户会因其创造性而评判他们的工作"[124]。再如首版70页"罗马人对功能主义和工程的偏爱直到维特鲁威提出功能主义学说之后才达到顶峰。帕特农神庙只能在希腊早期发明'美'的概念之后、在关注美学问题的时候才能被创造出来"[125][图0.155]。

亚历山大对建筑和城市设计的广泛实践和对设计科学的系统而高强度的思考和著述，使其成为我们时代最重要的建筑思想家之一，并因此引起全球范围内的关注和研究，例如英国奥利尔（Oriel）出版社于1983年出版了斯蒂芬·格拉博（Stephen Grabow）著《克里斯托弗·亚历山大：寻找新的建筑典范》（Christopher Alexander: The Search for a New Paradigm in Architecture），对亚历山大的理论建构和设计实践进行了近距离介绍。但真正系统而深入的介绍只能来自亚历山大及其研究团队自己的出版物，伯克利分校环境结构中心与亚历山大主持创办的模式语言研究中心合作，于2002年开始重新编辑出版亚历山大主持完成的建筑与设计科学论著，讲述人类对待建筑与环境的全新态度和观念。已出版的该系列论著的第1—8卷西文标题分别为：① The Timeless Way of Building；② A Pattern Language；③ The Oregon Experiment；④ The Linz Cafe；⑤ The Production of Houses；⑥ A New Theory of Urban Design；⑦ A Foreshadowing of 21st Century Art: The Color and Geometry of Very Early Turkish Carpets；⑧ The Mary Rose Museum。第9—12卷标题分

＊图 0.155

别是：⑨ *The Phenomenon of Life*；⑩ *The Process of Creating Life*； ⑪ *A Vision of a Living World*；⑫ *The Luminous Ground*。这四卷是浓缩亚历山大对设计科学研究的结晶，也构成其划时代的科学巨著《秩序的本质：论建筑的艺术和宇宙的本质》（以下简称《秩序的本质》）（*The Nature of Order: As Essay on the Art of Building and the Nature of the Universe*）。而即将完成的第 13 卷的西文标题是"Battle: The Story of a Historic Clash Between World System and World system B"。中国知识产权出版社在 2002 年也积极引进出版亚历山大著作的中文版（五卷本），包括第 1 卷《建筑的永恒之道》，第 2 卷《建筑模式语言》，第 3 卷《俄勒冈实验》，第 4 卷《住宅制造》和第 5 卷《城市设计新理论》[图 0.156 至图 0.160]。

亚历山大的《秩序的本质》四卷本[图 0.161]出版后受到业界高度赞扬，如

加拿大人力资源（HR）杂志主编大卫·克里尔曼（David Creelman）认为"500 年是一段很长的时间，我不期待我采访的许多人在 2500 年会被人所知，但亚历山大可能是个例外"[126]。硅谷名人堂前主席道格·卡尔斯顿（Doug Carlston）则坚信亚历山大的著作可以真正改变世界，"这将改变世界，就像印刷术的到来改变了世界一样……"[127] 著名建筑杂志《进步建筑》（*Progressive Architecture*）的前主编托马斯·费希尔（Thomas Fisher）认为"亚历山大的方法给我们和这个痴迷风格的时代提出了一个根本性的挑战，它表明了美丽的形式只能通过一个对人们有意义的过程来实现……"[128] 美国肯塔基（Kentucky）大学哲学教授埃里克·巴克（Erik Buck）也如此盛赞亚历山大："我相信最终亚历山大最有可能会被人们所记住，因为对于上帝的存在他第一个给出了可靠的证明……"[129] 亚历山大的这部四卷本设计

科学论著是其近 30 年设计实践和深刻而原创的哲学思考的产物，重点关注我们这个世界最重要的三种视界，即科学的视界，建立在美和道德基础上的视界，以及建立在我们日常生活直觉基础上的普通视界。迄今为止，还没有任何科学家、哲学家、建筑师和政治家能将这三种视界综合起来以便发现我们这个世界的一种单一图景。亚历山大的思考和研究为我们提供了这样一种图景，使上述三种视界得以交织、融合和统一，从而为我们打开通向 21 世纪科学和宇宙学的大门。

亚历山大从宏观设计科学的视角建构了《秩序的本质》的内容格局，全书的总序为"建筑的艺术与宇宙的本质"（The Art of Building and the Nature of the Universe），其第 1 卷《生命的现象》（*The Phenomenon of Life*）主体包括两个部分。第一部分由如下英文章节组成：The Phenomenon of Life, Degrees of Life, Wholeness and the

* 图 0.156

* 图 0.157

* 图 0.158

* 图 0.159　　　　* 图 0.160

Theory of Centers, How Life Comes from Wholeness, Fifteen Fundamental Properties, The Fifteen Properties in Nature。第二部分由下列英文章节组成：The Personal Nature of Order, The Mirror of the Self, Beyond Descartes: A New Form of Scientific Observation. The Impact of Living Structure on Human Life, The Awakening of Space。另外还有附录论文《整体性和生命结构的数学方面》（*Mathematical Aspects of Wholeness and Living Structure*）。

第2卷《创造生命的进程》（*The Process of Creating Life*）以前言"关于进程"（On Process）开篇，其主体由三个部分组成。第一部分"结构保存转换"（Structure-Preserving Transformations）包括如下英文章节：The Principle of Unfolding Wholeness, Structure-Preserving Transformations, Structure-Preserving Transformations in Traditional Society,

Structure-Destroying Transformation in Modern Society；而后是过渡章节"Living Process in the Modern Era: Twentieth-Century Cases Where Living Process Did Occur"。第二部分"生命进程"（Living Processes）包括如下章节：Generated Structures, A Fundamental Differentiating Process, Step-by-step Adaptation, Always Helping to Enhance the Whole, Always Making Centers, The Sequence of Unfolding, Every Part Unique, Patterns: Rules for Making Conters, Deep Feeling, Emergence of Formal Geometry, Form Language, Simplicity。第三部分"社会进程的新范式"（A New Paradigm for Process in Society）则由如下英文章节组成：The Character of Process in Society, Massive Process Difficulties, The Spread of Living Processes Throughout Society, The Architect in the Third Millenium。另外还有附录论文《一个生命进程的例子：建造房屋》

(*An Example of a Living Process: Building a House*)。

第3卷《生命世界愿景》（*A Vision of a Living World*）由前言、主体六大部分、后记和结论组成。其前言为"基本过程重复了一千万次"（The Fundamental Process Repeated Ten Million Times）。第一部分为"我们属于世界"（Our Belonging to the World）。第二部分有如下英文章节：The Hulls of Public Space, The Form of Public Buildings, Production of Giant Projects, The Positive Pattern of Space and Volume in Three Dimensions of the Land, Positive Space in Structure and Materials, The Character of Gardens。第三部分有如下英文章节：Forming A Collective Vision for a Neighborhood, High Density Housing, Reconstruction of an Urban Neighborhood, Further Dynamics of a Growing Neighborhood。第四部分有如下英文章节：The Uniqueness

图 0.156 C.亚历山大著《建筑的永恒之道》封面（知识产权出版社，2002年）
图 0.157 C.亚历山大等著《建筑模式语言》封面（知识产权出版社，2002年）
图 0.158 C.亚历山大等著《俄勒冈实验》封面（知识产权出版社，2002年）
图 0.159 C.亚历山大等著《住宅制造》封面（知识产权出版社，2002年）
图 160 C.亚历山大等著《城市设计新理论》封面（知识产权出版社，2002年）

图 0.161《秩序的本质》（*The Nature of Order*）2002年版卷1—4封面及书脊［卷1《生命的现象》（The Phenomenon of Live）；卷2《创造生命的进程》（The Process of Creating Life）；卷3《生命世界愿景》（A Vision of a Living World）；卷4《光明的大地》（The Luminous Ground）。作者为克里斯托弗·亚历山大（Christopher Alexander）；作者摄］

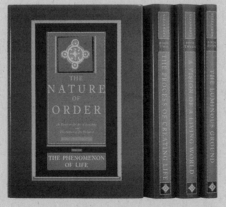

＊图 0.161

of People's Individual Worlds, The Characters of Rooms。第五部分由三个英文章节组成：Construction Elements as Living Centers, All Building as Making, Active Invention of New Building Techniques。第六部分由两个英文章节组成：Ornament as a Part of All Unfolding, Color which Unfolds from the Configuration。后记题为"生命建筑原型的形态"（The Morphology of Living Architecture Archetypal Form）。最后是结论部分"创造和改变世界"（The World Created and Transformed）。

第4卷《光明的大地》（*The Luminous Ground*）则由前言、主体两个部分、全书结论及后记组成。前言题为"对物质性质的新观念"（Towards a New Conception of the Nature of Matter）。第一部分由如下英文章节组成：Our Present Picture of the Universe, Clues from the History of Art, The Existence of an "I", The Ten Thousand Beings, The Practical Matter of Forging a Living Center, Mid-Book Appendix: Recapitulation of the Argument。第二部分则包括如下英文章节：The Blazing One, Color and Inner Light, The Goal of Tears, Making Wholeness Heals the Maker; Pleasing Yourself, The Face of God。全书总结论题为"修改过的宇宙图"（A Modified Picture of the Universe）。最后是该卷的后记文章，题为"经验的确定性和持久性的怀疑"（Empirical Certainty and Enduring Doubt）。

如果说亚历山大的早期著作如《建筑模式语言》和《建筑的永恒之道》揭示出我们进行建造的基本真理，以及展示它们如何将生命、美和真正的功能主义带入我们的建筑和城镇，那么在《秩序的本质》系列著作中，亚历山大已在探讨生命本身的性质，强调在所有的秩序中，亦即在所有生命中出现的一组精心构建的结构，考察的范围从微生物到住房，从热闹的社区到起伏的山脉。

在《秩序的本质》第1卷《生命的现象》中，亚历山大从生命的现象入手，提出一种科学的世界观，其中所有与空间有关联的事物都有不同程度的生命感知，而后将这种对秩序的理解作为一种新建筑的智力基础。以这种观念为基础，我们得以展开精确的提问，追溯我们的世界中创造更有活力的生活的必要条件是什么，其范畴可以是一个房间，一个门把手，一个街区，或者一大片居住领域。亚历山大引入其基于中心与整体理论的活的结构的概念，并从中定义出15种特性，按照其观察，任何模式的整体性都可以通过这15种特性构建出来，而这种活的结构同时具有个性和结构性。亚历山大创造出这种有关自然万物的全新概念既是客观的和结构性的，因此成为科学的一部分，同时又是个性化的，并由此展示事物为什么和怎样拥有力量去触及人们的心灵。通过亚历山大的努力，两个在科学思想领域从 1600 年到 2000 年的 400 年间被分离的领域：几何结构领域和它所创造的感觉领域，最终被结合在一起了。亚历山大强有力的思考和设计实践推动了设计科学的发展。

从科学的角度来看，《秩序的本质》第 2 卷《创造生命的进程》是该系列著作中最引人入胜的。美丽的生命是如何产生的？大自然能创造出无穷无尽的人脸，每一个都很独特，每一个都很美丽，同理，大自然也能创造出无穷无尽的水仙花、溪流和星辰。然而，人类所创造的东西，尤其是 20 世纪的城镇和建筑，却只有极少数是真正好的，大多数都乏善可陈，而在过去 50 年中人类的诸多创造物大多是丑陋的。为什么会出现这样的情况？原因在于我们所使用的过程的深层性质。仅仅理解美丽的活性的形式的几何学并不足以帮助我们创造这样一种充满活力的几何学。在 20 世纪我们的社会开始进入一种死寂状态，以至于大多数人早已趋于麻木，更谈不上提出问题。因此，尽管建筑师和规划师貌似使出浑身解数，却无法创造出具有活力的建成环境。生命与美只能产生于活的结构能够得以展开的过程中，其秘密在于什么样的秩序中必然发生什么样的结果，如同大自然所展现的过程，某种结果会允许一种生命形式得以成功地展开。亚历山大在该卷中隆重推出一种充分发展的生命过程理论，并为之确定必要条件：能够产生生活的结构。他用理论和实例演示该过程如何工作，其核心则是结构保存转换理论（Theory of Structure-Preserving Transformation），该理论核心又是建立在该卷提出的整体概念（The Concept of Wholeness）的基础上，即结构保存转换就是保存、扩展并提高一种系统的整体性。结构保存转换理论为任何建造过程提供了社会学的、生物学的、建筑学的和技术方面的工具，从而达到一种深刻的具有支承生命活力能力的状态。有了这样的工具，人们从日常物品到家具，从室内到建筑，从社区景观到城市，每一个步骤都可以为下一个步骤提供有活力的整体性结构，由此创造出如人类脸谱一样美丽而多样化的景观，它们变化无穷，却永远都是和谐美丽的。用同样的结构保存转换理论，我们可以创造出宜人的花园、房屋、建筑、街区和城市。

从实用的角度来看，《秩序的本质》第 3 卷《生命世界愿景》是该系列中最有视觉冲击力的，它以数百幅建成作品的图片演示活力结构如何在建造过程中带来生命。古往今来，真正好的建筑，真正好的空间，真正好的场所，它们构成人类生存状态的原型基准，穿越时间，穿越地域，穿越文化，穿越技术，穿越材料和气候，将人类与自身的心灵家园联系起来，与自身的感受联系起来，并在实际运用中分享着类似的几何学。亚历山大在该卷中着重阐述一种创造美丽空间的方法论，一种能使艺术、建筑、科学、宗教与世俗生活和谐共处的宇宙学，从视觉的角度，从技术的角度，从艺术的角度，演示用这种方法论和宇宙学可以为人类创造出什么样的人居环境。亚历山大倾数十年努力现身说法，设计和建造了大量的建筑、街区和其他公共空间，并将注意力延伸至从色彩到装饰的每一个细节，同时也选取来自世界各地的设计案例全面演示其理论。在所有的实例中，独特、适宜和舒展是设计关注的焦点，其中视觉的独特性则来自几何学的简洁和形式与色彩的美。

4个世纪以来现代科学思想的基础深深根植于这样一种观念：宇宙是一种机器般的实体，其中有各种机械、玩具和饰物相互运作形成关联。今天，我们自身的日常经验在科学中没有明确的地位，因此毫不奇怪，20世纪大量的僵死的建筑都是建立在上述机器般的世界观之上的。这种机器化的思维以及由此带来的住宅、办公楼和商业综合体已使我们的城市和日常生活缺少人性，如何将精神、灵魂、情感和感觉引入现代建筑、街区和城市当中？针对上述问题，亚历山大的《光明的大地》应该是《秩序的本质》中最富于哲理和启示意义的。作者在该书中将空间和事物的几何学观念天衣无缝地与人类的个性化情感和经验相结合，这种结合又根植于这样的事实：我们人类分析思考的自我，与我们作为人类的自发的情感个性，它们具有共同的边界，必须被同时关注和同时发挥，由此才能创造出充满活力的世界。亚历山大的设计科学与设计实践，与单角度的机械性建筑模式和技术组合式方法彻底决裂，同时提倡在人类建造活动的每一个环节都应建立精神的、情感的和个性化的基础。亚历山大由此创造出一种全新的设计科学的宇宙论，将物质与意识紧密结合，使意识以错综复杂的方式融入物质的色素当中，并在物质中全面呈现，以其物质的、认识论的和精神性的根基贡献其整体性内涵，这种观念看起来显得激进，却能契合我们最惯常的日常直觉，其观念也促使当代科学家开始将意识看作所有事物的基础和正常的研究主题。很显然，亚历山大必将从根本上触动并改变我们对建筑和设计科学的观念。

0.14 诺曼的设计心理学

2015年秋天上海同济大学设计创意学院举办了主题为"设计创意与设计教育"的国际研讨会，唐纳德·诺曼受邀作了一场学术报告，强调设计科学的研究对设计创意和设计教育的决定性影响，引起与会者的强烈反响和热烈讨论。作为当代著名的认知心理学家、计算机工程师、工业设计师，诺曼从理论建构、设计实践和设计推广诸方面提出设计科学对社会发展的重要意义。作为美国西北大学计算机科学和心理学双聘教授，诺曼同时也是美国认知科学学会的发起人之一，同时共同创办尼尔森—诺曼集团设计咨询公司（Nielsen Norman Group），还兼任苹果计算机公司先进技术部副总裁。诺曼的设计科学研究和广泛的设计实践对全球产生了愈来愈大的影响。1999年，《上面》（Upside）杂志提名诺曼博士为全球100位设计精英之一。2002年，诺曼获得由国际人机交互专家协会（SIGCHI）授予的终身成就奖。

诺曼在繁忙的教学、设计和管理工作之余，勤于著述，著作等身，主要西文著述如下：*The Invisible Computer*；*Things That Make Us Smart*；*Turn Signals are the Facial Expressions of Automobiles*；*The Psychology of Everyday Things*；*The Design of Everyday Things*；*User Centered System Design: New Perspectives on Human-Computer Interaction*（Edited with Stephen Draper）；*Learning and Memory*；*Perspectives on Congnitive Science*（Editor）；*Human Information Processing*（with Peter Lindsay）；*Explorations in Congnition*（with David E. Rumelhart and the LNR Reasearth Group）；*Models of Human Memory*（Editor）；*Memory and Attention: An Introduction to Human Information Processing*；*Living with Complexity*；*The Design of Future Things* 等。

作为以人为中心的设计的倡导者，诺曼著述中最重要的是设计心理学系列。自2010年开始，中信出版社开始出版诺曼所著设计心理学的中文版，2010年推出《设计心理学》，2011年出版《设计心理学2：如何管理复杂》，2012年出版《设计心理学3：情感设计》，2015年出版《设计心理学4：未来设计》。国内其他出版社也曾出版诺曼著作的中文版，如电子工业出版社分别于2009年和2005年出版《未来产品的设计》和《情感化设计》等。

出版于1988年的《日常事物的设计》（The Design of Everyday Things）［图0.162］最先是以《日常事物心理学》（The Psychology of Everyday Things）出版的，然后在中国以"设计心理学系列"第一分册《设计心理学》出版。《时代周刊》评价其

图 0.162 唐纳德·诺曼（Donald Norman）著《日常事物的设计》（The Design of Everyday Things）封面（1998年；作者摄）

* 图 0.162

为"一部发人深省的书";而《洛杉矶时报》则认为"诺曼的这部书很可能会改变用户的生活习惯以及用户对产品的需求，而这种改变是生产厂家所必需面对的。全世界的用户联合起来"。而著名科普大师阿西莫夫则从学术上给出极高赞誉："我们都是无生命物品自然反常性的受害者。最后，这本书抨击了物品和其设计师、制造商以及引发并维持这种反常性的各种人。它会让你好起来，甚至可以指出纠正问题的方法。"[130]

作为认知科学家和设计师，诺曼从设计心理学的角度切入设计科学的核心内容，从日常细节入手，构思出七个章节的内容。第一章"日用品中的设计问题"由如下小节组成：要想弄明白操作方法，你需要获得工程学学位；日常生活中的烦恼；日用品心理学；易理解性和易使用性的设计原则；可怜的设计人员；技术进步带来的矛盾。第二章"日常操作心理学"包括如下小节：替设计人员代过；日常生活中的错误观念；找错怪罪对象；人类思考和解释的本质；采取行动的七个阶段；执行和评估之间的差距；行动的七个阶段分析法。第三章"头脑中的知识与外界知识"有如下小节：行为的精确性与知识的不精确性；记忆是储存在头脑中的知识；记忆也是储存于外界的知识；外界知识和头脑中知识的权衡。第四章"知道要做什么"有如下小节：常用限制因素的类别；预设用途和限制因素的应用；可视性和反馈。第五章"人非圣贤，孰能无过"有如下小节：错误；日常活动的结构；有意识行为和下意识行为；与差错相关的设计原则；设计哲学。第六章"设计中的挑战"有如下小节：设计的自然演进；设计人员为何误入歧途；设计过程的复杂性；水龙头：设计中遇到的种种难题；设计人员的两大致命诱惑。第七章"以用户为中心的设计"由如下小节组成：化繁为简的七个原则；故意增加操作难度；设计的社会功能；日用品的设计。柳冠中教授在推荐序中评价该书达到大师的境界：没有满口酸涩的"推理"，没有吓人的空洞"议论"，却能真正将深奥的心理学和设计学理论入微于平凡的生活之中，犹如春雨润入每瞬思绪、每句话、每个动作、每项事情中了。柳冠中在推荐序中强调："技术、自然科学、哲学、社会学、艺术、宗教学、心理学等学科都表达不清的某种东西，在探索、创造和设计中却让人们领悟了人类的意义，这正是求知的价值所在。创造和设计的实践养育和滋润了人类社会，表达了人类多如繁星的情感意象，与其说人生社会的经历的极限就是世界的极限，还不如说求知、探索和设计创新的极限才是世界的极限，因为自然科学或社会科学归根到底也是人类求知的一个阶段，是人的领悟同大自然和社会对话的过程。人在提问，大自然和社会在回答。"

诺曼于2010年出版了新著《与复杂性共处》(*Living with Complexity*)[图0.163]。该书次年即由中信出版社推出作为诺曼设计心理学系列第二分册的中文版，体现出中国引进学术著作版权的进步和国内设计界对设计科学的渴望。作者在该书中探讨了为什么我们的生活需要复杂，而不是简单，设计则可以促成复杂生活的实现。只要通过人性化的设计，复杂是可控的，并由此生产出大批量舒适而实用的产品。作者从设计科学的层面告诉我们，这种人性化的设计，需要我们着眼于自然中的、现实中的以及日常生活中的整个人类活动的全景，从而观察到在真实的自然环境中做实际工作的真实的人。该书是立足设计科学、倡导以人为本的设计宣言，即希望通过设计获得一个更美的世界。诺曼在该书的序中写道：普通人在家里和工作中都经受着越来越多的新技术冲击，有些是简单的，更多的是复杂的，更糟糕的是，很多

都是令人困惑和令人沮丧的，于是我称之为"困惑的复杂"。诺曼对设计科学与设计复杂性的思考也建立在对全球不同民族、不同文化的发展模式的广泛考察和研究之上，并因此反复强调：我们的文化不同，我们的很多行为和交互方式都是由我们的文化和传统决定的，但尽管如此，很多事情还是一样的。我们都是人类，都是公民，现代技术在全球也都是同样的，无论是手机、电视、汽车还是计算机。虽然每个人都与其他人不同，每种文化都与其他文化不同，但它们的相似性总是多于差异性。诺曼认为，复杂是全世界的生活现实，重要的是澄清"良性的复杂"和"令人困惑的复杂"之间的区别，使全世界的人们可以过上更少感到沮丧和困惑的生活。

《设计心理学2：如何管理复杂》以九章的篇幅论述如何从设计科学的认知层面理解和处理复杂。第一章"设计复杂生

活：为什么复杂是必需的"包括如下小节：几乎所有的人造物都是科技产品；复杂的事物也可以令人愉快；生活中的一般技能需要花费数月来学习。第二章"简单只存在于头脑中"则由如下小节组成：概念模型；为什么一切事情不能都像打手锤那样简单；为什么按键太少会导致操作困难；对复杂的误解；简单并不意味着更少的功能；为什么通常对简单和复杂的权衡是错误的；人们都喜欢功能多一些；复杂的事物更容易理解，简单的事物反倒令人困惑。第三章"简单的东西如何使我们的生活更复杂"有如下小节：把信息直接投入物质世界中；当标志失效时；为什么专家把简单的事情变得混乱。第四章"社会性语义符号"由如下小节组成：文化的复杂性；社会性语义符号；世界如何告诉我们该做什么；世界各地和社会性语义符号。第五章"善于交际的设计"有如下小节：网状曲线；目标与技术之间的错位；中断；对

图 0.163 诺曼著《与复杂性共处》(*Living with Complexity*) 封面（2010年；作者摄）

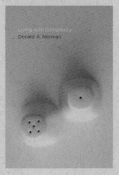

＊图 0.163

使用方式的忽视会使简单而美丽的事物变得复杂而丑陋；愿望线；痕迹与网络；推荐系统；支持群体。第六章"系统和服务"亦有如下小节：服务系统；服务蓝图；对体验进行设计；创建一种愉快的外在体验：华盛顿互惠银行；像设计工厂一样设计服务；医院的治疗；患者在哪里；服务设计的现状。第七章"对等待的设计"则有如下小节：排队等待的心理学；排队等待的六个设计原则；针对等待的设计解决方案；一个队列还是多个队列，单面还是双面的收银台更有效；双重缓冲；设计队列；记忆比现实更重要；当等待得到妥善处理；对体验进行设计。第八章"管理复杂：设计师和使用者的伙伴关系"有如下小节：如何发动 T 型福特汽车；管理复杂的基本原则；有用的操作手法：强制性功能。第九章"挑战"则有如下小节：销售人员的偏爱；设计师与顾客的分歧；评论家的偏爱；社交；简单的事物为何会变得复杂；

设计的挑战；与复杂共生：合作关系。诺曼的著作就是将设计科学的原理落地，以解决日常生活和工作中的实际问题，正如杭间在该书中文版推荐序中所说：说到底，这本书的观点，让设计师知道"复杂"不仅是不可避免的，而且还是设计新的出发点和解决问题的契机，好的设计师必须学会"管理"复杂，"管理"本身应成为当代设计的组成部分。同时，也提醒消费者和使用者，"复杂"的问题是一个辩证法，被动接受或盲目拒绝"复杂"都不可取，你在选择复杂的时候同时也在使用中管理复杂、享受复杂，这时，物品在与人的互动关系中产生新的生命，并使一件好的设计沉淀为生活的经典。

《设计心理学 3：情感设计》出版于2004 年，初版书名为 *Emotional Design: Why We Love (or Hate) Everyday Things*（《情感设计：为什么我们爱（或恨）日常事物》）[图 0.164]，其成书源自诺曼对设计产品

中纯功能之外心理及认知方面因素的科学化关注和系统性研究，正如英文版初版推荐词中所说：你有没有想过为什么廉价的葡萄酒在高档酒杯中会显得口感更好？为什么苹果公司推出彩色的苹果电脑时苹果电脑的销量猛增？对情感和认知的新研究表明，有吸引力的事物确实能更好地发挥其作用，正如唐纳德·诺曼在这本引人入胜的书中所充分展示的那样[131]。为了解释情感因素在设计中扮演的角色，诺曼在书中探讨了情感元素的三种不同层面——本能的、行为的和反思的，即产品的外观样式、质感和功能都会影响使用者个人的感受，而后提出应对不同层面的设计原则。

美国现代艺术博物馆（MoMA）著名策展人保拉·安东内利（Paola Antonelli）高度评价该书：诺曼对日常用品持续不懈与令人兴奋的探索引导他进入设计领域未开拓的疆土，他对心理的敏锐分析给我们提供了可靠的参考依据，而且还是非常有

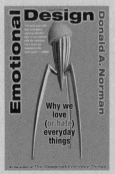

＊图 0.164

＊图 0.165

用的工具。《设计心理学3：情感设计》从物品的意义和实用的设计的角度讲解设计科学中的情感设计原理，全书由序言、正文七章和后记组成。序言"三个茶壶"以自己收藏的一批茶壶为例研究产品的外观、功能、色彩、质感之间的相互关系，从中引出情感设计的原理。第一章"有吸引力的东西更好用"有如下小节：三种运作层次：本能、行为和反思；关注与创造力；有准备的头脑。第二章"情感的多面性与设计"有如下小节：三种层次的运用；唤醒回忆的东西；自我感觉；产品的个性。第三章"设计的三个层次：本能、行为、反思"则由如下小节组成：本能层次设计；行为层次设计；反思层次设计；案例研究：全美足球联赛专用耳机；另辟蹊径的设计；团队成员设计与个人设计。第四章"乐趣与游戏"由如下小节组成：以乐趣和愉悦为目的的物品设计；音乐和其他声音；电影的诱惑力；视频游戏。第五章"人物、地点、事件"有如下小节：责备没有生命的物品；信任和设计；生活在一个不可靠的世界；情感交流；联系无间，骚扰不断；设计的角色。第六章"情感化机器"有如下小节：情感化物品；情感化机器人；机器人的情绪和情感；感知情感的机器；诱发人类情感的机器。第七章"机器人的未来"则由如下小节组成：阿西莫夫的四大机器人定律；情感化机器人和机器人的未来；含义和伦理议题。后记"我们都是设计师"有三个方面的内容：个性化；客户定制；我们都是设计师。诺曼对情感设计的研究促使设计师调整自己的工作着眼点，在使产品能更多地触动消费者的同时也关注人类的未来状态。

《设计心理学4：未来设计》译自诺曼出版于2007年的题为 *The Design of Future Things*（《未来事物的设计》）的著作〔图0.165〕，讲述了未来的产品设计，重点在于人机交互方面的设计，尤其是与自动化系统密切相关的机器人设计及与人类互动的认知心理学方面的主题。书中对未来产品设计中可能面临的问题进行了多角度的分析，并探讨了解决方法和指导原则。从"话唠"全球定位系统（GPS）到"坏脾气"冰箱，诺曼用诙谐的语言和生动的案例，大胆预测了未来产品的发展趋势，并总结了未来产品设计的法则系统，从而启发人们用一种全新的视角看设计，并揭示和倡导在未来设计中设计师应该坚持的方向和原则。

诺曼在《设计心理学4：未来设计》中有七章的内容作为设计科学探讨的主体，而后是后记、设计法则摘要和作者文献综述的推荐参考读物。第一章"小心翼翼的汽车和难以驾驭的厨房：机器如何主控"由如下小节组成：两句独白并不构成一段对话；我们将去向何方，谁将主宰；智能设备的崛起；机器易懂，动作难行，逻辑易解，情绪难测；与机器沟通：我们

图 0.164 诺曼著《情感设计：为什么我们爱（或恨）日常事物》[*Emotional Design: Why We Love (or Hate) Everyday Things*]封面（2004年；作者摄）

图 0.165 诺曼著《未来事物的设计》（*The Design of Future Things*）封面（2007年；作者摄）

是不同族类。第二章"人类和机器的心理学"包括如下小节：人机心理学简介；新个体的产生——人机混合体；目标、行动和感觉的鸿沟；共同领域：人机沟通的基本限制。第三章"自然的互动"有如下小节：自然的互动；从经验中获取的教训；水沸腾的声音：自然、有力、有用；隐含的信号和沟通；使用"示能"进行沟通；与自动化的智能设备的沟通；戴佛特城的自行车；自然安全；应激自动化。第四章"机器的仆人"有如下小节：我们已成为自己工具的工具；一大堆的学术会议；自动驾驶的汽车、自动清洁的房子、投你所好的娱乐系统；成群结队的车子；不适当自动化的问题。第五章"自动化扮演的角色"有如下小节：智慧型物品；智慧之物：自主或是增强；设计的未来：有增强作用的智慧型物品。第六章"与机器沟通"有如下小节：反馈；谁应该被抱怨，科技还是自己？自然的意味深长的信号；自然映

射。第七章"未来的日常用品"由如下小节组成：机器人的进展；科技易改，人性难移——真的吗；顺应我们的科技；设计科学。后记"机器的观点"则包括三个部分：与阿凯夫对话；机器对五项法则的反应；阿凯夫：最后的访谈。诺曼随后大胆地提出未来设计的基本法则，包括人类设计师设计"智能"机器的六项设计法则：①提供丰富、有内涵和自然的信号；②具有可预测性；③提供一个好的概念模式；④让输出易于了解；⑤让使用者持续知悉状态，但不引起反感；⑥利用自然映射，使互动清楚有效。他还提出由机器发展出来的用于增进与人互动的设计法则：①简化事情；②提供人们一个概念模式；③提供理由；④让人们以为是他们在控制；⑤反复确定；⑥绝对不要用"错误"来形容人的行为。诺曼强调"专业人才是全球化的，因此每个人在世界各地都可能有自己的朋友和同事，产品也可以跨全球进行设计和

研究"。因此他希望其他同仁能够继续和深化相关研究，并为此列出推荐参考读物，包括如下方面：人机工程与人体工学概览；自动化概览；智能车辆方面的研究；其他自动化议题；自然的和内隐的互动；安静的、看不到的、背景科技；弹性工程；智能产品的经验等。诺曼在本书中准确地抓住了"智能"产品的发展趋势，同时探讨了有关"智能"产品最令人关注的关键案例，非常值得设计师和任何对设计科学有兴趣的学者们学习和借鉴，正如何人可教授在推荐信中所说："当金融危机到来的时候，当价格优势逐渐消失的时候，当企业和各级政府朝着创新和价值痛苦转型的时候，本书的学习显得尤为重要。"

0.15 科学家与设计科学

设计科学是综合性的学科或学科群，它既是年轻的，又是古老的。说它年轻，是因为与数学、天文学、物理学、化学、医学、生物学相比，设计科学直到20世纪初才受到系统的关注，第二次世界大战之后才得到具体的归纳总结，至今仍在发展当中。说它古老，是因为设计科学与所有的学科都有千丝万缕的联系，不仅与人类最古老的数学、天文学、医学和其他自然科学有不可分割的关联，而且与许多新兴的科学如宇宙学、神经科学、精神分析、人类学、人体工程学、生态学、语言学、图像学、符号学、博弈学、机器人科学、材料科学、综合工程科学、分子生物学，以及许多历久弥新的人文学科如哲学、美学、艺术学、建筑学、设计学等都在不同层面相互交融和渗透，以适应愈来愈复杂的社会发展的需要。在人类历史上，古今中外不同领域的科学家、哲学家、艺术家、建筑师、工程师、设计师及相关领域的专家学者都对设计科学做出了贡献，从不同层面、不同角度丰富和发展着设计科学。

人类在科学发展史上的每一个进步都是设计科学发展的基石，不同时代、不同领域的科学家则是设计科学发展的中坚。从非洲到拉普兰，人类的设计科学由基本工具和洞穴艺术起步，奠定设计科学在功能性和精神性方面的基本内涵。从采集、游牧到农业定居，人类从轮辐开始发展基本的日用科技。从西亚到埃及，从印度到中国，各大文明古国竞相发展出石构、砖构与木构建筑系统；从维特鲁威到米开朗琪罗，西方世界谱写着建筑科技中石头的史诗；从中国到日本，东方世界构筑着建筑科技中木质的篇章。从宏伟的建筑结构到隐藏的元素结构，人类在设计科学的发展中迈出了坚实的一大步；火的使用引发了人类对金属的提炼，从莫邪干将[132]到日本刀剑，人们用试错法发现从铜到铁再到钢逐步增强的硬度和韧性；从普利斯特里[133]到拉瓦锡[134]再到道尔顿[135]，人类开始发现元素和分子，逐步进入设计科学的本质层面。从数学的语言到和谐的琴键，人类发现了数学的魅力；从毕达哥拉斯到欧几里得[136]再到托勒密[137]，几何学与数学为人类的设计科学提供了基本的思维工具，而伊斯兰的数学则不仅传承着古典科学的精神，而且创造着人类建构艺术的辉煌，阿尔罕布拉宫[138]和泰姬陵[139]由此成为建筑艺术与设计科学的杰作。从季节轮回到时空观念，人类从关注大地到仰望星空；从亚里士多德到托勒密，从哥白尼到伽利略，从开普勒到牛顿，人类创造出绝对时空的世界，建构起设计科学最早的宏观框架。从瓦特发现水蒸气到富兰克林从天空取电，人类在动力驱动的思维里大踏步前进，大自然与能源成为设计科学发展的新兴关注点；从法拉第[140]到麦克斯韦[141]，从爱迪生[142]到马可尼[143]，人类借助自己的发现和发明改变了整个世界。与此同时，设计科学的发展依赖于科学思想家的努力推动，从培根与笛卡尔到康德与马克思，人们不断总结前人的经验智慧，从而引导人类在设计科学的道路上走向更远、更广、更深的境地。从观察大自然到博物学的发展，人类开始自问：我们是谁？我们从哪里来？我们要到哪里去？从林奈、布封到居维叶、拉马克，从歌德、洪堡到达尔文、华莱士[144]，人类在地球的尺度上探索生命的起源和发展规律；从列文虎克[145]到巴斯德[146]，从科赫[147]到梅契尼科夫[148]，人类在微生物的尺度上探索生命的疾病和生长模式；人们由此开始从设计科学的角度认知生命并探讨生命的起源，从法布尔[149]的昆虫研究到海克尔的海底生物描绘，人们不仅发现更多的

生命形式，而且开始深刻认识到生命的结构及运作规律在设计科学层面上的深刻含义。博物学和微生物学的发展将人们带入原子世界，从元素到分子，从分子到原子再到原子核，最终将人类带进核时代；从门捷列夫[150]到汤姆森[151]，从卢瑟福[152]到玻尔，人们从发现元素的排列规律到发现原子的结构，从玻尔兹曼[153]到居里夫人[154]，从查德威克[155]到费米[156]，人们已深入原子核结构并发现放射性物质，从更深刻的层面扩展人们对设计科学的认知。当人类的视野从地球扩展到宇宙，从分子深入原子核心领域，知识的不确定性成为设计科学的重大课题；从高斯[157]到黎曼[158]，从爱因斯坦到哥德尔[159]，非欧几何和不确定性概念成为新型的科学理念和学科分支；从玻恩[160]到薛定谔[161]，从海森堡[162]到奥本海默[163]，人类开始认识现实的亚结构和测不准原理；爱因斯坦创立的相对论和以玻尔为首的物理学家群体

创立的量子力学成为现代社会发展的科学基础，也是设计科学最新的内在支撑。从大自然到园林，从博物学到生物学再到遗传学，人类又完成了对自身来龙去脉的新一轮认知；从孟德尔[164]到摩尔根[165]，从鲍林[166]到克里克和沃森[167]，人类终于发现自己的遗传模式DNA，认识到自身生命的复制和生长规律，进而带动生物医学的迅猛发展，同时也从一个侧面推动和引导人体工程学和生态科学的发展。人类在20世纪的两次世界大战引起最大规模的生灵涂炭的同时，也最大限度地激发着人类的想象力和创造力；密码技术催生出阿兰·图灵[168]的天才潜能，从而绽放出人工智能的火花；数学大师诺依曼[169]发明博弈论并进而发明计算机，从而将人类引入智能时代；另一位数学大师香农[170]则发明了信息论，从而将人类全面带入信息时代。设计科学在这个过程中被不断丰富和发展着，同时也促进和伴随着更多的发明和发

*图 0.166　　　　　　　　　　　　　　　　　*图 0.167

*图 0.168

现：量子电动力学、双螺旋、移植手术、激光器、平行宇宙、混沌理论、认知心理学、弦理论、基因工程、量子纠缠、富勒烯、基因疗法、循证医学、克隆、人类基因组、大型强子对撞机及合成生命［图 0.166 至图 0.169］。

从 20 世纪到 21 世纪，设计科学开始承担起融合各种新兴科技，协调和引导人类社会健康发展的重任。从传统的哲学、数学、博物学、自然科学到现代理论物理学、电子学、工程学、生物医学、细胞学、胚胎学、遗传学，以及种类繁多、日新月异的社会科学和艺术设计学分支，人类的想象力已经装上愈来愈强大也愈来愈完善的翅膀，在进一步发展设计科学的同时，也在继续探索人类生命自身的奥秘，同时将目光和行动扩展至地球之外，以更坚实的步伐和更大的信心探索地球、太阳系，以及整个宇宙的来龙去脉。

人民邮电出版社于 2016 年出版的麻省理工科技评论著《科技之巅：〈麻省理工科技评论〉50 大全球突破性技术深度剖析》系统介绍了 2012—2016 年每年评选出的十大突破技术并由阿里云研究中心进行了特约评论。2012 年的十大突破技术是卵原干细胞、超高效太阳能、光场摄影术、太阳能微电网、3D 晶体管、更快的傅里叶变换、纳米孔测序、众筹模式、高速筛选电池材料和脸书（Facebook）的"时间线"。2013 年的十大突破技术则有深度学习、百特（Baxter）蓝领机器人、产前 DNA 测序、暂时性社交网络、多频段超高效太阳能、来自廉价手机的大数据、超级电网、增材制造技术、智能手表和移植记忆。2014 年的十大突破技术是基因组编辑、灵巧型机器人、超私密智能手机、微型 3D 打印、移动协作、智能风能和太阳能、虚拟现实、神经形态芯片、农用无人机和脑部图谱。2015 年的十大突破技术是混合现实、纳米结构材料、车对车通信、谷歌气球、液体活检、超大规模海水淡化、苹果支付、大脑类器官、超高效光合作用和 DNA 的互联网。2016 年的十大突破技术则是免疫工程、精确编辑植物基因、语音接口、可回收火箭、知识分享型机器人、应用商店、太阳城（Solar City）的超级工厂、Slack 服务通信平台、特斯拉自动驾驶仪和空中取电。

当代科学家对设计科学的研究早已受到世人的关注。从霍金 [171] 的《时间简史》《果壳中的宇宙》和《大设计》到维尔泽克 [172] 的《一个美丽的问题：发现大自然的最深层设计》（*A Beautiful Question: Finding Nature's Deep Design*），科学家从宏观的视野探究宇宙的设计和运行奥秘。还有一大批来自不同领域的科学家则专注于宇宙运动和自然生长规律的不同方面，如本书前面已讨论过的阿德里安·贝扬（Adrian Bejan）与赞恩 [173] 合著《自然的设计：结构定律如何控制生物学、物理学、

图 0.166 惠更斯著《光论》封面、牛顿著《光学》、麦克斯韦著《电磁通论》封面（北京大学出版社，2007 年）

图 0.167 达尔文著《物种起源》（2005 年）、《人类的由来及性选择》（2009 年）、《人类和动物的表情》（2009 年）封面（北京大学出版社）

图 0.168 莱伊尔著《地质学原理》（2008 年）、魏格纳著《海陆的起源》（2006 年）封面（北京大学出版社）

图 0.169 爱因斯坦著《狭义与广义相对论浅说》（2006 年）、薛定谔著《薛定谔讲演录》（2007 年）、玛丽·居里著《居里夫人文选》（2010 年）封面（北京大学出版社）

＊图 0.169

技术和社会组织的演变》（*Design in Nature: How the Constructal Law Governs Evolution in Biology, Physics, Technology and Social Organization*），平尼[174]著《波浪观测者的同伴》（*The Wave Watcher's Companion*）和鲍尔[175]著《自然的模式》（*Nature's Patterns*）三部曲系列《形状》（*Shapes*）、《流动》（*Flow*）和《分枝》（*Branches*）等科普名著。我国科学家在20世纪末至21世纪初开始广泛关注设计科学的发展，其中最有代表性和影响力的是路甬祥、潘云鹤和徐志磊三位院士，他们不仅领导并主持成立中国创新设计产业战略联盟，而且身体力行，对设计科学进行系统研究［图0.170至图0.174］。

2013年，中国科学技术出版社出版了路甬祥著《创新的启示：关于百年科技创新的若干思考》，通过以科普的方式讲述现代科技的发展来展示设计科学所涵盖的多方面内容，包括："制造技术的进展与未来"，强调21世纪的制造技术将吸收来自自然科学、人文科学、工程学、艺术设计学诸方面的最新成就，成为创造人类物质文明的支柱和国家竞争力的基础；"规律与启示"，从诺贝尔自然科学奖与20世纪重大科学成就看科技原创创新的规律；"百年物理学的启示"，强调物理学为我们解释周边物质世界的同时，为我们营造出内容丰富、思维缜密、富有想象、妙趣无穷的理念方法和实验体系，为设计科学做出最基础、最关键的贡献；"技术的进化与展望"，强调现代技术与经济、社会、教育、科学、文化的关系日益紧密，国际科技交流与合作将更加广泛；"纪念达尔文"，达尔文的创意思想跨越了多种学科，至今仍对人类世界观和价值观产生深远影响，是设计科学的宝贵元素；"从仰望星空到走向太空"，纪念伽利略用天文望远镜进行天文观测400周年；"化学的启示：为国际化学年而作"；"大师的启示"，回顾麦克斯韦、卢瑟福、海森堡和居里夫人等科学大师的业绩和成功之路，倡导科学原创的自信；"从图灵到乔布斯[176]带来的启示：关于信息科技的思考与展望"，回顾思考百年信息科技发展的轨迹，倡导设计科学的与时俱进；"魏格纳[177]等给我们的启示：纪念大陆漂移学说发表一百周年"，强调这项革命性学说改变了整个地球科学的面貌，给地质构造学、地球动力学、地磁学、矿床学、地震学、海洋地质学等都带来了深刻变革，也对地球演化、生命演化和科学哲学产生了巨大影响。

2014年10月，在杭州召开的中国创新设计产业战略联盟成立大会上，路甬祥院士作了题为"设计的进化与面向未来的中国创新设计"的主题报告，从历史的角度，以宏观的视野讲述人类社会从事设计的历程和设计科学的发展。报告有三大部分内容，即文明的进化、设计的进化和面向未来的中国创新设计。第一部分"文明

图 0.170 维纳著《人有人的用处——控制论与社会》、冯·诺伊曼《计算机与人脑》封面（北京大学出版社，2010 年）
图 0.171 史蒂芬·霍金著《时间简史（插图版）》封面（湖南科学技术出版社，2015 年）
图 0.172 维尔泽克著《一个美丽的问题：发现大自然的最深层设计》（*A Beautiful Question: Finding Nature's Deep Design*）封面［企鹅（Penguin）出版社，2015 年］

* 图 0.172

* 图 0.170

* 图 0.171

的进化"包括三个阶段，分别是：农耕时代的自然经济阶段，主要依赖自然资源，人类设计制作手工工具和设备；工业时代的市场经济阶段，主要是开发利用矿产资源，人们设计制造机械化、电气化和电动化的工具装备；信息时代的知识网络经济阶段，主要依靠知识、信息大数据，依靠人的创意、创造、创新，设计制造绿色智能，全球网络制造服务装备。第二部分"设计的进化"则包括十三个层面的内容，分别是：动力系统设计的进化；设计利用材料的进化；设计利用资源能源的进化；交通运载设计的进化；农业与生物技术产业设计的进化；制造方式的设计进化；信息通信的设计进化；生态与人居环境的设计进化；社会管理与公共服务的设计进化；公共与国家安全的设计进化；设计价值理念的进化；设计方法与技术的进化；设计人才团队的进化。从设计进化史的角度来看，农耕时代的传统设计可被称为设计 1.0；工业时代的现代设计可被称为设计 2.0，它是第一次工业革命和第二次工业革命的产物；而知识网络时代的创新设计可被称为设计 3.0，它是当代新产业革命的产物。

如果说农耕时代和工业时代的设计都是建立在大自然物理环境的基础上，知识网络时代的创新设计则基于全球信息网络化的物理环境。未来的创新设计将导致绿色、智能、全球、网络协同、个性化、定制式的智造和创造。第三部分"面向未来的中国创新设计"首先谈到"未来的创新设计"。未来的创新设计将创造全新的网络智能产品、工艺装备、网络智造和全新的经营服务方式。未来的设计制造将超越数字减材与增材、无机与有机、理化与生物的界限，将创造清洁生态的、分布式可再生能源为主体的可持续能源体系与智能能源和电网系统。谈到面向未来的中国创新设计，发展独具中国特色的设计科学，我们任重而道远，一方面要与国际全面接轨，另一方面又必须补课，同时要研究中国传统的设计智慧，创造自己的设计品牌，以合理有效的现代设计教育培养一批现代设计创意人才。

图 0.173 贝扬和赞恩合著《自然的设计：结构定律如何控制生物学、物理学、技术和社会组织的演变》(*Design in Nature: How the Constructal Law Governs Evolution in Biology, Physics, Technology, and Social Organization*) 封面 [双日（Doubleday）出版社，2012 年]
图 0.174 鲍尔著《形状》(*Shapes*)、《流动》(*Flow*)、《分枝》(*Branches*) 封面 [牛津大学（Oxford University）出版社，2011 年]

*图 0.173　　　　　　　　　　　　　　　　　　　　　　*图 0.174

著名科学家徐志磊院士于2014年在《机械工程导报》第170期发表《创新设计的科学》长文，为设计科学及其发展进行了提纲挈领的归纳总结，从设计史到设计教育诸方面都广泛涉猎。第一部分"造物和人造物"，强调人造物是设计的本质。第二部分"关于创新设计"，强调中国当代设计必须摆脱传统因循守旧的思维习俗，积极建树现代化的设计创新观念。第三部分"创造发明的源泉"，强调交流合作对创造发明的重要意义，完美的器具并不存在，交流带来启发，设计本身就是一种尝试拉近器具的缺陷与理想之间距离的过程。第四部分"人造物的分类"，强调人造物所内含的"设计出"和"制造出"的概念，将人造物分为工具、器具和人类心灵艺术表达的产品和知识传递的产品，进而强调设计科学的重要——设计科学是关于设计过程的学说体系，它是知识上硬性的、分析的、部分可形式化的、部分经验性的、可传授的。第五部分"传统设计"，指出传统设计的真正意义是对先进产品的测绘、拷贝和仿制，但必须做到如下三点才能从传统设计步入创新设计：测绘过程严格精细，测绘人员具备综合性分析能力，理解仿制技术和生产制造过程。第六部分"创新设计的程序"，提出科学的设计过程应该经历的10个阶段，即研究阶段、分析阶段、概念设计阶段、选择阶段、开发择机阶段、工程开发阶段、市场投放战略的品牌建构阶段、产品全寿命设计与分析阶段、售后维修服务阶段和绿色回收技术阶段。第七部分"原始创新"，强调基础研究是原创思维的源泉和燃料，基础研究的成果是创新设计的知识库。第八部分"创新技术发展趋势"，介绍如下最新前沿技术：人类身体增强技术、计算机人机一体化技术、3D生物打印技术、社交电视技术、移动机器人技术、量子计算机技术、自然语言回答技术、物联网技术、大数据信息管理终端技术、近距离无线通信（NFC）支付技术、增强现实无线电源技术、云计算技术、机器对机器通信服务技术、QR（二维码的一种）代码或彩色代码技术等，并在展示基础研究—技术创新—工程开发—产品研制—市场需求的创新驱动链条上，强调设计师应立足各个阶段的边界上。第九部分"创新设计的理念"，阐述九个层面的内容：①树立创新设计的新思维；②摒弃抄袭、模仿、侵犯知识产权，但不排斥集成创新；③直面挑战；④创新的成功与失败之比往往很悬殊，创新最终不会全部成功，但不创新就永远不会成功；⑤创新还存在现有技术的抵制问题；⑥创新的两种类型，即演化型和革命型；⑦以中国国情为依托，借鉴国外最新科技成果；⑧创新设计能力是提高未来国际竞争力的主要体现；⑨更重要的是，创新能提升自己的思维能力、想象力和思辨力，培养解决问题的能力。第十部分"创新设计的跨学科问题",强调跨学科综合能力的培养,倡导跨界设计的思维,从学科交流中获取创意灵感。第十一部分"关于设计科学",强调三个方面的内容:对科学知识和先进技术的理解;先进设计方法的运用;运用分层制分解方法解决复杂系统的设计问题。第十二部分"信息科学",强调在知识网络时代,信息科学已取代传统自然科学为人类提供新型资源,即人力资源、物质资源和信息数据资源。第十三部分"计算科学与工程",介绍大规模计算机模拟计算将解决如下问题:复杂系统的多尺度、多物理、多模型系统的模拟,不确定性的量化,以及大规模计算的优化模拟。第十四部分"基于科学的工程模拟",介绍计算工程模拟的诸多运用:设计优化、医学应用、数字城市系统、空气污染检测、基础设施优化、长周期环境污染预测、突发事件的响应预测、城市环境与治安基础设施优化等。第

十五部分"集成计算机材料工程",强调以大数据系统研究材料,为设计过程提供完整的材料信息。第十六部分"赛博科学与工程",简介 CS&E(Cyber Science and Engineering),即通过计算方法与系统(包括硬件、软件和网络)实现设计科学的实践过程。第十七部分"创新设计的知识管理",强调建立设计知识库的重要性,以完善的知识产品和服务提高设计师的创新设计能力。第十八部分"绿色设计和可持续制造",强调绿色设计对生态环境的重大意义,介绍绿色设计在技术层面的诸多具体内容。第十九部分"智能设计与制造",以 2013 年汉诺威工业博览会展出的"集成工业"产品为例,说明不同层次的集成智能设计对生产力的提升所具有的决定性作用。第二十部分"创新设计人才的培养",介绍 KSAO[知识(Knowledge)—软件(Software)—管理(Administration)—创意(Originality)]系统综合能力的培

养。第二十一部分"STEM 教育",介绍了美国通识教育中的 STEM 系统教育[科学(Science)、技术(Technology)、工程(Engineering)、数学(Mathematics)知识]的系统学习和训练,认为它是从中学到大学基础教育的核心内容,建议中国设计人才的培养要加入并强化 STEM 系统的学习,以期培养出具有先进科技知识的创新设计队伍。

绪论注释

[1] 米兰国际家具博览会和科隆国际家具博览会：米兰家具博览会始于1961年，每年一届，被誉为世界家具设计及展示的"奥斯卡"与"奥林匹克"盛会，并扩展至建筑、家纺、灯具等家居领域，是全世界家居设计者与产业相关者聚集、交流的圣地。该博览会包括米兰国际家具展、米兰国际灯具展、米兰国际家具半成品及配件展、卫星沙龙展等系列展览。科隆国际家具博览会始于1949年，是目前世界上规模最大的国际性家具博览会，也是当今世界与米兰国际家具博览会齐名的最著名的家具展览会。每年1月份在德国科隆国际展览中心举行。科隆国际家具博览会作为全球第一展会品牌的最大特征是其展品无与伦比的广度和深度，全球的观众会领略到来自世界范围的包罗万象的各类家具和家居用品。

[2] 芬兰阿泰克（Artek）：世界经典设计品牌Artek家具由芬兰建筑大师阿尔托与几位同事于1935年在赫尔辛基创立。在北欧，几乎每个家庭都有一件或多件他的作品。不同于简洁而冷漠的钢管家具，阿尔托始终强调家具的自然化和人性化，并为此发明出弯曲木胶合板以求达到钢管家具的结构强度。他以芬兰传统的桦木胶合板创造出美妙的木质曲线，成就兼具美感与舒适感的北欧风情，也为20世纪的现代家具设计树立了光辉榜样。与此同时，阿尔托的家具虽然在世界各地一直被研究和模仿，但却从未被超越。

[3] 美国赫曼米勒（Herman Miller）：创建于1905年的美国著名家具制造公司，总部设在美国密歇根州，在某种意义上它已经成为"现代家具"的同义词。公司与美国著名设计师乔治·尼尔森（George Nelson）和伊姆斯夫妇合作，制作出成为工业设计经典的一大批办公家具。除了经典作品与家用新款设计以外，它在现代室内陈设、医疗环境解决方案及其相关技术和服务方面亦是公认的创新者。

[4] 丹麦PP：成立于1953年的丹麦著名家具制造公司，是丹麦最负盛名的细木作工坊，它将传统工艺与现代设计密切结合，以精湛手工打造高质量的工艺设计家具作品而著称。其最重要的产品来自于丹麦家具大师威格纳的长期合作，其设计和产品尊重木材、重视环保；取材及制作严谨，追求精湛质量；不受视觉、类型、风格、形式和材料的局限，鼓励创新，从而成就赏心悦目且机能完善、艺术与实用兼具的家具作品。

[5] 德国维特拉（Vitra）：创始于1958年的欧洲现代家具品牌，是当今世界最有影响力的家具公司之一。该公司与全球最著名的建筑大师和设计大师合作，生产和销售堪称经典的一大批现代家具和灯具产品，其设计师包括赖特、柯布西耶、密斯、阿尔托、伊姆斯、萨里宁、潘顿、阿尼奥和库卡波罗。该公司尤其强调现代家具与现代建筑的天然融合，其总部建筑群的每一栋单体都由当代著名建筑大师主持，包括西扎、哈迪德、安藤忠雄、盖里等。

[6] 柳冠中（1943—）：中国当代著名的工业设计学术带头人，清华大学美术学院责任教授，中国工业设计协会副理事长兼学术和交流委员会主任。1984年，他创建了我国第一个"工业设计系"，奠定了中国工业设计学科的理论基础和教学体系。其"生活方式说""共生美学观""事理学"等理论方法在国内乃至国际设计界都产生了重要影响，初步形成了中国自己的设计理论体系。

[7] 印洪强（1948—）：江苏人，江阴市长泾镇著名木工企业"印氏家具"的创始人，当代中国传统家具工艺的重要传承者。自1997年与芬兰设计大师约里奥·库卡波罗教授和中国建筑师方海教授展开合作，制作并参与研发"新中国主义"现代中国家具品牌，在实木与合成竹构造工艺方面有重要贡献。

[8] "方海—库卡波罗"团队设计：从1997年起，中国旅芬学者方海教授开始与芬兰设计大师库卡波罗在赫尔辛基合作建立了"方海—库卡波罗"工作室，在建筑、室内、家具及灯具设计等方面完成了一系列开创性工作，同时推出"新中国主义"设计品牌，近年完成的主要成果包括深圳家具研究开发院、东西方家具系列及联合国竹藤产品组织的"传统竹家具的现代化"等项目。

[9] 室内设计与人体尺度模式的书：《人体尺度与室内空间》，作者为朱利叶斯·潘尼罗（Julius Panero）、马丁·泽里克（Martin Zelnik），龚锦编译，曾坚校。本书是供建筑和室内设计者使用的工具书，其特点是以图、文、数据对照方式提供给使用者各种用房的空间尺度，便于形象地理解和查找，不易发生差错。其主要内容有：住宅、办公室和商业用房、会议室、理发店、酒吧、健身房、医院、公共设施等项。

[10] 汉斯·威格纳（Hans Wegner, 1914—2007）：丹麦最著名的家具设计大师。在第二次世界大战期间，威格纳进入雅各布森建筑事务所工作，主要负责室内和家具设计；在第二次世界大战后建立了自己的设计工作室并与丹麦家具制造公司密切合作，与雅各布森等丹麦大师一道将丹麦设计引入黄金时代。他的主要设计手法是从世界各国的传统设计中吸取灵感，并净化其已有形式，进而发展自己的构思。其代表作有中国椅、孔雀椅和公牛椅等。

[11] 中国古代家具的小比例模型：是指将中国古代的家具作为原型，按一定的要求缩小比例、仿真度、取舍度、取整度等，制作成的实物样品模型。在此特指17世纪的丹麦商船从广州带回的一批专为丹麦船长和贵客制作的与其塑像配套的小比例中国古代家具模型，它们被收藏于丹麦国家艺术博物馆。

[12] 凯尔·克林特（Kaare Klint, 1888—1954）：丹麦著名建筑师及家具设计大师，在设计实践与设计教育领域都做出了杰出的贡献，被誉为"丹麦设计之父"。他既是一位古典主义者，又是勇于创新的现代设计大师。他相信任何新的家具形式都应该从历史模型中演变而来，并由此建立丹麦设计学派的基本理念。其设计代表作有新甲板椅、新型圈椅和新埃及折叠凳等。

[13] 布吉·默根森（Borge Morgensen, 1914—1972）：丹麦家具设计大师，以其对传统工艺价值和材料坚定的信念而闻名。他早年追随导师克林特，后发展出自己独特的风格，设计的许多家具已成为丹麦设计的品牌标签。他的家具功能完善，同时充满雕塑效果，其代表作有西班牙椅、双人休闲椅等。

[14] 维纳尔·潘顿（Verner Panton, 1926—1998）：丹麦家具设计大师，因其对现代家具设计革命性的突破和创新，对新技术、新材料的研究和利用，创造了一系列具有抽象几何造型新形态、带有未来主义梦幻空间色彩的家具和室内设计作品，被誉为20世纪最富创造力的设计大师之一。其代表作有1960年设计的"潘顿椅"，以单件材料一次性压模成形的座椅完成了许多前辈大师的梦想。

[15] 伊玛里·塔佩瓦拉（Ilmari Tapiovaara, 1914—1999）：芬兰第二代家具设计大师中的领军人物，因其家具、灯具和纺织品设计而闻名。他先后与阿尔托、柯布西耶和密斯一起工作，在设计实践和设计教育领域均有重大建树，在阿尔托之后引领了芬兰家具的创新设计，开创出多种新材料、新科技的研发和应用，同时也培养了芬兰新一代设计大师，如库卡波罗和阿尼奥等。

[16] 艾洛·阿尼奥（Eero Aarnio, 1932—）：芬兰当代设计大师。他自20世纪60年代开始用玻璃钢和其他塑料进行实验设计，从而让家具告别了由支腿、靠背和节点构成的传统设计形式。他用新闻纸和糨糊作为原材料，在藤编家具的启发下，设计出了一种适于塑料制作的、面貌全新的坐具造型，后又用合成材料反复试制他的新型设计，最终推出了看似航天舱的名为"球体椅"的座椅，并在1966年科隆国际家具博览会上一夜成名。此后的"香皂椅""泡沫椅"和"小马驹椅"等都成为世界波普设计的杰作。

[17] 塔皮奥·维卡拉（Tapio Wirkkala, 1915—1985）：芬兰设计大师，既是战后欧洲最杰出的国际设计创意大师之一，也是国际有机现代主义设计最重要的代表人物之一。他除了被誉为"世界第一"的现代玻璃设计之外，其陶瓷设计、金属设计、木质家具设计、展览设计、平面设计等都获得世界级声誉。他的设计以多变的风格著名，他毕生所提倡的"简约中求变，变化中极简"原则，深深影响了所有的北欧设计者。其代表作"树叶形木托盘"就是有机现代主义的典型设计。

[18] 第蒙·萨帕奈瓦（Timo Sarpaneva, 1926—2006）：芬兰设计大师和艺术家，在艺术和设计领域最出名的是其玻璃创新作品。他以玻璃为主要设计媒介，同时又与金属、木材、纺织品和中国瓷器进行创造性的结合，同阿尔托和维卡拉等设计大师一道，开创了第二次世界大战之后芬兰和北欧现代设计的辉煌。

[19] 卡伊·弗兰克（Kaj Franck, 1911—1989）：第二次世界大战之后芬兰最重要的设计大师和设计教育家之一，曾经长期执教于赫尔辛基艺术设计大学，并担任欧洲最大的现代陶瓷企业——阿拉比亚陶瓷工厂和伊塔拉玻璃工厂的艺术总监。他的作品以简约、永恒、实用而著称。他探究餐具的基本功能——"用来做什么"，为芬兰陶瓷玻璃艺术和芬兰艺术表现形式的革命性发展做出了重大贡献。

[20] 昂蒂·诺米斯耐米（Antti Nurmesniemi, 1927—2003）：芬兰设计大师，最著名的是其工业设计和室内设计。他是一位多才多艺的设计师，凭着他在建筑、室内、家具、展示、产品、平面和摄影等广泛领域中的创造性设计，以及长期担任世界设计学会的主席，而对全球的设计有着深远的影响。他的许多作品都被世界一流的博物馆收藏，除了设计的一系列家具和产品外，他更以广泛的室内设计和大规模工业设计而闻名于世。

[21] 瓦西里椅：著名建筑大师和家具设计大师马歇尔·布劳耶于1925年设计的世界上第一把钢管皮革椅，因最初是为他的老师瓦西里·康定斯基的工作室设计的，故而取名为"瓦西里椅"。瓦西里椅是现代主义作品中的经典之作，也是现代家具发展史上最重要的里程碑之一，其本身就是现代主义信条"方块就是上帝"的完美诠释。突出的直线的运用，即使采用圆角的光滑过渡，仍旧不能消除方形棱边的限定，这也正是钢管材料视觉感受的特征表现。而这种方体形式又是立体派所推崇的形式，交叉的平面构图则是风格派的惯用手法，完全暴露在外的构架则是结构主义的典型特征，正是由于它集聚了众多艺术流派的理念，从而成为诸多艺术风格语义的范例。

[22] 约里奥·威勒海蒙（Yrjö Wiherheimo,

1941—）：芬兰著名设计师，曾多年担任赫尔辛基艺术设计大学（现阿尔托大学）室内建筑与家具设计系教授，是芬兰当代最有影响力的设计师和设计教育家之一。威勒海蒙师承库卡波罗，之后他也培养出了许多新生代芬兰设计师。他在1980年创建了芬兰威沃路（Vivero）家具公司并任设计总监，同时多年在挪威设计学院等欧美院校任设计教授。其家具设计代表作有鸟椅、毯椅和欢乐系列办公家具等。

[23] 西蒙·海科拉（Simo Heikkila，1943—）：芬兰著名设计师，当代芬兰家具界和展示设计领域最重要的代表人物之一。他师从库卡波罗，曾作为库卡波罗的助手工作17年，亦在芬兰、瑞典、挪威等地担任设计教授多年。他的设计充满浪漫的艺术气质，在使用多种现代化材料的同时，尤其专注于生态设计的理念和对木材的开发利用，并为此设计出了一大批造型优雅、功能卓越的作品。

[24] 尤科·雅威萨洛（Jouko Järvisalo，1950—）：芬兰著名建筑师、室内和家具设计师，芬兰莫贝尔（Mobel）家具设计公司的主创设计师和艺术总监，阿尔托大学艺术设计与建筑学院教授。他师承库卡波罗，并突出发展了其对金属材料的创造性运用，同时也努力发展芬兰传统的胶合板家具。其设计作品被赫尔辛基设计博物馆、芝加哥艺术博物馆等永久收藏。

[25] 卡勒·洪伯格（Kaarle Holmberg，1951—）：芬兰著名室内和家具设计师，芬兰利普（Lepo）家具设计公司的主创设计师和艺术总监，芬兰拉赫第应用科技大学设计学院家具系责任教授。他师承库卡波罗，并发展其对实木与胶合板的创造性和趣味化运用，同时也致力于发展便携式家具。其设计作品被赫尔辛基设计博物馆、瑞典国家艺术博物馆和丹麦设计博物馆等永久收藏。

[26] 赫尔辛基艺术设计大学：现阿尔托大学艺术设计与建筑学院，位于芬兰赫尔辛基，是欧洲最大的艺术设计大学，更是北欧最重要的设计院校。芬兰百年设计创新过程中几乎所有的领军大师都毕业于或任教于该校，如老萨里宁、阿尔托、弗兰克、维卡拉、库卡波罗等。

[27] 纽约国际"最舒服的座椅"竞赛：美国《纽约时报》于1970年邀请美国和欧洲当时各领域人士评选世界最舒服的座椅，初评评委包括政治家、政府官员、科学家、医生、艺术家、建筑师、设计师和大学生等，他们从上万件座椅里选出一百件进入终评，最后再由专家选出10件命名为"人类最舒服的座椅"。芬兰设计大师库卡波罗于1964年设计的卡路赛利椅在这最终的10件产品中名列第一，卡路赛利椅由此被誉为"最舒服的座椅"。

[28] 奥利·博格（Ollie Borg，1921—1979）：芬兰著名建筑学家、室内设计师和设计教育家。他设计了多个公共场所的内部设施，如1961年坦佩雷的瓦蒂亚拉（Vatiala）殡仪馆和1962年赫尔辛基的小剧院等，同时他还担任芬兰最大的家具企业雅士高（Asko）公司的主创设计师。其家具代表作有极简主义多功能椅等。

[29] 本特·阿克布隆（Bengt Akerblom，1901—1990）：瑞典医学家。他是在坐姿和站立姿态研究中使用肌电图的先驱之一，他对解剖学和人体工程学非常感兴趣，并将自己的研究成果于1948年以论文的形式发表，之后在多地进行了演讲。他的成就主要关于人类脊背构造的研究以及座椅靠背对一个人健康的影响，他发现在身体后面的椅背通常不能支撑腰部，此外，座椅必须向后倾斜，以便靠背有良好的支撑。他还建议降低椅面的高度，以防止大腿下侧受到阻碍而造成的血流压力，同时桌面也需要相应地降低以避免肩膀上的紧张。这一原则为之后的家具设计师提供了思路，并推动设计出了许多符合人体工程学的椅子。

[30] 王厚立（1941—）：中国旅芬学者，曾任南京林业大学材料科学与工程学院院长，教授，博士生导师。他在木工机械和合成竹材加工运用方面有重要贡献，曾发表《基于断层扫描技术的木材含水率检测技术研究》《基于CT扫描的计算机模拟薄木刨切》等40余篇论文。

[31] 林海（1948—）：浙江大庄实业集团创始人兼董事长，国际标准化组织竹藤技术委员会委员，国家标准化管理委员会委员，南京林业大学客座教授等，被人们称为"全球竹应用推进者"。对于他而言，竹是一种有灵气的植物，这种植物也让他创建的大庄实业集团存在的更有价值。作为全球最大的竹业集团的负责人，林海先生为充分合理利用竹材、推动生态设计和环境保护、展开与建筑师和设计师的广泛合作并共同创造出新时代优秀作品做出了巨大贡献。

[32] 《建筑十书》：撰于公元前32—前22年，全书分十卷，是现存最古老且最有影响的建筑学专著。作者为马可·维特鲁威（Marcus Vitruvius Pollio），书中关于城市规划、建筑设计基本原理和建筑构图原理的论述总结了古希腊建筑和当时罗马建筑的经验。本书提出了建筑学的基本内涵和基本理论，建立了建筑学的基本体系；主张一切建筑物都应考虑"适用、坚固、美观"，提出建筑物"均衡"的关键在于它的局部与总体的关系。此外，在建筑师的教育方法修养方面，该书也特别强调建筑师不仅要重视才，而且重视德，这些论点对今天的建筑设计仍具有很强的指导意义。

[33] 詹姆斯·瓦特（James Watt，1736—1819）：英国发明家、英国皇家学会会员，第一次工业革命的重要推动者。1776年他制造出第一台有实用价值的蒸汽机，后又经过一系列重大改进，此发

明对近代科学和生产有划时代的意义，在工业上得到广泛应用，极大地推动了社会生产力。他开辟了人类利用能源的新时代，使人类进入了"蒸汽时代"。

[34] 本杰明·富兰克林（Benjamin Franklin，1706—1790）：美国政治家、物理学家，同时也是出版商、印刷商、记者、作家、慈善家，更是杰出的外交家及发明家，是美国的开国三杰之一，也是美国独立战争时重要的领导人之一。其中他对电学的研究包括他在1752年进行了一次著名的风筝实验：在雷雨天气中放飞带有一根金属杆的风筝，当闪电从风筝上掠过，他用手靠近风筝上的铁丝并感受到了麻木，以此证明"雷电"是由电力造成；发现电荷分为"正""负"，而且两者的数量是守恒的。

[35] 约翰·沃尔夫冈·冯·歌德（Johann Wolfgang von Goethe，1749—1832）：德国著名思想家、作家、科学家，他是魏玛古典主义最著名的代表。他是最伟大的德国作家之一，涉及诗歌、戏剧和散文等多个领域，是世界文学领域一位出类拔萃的光辉人物，主要著作有《少年维特之烦恼》《浮士德》等。同时歌德也对动物学和植物学很感兴趣，受洪堡思想的影响，他将内在的力（生物体的"原型"）与外在的力（影响生物本身的环境）区分开来，并认识到植物和动物都与其生活环境相适应。

[36] 恩斯特·海克尔（Ernst Haeckel，1834—1919）：德国动物学家和哲学家。洪堡带来的影响深远地贯穿了海克尔的一生，他童年时期就开始阅读洪堡的著作，后跟随洪堡的足迹到了南美洲，在著作《自然界的艺术形态》中进一步拓展了其影响，他向艺术家和设计师介绍了以科学研究为主题的艺术创作。海克尔将查尔斯·达尔文的进化论引入德国并在此基础上继续完善了人类的进化论理论，并通过对胚胎学、形态学与细胞理论的研究使生物学研究的范围不断扩展，提出了"生态学"一词。其主要著作有《生物体普通形态学》《创造的历史》等。

[37] 托马斯·杰斐逊（Thomas Jefferson，1743—1826）：美国第三任总统，同时也是美国《独立宣言》的主要起草人，美国开国元勋之一。其政治思想受洪堡的影响，将洪堡对自然的崭新理解融入对彼时政治局势的悉心体察。除了政治事业外，杰斐逊同时也是农业学、园艺学、建筑学、词源学、考古学、数学、密码学、测量学与古生物学等学科的专家；又身兼作家、律师与小提琴手；也是弗吉尼亚大学的创办人，被誉为历任美国总统中智慧最高者。

[38] 乔治·珀金斯·马什（George Perkins Marsh，1801—1882）：美国外交官和语言学家，被称为美国第一位环保人士，并认识到人类在地球上的行为所产生的不可逆转的影响。在马什心中，洪堡是"自然界最伟大的牧师"，因为他可以通过人与自然的相互作用来理解这个世界，这一关联奠定了马什的工作基础，并试图从此方面解释人类对环境的破坏。他认为只要人类能够管理资源并保持良好的状态，就能保证福利。后代的福利应该成为资源管理决定因素之一，资源稀缺是环境平衡失衡的结果。其代表著作《人与自然》在世界许多地方都产生了巨大的影响。

[39] 亨利·戴维·梭罗（Henry David Thoreau，1817—1862）：美国作家、哲学家，超验主义代表人物，也是一位废奴主义及自然主义者。他著有许多政论，反对美国与墨西哥的战争，一生支持废奴运动，在多处演讲倡导废奴，并抨击了《逃亡奴隶法》。在探究自然的研究中，洪堡探索、收集、测量和建立关联的探索方法对他很有启发，开始以"全新的眼睛看待自然"，同时其思想深受爱默生影响，提倡回归本心、亲近自然。其主要著作有《瓦尔登湖》《公民不服从论》等。

[40] 约翰·缪尔（John Muir，1838—1914）：美国早期环保运动的领袖。他对大自然探险所创作的文字包括随笔、专著等，特别是关于加利福尼亚的内华达山脉的探险，被广为流传。缪尔帮助保护了约塞米蒂山谷等荒原，并创建了美国最重要的环保组织塞拉俱乐部。缪尔对洪堡关于砍伐树木与森林的生态学功能特别感兴趣，吸取了他的思想撰写了《缅因森林》等一批文章。他提倡自然的价值观，帮助人们善待自然，主要著作有《加利福尼亚山脉》《我们的国家公园》等。

[41] 查尔斯·达尔文（Charles Darwin，1809—1882）：英国生物学家，进化论的奠基人。他受洪堡在拉丁美洲探险的鼓舞，曾乘坐贝格尔号军舰经历了历时5年的环球航行，对动植物和地质结构等进行了大量的观察和采集，出版了《物种起源》一书，提出了生物进化论学说，从而摧毁了各种唯心的神造论以及物种不变论。他的生物共同祖先等很多观点，都从洪堡那里得到了丰富的例证。除了生物学外，他的理论对人类学、心理学、哲学的发展都有不容忽视的影响。

[42] 西蒙·玻利瓦尔（Simon Bolivar，1783—1830）：拉丁美洲政治家、革命家、思想家和军事家。他是19世纪解放南美大陆的英雄人物，是美洲独立战争先驱，洪堡对新大陆如百科全书般的了解透彻，对他先后领导军队从西班牙殖民统治中解放了玻利维亚、哥伦比亚、厄瓜多尔、秘鲁和委内瑞拉有很大的帮助，被称为"美洲解放者""委内瑞拉国父"。其独立思想至今仍影响着美洲政治思想。

[43] 莫霍利·纳吉（Moholy Nagy，1895—

1946）：匈牙利画家和摄影师，20世纪最杰出的前卫艺术家之一。他曾任教于早期的包豪斯，深受结构主义的影响，大力倡导技术和产业的融合，并将机械和电力引入艺术设计活动中，创造了新的艺术手段。他奠定了三大构成的基础，强调理性、功能，他在学术上对表现、构成、未来、达达和抽象派兼收并蓄，以各种手段进行拍摄试验。他最为突出的研究是以光、空间和运动为对象，曾以透明塑料和反光金属为实验材料，创作了"光调节器"雕塑。其主要著作有《新视觉》《运动中的视觉》等。

[44] 赫伯特·里德（Herbert Read, 1893—1968）：英国诗人、艺术批评家和美学家，英国美学学会主席，1953年被授予爵士。他所接受的正统教育激发了他重新审视当时英国的教育制度，从而发现了当时英国教育陷入困境的原因。作为包豪斯的教师，他推动了包豪斯设计理论和设计教育的实践。基于此，他强烈呼吁改革教育，同时他受约翰·杜威教育理论的影响，主张"儿童中心"论。其主要著作有《艺术的真谛》《现代艺术哲学》和《艺术与工业：工业设计原理》等。

[45] 理查德·巴克敏斯特·富勒（Richard Buckminster Fuller, 1895—1983）：美国建筑师、工程师、发明家、思想家和诗人，人称"无害的怪物"，拥有55个荣誉博士学位和26项专利发明。半个世纪以前富勒就设计出了一天就能造好的"超轻大厦"、能潜水也能飞的汽车、拯救城市的"金刚罩"……他在1967年蒙特利尔世博会上把美国馆变成富勒球，使得轻质圆形穹顶在如今风靡世界，他提倡的低碳概念启发了科学家并最终获得诺贝尔奖。其代表作有蒙特利尔世博会美国馆、能飞的房子等。

[46] 克里斯托弗·亚历山大（Christopher Alexander, 1936—）：奥地利建筑师，以其设计理论和丰富的建筑设计作品而闻名于世。他在美国加利福尼亚州、日本、墨西哥以及世界其他地区总共设计了超过200个建筑项目。他认为建筑的使用者比建筑师更清楚他们需要什么，同时创造并以实践验证了"模式语言"，建筑"模式语言"赋予了所有人设计并建造建筑的能力。其主要著作有《建筑的永恒之道》《建筑模式语言》等。

[47] 维克多·帕帕奈克（Victor Papanek, 1927—1998）：美国重要的设计师、教育家和理论家。他一生致力于探讨设计对"社会、环境、用户"所应担负的责任，大力推动了绿色设计运动，并亲自到过很多边缘国家和地区，探索设计参与社会改革的实践路径和方法，主要在大学和艺术学院任教，获得许多重要的设计奖项。其主要著作有《为真实的世界设计》《为人的尺度设计》等。

[48] 拉第斯劳·瑞提（Ladislao Reti, 1901—

1973）：意大利化学家和历史学家，研究达·芬奇的知名学者。他在其代表著作《机器的要素》中提到，其中包含的信息非常重要，因为它的基点是一种广为流传的传统观点（关于达·芬奇的构想是否投入实际用途），在那时这一观点仍然非常盛行；在《未知的莱昂纳多》中，他指出达·芬奇的许多手稿已遗失于那个黑暗年代。其中一部分近期才得以重新发掘，他的天才奥秘才逐步被揭开。但正如瑞提所言，他仍然并将永远是不为人知的达·芬奇。

[49] 西格蒙德·弗洛伊德（Sigmund Freud, 1856—1939）：奥地利精神病医师、心理学家、精神分析学派创始人。他开创了潜意识研究的新领域，促进了动力心理学、人格心理学和变态心理学的发展，奠定了现代医学模式的新基础，为20世纪西方人文学科提供了重要理论支柱。其主要著作有《梦的解析》《诙谐及其与无意识的关系》等。

[50] 安德烈·沃尔夫（Andrea Wulf, 1972—）：历史学家和作家，出生于印度，现居德国。她曾在伦敦皇家艺术学院学习设计史，是美国笔会中心、国际探险家俱乐部、女性地理学家协会、林奈协会和英国皇家地理学会会员。其主要著作《自然的发明：亚历山大·冯·洪堡——失落的科学之星的探险》中，她以生动的笔触和翔实的资料将洪堡的个人传记、旅行历险和自然观念的演变交织在一起，既揭示了他在科学史上的枢纽地位，也搭建起这位150多年前的博物学家与现代的联系，此书获得了英国皇家学会洞察投资科学图书奖和英国皇家地理学会颁发的"自然发明"尼斯奖。

[51] 伊曼纽尔·康德（Immanuel Kant, 1724—1804）：德国哲学家、天文学家，星云说的创立者之一，德国古典哲学的创始人，德国古典美学的奠定者。他被认为是对现代欧洲最具影响力的思想家之一，也是启蒙运动最后一位主要哲学家和集大成者。康德的"三大批判"构成了他的伟大哲学体系，即"纯粹理性批判""实践理性批判""判断力批判"。其主要著作有《纯粹理性批判》《判断力批判》等。

[52] 弗里德里希·谢林（Friedrich Schelling, 1775—1854）：德国客观唯心主义哲学家。他在哲学史上有着无可争辩的地位，但他也常被认为是风格隐晦、没有条理性。他的哲学可以分为三个时期：强调客观自然重要性的自然哲学；对精神和自然同一性、无差别性的思考后发展成的同一哲学；对消极的和积极的哲学反抗，思想进而转变成和宗教密切相关的启示哲学。其主要著作有《论一种绝对形式哲学的可能性》《先验唯心论体系》等。

[53] 卡尔·林奈（Carl Linnaeus, 1707—1778）：瑞典植物学家、生物学家，动植物双名

命名法的创立者。他根据植物中生殖器官的数量和种类，对开花植物进行了分类，这对动植物分类研究的进展有很大的影响。他是近代生物学，特别是植物分类学的奠基人。他自幼喜爱花卉，曾游历欧洲各国，拜访过大量著名的植物学家，搜集了大量的植物标本。其主要著作有《自然系统》《植物属志》等。

[54] 约翰·弗里德里希·布鲁门巴赫（Johann Friedrich Blumenbach，1752—1840）：德国医学家、生理学家和人类学家。他在生命力量理论中宣称所有的生命都是一个整体，其最知名的是他用比较解剖学的方法，首先把人类当作自然史研究对象之一，将人类种族分为五类（蒙古人种、尼格罗人种、高加索人种、马来人种、印第安人种）。

[55] 拉尔夫·沃尔多·爱默生（Ralph Waldo Emerson，1803—1882）：美国思想家、文学家、诗人，他是确立美国文化精神的代表人物。美国前总统林肯称他为"美国的孔子""美国文明之父"。他的诗歌、散文独具特色，注重思想内容而没有过分注重辞藻的华丽，行文犹如格言，哲理深入浅出，具有很强的说服力，且有典型的"爱默生风格"。其主要著作有《论自然》《论文集》等。

[56] 朱利斯·凡尔纳（Jules Verne，1828—1905）：法国小说家、剧作家及诗人。他的作品对科幻文学流派有着重要的影响，因此他与赫伯特·乔治·威尔斯并称作"科幻小说之父"。他的创作受到洪堡的深刻启发，后来完成了大量的科幻作品作为向洪堡的致敬，他的作品中充满了明显的社会倾向，但他本人却是一位宇宙神秘主义者，对世界有一种神秘的崇拜。其主要著作有《海底两万里》《八十天环游地球》等。

[57] 埃梅·邦普兰（Aime Bonpland，1773—1858）：法国探险家、植物学家。他曾与洪堡一起前往墨西哥、哥伦比亚、奥里诺科河和亚马逊河边境展开为期五年的探险。在这场探险中，他收集并分类了近 60 000 种植物，这些植物几乎都是在欧洲未曾见过的，之后他将这些采集样本都收录在其代表著作《春分植物》（Plantes Equinoxiales）中。

[58] 埃德加·爱伦·坡（Edgar Allan Poe，1809—1849）：美国诗人、小说家和文学评论家，美国浪漫主义思潮时期的重要人物。他的哥特小说创作受到洪堡的启发，不但对传统所具有的悬念、言情、凶杀、恐怖等通俗元素予以杂糅，而且表达了独树一帜的创作理念，对美国早期本土文化、对物欲驱使的资本主义社会中人们的非理性情感予以关怀，在一定程度上打破了严肃小说和通俗小说的界限，在更广阔的审美空间上实现了与读者的心灵沟通。其主要著作有《黑猫》《厄舍府的倒塌》等。

[59] 沃尔特·惠特曼（Walt Whitman，1819—1892）：美国著名诗人、人文主义者，创造了诗歌的自由体，打破了传统的诗歌格律，将断句作为韵律的基础，节奏自由奔放、汪洋恣肆、舒卷自如，具有一泻千里的气势和无所不包的容量。他受到洪堡的影响，在创作其诗集《草叶集》时，一直将洪堡的《宇宙》放在自己的案头作为灵感来源，其散文集代表作有《典型的日子》等。

[60] 弗朗西斯·培根（Francis Bacon，1561—1626）：第一代圣阿尔本子爵，英国文艺复兴时期最重要的散文家、哲学家，英国唯物主义哲学家，实验科学的创始人，也是近代归纳法的创始人，同时又是对科学研究程序进行逻辑组织化的先驱，所以尽管他的哲学有许多地方欠圆满（如带有神学色彩和旧思想的残余），他的哲学具有神学的不彻底性，主张双重真理，承认上帝存在和灵魂不死等宗教教条，但仍旧占有永久不倒的重要地位。其主要著作有《新工具》《论科学的增进》等。

[61] 勒内·笛卡尔（Rene Descartes，1596—1650）：世界著名哲学家、数学家、物理学家。因将几何坐标体系公式化而被认为是解析几何之父，同时他还是西方现代哲学思想的奠基人。他强调科学的目的在于造福人类，使人成为自然界的主人和统治者。他反对经院哲学和神学，是近代唯物论的开拓者，并且提出了"普遍怀疑"的主张。他的哲学思想深深影响了之后的几代欧洲人，开拓了所谓"欧陆理性主义"哲学。其主要著作有《方法论》《形而上学的沉思》等。

[62] 康提德·布丰（Comtede Buffon，1707—1788）：法国博物学家、自然学家和作家。他用毕生精力经营皇家花园，并用 40 年时间写成了 36 卷巨册的《自然史》。他还是人文主义思想的继承者和宣传者，在他的作品中常用人性化的笔触描摹动物。他坚持以唯物主义观点解释地球的形成和人类的起源，并观察、研究大地、山脉、河川和海洋，寻求地面变迁的根源，开了现代地质学的先河。其主要著作有《自然史》《马》等。

[63] 乔治·居维叶（Georges Cuvier，1769—1832）：18—19 世纪法国著名的古生物学者、自然科学家。他是解剖学和古生物学的创始人，对许多现存动物与化石进行比较，建立了比较解剖学与古生物学，还建立了灭绝的概念，最先将化石标本定义为与现生物种具有相等分类学地位的"已灭绝物种"。他还提出了"灾变论"，用于解释地貌形成原因。其主要著作有《动物王国——从其组织看分布》《论地表的革命》等。

[64] 让·巴蒂斯特·拉马克（Jean-Baptiste Lamarck，1744—1829）：法国生物学家，1809 年出版了《动物哲学》一书，系统地阐述了他的进化理论，即通常所称的拉马克学说。书中提出了用进废退与获得性遗传两个法则，并认为这既是

生物产生变异的原因,又是适应环境的过程。达尔文在《物种起源》一书中曾多次引用拉马克的著作。

[65] 皮埃尔·西蒙·拉普拉斯(Pierre Simon Laplace, 1749—1827):法国著名的天文学家和数学家,也是法国科学院院士。他是天体力学的主要奠基人、天体演化学的创立者之一,他还是分析概率论的创始人。在研究天体问题的过程中,他创造和发展了许多数学的方法,如以他的名字命名的拉普拉斯变换、拉普拉斯定理和拉普拉斯方程等,在科学技术的各个领域都有广泛的应用。其主要著作有《宇宙体系论》《天体力学》等。

[66] 生物放射学:是研究电离辐射在集体、个体、组织、细胞、分子等各种水平上对生物作用的科学。放射生物学起源于利奥波德·弗伦德(Leopold Freund)用德国物理学家威廉·伦琴(Wilhelm Röntgen)发现的一种被称为X射线的新型电磁辐射治疗多毛痣。在1896年初用X射线照射青蛙和昆虫之后,伊凡·塔尔哈诺夫(Ivan Tarkhanov)认为这些新发现的光线不仅可以书照相,而且"影响生命功能",随后产生了生物放射学这一新科学领域。

[67] 埃米尔·加勒(Emile Gallé, 1846—1904):法国玻璃艺术家,法国新艺术的首席代表。以自然为创作主题的琉璃花瓶,具有清新的风格、象征主义的色彩以及精湛的工艺,领导了法国工艺美术对当时工业革命大量制造机械产品发起挑战。在法国新艺术重镇南锡,他作为发起者成立了南锡派学会。加勒的琉璃瓶子透过创作人敏锐的观察,加上无数精细的创作细节,展现了产品生命的"活力",鬼魅般的忽而光明和忽而黑暗的变化,充满了诗意和文学性,堪称"世界最美的琉璃瓶"。

[68] 路易斯·沙利文(Louis Sullivan, 1856—1924):芝加哥学派建筑师,第一批设计摩天大楼的美国建筑师之一,有机建筑的核心人物之一,在美国现代建筑革新中起着重要作用。他认为建筑艺术并不是写照式地模仿大自然,而是在必然的结构演变中加以模仿,同时强调装饰对建筑的重要性。他许多建筑作品的立面其海克尔风格化图案装饰的影响,具有很强的风格性。其代表作有圣路易斯的温莱特大厦、芝加哥施莱辛格与迈耶百货公司大厦等。

[69] 路易斯·康福特·蒂芙尼(Louis Comfort Tiffany, 1848—1933):美国艺术家,以制造装饰性玻璃而闻名,他制造的灯和玻璃器皿外形流畅,颜色变幻无常,使他成为美国新艺术主义风格的主要倡导者。他创建蒂芙尼工作室并发明了独一无二的螺旋形纹理和多面形钻石切割工艺,使钻石闪烁出更加夺目的光彩。蒂芙尼成为美国新工艺的杰出代表,并使美国工艺品成为风行一时的商品。

[70] 雷内·比奈(René Binet, 1866—1911):法国著名建筑师、艺术家。他对东方主义艺术有极大的兴趣,并展示了东方在绘画、文学和建筑中的真实对应关系展览。其代表作是巴黎世界博览会宏伟的入口大门设计,其形态灵感的源头则是海克尔绘制的放射虫。

[71] 希格弗莱德·吉迪翁(Sigfried Giedion, 1888—1968):波西米亚裔瑞士历史学家、建筑评论家。吉迪翁是现代主义的先驱,20世纪最著名的建筑理论家、历史学家之一,曾任国际建筑协会秘书长,先后执教于麻省理工学院、哈佛大学、苏黎世大学。其著作《空间、时间和建筑》用比较方法来研究历史,用空间概念来分析建筑,用恒与变来揭示发展的本质,用大历史衬托具体的建筑现象,又用具体现象的深刻分析来呼应时代,共时与历时分析的结合使人们在雄浑的历史感中体会到建筑真意,是一部极具影响力的关于现代建筑历史的标准作品;《机械化的决定作用》则创建了一种崭新的史书编纂模式。

[72] 弗兰克·皮克(Frank Pick, 1878—1941):曾任英国艺术与产业委员会主席。他对设计及其在公共生活中的使用有着浓厚的兴趣。他利用引人注目的商业艺术、平面设计和现代建筑来引导伦敦地铁企业形象的发展,建立了一个被高度认可的品牌形象,包括今天仍在使用的第一版圆形字。在他的指导下,UERL的地下网络和相关的巴士服务扩展到新的领域并刺激其在伦敦郊区的发展。

[73] 约翰尼斯·伊顿(Johannes Itten, 1888—1967):瑞士表现主义画家、设计师、作家、理论家、教育家。他是包豪斯最重要的教员之一,是现代设计基础课程的创建者,创造和发展了色彩的"初级课程",即教授学生基础知识和颜色的材料特性。同时伊顿十分注重发挥学生的个性,他把学生分为倾向精神表现者、倾向理性结构者、倾向真实再现者三种类型,分别加以不同的指导。

[74] 瓦西里·康定斯基(Wassily Kandinsky, 1866—1944):俄罗斯画家、美术理论家。他是第一批从具象艺术转换为抽象艺术的艺术家之一,他的理论著作是现代抽象艺术发展的根源,其于1911年所写的《论艺术的精神》、1912年的《关于形式问题》、1923年的《点线面》、1938年的《论具体艺术》等,都被称为抽象艺术的经典著作,成为现代抽象艺术的启示录。

[75] 汉尼斯·梅耶(Hannes Mayer, 1889—1954):瑞士建筑师、设计师和艺术教育家,自1928年至1930年在德意志德绍时期的包豪斯任第二任校长。他提倡从产品的功能和结构相互关系中直接产生规律,奠定了包豪斯将艺术设计理解为不同于艺术的特殊设计活动的基础。梅耶更为

强调设计的社会道义和责任，主张学生参加社会活动，推动设计与企业的紧密联系。在他的领导下，包豪斯大量接受委托设计，为设计面向社会做出了贡献。

[76] 尼古拉斯·福克斯·韦伯（Nicholas Fox Weber）：美国著名学者、阿尔贝斯基金会负责人。他与在包豪斯唯一的艺术家夫妇（阿尔贝斯夫妇）相处多年。他之前出版过 14 部著作，其中有《巴尔蒂斯》（Balthus）一书。阿尔贝斯夫妇向他讲述了他们自身的故事并描绘了与他们的同事格罗皮乌斯、克利、康定斯基、密斯以及这些人鲜为人知的妻子和女伴在包豪斯的生活。在这部非凡的集体传记中，他将包豪斯的天才以及 20 世纪 20 年代和 30 年代初期在德国魏玛与德绍的这个先锋艺术学校的共同体描绘得栩栩如生。

[77] 安妮·阿尔伯斯（Anni Albers, 1899—1994）：美籍德国纺织艺术家和版画家，也是 20 世纪最著名的纺织艺术家。她为她的纺织品创制了许多墨线设计，也尝试过珠宝设计。她编织的作品包括许多壁挂、窗帘和床罩，并多带有"图案"性的图像。她的编织物通常是由传统材料和工业材料结合而成的，她毫不犹豫地尝试将黄麻、纸和玻璃纸结合在一起。

[78] 保罗·克利（Paul Klee, 1879—1940）：瑞士最富诗意的造型大师、艺术家。他出生于艺术家庭，这为后来他的艺术生涯奠定了基础。年轻时受到象征主义风格的影响，他创作了一些蚀刻版画，借以反映对社会的不满。后来又受到印象派、立体主义、野兽派和未来派的影响，这时的画风转为分解平面几何、色块面分割的画风走向。后来任教于包豪斯，认识了康丁斯基、费宁格等，被人称为"四青骑士"。

[79] 利奥尼·费宁格（Lyonel Feininger, 1871—1956）：美国表现主义画家。他的画以善于捕捉船与海、德国古镇的氛围而出名，他的作品反映了表达无限空间的愿望。1919—1933 年，他在包豪斯教授绘画和建筑课程。其代表作《蓝色海岸》体现了立体主义对他的影响。

[80] 赫伯特·拜耶（Herbert Bayer, 1900—1985）：美籍奥地利平面设计师、画家、摄影师、雕塑家、艺术总监、环境和室内设计师及建筑师，现代平面设计的代表人物，他被广泛认为是包豪斯最后一位活跃成员。他本着还原简约主义的精神，为大多数包豪斯出版物设计了一种清晰的视觉风格，并发明了无衬线字体。

[81] 玛丽安娜·布兰特（Marianne Brandt, 1893—1983）：德国现代派设计师，以设计造型流畅的金属制品闻名。她是包豪斯金属作坊中最成功的学员之一，并在以男性主导的金属制品设计领域拥有一席之地。她得到了最大数量的工业合

同，并最终担任该作坊的助教。她还在摄影上取得成功，参与开创了包豪斯最难被理解的视觉形式之——摄影蒙太奇。其产品代表作有"康登"台灯等；摄影代表作有《十指相连》《帮帮忙！》等。

[82] 根塔·斯托尔策（Gunta Stolzl, 1897—1983）：德国纺织艺术家，在包豪斯织造工场的发展中发挥了重要作用。作为包豪斯唯一的女性教师，她对织造部门的发展做出了巨大贡献，将个人图案设计转变为现代工业设计。她将现代艺术的想法应用于编织，用合成材料进行实验，并改进了部门的技术指导，她的纺织品被认为是典型的包豪斯纺织品风格。包豪斯纺织车间成为她指导下最成功的设施之一。

[83] 奥斯卡·施莱默（Oskar Schlemmer, 1888—1943）：德国艺术家。他在绘画、雕塑、平面设计、舞蹈和舞台设计方面都取得了诸多成就，他在包豪斯创办了独具一格的戏剧工作室，开设了人体研究基础课，是包豪斯最受学生欢迎的大师之一。他对德国表现派舞蹈的巨大贡献主要在于卓有成效地探索了绘画、雕塑与舞蹈之间多层次的能动关系，而他所追求的最为单纯的那种形式感则在其代表作《三人芭蕾》中得到了淋漓尽致的表现。

[84] 朱斯特·施密特（Joost Schmidt, 1893—1948）：德国设计大师，是包豪斯和柏林视觉艺术学院的教授，曾是包豪斯雕塑工场的负责人，还担任其广告、版式、印刷及相关摄影部门的负责人。他是一位有远见的平面设计师，以设计 1923 年德国魏玛的包豪斯展览海报而闻名。

[85] 弗朗兹·马克（Frantz Marc, 1880—1916）：德国画家，德国表现主义画派代表人物。他主张以艺术取代传统宗教和哲学的地位，对动物怀有强烈的爱心，借助立体主义和未来主义的形式，更富有诗意地把动物完美地体现在宇宙和自然节奏之中。在他作品中的动物，总是具有一种与外界环境自然融合的和谐结构。其代表作有《蓝马》《雨中》等。

[86] 辛纳克·谢帕（Hinnerk Scheper, 1897—1957）：德国画家、室内设计师，包豪斯室内色彩计划的倡导者。他早先领导壁画作坊进行色彩与材料的研究，并融入壁面喷涂技术的实践性教育。他毕业于包豪斯，师从康定斯基，并受风格派影响，在室内设计中具有独创性地运用色彩的手法，其中最为著名的是他的壁纸设计。其代表作有为莫斯科纳康芬公寓做的室内色彩设计方案等。

[87] 马克斯·比尔（Max Bill, 1908—1994）：瑞士艺术家，主要从事建筑、绘画、版画和雕塑等活动。他毕业于包豪斯，是瑞士"苏黎世具体艺术"团体的成员之一，也是这一团体的创始人之一。他对数学与艺术之间的关系进行过深刻的研究，甚至要求艺术的创作原则应该处于一定的数学规

律之下，这样才能确保其创作原则的可操控性。其代表作有家居秀（Wohnausstellung）展览海报、人工日光灯（Hohensonne）等。

[88] 安东尼·弗林特（Anthony Flint，1962—）：美国著名学者，林肯土地政策研究所研究员，《波士顿环球报》《大西洋月刊》以及其他多本出版物的资深撰稿人、记者和发言人。他曾任哈佛大学设计研究生院的访问学者，以及马萨诸塞州政府规划和发展政策顾问。其代表作有《与莫西斯斗争到底：简·雅各布斯是如何改变纽约和美国大城市的》以及《勒·柯布西耶：为现代而生》等。

[89] 彼得·贝伦斯（Peter Behrens，1868—1940）：德国著名建筑师，现代主义设计的重要莫基人之一，工业产品设计的先驱，"德国工业同盟"的领导者和参与者，被誉为"第一位现代艺术设计师"。作为工业设计师，贝伦斯把外貌的简洁和功能性作为工业产品的审美理想，设计了大量的工业产品，奠定了功能主义设计风格的基础。其代表作有电水壶、德国电器工业公司（AEG）的涡轮机制造与机械工厂等。

[90] 赫尔曼·穆特修斯（Herman Muthesius，1861—1927）：是一位集教师、外交官、古董鉴赏家于一身的设计运动组织者，德国工业联盟的莫基人和开创者，德国现代设计运动先驱。他先后学习了哲学和建筑学，曾考察过日本、中国、英国等地，把当时英国的艺术和先进经验介绍到了德国，还参与并领导了德国新住宅的建设实践。1904年，他出版了颇具影响力的三卷本著作《英格兰的住宅》。在他的推动下，工业联盟迅速发展，设计范围广泛，形成了当时欧洲最具影响力和吸引力的设计中心。

[91] 布朗诺·陶特（Bruno Taut，1880—1938）：德国建筑师，致力于玻璃和钢作为建筑材料的研究和应用。他在1923年后设计的集合住宅中强调建筑应是社会发展中的一部分，它代表的是现在的社会文化而非尚未实现的理想。受包豪斯的影响，他在建筑上放弃早期独尊权贵式的设计转而追求纯粹功能性的建筑，进而改良了资本主义社会发展理念所带来的新巴比伦城市构想。他在柏林近郊的马格德堡和法肯堡等地推动了几个花园的设计改造方案。

[92] 路德维希·凯尔希纳（Ludwig Kirchner，1880—1938）：德国前卫艺术家、画家。他是著名的艺术家协会"桥社"的创建人中年纪最大的，他积极地继承和发展了当时的古典艺术。在慕尼黑他曾师从青春艺术派元老之一的赫尔曼·奥柏里斯特，同时学习丢勒的木刻，之后他又接受了毕加索立体主义绘画的某些特点，而正是这种灵活性和他对超凡事物的感觉赋予了他杰出的才能。

其代表作有《士兵的自画像》《夏季的达沃斯》等。

[93] 麦特欧·克瑞斯（Mateo Kries，1974—）：德国艺术史学家、策展人和作家，维特拉设计博物馆副馆长。他自1996年以来就策划了许多关于设计、建筑和相关主题的展览。在其代表文献《勒·柯布西耶在德国》（Le Corbusier in Germany）中全面分析了柯布西耶当年在德国学习的背景及研究细节；在《整体设计：现代设计的膨胀》（Total Design—Inflation of Modern Design）中谈到"设计社会"，并提出了关键性的意识如何与设计合作的问题。

[94] 亚历克斯·安德森（Alex Anderson，1969—）：美国学者，华盛顿大学建筑学副教授，主要教授建筑历史与理论、表征设计等相关领域的课程。其代表作《向德国机器学习》（Learning from the German Machine）全面分析了柯布西耶当年在德国学习的背景及如何研究的细节；《房子的问题：法国家庭生活与现代建筑的兴起》（The Problem of the House: French Domestic Life and the Rise of Modern Architecture）研究了室内设计及其在20世纪早期法国现代建筑发展中的作用。

[95] 尼古拉斯·马克（Niklas Maak，1972—）：德国艺术史学者、艺术编辑。自2002年以来，他一直致力于作家、教育家、报纸编辑、建筑师和客座教授的多类工作，现任哈佛大学教授并教授建筑理论等相关课程。他一直从事研究大规模住房的历史，以及参与公共住宅和集体住房的模式研究。其著作《勒·柯布西耶：海边的建筑师》（Le Corbusier: The Architect on the Beach）记录了柯布西耶是海边贝壳及卵石的狂热收藏家，这些收藏也成为其设计创意的源泉之一。

[96] 原文：Le Corbusier used his collection of objects to develop a passage towards knowledge that comprised three stages. He began with the direct sensuous experience of, say, a shell in the hand. Then he uncovered the basic mathematical figure underlying its structure, the spiral. Finally, he identified its individual features—creacks, chips, rounding and smoothing caused by its falling into the water, being dragged around the sand and buffetted by the wind or current—as evidence of "Cosmic Laws" that, although operating through erosion and aqua dynamics, do not result in predictable shapes. Thus, however regular an object, attention focuses chiefly on its special history at the hands of chance, on its particularity.

[97] 乔治·勃拉克（George Braque，1882—1963）：法国现代绘画大师、雕塑家和舞台设计

大师，立体主义绘画创始人之一。他的立体主义是受塞尚绘画的视觉真实感以及画面结构的影响，使画面成为一种建筑，使对象成为某种比现实还要真实的物体。他比所有其他的立体派画家更为极端，其对物象进行一针见血的分析和分解，形成了立体主义少有的和谐色彩与典雅流畅的线条。其代表作有《埃斯塔克的房子》《画室》《黑鸟》《曼陀铃》等。

[98] 胡安·格里斯（Juan Gris, 1887—1927）：西班牙画家、雕塑家，与毕加索、勃拉克同为立体主义风格运动的三大支柱。他的绘画是立体主义的空间与文艺复兴的空间的完美结合，同时其作品在画的形状结构和色彩之间已经有着某种分离。因此，在他的拼贴画中，细部都可以互换，同时也不损害牢固建立起来的形状结构。其绘画代表作《毕加索肖像》；其理论著作有《新精神》等。

[99] 费尔南·莱热（Fernand Leger, 1881—1955）：法国画家、雕塑家和电影工作者。通过早期的作品，他创造了个人立体派，之后又逐渐转为更具象的形式与平民化的风格，他对现代题材的大胆简化处理使他被视为波普艺术的先驱。他的作品多以抽象的几何形体和广告式的色块表现城市生活和工业题材。其代表作有《三个女子》《都市》等。

[100] 亚历山大·卡尔德（Alexander Calder, 1898—1976）：美国著名雕塑家、艺术家，动态雕塑的发明者。他以创作风格独特的"活动雕塑"和"静态雕塑"驰名于世。他制作的动态雕塑，或是放在室外，或是悬在金属线上，通过空气的流动或者观赏者的摆弄，每动一下都会展现出不同形态，让观者感觉到空气在流动、空间在转换。其代表作有《龙虾陷阱与鱼尾》《红鹤》等。

[101] 阿梅德·奥赞方（Amedee Ozenfant, 1886—1966）：法国立体派画家和作家，纯粹派艺术的发起人之一。他开创并发展了自己"先于形"的理论，力求表明伟大的艺术作品同一切伟大的真理一样，在未被一位"发明者"提出之前，必然潜伏于人类下意识的需求之中。他后期的作品在一定的距离外看上去似乎十分简单，但越靠近看越是可以发现一系列的细节之精妙。其代表作有《生命》《四种族》等。

[102] 纯粹派：发源于立体主义，然而和立体主义复杂结构相反，纯粹派追求简洁的风格。这种理论在本质上具有新柏拉图主义观念，将一切艺术表达都缩减到抽象古典的纯粹性之中，反映出机器式的美学观。干净的线条、纯粹的形式与数学上的清晰性均受到高度评价。纯粹派的特点是强调空间、赞同规则性、避免使用应用装饰、提倡几何的美学观和机械美学观。

[103] 奥利斯·布隆姆斯达特（Aulis Blomstedt, 1906—1979）：芬兰建筑师、教授，芬兰设计教育的导师级人物，新功能主义的代表人物之一。他是古典传统和现代主义传统两种文化的调和者，他对建筑理论和建筑标准化很感兴趣，为此他的研究领域主要集中于建筑的和谐维度与比例协调，力求探讨世界通用的模数系统。其代表性设计为赫尔辛基的和谐居住建筑与工人之家。

[104] 艾瑞克·古纳尔·阿斯普隆（Erik Gunnar Asplund, 1885—1940）：瑞典建筑师，北欧建筑从传统走向现代过程中的关键性人物。他的创作经历了民族浪漫主义、新古典主义以及功能主义三个阶段，带有鲜明的时代烙印。他既是传统的实践者，也是瑞典现代主义的先驱者，在传统与现代、地域与普世之间找到一个平衡点，使得瑞典建筑在北欧乃至欧洲现代建筑发展进程中焕发出独特的魅力。其代表作有斯德哥尔摩博览会馆、斯科斯累格加登公墓等。

[105] 马特·斯坦（Mart Stam, 1899—1986）：荷兰著名的建筑师、家具设计师、教授。他以一件杰出的家具设计奠定了他在设计史上不可动摇的地位，即1926年面世的历史上第一件悬挑椅，以不锈钢管为主要材料，真皮坐垫与靠垫相结合，弹性极佳，是包豪斯最具代表性的经典椅子之一，这把椅子成为现代家具家族中重要的一部分。他还参加了包豪斯的设计展览，同时也写了大量关于建筑与设计方面的文章，并参与创建"国际现代建筑协会"。

[106] 布鲁诺·马松（Bruno Mathsson, 1907—1988）：瑞典建筑师、家具设计师，第二代现代家具设计大师，现代家具设计中最早研究人体工程学的先驱者之一。他从最初推出的弯曲木椅开始，以后几十年间均沿着同一条思路发展研究。他的设计最引人注目之处就是简单而优美的结构所形成的一种轻巧感，而材料的选择也形成了独特的气质。作为建筑师，马松又是最早在设计中考虑使用地热和太阳能作为能量源的人。其代表作有弯曲纵向胶合板家具系列、扶手椅等。

[107] 帕米奥椅：是阿尔托在1930—1931年为其建筑杰作帕米奥疗养院设计的椅子。这件简洁、轻便而又充满雕塑美感的家具，使用的材料全部是阿尔托三年多来研制的层压胶合板，在充分考虑功能、方便使用的前提下整体造型非常优美。其具有明显特征的圆弧形转折并非出于装饰，而完全是结构和使用功能的需要，靠背上部的三条开口也不是装饰，而是为使用者提供通气口，因为此处是人体与家具最直接接触的部位。

[108] 哈里·伯托埃（Harry Bertoia, 1915—1978）：意大利艺术家、家具设计师及雕塑家。他以一个雕塑家的角度进行独特探索并取得了成

功，他的设计不仅完全满足了功能上的要求，而且同他的纯雕塑作品一样，也是对形式和空间的一种探索。其代表作有伯托埃椅（钻石椅）等。

[109] 奥可·阿克赛松（Ake Axelsson，1932—）：瑞典设计大师。1970 年他在维克舍赫尔姆建立了自己的工厂，并任教于斯德哥尔摩的艺术设计学校。他的椅子设计都很符合人体工程学的原理，并且表达了简洁生活的设计思想，他提倡从历史民族性的角度去提炼符合当代时尚的设计元素。其代表作有木椅系列、斯德哥尔摩斯文哈里斯艺术博物馆的室内设计等。

[110] 彼得·奥布斯威克（Peter Opsvik，1939—）：挪威工业设计师，爵士音乐家。他以创新人体工程学的椅子而闻名，力求设计符合人体最佳休闲姿态并遵从人体的运动，又能为人的工作和休息提供最好支持的新型家具，其中为思拓科（Stokke）公司设计的儿童餐椅（Tripp Trapp）畅销至今。于 2009 年出版的《重新思考座椅》（Rethinking Sitting）一书让人可以深入地了解他关于坐姿和解释椅子背后哲学的想法。

[111] 泰勒斯（Thales，约公元前 624—前 547）：古希腊时期的思想家、科学家、哲学家。他创建了古希腊最早的哲学学派——米利都学派（也称爱奥尼亚学派）。他是第一个提出"世界的本原是什么"并开启了哲学史的"本体论思考"的哲学家，被后人称为"希腊七贤之一"与"哲学和科学的始祖"，是学界公认的"哲学史第一人"。

[112] 毕达哥拉斯（Pythagoras，约公元前 580—前 500）：古希腊数学家、哲学家。他认为存在着许多但有限个世界，并坚持大地是圆形的，不过他抛弃了米利都学派的地心说。他也是第一个注重"数"的人。证明了正多面体的个数，是毕达哥拉斯定理（勾股定理）首先发现的。同时他和他的信徒们组成了被称为"毕达哥拉斯学派"的政治和宗教团体。从他开始，希腊哲学开始产生了数学的传统。毕达哥拉斯对数学的研究还产生了后来的理念论和共相论，他还坚持数学论证必须从"假设"出发，开创演绎逻辑思想，这对数学发展影响很大。

[113] 亚里士多德（Aristotle，公元前 384—前 322）：古希腊先哲，世界古代史上伟大的哲学家、科学家和教育家之一，堪称希腊哲学的集大成者。作为一位百科全书式的科学家，他的写作涉及伦理学、形而上学、心理学、经济学、神学、政治学、修辞学、自然科学、教育学、诗歌、风俗及雅典法律。亚里士多德的著作构建了西方哲学的第一个广博系统，其中包含道德、美学、逻辑和科学、政治与玄学。其主要著作有《工具论》《形而上学》等。

[114] 文艺复兴三杰：达·芬奇（Da Vinci）、米开朗琪罗·博那罗蒂（Michelangelo Buonarroti，

1475—1564）和拉斐尔·桑西（Raffaello Santi，1483—1520）并称为文艺复兴三杰，又被称为美术三杰。米开朗琪罗是意大利文艺复兴时期伟大的画家、雕塑家、建筑师和诗人，是文艺复兴时期雕塑艺术最高峰的代表。他以人体作为表达感情的主要手段，其雕刻作品刚劲有力、气魄宏大，充分体现了文艺复兴时期生机勃勃的人文主义精神，一生追求艺术的完美，坚持自己的艺术思路。其代表作有《摩西》《最后的审判》等。拉斐尔是意大利著名画家，也是"文艺复兴三杰"中最年轻的一位，代表了文艺复兴时期艺术家从事理想美的事业所能达到的巅峰。他创作了大量的圣母像，作品充分体现了安宁、协调、和谐、对称以及完美和恬静的秩序。其代表作有《西斯廷圣母》《雅典学派》等。

[115] 阿尔布雷特·丢勒（Albrecht Dürer，1471—1528）：德国画家、版画家及木版画设计家。丢勒的作品包括木刻版画及其他版画、油画、素描草图以及素描作品。在他的作品中，以版画最具影响力。他是最出色的木刻版画家和铜版画家之一。他的水彩风景画是他最伟大的成就之一，其作品气氛和情感表现得极其生动。其代表作有《启示录》《祈祷之手》等。

[116] 尼尔斯·玻尔（Niels Bohr，1885—1962）：丹麦物理学家、皇家科学院院士，哥本哈根学派的创始人，1922 年获得诺贝尔物理学奖。他通过引入量子化条件，提出了玻尔模型来解释氢原子光谱；并提出互补原理和哥本哈根诠释来解释量子力学，对 20 世纪的物理学发展有深远的影响。

[117] "富勒烯"：是单质碳被发现的第三种同素异形体。富勒烯的结构和建筑师富勒的代表作相似，所以称之为富勒烯。任何由碳元素组成，以球状、椭圆状或管状结构存在的物质，都可以被叫作富勒烯，富勒烯指的是一类物质。初步研究表明，富勒烯类化合物在抗艾滋病（HIV）、酶活性抑制、切割 DNA、光动力学治疗等方面有独特的功效。

[118] 罗伯特·马克斯（Robert W. Marks，1909—1993）：美国记者、作家。他曾以约翰·科尔顿（John Colleton）为笔名编写和出版了多本小说。他与富勒是很好的朋友，他在杂志和报纸的文章都表明，他认识到了富勒先生在被普遍认为是不切实际的梦想家时期的想法在社会和经济领域的重要性。其代表作《巴斯敏斯特·富勒的动态世界》（The Dymaxion World of Buckminster Fuller）著述了关于富勒早期科学和设计生涯。

[119] 马克斯·普朗克（Max Planck，1858—1947）：德国著名物理学家、量子力学的重要创始人之一。他因发现能量量子化而对物理学的又

一次飞跃做出了重要贡献，并在1918年荣获诺贝尔物理学奖。约1894年起，他开始研究黑体辐射问题，发现普朗克辐射定律，并在论证过程中提出能量子概念和常数h（后被称为普朗克常数），成为此后微观物理学中最基本的概念和极为重要的普适常量，界定了量子论诞生和新物理学革命宣告开始的伟大时刻。

[120] 恩斯特·贡布里希（Ernst Gombrich，1909—2001）：英国艺术史家，出生于奥地利首都维也纳，后移居英国并加入英国国籍。他是艺术史、艺术心理学和艺术哲学领域的大师级人物，是一位百科全书式的学者，被誉为"西方传统美术史意义上的最后一位大师"。他有许多世界闻名的著作，其中《艺术的故事》从1950年出版以来，已经卖出约400万册。

[121] 唐纳德·道格拉斯（Donald Douglas，1892—1981）：美国飞机工程师。他于1921年创立道格拉斯飞机公司（后来该公司与麦克唐纳飞机公司合并成为麦克唐纳—道格拉斯公司）。在他的领导下，该公司成为商用飞机制造业的领导者之一，与竞争对手威廉波音公司进行了长达数十年的争夺霸权。作为航空先驱，他设计并制造了道格拉斯超轻型木质飞机（Douglas Cloudster），成为第一架有效载荷大于其自重的飞机。

[122] 原　文：We are on the threshold of a new era, when this relation between architecture and the physical sciences may be reversed—when the proper understanding of the deep questions of space, as they are embodied in architecture will play a revolutionary role in the way we see the world and will do for the world view of the 21st and 22nd centuries, what physics did for the 19th and 20th.

[123] 原　文：Even the most aimless changes will eventually lead to well—fitting forms, because of the tendency to equilibrium inherent in the organization of the process.

[124] 原　文：Since these carpenters need to find clients, they are in business as artists; and they begin to make personal innovations and changes for no reason except that prospective clients will judge their work for its inventiveness.

[125] 原　文：The Roman bias toward functionalism and engineering did not reach its peak until after Vitruvius had formulated the functionalism doctrine. The Parthenon could only have been created during a time of preoccupation with aesthetic problems,　after the earlier Greek invention of the concept "Beauty".

[126] 原　文：Five hundred years is a long time, and I don't expect that many of the people I interview will be known in the year 2500. Alexander may be an exception.

[127] 原　文：This will change the world as effectively as the advent of printing changed the world…

[128] 原　文：Alexander's approach presents a fundamental challenge to us and our style-obsessed age. It suggests that beautiful form can come about only through a process that is meaningful to people…

[129] 原　文：I believe Alexander is likely to be remembered most of all, in the end, for having produced the first credible proof of the existence of God…

[130] 原　文：We are all victimized by the natural perversity of inanimate objects. Here is a book at last that strikes back both at the objects and at the designers, manufacturers, and assorted human beings who originate and maintain this perversity. It will do your heart good and may even point the way to correcting matters.

[131] 原　文：Did you ever wonder why cheap wine tastes better in fancy glasses? Why sales of Macintosh computers soared when Apple introduced the colorful iMac? New research on emation and cognition has shown that attractive things really do work better, as Donald Norman amply demonstrates in this fascinating book.

[132] 莫邪干将：古代中国神话传说最早出自汉代刘向《列士传》和《孝子传》中，后来被历史上诸多著作摘录和引用。干将，春秋时吴国人，是当时楚国最有名的铁匠，他打造的剑锋利无比。楚王知道了他，就命令干将为他铸宝剑。后与其妻莫邪奉命为楚王铸成宝剑两把，一曰干将，一曰莫邪（也作镆铘）。由于知道楚王性格乖戾，他特意在将雌剑献与楚王之前，将其雄剑托付其妻传给其子，后果真被楚王所杀。其子成人后成功完成父亲遗愿，将楚王杀死，为父报仇。

[133] 约瑟夫·普利斯特里（Joseph Priestley，1894—1984）：英国化学家、法国皇家科学院院士。他发现氧、二氧化氮、氨等气体，同时发现蜡烛在氧气中以极强的火焰燃烧。普利斯特里是第一位详细叙述了氧气各种性质的科学家。他的主要著作有《电学史》《光学史》等。

[134] 洛朗·德·拉瓦锡（Laurent de Lavoisier，1742—1794）：法国贵族、著名化学家、生物学家，被广泛认为是人类历史上最伟大的化学家，被后世尊称为"化学之父""现代化学之父"。他使

化学从定性转为定量，并预测了硅的存在。他提出了"元素"的定义，并发表了第一个现代化学元素列表，同时提出规范的化学命名法，撰写了第一部现代化学教科书《化学基本论述》。他倡导并改进定量分析方法并用其验证了质量守恒定律，创立氧化说以解释燃烧等实验现象。

[135] 约翰·道尔顿（John Dalton, 1766—1844）：英国化学家、物理学家，近代原子理论的提出者。他所提出的关键学说，使化学领域有了巨大的进展。此外，他在气象学、物理学上的贡献也十分突出，提出气体分压定律。他还测定了水的密度和温度变化关系与气体热膨胀系数相等。其一生宣读和发表过116篇论文，代表作有《化学哲学新体系》等。

[136] 欧几里得（Euclid, 公元前330—前275）：古希腊数学家、欧氏几何学开创者，被称为"几何之父"。他最著名的著作《几何原本》是欧洲数学的基础，提出五大公设。欧几里得几何被广泛地认为是历史上最成功的教科书。欧几里得将公元前7世纪以来希腊几何积累起来的丰富成果，整理在严密的逻辑系统运算之中，使几何学成为一门独立的、演绎的科学。他也写了一些关于透视、圆锥曲线、球面几何学及数论的作品。

[137] 克罗狄斯·托勒密（Claudius Ptolemy, 约90—168）：罗马帝国统治下的著名的天文学家、地理学家、占星学家和光学家，"地心说"的集大成者。他认为地球居于中心，日、月、行星和恒星围绕着它运行。他还认为地理学是对地球整个已知地区及与之有关的一切事物做线性描述，即绘制图形，并用地名和测量一览表代替感性描述。其主要著作有《天文学大成》《地理学》等。

[138] 阿尔罕布拉宫（Alhambra Palace）：是西班牙的著名故宫，坐落在格拉纳达城东的山丘上，为中世纪摩尔人在西班牙建立的格拉纳达王国的王宫，始建于13世纪阿赫马尔王及其继承人统治期间。阿拉伯语意为"红堡"，为摩尔人留存在西班牙所有古迹中的精华，有"宫殿之城"和"世界奇迹"之称。宫中主要建筑由两处宽敞的长方形宫院与相邻的厅室所组成。

[139] 泰姬陵（Taj Mahal）：全称为"泰姬·马哈尔陵"，是一座白色大理石建成的巨大陵墓清真寺，是莫卧儿皇帝沙贾汗为纪念他心爱的妃子于1631年至1653年在阿格拉建造。它由殿堂、钟楼、尖塔、水池等构成，全部采用纯白色大理石建筑，用玻璃、玛瑙镶嵌，具有极高的艺术价值。1983年，它被评为世界文化遗产，是印度穆斯林艺术的瑰宝，也是举世公认的世界建筑遗产杰作之一。

[140] 迈克尔·法拉第（Michael Faraday, 1791—1867）：英国物理学家、化学家，被称为"电学之父"和"交流电之父"。他是麦克斯韦的先导，

他的发现奠定了电磁学的基础。法拉第首次发现电磁感应现象，并进而得到产生交流电的方法，后发明了圆盘发电机，这是人类创造出的第一个发电机。

[141] 詹姆斯·克拉克·麦克斯韦（James Clerk Maxwell, 1831—1879）：英国物理学家、数学家，经典电动力学的创始人，统计物理学的奠基人之一，建立了麦克斯韦方程组，预言了电磁波的存在，提出了光的电磁说。麦克斯韦被普遍认为是对物理学最有影响力的科学家之一，没有电磁学就没有现代电工学，也就不可能有现代文明。

[142] 托马斯·阿尔瓦·爱迪生（Thomas Alva Edison, 1847—1931）：美国发明家、企业家。爱迪生是人类历史上第一个利用大量生产原则和电气工程研究的实验室来从事发明专利而对世界产生重大深远影响的人。他发明的留声机、电影摄影机、电灯对世界有极大影响。他一生的发明共有2 000多项，拥有专利1 000多项。

[143] 伽利尔摩·马可尼（Guglielmo Marconi, 1874—1937）：意大利无线电工程师、企业家，实用无线电报通信的创始人。他用电磁波进行了约2 km距离的无线电报通信实验，并获得了成功，在伦敦成立"马可尼无线电报及信号有限公司"。1909年他与布劳恩一起得诺贝尔物理学奖，被称作"无线电之父"。

[144] 阿尔弗雷德·拉塞尔·华莱士（Alfred Russel Wallace, 1823—1913）：英国博物学家、探险家、地理学家、人类学家与生物学家。因独自创立"自然选择"理论而著名，促使达尔文出版了自己的演化论理论，与达尔文不同的是他指出这种竞争机制最终导致了大多数物种彼此间相互合作的结果，地球在他的笔下变成了一个和谐的统一体，空气、水、土壤和生命一样都是整个地球生态系统的一部分，彼此之间也是相互利用的关系。其主要著作有《马来群岛》等。

[145] 安东尼·列文虎克（Antony Leeuwenhoek, 1632—1723）：荷兰显微镜学家、微生物学的开拓者。其主要成就是首次发现微生物，最早纪录肌纤维和微血管中的血流。他研制的放大透镜及简单的显微镜有很多形式，透镜的材料有玻璃、宝石、钻石等。他一生磨制了400多个透镜，有一个简单的透镜放大率竟达270倍。

[146] 路易斯·巴斯德（Louis Pasteur, 1822—1895）：法国著名的微生物学家、化学家。他研究了微生物的类型、习性、营养、繁殖与作用等，把微生物的研究从主要研究微生物的形态转移到研究微生物的生理途径上来，开创了巴氏杀菌法等，从而奠定了工业微生物学和医学微生物学的基础，并开创了微生物生理学，创立了一整套独特的微生物学基本研究方法，开始用"实践—理论—实践"

的方法展开研究。

[147] 罗伯特·科赫（Robert Koch, 1843—1910）：伟大的德国医学家，诺贝尔医学和生理学奖获得者。他发现了引起肺结核的病原菌、霍乱弧菌等，并根据自己分离致病菌的经验，总结了著名的"科赫法则"。他所创立的微生物学方法一直沿用至今，为微生物学作为生命科学中一门重要的独立分支学科奠定了坚实的基础。科赫首创的显微摄影留下的照片在今天也是高水平的。这些技术包括分离和纯培养技术、培养基技术、染色技术等。

[148] 埃黎赫·梅契尼科夫（Elie Metchnikoff, 1845—1916）：俄罗斯微生物学家与免疫学家，免疫系统研究的先驱者之一。因为胞噬作用（一种由白细胞执行的免疫方式）的研究而得到诺贝尔生理学和医学奖。也因为发现乳酸菌对人体的益处，被人们称之为"乳酸菌之父"。其主要著作有《传染性疾病免疫力》《人类自然》等。

[149] 让·亨利·卡西米尔·法布尔（Jean Henri Casimir Fabre, 1823—1915）：法国著名昆虫学家、文学家，被世人称为"昆虫界的荷马"、昆虫界的"维吉尔"。他用水彩绘画的700多幅真菌图，深受普罗旺斯诗人米斯特拉尔的赞赏及喜爱。他也为漂染业做出贡献，曾获得三项有关茜素的专利权。其主要著作有《昆虫记》《自然科学编年史》等。

[150] 德米特里·门捷列夫（Dmitri Mendeleev, 1834—1907）：俄罗斯科学家，发现化学元素的周期性，依照原子量制作出世界上第一张元素周期表，并预见了一些尚未发现的元素。他的名著《化学原理》伴随着元素周期律而诞生，被国际化学界公认为标准著作，前后共出了八版，影响了一代又一代的化学家。

[151] 约瑟夫·约翰·汤姆森（Joseph John Thomson, 1856—1940）：英国物理学家、电子的发现者。他是第三任卡文迪许实验室主任，以其对电子和同位素的实验著称。他证实了阴极射线的微粒性，测量了粒子的速度和荷质比，同时叙述了构成阴极射线的微粒都是一样的，与管内阴极或对阴极或气体的成分无关，而是存在一个所有物质的普适成分。

[152] 欧内斯特·卢瑟福（Ernest Rutherford, 1871—1937）：英国著名物理学家，被誉为原子核物理学之父，荣获1908年诺贝尔化学奖。卢瑟福首先提出放射性半衰期的概念，证实放射性涉及从一个元素到另一个元素的嬗变。他又将放射性物质按照贯穿能力分为α射线与β射线，并且证实前者就是氦离子。他最先成功地在氮与α粒子的核反应里将原子分裂，又在同一实验里发现了质子，并且为质子命名，第104号元素为纪念他而命名为"𬬻"。

[153] 路德维希·玻尔兹曼（Ludwig Boltzmann, 1844—1906）：奥地利物理学家，哲学家，热力学和统计物理学的奠基人之一。作为一名物理学家，他最伟大的功绩是发展了通过原子的性质（例如原子量、电荷量、结构等）来解释和预测物质的物理性质（例如黏性、热传导、扩散等）的统计力学，并且从统计意义对热力学第二定律进行了阐释。

[154] 玛丽·居里（Marie Curie, 1867—1934）：法国著名波兰裔科学家、物理学家、化学家，世称"居里夫人"。居里夫妇和贝克勒尔由于对放射性的研究而共同获得诺贝尔物理学奖，后因发现元素钋和镭再次获得诺贝尔化学奖，因而成为世界上第一个两获诺贝尔奖的人。居里夫人的成就包括开创放射性理论、发明分离放射性同位素技术、发现两种新元素钋和镭。在她的指导下，人们第一次将放射性同位素用于治疗癌症。

[155] 詹姆斯·查德威克（James Chadwick, 1891—1974）：英国物理学家，1935年因发现"中子"获得诺贝尔物理学奖。他用云室测定这种粒子的质量，结果发现，这种粒子的质量和质子一样，而且不带电荷，称这种粒子为"中子"，他解决了理论物理学家在原子研究中所遇到的难题，完成了原子物理研究上的一项突破性进展。

[156] 恩利克·费米（Enrico Fermi, 1901—1954）：美籍意大利著名物理学家，美国芝加哥大学物理学教授，1938年诺贝尔物理学奖得主。费米在最后几年主要从事高能物理的研究。费米领导的小组在芝加哥大学斯塔德·菲尔德（Stagg Field）建立人类第一台可控核反应堆，人类从此迈入原子能时代，他也被誉为"原子能之父"。他揭示了宇宙线中原粒子的加速机制，提出了宇宙线起源理论，并发现了第一个强子共振——同位旋四重态。

[157] 卡尔·弗里德里希·高斯（Carl Friedrich Gauss, 1777—1855）：德国著名数学家、物理学家、天文学家、大地测量学家，近代数学奠基者之一。高斯被认为是历史上最重要的数学家之一，并享有"数学王子"之称，以他名字"高斯"命名的成果达110个，属数学家中之最。他对数论、代数、统计、分析、微分几何、大地测量学、地球物理学、力学、静电学、天文学、矩阵理论和光学皆有贡献。

[158] 波恩哈德·黎曼（Bernhard Riemann, 1826—1866）：德国著名数学家。他在数学分析和微分几何方面做出过重要贡献，他开创了黎曼几何，将曲面本身看成一个独立的几何实体，而不是把它仅仅看作欧几里得空间中的一个几何实体，并且给后来爱因斯坦的广义相对论提供了数学基础。另外，他对偏微分方程及其在物理学中的应用，甚至对物理学本身，如对热学、电磁非超距作用

和激波理论等，也做出重要贡献。

[159] 库尔特·哥德尔（Kurt Gödel, 1906—1978）：数学家、逻辑学家和哲学家。其博士学位论文证明了"狭义谓词演算的有效公式皆可证"。他发展了冯·诺伊曼和伯奈斯等人的工作。其主要贡献在逻辑学和数学基础方面。其最杰出的贡献是哥德尔不完全性定理，即使把初等数论形式化之后，在这个形式的演绎系统中也总可以找出一个合理的命题来在该系统中既无法证明它为真，也无法证明它为假。

[160] 马克斯·玻恩（Max Born, 1882—1970）：德国犹太裔理论物理学家、量子力学奠基人之一，因对量子力学的基础性研究尤其是对波函数的统计学诠释而获得 1954 年的诺贝尔物理学奖。与西尔多·冯·卡门合作发表了《关于空间点阵的振动》的著名论文，从此开始了他以后几十年创立点阵理论的事业。后又发表了他自己的研究成果玻恩概率诠释（波函数的概率诠释），后来成为著名的"哥本哈根解释"。

[161] 埃尔温·薛定谔（Erwin Schrödinger, 1887—1961）：奥地利物理学家，量子力学奠基人之一，发展了分子生物学。因发展了原子理论，他与狄拉克共获 1933 年诺贝尔物理学奖。在物理学方面，他建立了波动力学。由他所建立的薛定谔方程是量子力学中描述微观粒子运动状态的基本定律，提出薛定谔猫思想实验，试图证明量子力学在宏观条件下的不完备性。在哲学上，他确信主体与客体是不可分割的。其主要著作有《波动力学四讲》《统计热力学》等。

[162] 沃纳·卡尔·海森堡（Werner Karl Heisenberg, 1901—1976）：德国著名物理学家，量子力学的主要创始人，哥本哈根学派的代表人物，1932 年诺贝尔物理学奖获得者。量子力学是整个科学史上最重要的成就之一，他的《量子论的物理学基础》是量子力学领域的一部经典著作。海森堡还完成了核反应堆理论。由于他取得的上述巨大成就，他成了 20 世纪最重要的理论物理和原子物理学家。

[163] 尤利乌斯·罗伯特·奥本海默（Julius Robert Oppenheimer, 1904—1967）：著名美籍犹太裔物理学家，美国加利福尼亚大学伯克利分校物理学教授，被人们誉为"原子弹之父"。他被任命为研制原子弹的"曼哈顿计划"的首席科学家，领导着整个团队完成了这场杜鲁门所盛赞的"一项历史上前所未有的大规模有组织的科学奇迹"，从而不仅验证了科学技术的巨大威力，为尽早结束战争做出了贡献，而且为自己赢得了崇高的声誉，成了举国上下人所共知的英雄。

[164] 格雷戈尔·约翰·孟德尔（Gregor Johann Mendel, 1822—1884）：奥地利生物学家，在布隆的修道院担任神父，是遗传学的奠基人，被誉为现代遗传学之父。他通过豌豆实验，发现了遗传学三大基本规律中的两个，分别为分离规律和自由组合规律，它们揭示了生物遗传奥秘的基本规律。其主要论文有《植物杂交试验》等。

[165] 托马斯·亨特·摩尔根（Thomas Hunt Morgan, 1866—1945）：美国进化生物学家、遗传学家和胚胎学家。他毕生从事胚胎学和遗传学研究，在孟德尔定律的基础上创立了现代遗传学的"基因理论"。他发现了染色体的遗传机制，创立了染色体遗传理论，是现代实验生物学的奠基人。1933 年发现了染色体在遗传中的作用，赢得了诺贝尔生理学或医学奖。其主要著作有《进化与适应》《实验胚胎学》等。

[166] 莱纳斯·卡尔·鲍林（Linus Carl Pauling, 1901—1994）：美国著名化学家，量子化学和结构生物学的先驱者之一。1954 年他因在化学键方面的工作取得诺贝尔化学奖，1962 年又因反对核弹在地面测试的行动获得诺贝尔和平奖，成为获得不同诺贝尔奖项的两个人之一。其主要著作《化学键的本质》彻底改变了人们对化学键的认识，将其从直观的、臆想的概念升华为定量的和理性的高度。

[167] 弗朗西斯·哈利·康普顿·克里克（Francis Harry Compton Crick, 1916—2004）和詹姆斯·杜威·沃森（James Dewey Watson, 1928—）：克里克是英国生物学家、物理学家及神经科学家；沃森是 20 世纪分子生物学的带头人之一，被誉为"DNA 之父"。二人最重要的成就是 1953 年在剑桥大学卡文迪许实验室共同发现了脱氧核糖核酸（DNA）的双螺旋结构（包括中心法则），统一了生物学的大概念，标志着分子遗传学的诞生。

[168] 阿兰·图灵（Alan Turing, 1912—1954）：英国数学家、逻辑学家、密码学家，被称为"计算机科学之父""人工智能之父"。图灵所提出的著名的图灵机模型为现代计算机的逻辑工作方式奠定了基础，并成功破译了"恩尼格玛密码"。此外，图灵对于人工智能的发展也有诸多贡献，提出了一种用于判定机器是否具有智能的试验方法，即图灵试验。其代表著作有《阿兰·图灵选集》，论文有《形态发生的化学基础》等。

[169] 约翰·冯·诺依曼（John von Neumann, 1903—1957）：美籍匈牙利数学家、计算机学家，美国科学院院士，20 世纪最重要的数学家之一，在现代计算机、博弈论、核武器和生化武器等领域内的科学全才之一，被后人称为"计算机之父"和"博弈论之父"。他开创了冯·诺依曼代数，为研制电子数字计算机提供了基础性的方案。其主要著作有《计算机与人脑》《量子力学的数学基础》等。与摩根斯坦合著的《博弈论与经济行为》，

是博弈论学科的奠基性著作。

[170] 克劳德·艾尔伍德·香农（Claude Elwood Shannon, 1916—2001）：美国数学家、信息论的创始人。香农提出了信息熵的概念，为信息论和数字通信奠定了基础。同时他阐明了通信的基本问题，给出了通信系统的模型，提出了信息量的数学表达式，并解决了信道容量、信源统计特性、信源编码、信道编码等一系列基本技术问题，奠定了信息论的基础。其主要论文有《继电器与开关电路的符号分析》《通信的数学原理》等。

[171] 斯蒂芬·威廉·霍金（Stephen William Hawking, 1942—2018）：剑桥大学应用数学及理论物理学系教授、著名物理学家，当代最重要的广义相对论和宇宙论专家。他发现了霍金辐射，即发现黑洞会像天体一样发出辐射，其辐射的温度和黑洞的质量成反比，这样黑洞就会因为辐射而慢慢变小，而温度却越变越高，最后以爆炸而告终。他还提出了能解决宇宙第一推动问题的无边界条件猜想，他的研究为今天我们理解黑洞和宇宙本源奠定了基础。其主要著作有《时间简史》《果壳中的宇宙》《大设计》等。

[172] 弗兰克·维尔泽克（Frank Wilczek, 1951—）：美国著名理论物理学家，现任美国麻省理工学院理论物理学中心教授。因在夸克粒子理论（强作用）方面所取得的成就，2004 年他获得诺贝尔物理学奖。他对量子场中夸克渐进自由过程的发现，使科学更接近于实现它为"所有的事情构建理论"的梦想。

[173] 约翰·皮德·赞恩（John Pedar Zane, 1962—）：美国记者、作家。曾在《纽约时报》和北卡罗来纳州罗利的《新闻与观察家》工作。他现任罗利圣奥古斯丁学院的新闻与大众传播学教授。他的作品曾获得多项国家奖项，其中包括美国报业编辑协会的"杰出书写奖"。其代表作有《自然的设计：结构定律如何控制生物学、物理学、技术和社会组织的演变》《非凡的读物：34 位作家及其冒险的阅读》等。

[174] 加文·普雷托尔—平尼（Gavin Pretor-Pinney）：英国知名记者。平尼从小热爱看云，进而努力钻研与云有关的一切知识。他是"赏云学会"创办人、《闲士》杂志的创办人之一，著有《云趣》一书。他爱好观波，是凡有波无不观者。

[175] 菲利普·鲍尔（Philip Ball, 1962—）：英国久负盛名的科学与科普作家，牛津大学化学专业理学学士，布里斯托大学物理学专业哲学博士，《自然》杂志特约顾问编辑。他擅长从科学与历史、社会和艺术的互动中窥探科学的成就、挫折、趣味和荣光。其主要著作有《设计分子世界：化学的边疆》《好奇心：科学为何对一切都产生兴趣》等。

[176] 史蒂夫·乔布斯（Steve Jobs, 1955—2011）：美国发明家、企业家、美国苹果公司联合创办人。他于 1997 年推出苹果电脑，创新的外壳颜色和透明设计使得产品大卖，并让苹果公司度过财政危机。乔布斯被认为是计算机业界与娱乐业界的标志性人物，他经历了苹果公司几十年的起落与兴衰，先后领导和推出了麦金塔计算机（Macintosh）、苹果电脑（iMac）、苹果便携式数字多媒体播放器（iPod）、苹果手机（iPhone）、苹果平板电脑（iPad）等风靡全球的电子产品，深刻地改变了现代通信、娱乐和生活方式。

[177] 阿尔弗雷德·洛萨·魏格纳（Alfred Lothar Wegener, 1880—1930）：德国气象学家、地球物理学家，被称为"大陆漂移学说之父"。1912 年，他提出关于地壳运动和大洋大洲分布的假说——"大陆漂移学说"。他的《大陆和海洋的形成》这部不朽的著作中努力恢复地球物理学、地理学、气象学及地质学之间的联系——这种联系因各学科的专门化发展被割断——用综合的方法来论证大陆漂移。

龙椅系列是一种新型的现代多功能椅子类型，可用于休闲、办公、会议等多种空间场合，并提供单人、双人、三人座椅及摇椅的产品样式。本设计最终产品全部用单一材料制成，以革新后的中国榫卯结构联结，材料可用木材，包括硬木及普通柴木如水曲柳等，可用合成竹材，即以胶合板技术制作的合成竹材板块。

1.1 设计构思：立足中国传统家具精华，提炼整体结构

图 1.1 中国明代圈椅实例（作者摄）
图 1.2 中国明代交椅实例（作者摄）
图 1.3 汉代龙的造型（来自沂南汉画像石墓的汉画像石；作者摄）
图 1.4 明代龙的形象（来自皖南民居门板雕刻；作者摄）
图 1.5 宋徽宗《听琴图》局部（引自《宋画全集》）
图 1.6 佚名《禅宗大师武春像》(引自《中国绘画》)

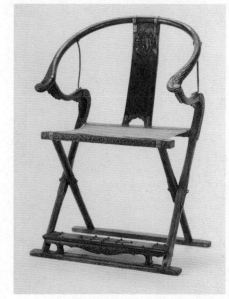

*图 1.2

（1）本设计立足中国传统家具设计的精华产品，分析中国古代椅子设计产品中的两种代表性杰作：圈椅和交椅。本设计吸收其中合理的设计元素，并加以融合，同时结合现代人体工程学、设计生态学和建筑学诸学科中的相关设计理念和设计手法，提炼出龙椅设计中的整体结构、三角叠落式结构、马蹄形圈架扶手与靠背结构，以及靠背单板的结构与装饰一体化构造［图 1.1、图 1.2］。

*图 1.1

（2）龙椅的名称来源于下文将要论述的中国传统家具设计中的代表性杰作圈椅及交椅。在中国传统家具设计中“龙”的形象应用广泛，“龙”不仅是中国传统文化表现形式中最常见的构成因子，而且是最受欢迎和认可的中国传统设计中的装饰元素。在中国传统座椅设计中，尤其是圈椅及交椅设计中，其重要设计元素靠背单板中的装饰主题的各类“龙纹”为最典型代表，因此，本设计采用这种“龙纹”装

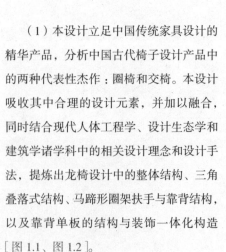

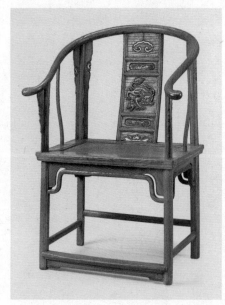

饰元素并进行简化，形成本设计"龙椅"
系列中的名称之来源。龙椅系列中的"龙
纹"浮雕样式，既是本设计视觉体验中唯
一的装饰元素，也是精神体验中重要的功
能元素，从而使龙椅系列在达成现代家具
的全新功能时，也延续着中国传统设计文
化的神韵，成为"新中国主义设计"的典
型代表［图1.3、图1.4］。

*图1.3

（3）中国家具与中国建筑同源同构，
其发展历程都遵循着功能主义的形成轨
迹。在唐代以前，中国人大都延续着"席
地而坐"的生活方式，主体家具以柜、床、
架为主，后经过五代，尤其是宋代及其之
后，中国人普遍接受"高坐式"的生活方
式，从此中国家具开始以椅、凳、桌、床、
柜架为主体，更以与中国传统建筑和室内
装修系统同源同构的椅子设计扬名世界，
后来对西方设计界产生过非常重要的影响
［图1.5、图1.6］。中国座椅系统又包括椅
类和凳类，部分涵盖床榻类，而其中的椅
类从功能、造型上来看可分为灯挂椅或者
靠背椅、官帽椅及南官帽椅或扶手椅、玫
瑰椅或文椅、圈椅或太师椅、交椅或折叠
椅，以及各类躺椅或春椅等。如果以材料
来分界，则有硬木家具、大漆家具、竹藤
家具、石材家具等。

*图1.4

*图1.5

（4）本设计所立足的第一种中国传统
座椅是圈椅。首先，圈椅是中国座椅设计
中最典型的代表作。在中国传统家具典型
的框架结构基础上，圈椅设计中最为突出
的元素是椅圈，又称马蹄形椅圈或叫月牙
扶手。其次，集中展示装配主题的窄板式
靠背板也是功能主义与生态设计的有机结
合。中国圈椅中的椅圈和靠背板堪称全人
类古典家具发展历程中最早的也是最完美
的人体工程学的典范，因此，中国圈椅长
期以来被西方学者和设计界看作中国家具
的代表，并尊称为"中国椅"，其意义等
同于温莎椅被称为"英国椅"和摇椅被称
为"美国椅"。中国圈椅优雅的古典造型
和对人体工程学的典范应用，以及集中式

*图1.6

兼具功能主义的装饰手法，在近现代的西方曾引起一大批著名建筑师和设计师的关注和研究，并在随后被吸收到各自现代设计的创作实践当中，丹麦设计大师汉斯·威格纳和芬兰设计大师约里奥·库卡波罗是这批西方大师中最杰出的代表［图1.7、图1.8］。

（5）本设计所立足的第二种中国传统座椅是交椅。中国圈椅与灯挂椅、官帽椅及玫瑰椅等，其基本结构都源自中原地区发展出来的框架榫卯结构系统，而中国交椅的基本结构则最早源自中国北方游牧民族的"胡床"或折叠凳。早年用于军事或狩猎活动中的折叠凳因其合理的设计及便捷的使用功能，很快流传到中原及南方，并在随后的使用中遵循功能主义的发展模式，逐渐发展出折叠靠背椅和交椅以及后来的折叠躺椅，其中交椅更成为元代以后中国座椅中的最尊贵者，对后世影响深远。有趣的是，在人类家具发展的两大体系即欧洲家具系统和中国家具系统中，折叠式的交椅都占有重要而独特的一席之地。但值得注意的是，在两大家具系统主流的折叠家具中，其折叠方式有本质的不同，中国交椅是沿前后方向折叠，而欧洲折叠椅则是沿左右方向折叠。现代设计发展的上下方向的叠落方式在某种意义上可以理解为中国交椅与欧洲折叠椅在设计理念上的一种融合。

（6）本设计的基本构思源自对中国古代圈椅和交椅功能结构特点的全方位分析研究，以及对其存在缺点或不足的深层思考。任何设计都是时代的产物，圈椅和交椅虽然是中国古代家具设计的优秀代表，但因为现代生活方式与生活节奏、现代空间的组织及局限，以及对健康和舒适度的不同要求等，对于现代人的工作和日常生活而言，古代设计作品并不能完全满足其生活与工作需求。近百年来欧美的设计大师以中国圈椅和交椅为灵感、原型曾创作了一大批深受用户喜爱的家具作品，它们

当中有的借鉴中国家具的功能主义设计原则，有的借鉴中国家具的人体工程学设计手法，有的则借鉴中国家具的结构原理及相应的艺术处理的细节要素，创造出符合时代发展的、令人耳目一新的设计精品。近30年来，中国设计师在改革开放中一方面受到西方设计大师的感染，另一方面也开始正视本民族自身的文化宝藏，开始新的设计尝试，遗憾的是中国设计师对中国古代设计的理解更多地偏向装饰及艺术化模拟方面，不仅难于在现代设计方面有所突破，而且对古代艺术创作的理解也多流于表面。

本设计力图在设计理念、设计手法及材料运用诸多方面超越前人，并由此在现代家具设计的人文功能主义、人体工程学、生态设计学、家具品牌及市场营销学等方面均有所突破，创造出"新中国主义设计"的经典设计品牌。

（7）在中国圈椅和交椅的设计中，以现代标准而观之所引发的缺点和不足成为本设计的基本出发点。在总体结构方面，中国古代社会由于正式场合对正襟危坐的严格要求，其座椅设计即便有人体工程学方面的考虑，也基本浮于表面；同时座椅整体尺寸普遍偏大，尽管有脚踏的设计作为弥补，但总体而言与现代空间不能全然融合，对于现代化拥挤的居住与办公空间而言更是难以适应。圈椅和交椅中的椅圈结构是中国家具设计的优秀遗产，本设计在基本继承的前提下对其进行多方面改良，从而使其更方便制作，同时也更适用于不同木材，尤其是符合合成竹材的构造性能。中国交椅中椅足的交叉折叠功能

* 图1.7

在古代不仅方便使用者在户外的携带与使用，而且在室内存放时可以节约空间。然而，时代的发展早已带来更多简捷、方便的户外家具，更为重要的是，作为这类家具重要功能的节约空间的性能，中国交椅的交叉折叠方式早已不能满足或符合现代空间的需求，取而代之的则是现代家具的叠落式性能。因此，本设计借助中国交椅的椅足交叉折叠的形式，发明出一种三角叠落结构，从而使龙椅成为完全符合现代生活的座椅。中国圈椅和交椅当中的许多产品在窄板靠背的设计方面取得了人体工程学方面的独特成就，在相当大的程度上已达到适度的健康尺度，但有时也差强人意。本设计立足创造一种最简洁的靠背设计样式，充分利用窄板自身与坐板的角度而非背板的曲线来达到人体工程学对设计的需要。同时，通过仔细分析使用者在休闲、写作、开会等不同时段和不同状态的使用状况，用背板与坐板之间的角度及各

自高度的设置为准则，创造出休闲和多功能（包含会议、写作等功能）两个系列的龙椅，其中的休闲系列除单人龙椅外，也发展出双人及三人龙椅系列以及相应的摇椅系列。

图 1.7 丹麦皇家设计学院家具陈列馆中的早期家具设计模型（作者摄）
图 1.8 圈椅分析图：几种不同类型的圈椅实例［引自罗伯特·埃尔斯沃恩（Robert Ellsworth）《中国家具》（Chinese Furniture）］

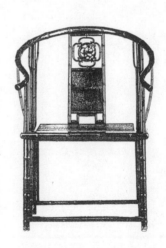

★ 图 1.8

1.2 设计实施：方案历程、技术要点与基本尺度

本设计在对中国古代圈椅和交椅进行深入细致的研究基础上，结合现代生态设计原则和人体工程学原理，为家用和办公空间创造出一系列多功能座椅，即龙椅系列产品。龙椅全部用中国传统的榫卯结构体系完成，分为休闲系列与多功能办公系列。龙椅系列具有竖向无极限叠落功能，可在任何场合达到节约空间的效果，同时这种叠落功能也为包装及运输提供极大的便利。龙椅可以用中国传统的硬木和普通柴木制作，结构强度足够用于各种场合。竹材龙椅除完全符合榫卯结构要求外，竹材本身的天然弹性和文化内涵也为龙椅增添了更多的舒适感。

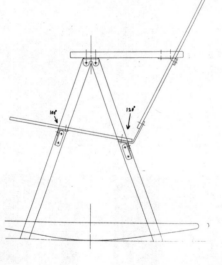

＊图 1.10

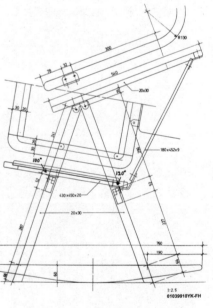

＊图 1.12

＊图 1.11

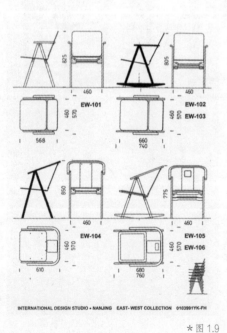

INTERNATIONAL DESIGN STUDIO • NANJING   EAST-WEST COLLECTION   0103991YK-FH

＊图 1.9

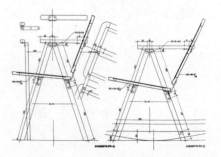

＊图 1.13

＊图 1.14

本设计的基本方案确定后，先由设计师自己制作一件中密度板模型进行测试，该模型的所有构件全部由中密度板切割而成，并用金属连接件加螺丝钉进行组合连接。而后由印洪强家具工作坊按设计师所绘图纸制作出一套休闲、多功能及摇椅系列，该套样品全部用金属连接件加螺丝接合。此后，设计人通过与家具制作人反复探讨，开始重点考虑如何全面使用中国传统榫卯结构替代金属连接件，尤其是这种榫卯结构连接，同时要保证龙椅的叠落功能及背板的舒适度 ［图 1.9 至图 1.17］。

新型榫卯连接确定后，印洪强家具工作坊先用水曲柳普通软木做出一批样品，这批样品的坐面及背板使用海绵加面料的软包方式，经 15 年以上高使用频率的反复测试，证明基本结构合理，只是坐面及背板面料有不同程度的损耗。随后又用红木做出一批样品，其坐面及背板亦全部用同样的红木或影木制作，经多年测试证明结构完全合理。在上述所有测试中，该发明的叠落功能都表现得完美无缺。设计人随后决定选择一种中国典型装饰图案用于背板装饰，于是汉代草龙纹样被选中并做修改，之后用浮雕的方式刻于背板，并由此带来该设计的命名——"龙椅"［图1.18］。

* 图 1.18

* 图 1.15

* 图 1.16

* 图 1.17

图 1.9 作者于 1997 年绘制的第一轮东西方系列家具设计图
图 1.10 作者于 1997 年绘制的第一轮东西方系列家具中的多功能椅之一
图 1.11 作者于 1997 年绘制的第一轮东西方系列家具中的摇椅之一
图 1.12 作者于 1997 年绘制的第一轮东西方系列家具中的多功能椅之二
图 1.13 作者于 1997 年绘制的第一轮东西方系列家具中的摇椅之二
图 1.14 作者于 1997 年绘制的第一轮东西方系列家具细节设计
图 1.15 作者于 1997 年制作的第一个测试模型
图 1.16 作者于 1997 年制作的第二个测试模型
图 1.17 作者设计团队于 1998 年制作的第一批测试模型
图 1.18 作者设计团队于 1998 年制作的第二批测试模型

技术要点

（1）通用于休闲和多功能两种系列龙椅的三角叠落支架结构；

（2）通用于休闲和多功能两种系列龙椅的椅圈结构；

（3）通用于休闲和多功能两种系列龙椅的背板结构及与椅圈的连接方式；

（4）休闲系列龙椅坐面板和背板的设计角度及二者之间的相对角度；

（5）多功能系列龙椅坐面板和背板的设计角度及二者之间的相对角度；

（6）休闲系列双人坐、三人坐龙椅坐面板下部横枨的尺度调整；

（7）休闲系列摇椅中摇轨形体的尺寸设计。

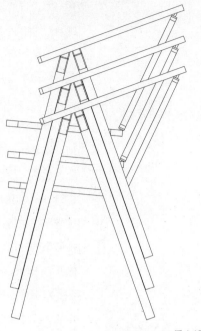

＊图 1.19

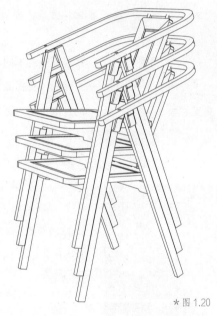

＊图 1.20

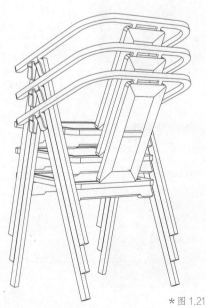

＊图 1.21

要点分述

（1）通用于休闲和多功能两种系列龙椅的三角叠落支架结构

参见该部分构件的构造分解图［图1.19 至图 1.21］。

中国交椅足部支架结构的交叉支承构造，一方面以折叠来达到出行方便和节省空间的功能，另一方面这种交叉支承构造所形成的三角支架也是最稳定的一种结构。本设计已考虑用现代叠落方式达到节省空间的功能，因此并不采用交叉支承构造，但三角支架的构思却是完满实现叠落功能的前提之一。

本设计的三角支架中的两根腿足形成的角度以 30°左右为合适，但两根腿足在上部并不交合于一处，而是分别与椅圈相交。在中国古代座椅及现当代大多数座椅中，足部都与扶手或椅圈做直接插入式相交，即两者在竖向处于一个面。然而，这种相交方式无法实践叠落的功能。因此，本设计三角支架腿足上部与椅圈的交合必

须采用"错开式"，由此留出用于叠落功能的空间。

在最初使用金属连接件的龙椅品种中，上述腿足上部与椅圈的交合借助于一种特制的金属固定合页，再用螺丝钉固定腿足与椅圈。当决定使用中国榫卯结构之后，设计人用红木和水曲柳制作的样品开始采用"一木连作"的方式留出榫头用于与椅圈的结合。当后来使用合成竹材替代红木以及其他实木制作龙椅时发现，"一木连作"的做法并不能完满适合竹材，设计人因此采用附加榫头的方式来保证腿足与椅圈的正常连接［图 1.22］。

本设计中三角支承的腿足之间的角度可以 30°为基准做适当调整，无论何种角度均可形成腿足无缝式叠落功能，并可在理论上叠落至无限的高度。

排除金属连接件之后的全木质或全竹制龙椅无论从结构上还是外观形象上都更趋于完善，使用硬木和合成竹材的龙椅在构件尺度上可减小，从而更符合生态设计的原理，即用最少的材料达成最大的功能需求。

（2）通用于休闲和多功能两种系列龙椅的椅圈结构

参见该部分构件的构造分解图［图1.23 至图 1.25］，并对比中国古代圈椅及威格纳中国椅设计中对椅圈部分的不同做法。

中国的圈椅和交椅被西方尊称为"中国椅"，其主要设计成就来自于俗称为马蹄形扶手的椅圈结构。这种椅圈结构最迟在宋代就已广泛使用，它由三根或五根短杆件通过精巧的榫卯连接形成视觉上的"一木连作"，从而在形成造型上的简洁秀丽之外，也创造出符合现代人体工程学的舒适感。自宋代开始大量使用的中国圈椅和交椅的椅圈，其结构的最大特点是整个构件处于一个平面上，并在这同一个平面上对扶手部位做适当装修及雕刻，以求在达到装饰效果的同时，也在功能上使扶手

图 1.19 三角叠落支架结构侧视图（付扬绘制）
图 1.20 三角叠落支架结构前侧面（付扬绘制）
图 1.21 三角叠落支架结构背侧面（付扬绘制）
图 1.22 使用榫卯结构结合的版本（付扬绘制）

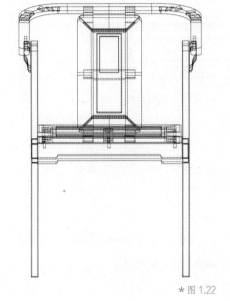

＊图 1.22

部分有更充分的手感。同时这部分构件的横截面基本上是圆料或接近于圆料，使得手感和触感更随意，但也在无形中增加了工作量并浪费了材料。

在现代设计史中，以丹麦大师威格纳为代表的设计师用中国圈椅及交椅作为原型进行了大量创作，对中国椅圈的借鉴是其中最大的亮点。他们所设计圈椅椅圈的最大特征是整个构件并非处于一个平面上，而是从扶手处向靠背处呈上升趋势，并由此逐步形成更多的椅圈变体。然而，这些国际大师的大量圈椅的现代变体作品也同中国圈椅一样都不具备叠落功能。但威格纳等大师对中国椅圈的改良和发展出的简化形式对后世具有重大的启发意义。

本设计中龙椅的椅圈设计在充分考虑人体工程学、生态设计原理的同时，也全面考虑加工的便捷、批量生产的需求以及包装和运输的效率。本设计的椅圈设计一方面保留了中国传统一圈的"同平面"构造，另一方面也采用了西方现代设计师对中国传统椅圈的简化设计，形成三根直杆加两段小弯杆的组合，以楔钉榫相连，这种构造方式同样适用于木材与合成竹材两种材料。

（3）通用于休闲和多功能两种系列龙椅的背板结构及与椅圈的连接方式

参见该部分构件的构造分解图［图1.26］，并对比中国古代圈椅及现代设计大师作品中对背板及椅圈结合处的不同处理方法。

中国传统座椅中的窄式背板设计是中国古代设计文化中一个重要的代表性元素。与欧洲家具系统中居于主流的宽大全铺背板的设计相比，中国传统背板设计在生态设计、人体工程学诸方面都更为优越，因此成为近现代西方设计师竞相借鉴的最重要的设计元素之一。

无论是中国传统座椅中的背板，还是近现代西方设计师座椅设计中的背板，基本上都采用单板结构，即一块单板直接嵌

图 1.23 椅圈的结构组成之侧面（付扬绘制）
图 1.24 椅圈的结构组成之俯视面（付扬绘制）
图 1.25 椅圈的拆解（付扬绘制）

＊图 1.23

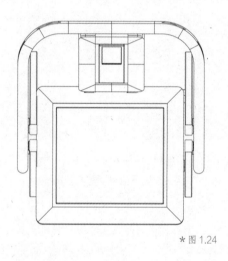

＊图 1.24

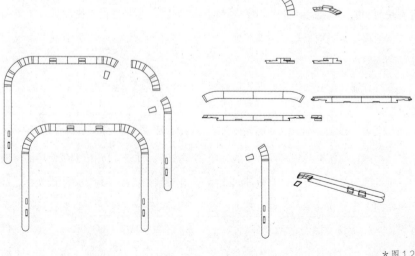

＊图 1.25

入坐面板框和椅圈当中。这其中大多数的
单板背板，因追随人体工程学的原则，被
切割成不同形式的曲线形，其加工过程会
更复杂，同时也在一定程度上造成材料的
浪费。

首先，本设计中的单板背板设计则采用了完
全不同的方式。

首先，本设计中的背板全部采用平板
式样，不采用任何曲线构件。对于人体工
程学的设计要求，本设计主要选用适当的
背板与坐面板的夹角及坐面板的倾斜角度
来满足要求。这样一来，平板的式样就可
以用中国传统的攒边打槽装板的手法，使
得中心的嵌板面积更小，因此更易于选择，
也易于做装饰。同时，攒边打槽的框架内
既可以用软包夹板，亦可以用木质单板嵌
入，龙椅的主题装饰纹样即可事先刻在中
心嵌板上。

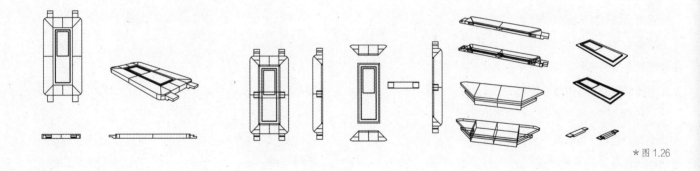

*图 1.26

图 1.26 背板结构拆解图
（付扬绘制）

其次，本设计中对背板采用的攒边打槽装板的方式，对于背板与坐板边框和椅圈的连接也更为便利。传统的单板背板大多数嵌入椅圈的中央线位置，从而使背板面与椅圈沿并不处于同一平面，多少会引起使用者的不舒适。本设计则用背板边框引申出的榫头插入坐面边框及椅圈上，同时保证背板的面同椅圈沿线处于同一平面上，从而给使用者带来最自然的舒适感。

（4）休闲系列龙椅坐面板和背板的设计角度及二者之间的相对角度

参见该部分的构造分析图［图1.27］。

中国古代座椅的坐面设计基本上与地面平行，但因许多坐面采用软包构造，给使用者带来使用时的局部下沉从而形成舒适感。而其背板设计部分为竖直板，部分是带有微小角度的曲线板，后者是专门考虑了人体工程学的设计因素，前者多用于玫瑰椅和禅椅，其原本功能即为直背挺胸者使用，但当希望其有一定舒适度时，亦可加上其他板材或编织物于靠背部位。

本设计对人体工程学的思考及运用主要体现在坐面板和背板的设计角度及二者之间相对角度的选择与界定上。

使用者在休闲状态时，希望休闲椅的坐面有一点角度的自然下倾，这个角度对于休闲椅而言范围最好为5°—12°，本设计选用9°的倾角。出于同样的考虑，则希望休闲椅的背板相对于垂直线的倾斜角度范围最好为21°—28°，本设计选用25°的倾角。这样本设计的坐面与背板之间的夹角为106°，如此能保证使用者正常休闲状态时的健康感和舒适度。

（5）多功能系列龙椅坐面板和背板的设计角度及二者之间的相对角度

参见该部分的构造分析图［图1.28］。

中国古代座椅设计早已正视这样的事实，即人们在休闲时和工作、开会时所用座椅的坐面及背板的相对角度是不一样的，中国古代的交椅就以垂直的背板设计来表达使用者的功能需要，因为中国古人

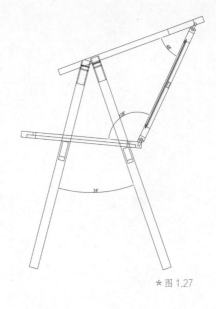

＊图1.27

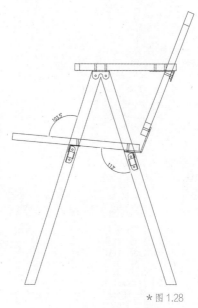

＊图1.28

＊图1.29

（7）休闲系列摇椅中摇轨形体的尺度设计

参见该部分的构造分析图［图1.31、图1.32］。

摇椅是西方的产物，近代主要由美国发扬光大并传入中国。龙椅中的休闲椅加上摇轨则形成现代摇椅，成为本设计的一种延伸变体。

本设计中摇椅的摇轨设计采用变体月牙形，其上部连接龙椅部分为直线形，下部接地面部分为变体月牙形。所谓变体月牙形，指中间段为圆弧的某一段，两边则以直线延伸，以控制摇椅前后摇晃的幅度在人体舒适度所要求的范围之内。龙椅腿足与摇轨之间以榫卯结构连接。为保证摇动的安全性，摇轨的长度必须大于龙椅安放时前后的总长度。

* 图 1.30

用毛笔写字正襟危坐方可写好。然而现代人体工程学的研究表明，人们在开会、写作时所坐的座椅应具有一定的坐面与背板的倾斜角度，而非用垂直的背板。

本设计的多功能龙椅主要用于开会、写作等办公场合，坐面的自然下倾角度范围最好为3°—6°，本设计选用5°的倾角。相应的背板相对于垂直线的倾斜度范围最好为15°—24°，本设计选用18°的倾角，这样坐面与背板的夹角则为103°。

（6）休闲系列双人坐、三人坐龙椅坐面板下部横枨的尺寸调整

参见该部分的构造分析图［图1.29、图1.30］。

中国古代座椅中很早就出现过双人、三人及多人座椅，如《清明上河图》中双人座椅和山西等地戏院的多人座椅。本设计的龙椅也同样可以延伸为双人椅及三人椅等休闲椅系列。

在双人及三人龙椅设计中，椅圈的中间段做相应延长并连接两个及三个背板，另外重要的改变是将坐面板下部横枨的宽度适当加大，约增加15%和25%的尺度。

* 图 1.31

图1.27 休闲系列所包含的角度（作者绘制）
图1.28 多功能系列所包含的角度（作者绘制）
图1.29 休闲系列双人、三人坐龙椅（付扬绘制）
图1.30 单人、双人和三人龙椅系列组合（作者摄）
图1.31 东西方系列摇椅前侧面（付扬绘制）
图1.32 东西方系列摇椅侧面（付扬绘制）

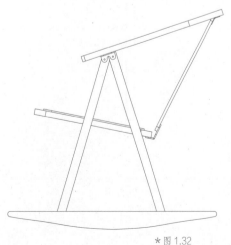

* 图 1.32

基本尺度

休闲系列单人龙椅为 680 mm×570 mm×775 mm（长 × 宽 × 高）[图 1.33]；

休闲系列双人龙椅为 680 mm×960 mm×775 mm（长 × 宽 × 高）[图 1.34]；

休闲系列三人龙椅为 680 mm×1 350 mm×775 mm（长 × 宽 × 高）[图 1.35]；

东西方系列单人龙椅为 610 mm×570 mm×850 mm（长 × 宽 × 高）[图 1.36]；

东西方系列摇椅为 750 mm×570 mm×775 mm（长 × 宽 × 高）[图 1.37]。

综合图示参见图 1.38 至图 1.50。

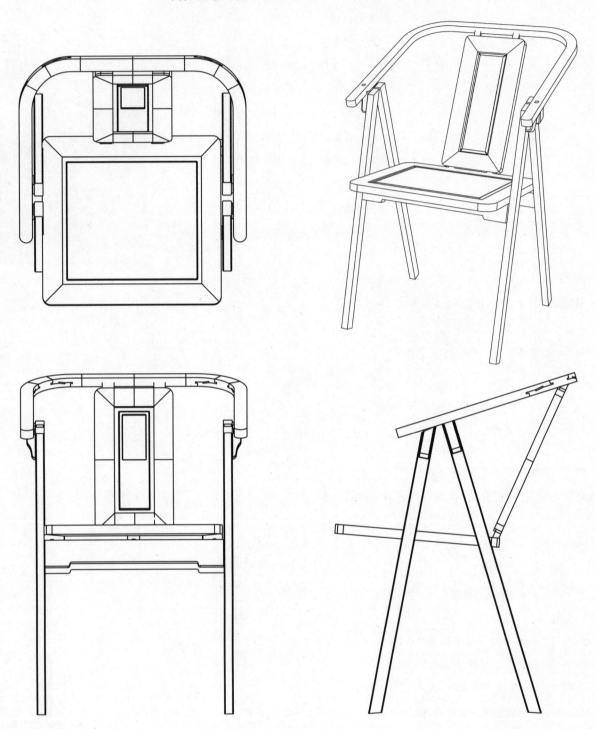

图 1.33 休闲系列单人龙椅三视图（付扬绘制）

* 图 1.33

图 1.34 休闲系列双人龙椅三视图（付扬绘制）

★ 图 1.34

图 1.35 休闲系列三人龙椅三视图（付扬绘制）

★ 图 1.35

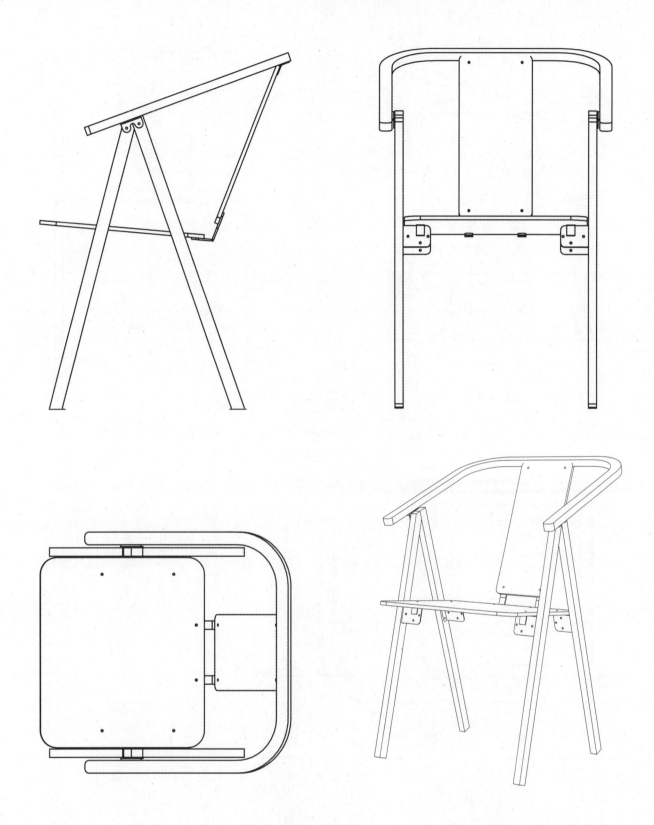

图 1.36 东西方系列单人龙椅三视图（付扬绘制）

* 图 1.36

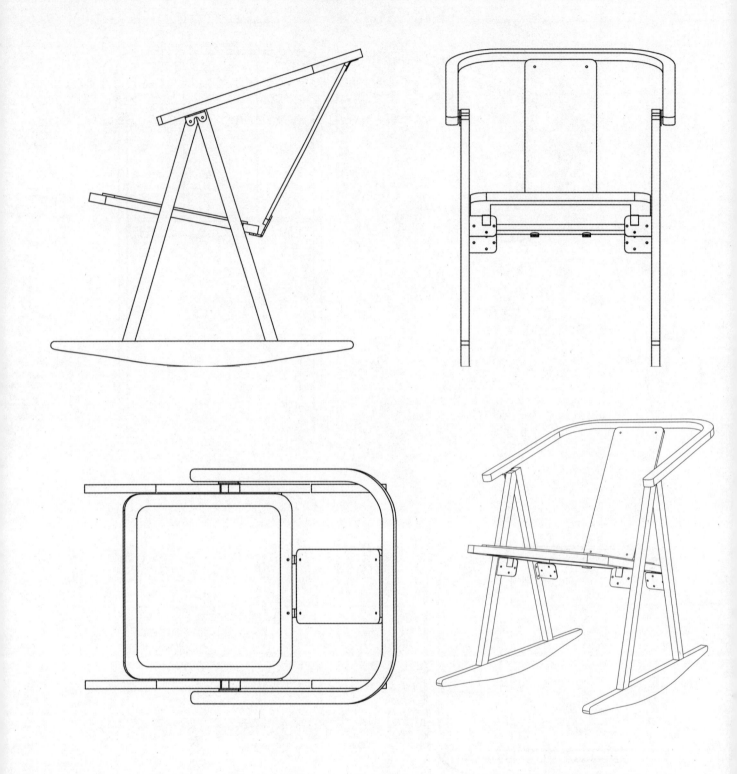

图 1.37 东西方系列摇椅三视图（付扬绘制）

* 图 1.37

图 1.38 龙椅系列中的单人和双人休闲椅（作者摄）
图 1.39 龙椅系列休闲椅侧面（作者摄）
图 1.40 龙椅系列休闲椅背面（作者摄）

★ 图 1.39

★ 图 1.38   ★ 图 1.40

图 1.41 龙椅系列中的休闲椅和多功能办公椅侧面（陈晨摄）

* 图 1.41

图 1.42 龙椅系列休闲椅背侧面（陈晨摄）
图 1.43 龙椅系列休闲椅背面和叠落方式（陈晨摄）

＊图 1.42

＊图 1.43

图 1.44 龙椅系列中多功能办公椅最终版的背侧面（陈晨摄）

* 图 1.44

图 1.45 龙椅系列中多功能办公椅最终版的正侧面（陈晨摄）

* 图 1.45

图 1.46 休闲系列双人龙椅正面（陈晨摄）
图 1.47 休闲系列单人、双人和三人龙椅的背面（陈晨摄）

＊图 1.46
＊图 1.47

图 1.48 东西方系列摇椅侧面之一（陈晨摄）

* 图 1.48

图 1.49 东西方系列摇椅侧面之二（陈晨摄）
图 1.50 东西方系列中龙椅的三种形式：办公椅、休闲椅和龙椅（陈晨摄）

＊图 1.49

＊图 1.50

1.3 创新要点：对材料的研究、选择以及合理运用

任何一种门类的设计的发展和进步都有赖于设计本身的革命性创新，并由此带来相关设计理念的转化和设计语言的进步，进而使设计手法更加简洁实用，使设计产品更加健康有效。本设计的革命性创新以龙椅为主导，进而发展出"新中国主义"设计系列，密切结合新材料、新工艺、新技术的试验和运用，灵活而又富于创造性地应用人体工程学和生态设计的相关理念，设计出充满时代气息，同时又舒适、健康的家具产品。

本设计的革命性创新和有益效果尤其表现在对材料的研究、选择及合理应用上。龙椅以及其他"新中国主义"系列家具，虽建立在对中国家具系统及欧洲家具系统的全面研究之上，但又在设计理念及手法上超越前人的设计，虽然取材于中国家具系统中某些实例的相关设计元素，但又以全新的手法进行诠释，同时用最恰当的材料来表达这些设计理念和元素。本设计的产品在研制过程中反复使用各类实木，包括硬木、普通柴木以及合成板材，经15年以上的系统试验，从中找出每一个设计元素及构件的最佳表达方式，包括每一个构件的纹理方向、厚度、长度及宽度，从而以最少的材料达成最多的功能。多种性能和样式的合成竹材为本设计的革命性创新提供了新的可能性。合成竹材所形成的板材及各种条形材，不仅物理性能比木材更稳定，而且强度更大且更全面，同时兼有弹性。合成竹材的使用更符合现代人体工程学和生态设计原则的要求。

本设计的创新要点简述如下：

（1）立足中国古代优秀家具设计传统，结合西方先进的设计理念及设计手法，在现代人体工程学和生态设计原理基础上创造出"新中国主义设计"品牌。

（2）本设计的龙椅系列通过休闲椅、多功能办公椅及摇椅的精心设计，使该发明的系列产品可以使用于人类日常生活、工作以及公共场所的几乎所有场合，希望成为现代中国和当今世界最适合人类使用的家具系列之一。

（3）本设计龙椅系列除摇椅外，全部可以叠落，而这种叠落功能一方面在日常使用中可以节约空间，另一方面则方便市场营销和包装运输。

（4）本设计产品既可以用红木、花梨、紫檀等高级硬木制作，以满足部分收藏者的需要，也可以用水曲柳等普通木料制作，以满足大众市场的需求。而目前最合适的龙椅材料则是合成竹材。中国是世界上最主要的产竹国家，合成竹材已成为最受当代建筑师和设计师欢迎的生态材料。合成竹材与传统木材相比，不仅具有单向或全方位强度均可极大的特点，而且比木材具备更大的弹性，本设计突出使用杆件及榫卯连接作为龙椅的基本结构，更能充分利用合成竹材高强度及高弹性的特质。此外，竹文化在中国传统中具备独特而重要的地位，竹制龙椅的设计也因此带有更深一层的文化传承含义。

（5）本设计产品不论用木料还是合成竹材来制作，均可着色，因此为市场及各类客户提供了更加多样化的选择，从而全方位配合相关建筑及室内空间的创造需求。

本设计是一种新型现代茶几系列，主要用于休闲场合，因最初设计构思与龙椅配套，所以命名为"龙椅茶几"。本设计最终产品全部采用单一材料制成，并用革新后的中国传统榫卯结构联结，材料既可用红木、紫檀、鸡翅木等各种硬木，亦可用合成竹材，即以现代胶合板技术制成的合成竹板材。

2.1 设计构思：立足中国传统家具的现代需求

（1）本设计立足中国传统家具设计中的桌类和几案类产品，尤其对中国传统的茶几设计产品进行了考察和研究［图2.1至图2.3］。通过对中国茶几的设计手法及构造原理的梳理，提炼出可用于本设计的基本元素，如腿足与横枨的联结方式，带有集中式装饰图样的横枨构件等。与此同时，本设计充分考虑现代功能的需求，将中国传统的双层高式茶几改进为单层矮式茶几，与龙椅配套使用。

（2）本设计产品通过对中国传统茶几的合理简化，产生功能完善、结构简洁的新型现代化茶几，以期用最少的构件达成最大的功能需求。其基本结构由三部分组成，即腿足、横枨和玻璃几面。横枨与腿足构成的框架上部又以浅槽构成玻璃几面的框架，而透明的玻璃几面使得本设计产品的所有内外结点都完全展示出来，充满现代感。

（3）在中国传统家具设计中，任何装饰都有其精神上及文化上的广泛含义。除

了极少数通体雕刻的特殊家具外，绝大多数中国家具都发展出兼具功能与美化作用的集中式装饰系统，从而使装饰部分不仅对家具的结构毫无影响，而且使美化或装饰的效果更加突出。本设计产品充分吸收中国古代家具中这种极具功能意味的装饰手法，在横枨构件上施加集中式雕刻元素。

（4）本设计产品中横枨的设计不同于中国传统茶几，主要是加宽的横枨构件首先在结构上能保证足够的稳定性，其次能为集中式的装饰提供足够的面积及空间。本设计产品因采取这种集中式装饰手法，因此所选用的两种雕刻方式都不会影响横枨构件的结构强度，这两种雕刻方式分别是透雕和浮雕，其中浮雕以浅浮雕为主。

（5）本设计产品在横枨中部对装饰图样的选择主要基于两个方面的考虑：其一是所选取的装饰图样易于实施，无论是透雕还是浮雕，图案的选择都应易于操作。其二是选择的装饰图案符合设计师对表达含义的意向。本设计产品对装饰图样主题的选择有两个意向：一是选取中国古代吉祥图案中的典型式样并加以简化以利于加工制作；二是设计新型现代图样以增强本产品的时代气息。但本设计产品主要采用中国古代吉祥图案的简化式样，进而再发展分别适合于透雕和浮雕的装饰形式，使本设计产品更符合"新中国主义"设计的宗旨。

（6）除上述装饰手法外，本设计产品也使用牙角元素作为装饰。中国古代家具中的牙角源自中国古代建筑的雀替构件，起到稳定主体结构兼具装饰的双重作用。中国古代家具中的牙角同牙条和牙头一道形成中国家具结构完善的稳定体系，同时也是中国古代家具中集中装饰的重点部位。本设计产品极其简洁的结构既可用加宽的横枨来达成，也可以用较窄的横枨加牙角来达成，而牙角的选择则参照中国古代传统的装饰图案，最终选取源自中国汉

代的草龙形象作为牙角的雕刻图案，从而使这种新型的现代化茶几具有明确的文化意味的同时，也更符合"龙椅茶几"的命名。

图 2.1《唐十八学士图卷》
（现存于台北故宫博物
院；引自《画中家具特
展》）
图 2.2 宋画中的几案实例
（引自《宋画全集》）
图 2.3 宋画中的框架式
坐塌实例（引自《宋画
全集》）

＊图 2.1

＊图 2.2

＊图 2.3

2.2 设计实施：方案历程、技术要点与基本尺度

本设计茶几系列，一方面是为现代社会的休闲而作，另一方面也是为龙椅系列配套之用。现代生活习俗早已不同于中国古代。在中国古代，唐代以前人们大都采取席地而坐的起居方式，唐宋以后则广泛采用以椅子为主的高坐式家具体系。而现代生活方式中的休闲模式则是以低坐式作为休闲的最适宜状态，因此现代社会中低坐式的沙发、座椅及茶几成为公共空间、办公空间以及家用空间中休闲场合的主体家具系列。本设计作为"新中国主义"设计系列的一个组成部分，其基本框架结构和榫卯联结都取材于中国传统桌几产品设计，桌面则采用代表时尚要素的玻璃板，在引领时尚的同时也能全面展示该茶几设计的内外构造，以及集中式雕刻装饰的全面形象。

本设计对产品的包装及运输亦有妥善考虑。一方面可用装拆式手法使得各个构件置于包装箱中，终端客户可自己安装；另一方面可将本产品完全装配好，并以DNA盘旋的方式进行叠落，从而达到减少空间并方便包装运输的目标。本设计产品可用实木并以红木等硬木为佳，但亦可用合成竹材。

图 2.4 作者于 1998 年绘制的龙椅茶几的第一轮（Chinese Table NO.1）设计图

图 2.5 作者于 1998 年绘制的龙椅茶几的第一轮设计细部图

图 2.6 作者于 1998 年绘制的龙椅茶几的第二轮（Chinese Table NO.2）设计图

图 2.7 作者于 1998 年绘制的龙椅茶几的第二轮设计细部图

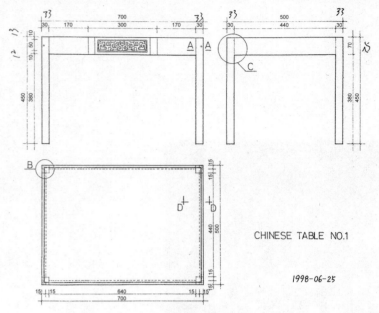

CHINESE TABLE NO.1

1998-06-25

＊图 2.4

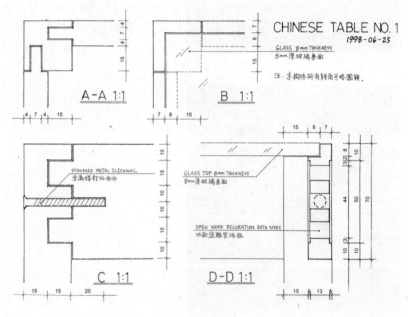

＊图 2.5

本设计的基本方案确定后，即请印洪强家具工作坊按图纸做出两件红木样品，其中一件横枨采用浅浮雕手法，而另一件则采用透雕手法。两件样品均以榫卯联结，并加上玻璃几面。最初的两件样品都是方形茶几，之后设计师开始考虑长方形茶几，并在其长边侧面使用牙角构件，既使长边具有足够的稳定性，又成为该产品的一处集中式装饰。最终选用汉代图案形式的牙角，与龙椅背板上的龙纹形成天然呼应。

随后在完成芬兰合作方订单的过程中所做的几件本设计产品对榫卯结构进行了简化，以便非专业人员亦可顺利安装并使用。这样改良后的产品在包装及运输方面都更为便利。当龙椅开始用合成竹材制作后，本设计产品亦开始用合成竹材制作，经反复研究并实验，发现合成竹材更适合以拆装式的榫卯联结，同时亦可用透雕和浮雕的方式进行装饰处理 [图 2.4 至图 2.7]。

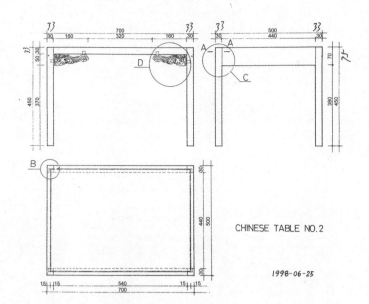

CHINESE TABLE NO.2

1998-06-25

* 图 2.6

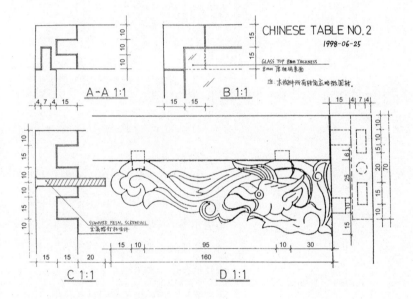

* 图 2.7

技术要点

 本设计为实现上述目标所采用的技术要点有如下方面：

 （1）腿足横枨所组成的基本茶几构架；

 （2）横枨与牙角所形成的构造与装饰一体化系统；

 （3）几面玻璃与几框的浅槽联结；

 （4）茶几 DNA 式盘旋形叠落方式。

要点分述

（1）腿足与横枨所组成的基本茶几构架

参见该部分构架的设计分解图［图2.8、图2.9］。

该部分结构源自中国古代建筑中最基本的梁柱结构。本设计为追求生态设计原则的最大化应用，去除一切不必要的构件，尤其是中国古代家具设计中的桌椅类设计中腿足下部的支承联结构件，因此在上部唯一的梁柱结合部须考虑在足够的连接强度和构架稳定性的前提下使用最小的横枨联结腿足构件，并同时考虑横枨构件中部的集中式装饰所可能减弱的横向构件强度。腿足上部因连接两个方向的横枨，其榫卯设计在两个方向上须错开，以此保持腿足构件足够的强度。

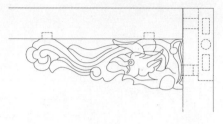

*图 2.10

图 2.8 龙椅茶几（付扬绘制）
图 2.9 龙椅茶几的腿足与横枨（付扬绘制）
图 2.10 龙椅茶几的牙脚（付扬绘制）
图 2.11 龙椅茶几玻璃桌面（付扬绘制）
图 2.12 龙椅茶几玻璃桌面相关局部（付扬绘制）
图 2.13 龙椅茶几螺旋式叠落方式（付扬绘制）

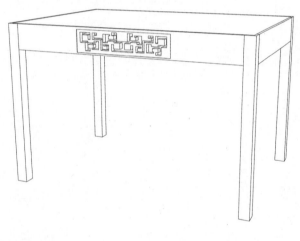

*图 2.8

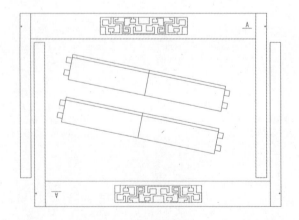

*图 2.9

（2）横枨与牙角所形成的构造与装饰一体化系统

参见该部分构件的设计分解图［图2.10］。

中国古代家具的横枨、牙条、牙角等构件是家具设计中承担稳定功能的辅助结构元素，其结构方面的含义明确，但同时又往往成为装饰的部位，因为中国古代家具设计中一般不会在主体结构的构件上施加装饰，而中国传统设计的任何门类都不能缺少代表心理功能因素的装饰设计部分，所以这类装饰必须落在辅助性结构元素如横枨、牙条及牙角上面。

本设计也建立在上述原则之上，其中"横枨式"龙椅茶几设计的横枨在同等茶几尺度的前提下宽于"牙角式"龙椅茶几。原因有二：其一是较宽的横枨已在腿足上部联结时产生了较大的稳定面；其二是较宽的横枨构件上也易于施加装饰性雕刻而不会影响构件的正常强度。同时，"牙角式"龙椅茶几虽然由较窄的横枨构成，但两边的牙角提供了附加的结构强度。

* 图 2.11

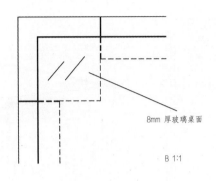

8mm 厚玻璃桌面

B 1:1

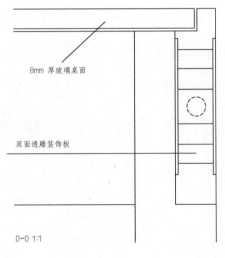

8mm 厚玻璃桌面

双面透雕装饰板

D-D 1:1

* 图 2.12

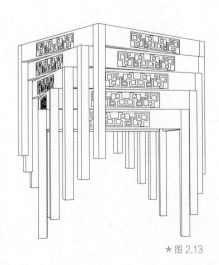

* 图 2.13

（3）几面玻璃与几框的浅槽联结

参见该部分构件的设计分解图［图2.11、图 2.12］。

中国传统桌几类家具一般使用木质和石质桌面。占绝大多数的木质桌面或几面，其结构与桌几面框架融为一体，因木质易变形收缩，因此不仅框架的限定非常必要，而且桌几面的面板还需在边框的暗槽中留有收缩伸张的余地，否则必会产生爆裂现象。而石材桌面则是不同做法，因石材的变形伸缩幅度非常小，又因加工性质与木材完全不同，所以石材桌几面一般是直接搁在桌几的顶面框槽上，又因石质桌几面一般很重，所以不会轻易发生变故。

本设计采用现代生活中非常常见的玻璃作为几面，它与几架的连接则参照石材桌面的做法，即在龙椅茶几的构架顶部一圈内设计浅槽，浅槽深度略小于玻璃几面的厚度，这样搁上玻璃几面后，使用者不会受到突兀边框的心理影响。当然，如几面完全齐平，亦好使用。如浅槽深度大于玻璃几面的厚度，则龙椅几面会形成一圈凸起边框，只适用于麻将桌的桌面，而作为日用茶几，则会因凸起的边框使置物等使用行为不畅。

（4）茶几 DNA 式螺旋形叠落方式

参见这种叠落方式的示意图［图2.13］。

本设计在包装及运输方面的考虑有两个层面：其一是拆装式构件的想法，以此来缩小该产品在包装及运输中所产生的占用空间；其二是 DNA 式螺旋形叠落方式。考虑到绝大多数非专业人士作为终端客户在装配构件的可能误差及难度，这种完全装配好之后再以叠落方式包装运输的方式同样可以减少产品在这一过程中所产生的过多占用空间。

中国古代家具因其产生方式多为本地制作并自产自销，而且直到 20 世纪 80 年代，在中国乡村甚至中小城市中，许多人家尚在自家备料请工匠现场制作家具，因此不存在包装及运输问题。包装及运输问题源自现代家具的规模化、工业化、全球化的发展。在现代家具中，最早使用 DNA 式螺旋形叠落方式进行包装和运输的当数芬兰大师阿尔托的三足或四足凳，不知克里克和沃森发现人类基因 DNA 双螺旋结构是否受到阿尔托凳的螺旋形叠落的启发。

方形龙椅茶几为 500 mm × 500 mm × 450 mm（长 × 宽 × 高）［图 2.14］；

长形龙椅茶几为 700 mm × 500 mm × 450 mm（长 × 宽 × 高）［图 2.15 至图 2.17］；

大方形龙椅茶几为 850 mm × 850 mm × 450 mm（长 × 宽 × 高）［图 2.18、图 2.19］；

大长形龙椅茶几为 350 mm × 850 mm × 450 mm（长 × 宽 × 高）［图 2.20、图 2.21］。

综合图示参见图 2.22 至图 2.31。

图 2.14 方形龙椅茶几（雕花；付扬绘制）

＊图 2.14

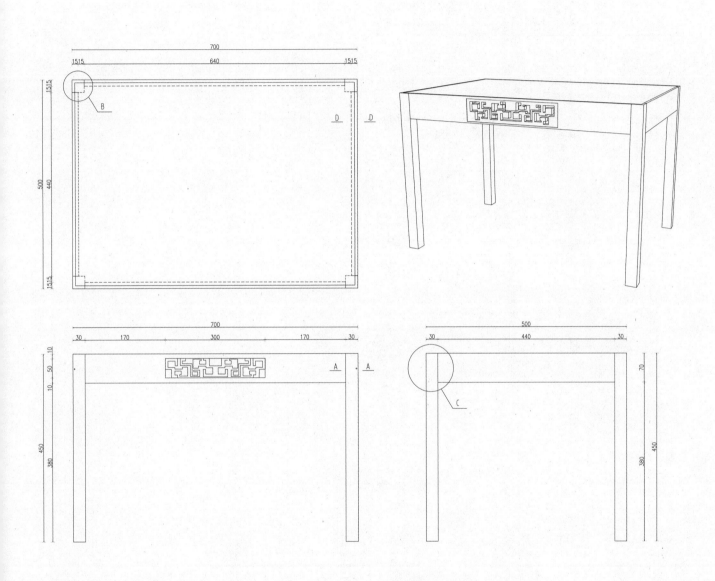

图 2.15 长形龙椅茶几（雕花；付扬绘制）

＊图 2.15

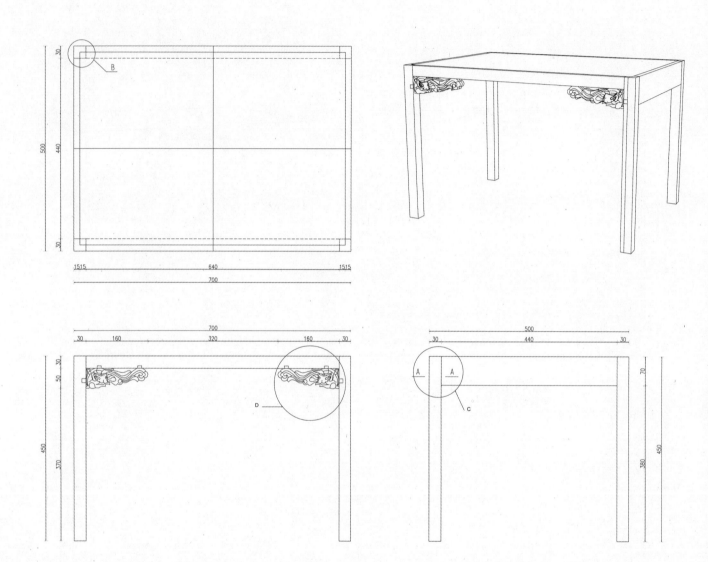

图 2.16 长形龙椅茶几（雕刻牙脚；付扬绘制）

＊图 2.16

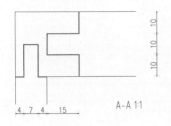

A-A 1:1

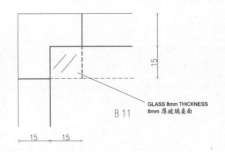

GLASS 8mm THICKNESS
8mm 厚玻璃桌面

B 1:1

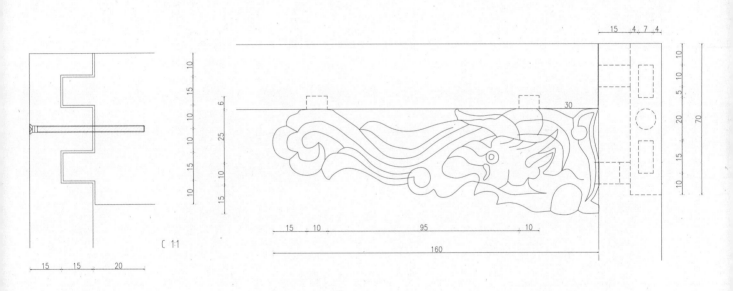

C 1:1

图 2.17 长形龙椅茶几（雕刻牙脚细部；付扬绘制）

＊图 2.17

图 2.18 大方形龙椅茶几（明式；付扬绘制）
图 2.19 大方形龙椅茶几（玻璃；付扬绘制）

* 图 2.18

* 图 2.19

图 2.20 大长形龙椅茶几（明式；付扬绘制）

图 2.21 大长形龙椅茶几（玻璃；付扬绘制）

- -

＊ 图 2.20

＊ 图 2.21

图 2.22 龙椅茶几雕花方形（陈晨摄）

＊图 2.22

图 2.23 龙椅茶几雕花方形叠落方式（陈晨摄）

* 图 2.23

图 2.24 龙椅茶几雕刻牙脚型框架（陈晨摄）

＊图 2.24

图 2.25 两种尺寸和形态的龙椅茶几（陈晨摄）

＊图 2.25

图 2.26 龙椅茶几雕兰花饰板型框架（陈晨摄）

* 图 2.26

图 2.27 龙椅茶几雕兰花饰板方形框架（陈晨摄）
图 2.28 龙椅茶几玻璃面板型（陈晨摄）

＊图 2.27

＊图 2.28

图 2.29 龙椅茶几雕兰花饰板及玻璃面板型（陈晨摄）
图 2.30 龙椅茶几雕花及玻璃面板型（陈晨摄）

＊图 2.29

＊图 2.30

2.3 创新要点：结构、比例设计以及集中式装饰手法运用

本设计旨在与设计人先前设计的龙椅系统休闲椅进行配套，进而成为"新中国主义"设计品牌的第一批产品。本设计同样立足对中国传统中博大精深的家具设计文化的深入细致的研究和提炼，同时对现代生态设计原则和人体工程学的基本原理全面考虑，设计出方便舒适、简洁明快同时又健康耐用的现代中国家具。

本设计的革命性创新和有益效果主要表现在对产品结构的研究、对产品的比例与尺度的深入分析，以及对集中式装饰手法的合理运用。本设计产品也充分考虑了包装及运输的便利和效率：一方面用可拆装构件达成分解式的包装模式和运输的便利性；另一方面则以完整的产品采用螺旋式叠落的方式，形成叠加式的包装模式，使运输便利。以上两种方法均使本设计的产品利于工业化生产。

图 2.31 三种形态的龙椅茶几（陈晨摄）

＊图 2.31

本设计涉及一系列全新思维的现代框架式扶手椅，其基本设计构思建立在对中国古代家具传统智慧的深入研究之上，并密切结合现代生活、休闲、办公、会议等多方面功能环境的需求。本设计产品由实木制作，包括硬木及普通软木，不同设计元素以榫卯联结形成每个设计产品的组成构件，各构件间则以螺钉相连，如此形成装配式模式，可为产品的包装及运输带来极大便利。

3.1 设计构思：立足中国古代座椅的系统性研究

（1）本设计延续"新中国主义"的设计思维，立足对中国古代座椅的系统研究，分析中国古代座椅系统中的四出头官帽椅、南官帽椅及玫瑰椅等几种经典作品，吸收其中合理的设计元素作为本设计产品的灵感源泉。同时结合现代生态设计和人体工程学原理，提炼出本设计图案框架椅的几何式框架结构及所形成的平面构成式构件模式，各构件之间以立体构成的接合方式形成坐面及靠背的构造模式，以及作为集中装饰的图案模式。

（2）扶手椅是中国古代家具的重要门类，中国人自隋唐以来开始由席地而坐转向高坐起居生活以后，扶手椅就成为人们日常生活的主角。距今一千多年的敦煌壁画中有多处人们使用扶手椅的图像描述，唐宋以后的传世绘画中更是充满了对各种扶手椅的表达。至迟到宋代，中国扶手椅已非常成熟，创造出四出头官帽椅、南官帽椅、玫瑰椅等经典设计产品并以此影响后世至今，尤其在近现代全球化文化交流过程中，中国各类扶手椅成为西方设计大师的灵感之源，从而间接促成现代设计运动在全球的蓬勃发展。而中国古代扶手椅之所以能受到西方现代设计大师的无比青睐，主要是因为中国古代尤其是明代的各种扶手椅设计是功能主义的杰作，完全契合了现代设计的潮流并符合现代设计的理念。

（3）中国古代几种最具代表性的扶手椅，如四出头官帽椅、南官帽椅和玫瑰椅，都完全是功能主义的产物，是那个时代所能产生的最符合现代生态设计理念和人体工程学原理的原创设计。它们的基本结构都是由坐面框架加四足和横枨系统组成的超稳定复合框架体系，加上精巧耐用的榫卯结构系统，使得这种扶手椅成为现代化功能主义设计的典范。四出头官帽椅和南官帽椅的靠背设计完全是人体工程学的产物，而且以不同的方式来表达人体工程学对设计的要求。玫瑰椅又称文椅，古代用于书房，因古人以毛笔书写必须正襟危坐，所以玫瑰椅的直靠背设计也同样符合功能主义的需求［图 3.1 至图 3.8］。

（4）本设计的基本出发点是简化中国古代扶手椅的超稳定框架结构系统，以现代生态设计原理为准则，力求发现一系列简洁实用又不失传统美感的设计语言及具体手法。在中国古代扶手椅设计中，每一个元素及构件都是功能性的，其中有些看似装饰性的元素也具备必不可少的功能因素，从而使中国明代扶手椅的每个面看起来都很完美。本设计受此启发，首先考虑一种兼顾中国传统装饰元素的结构框架，而其中的装饰元素也具备必不可缺的结构功能，并以该框架为起点，构思该设计的其他构件。其次，该设计的结构框架必须符合现代使用者的使用需求特点，例如，使用者腿足部位必须有足够的活动空间，坐面及靠背必须最大限度地符合人体工程学的需求。最后，该设计作为现代家具产品，必经考虑工业化或半工业化生产对便捷性的要求，因此本设计中对享誉中外的中国古代榫卯技术的开发运用仅止于每一个设计构件，至于这些构件之间的联系则考虑采用螺钉装配的现代手法，从而使包装和运输过程都更为方便、有效。

*图 3.1

*图 3.2

图 3.1 中国明式四出头官帽椅实例 [苏作；引自罗伦特·埃尔斯沃思 (Robert Ellsworth)《中国家具》(Chinese Furniture)]

图 3.2 中国明式玫瑰椅实例之一（苏作）

图 3.3 中国明式四出头官帽椅实例之一（晋作）

图 3.4 中国明式南官帽椅实例之一（晋作；引自《故宫博物院藏明清家具全集》）

图 3.5 中国清代扶手椅实例（京作；引自《故宫博物院藏明清家具全集》）

图 3.6 中国清代扶手椅实例（苏作；引自《故宫博物院藏明清家具全集》）

图 3.7 宋画中的四出头禅椅之一（引自《宋画全集》）

图 3.8 宋画中的四出头禅椅之二（引自《宋画全集》）

* 图 3.3

* 图 3.4

* 图 3.6

* 图 3.5

* 图 3.7

* 图 3.8

（5）本设计由侧支架的框架设计入手，一开始就考虑如何将装饰元素引入结构功能，由此引出以"图案框架椅系列"作为本设计的名称。侧支架的独立式设计打破了中国古代扶手椅四足与坐面框架复合结构设计的套路，从而打造出一种相对独立的装饰性主体结构构件。与此同时，坐面与靠背的设计也完全脱离了中国古代扶手椅设计中四足与坐面框架交融式复合结构的模式，形成了各自完整独立的家具构件，其间用螺钉进行联结。这种以各自分散的构件为设计主体的模式，不仅为批量化的生产提供了极大方便，而且更重要的是，不同构件在测试过程中可以相对自由地调整安装位置，以达到符合人体工程学设计原理的最佳角度和尺度。

（6）本设计产品中的每一构件都是由榫卯结构完成，而且每个构件都可以用不同类型的榫卯结合方式，形成由构造形式到外观造型的多样化形态。而形成一件产品的三种（四件）构件则用立体构成的交叉多向度结构相联系，由此形成牢固且稳定的座椅结构，坐面与靠背的斜向倾角更加大了整体结构的稳定性，螺钉孔的数量及位置依结构需求及装饰布局而定，最终8根螺钉的数量被证明是保证产品结构稳定的最基本数量。

（7）本设计在坐面和靠背的设计上有两种考虑：其一是用木条嵌入坐面及靠背框架中，形成板条式坐面及靠背，其优点是兼具透气性及一定的弹性，同时也方便清洁；其二是用软包坐面及靠背板，其优点是柔软舒适，尤其适宜在北方使用。

（8）本设计的系列图案框架椅产品可用水曲柳等普通软木制作，亦可用红木等硬木制作，具体运用依市场及客户要求而定。同时除各类木材的本色以外，本设计产品亦可漆成各种不同色彩以适应不同的市场需求。

3.2 设计实施：方案历程、技术要点与基本尺度

虽然中国古代家具取得了巨大成就，并对全球现代设计的发展起到了积极的推动作用，中国传统家具中的大量珍品早已成为全球爱好者的收藏至爱，然而，随着现代化社会的高度发展和全球化生活与工作节奏的大幅度加快，人们对家具的功能要求愈来愈高，尤其对办公家具和适合于多种不同场合的多功能休闲家具提出了更高的要求。本设计立足对中国古代家具设计精品的研究，结合现代功能需求、现代生态设计和人体工程学原理对现代家具的高标准要求，设计出一系列利用简洁高效的构件所组成的装配式方法创造出图案框架椅系列。这个系列的座椅依坐面及靠背的高度及相互角度的不同设计为休闲椅和多功能椅系列，后者可用于会议室、餐厅、接待室、博物馆以及其他多种公共及居家场合。

本设计的另一种目的是探讨一种简洁的装配模式，用8根螺钉的组合，使非专业人员亦可随意组装该系列座椅，同时这种组装模式为该设计产品的包装及运输提供了最大的便捷性。

本设计同时立足保持中国古代设计中极具功能主义内涵的装饰主题，并集中于侧支架的中央立板兼饰板上，以浅浮雕方式刻以纹样花卉或花鸟鱼虫等吉祥图案，而该饰板同时又居于核心地位的结构元件上。

本设计的目标是创造一系列适用于现代生活和公共场所的扶手椅，但最初的设计灵感或基本构思则来自中国古代家具设计中的装饰主题与结构天然结合的工艺智慧，因此本设计人最初考虑从以装饰板为核心的扶手椅侧支架结构开始构思，引申出相对应的家具构件，最终形成休闲椅和多功能扶手椅两种功能类型的现代座椅模式。

对于装饰图案的主题，本设计人首先建议中国古代最具代表性的草龙纹和岁寒三友中的梅花图案，并请印洪强家具工作坊以普通木材制作第一批模型，用以测试结构及比例性能。随后对第一批模型进行检视后，对装饰方式及结构模式都有所改进，并将其运用于第二批试验模型的制作中，第二批模型用硬木（红木）制作，其结果基本符合本设计人的设计意图，成为阶段性定型样品。此后，设计人开始着重考虑构件联结方式及坐面和靠背板的构造方式，以期探讨出最佳构造模式同时亦能保持产品的多样性［图 3.9 至图 3.14］。

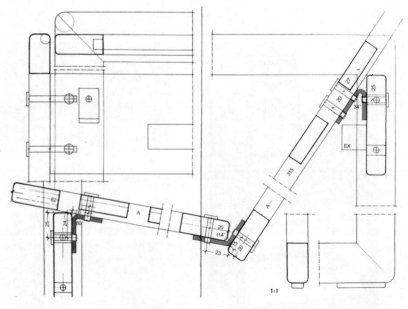

＊图 3.9

图 3.9 作者于 1999 年绘
制的图案框架椅设计图
（节点大样）
图 3.10 作者于 1999 年绘
制的图案框架椅设计图
（1∶1 侧立面）
图 3.11 作者于 1999 年绘
制的图案框架椅设计图
（总体设计图之一）
图 3.12 作者于 1999 年绘
制的图案框架椅休闲系
列（1∶1 侧立面）
图 3.13 框架椅计算机
辅助设计透视图（作者
绘制）
图 3.14 作者于 1999 年绘
制的图案框架椅设计图
（总体设计图之二）

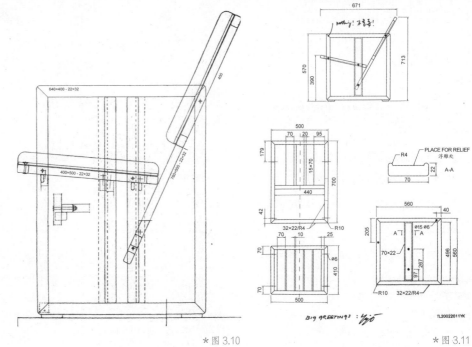

＊图 3.10

＊图 3.11

＊图 3.12

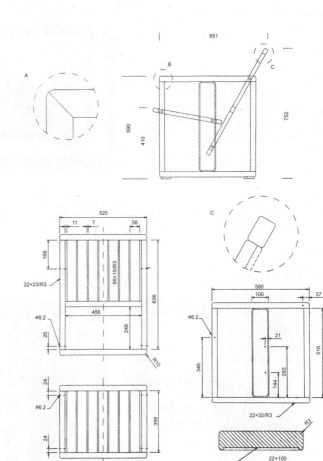

＊图 3.13

＊图 3.14

本设计为实现上述目的所采用的技术要点有如下方面：

（1）带有图案饰板的侧支架结构；

（2）坐面及靠背的构件结构；

（3）坐面与靠背构件各自的装配角度及其相互之间的夹角；

（4）三种(四件)构件的组合结构模式。

（1）带有图案饰板的侧支架结构

参见该部分构件的构造分解图。

在中国古代几种典型的扶手椅中，不论是官帽椅还是玫瑰椅，由前后足延伸与扶手杆件组成的侧框架都是该家具整体稳定的关键环节。本设计的侧支架结构也具备同样的重要性，因为它既是扶手，也是坐面和靠背板赖以依托的支架，同时也是本设计进行集中式装饰的"舞台"中心。

本设计的侧支架有两种规格：其一是用于休闲椅系列的正方形侧支架；其二是用于多功能系列的竖向长方形侧支架。两种规格的侧支架所用的构造相同，其边框均以传统榫卯结构联结，但联结方式有三种：其一是水平与竖直杆件以45°角相交［图3.15］；其二是水平与竖直杆件以90°角垂直相交但有水平杆件取通长［图3.16］；其三是水平杆件与竖直杆件垂直相交但由竖直杆件取通长。无论是哪一种规格的侧支架，其下部两端头均加两块垫木，以浅榫嵌入侧支架下部杆件。

该侧支架中央部位的饰板是该构件的核心元素，不仅要位置居中，而且要同时承担支架的结构稳定支承和坐面与靠背构件的承载。该饰板不论是用硬木还是用软木制作，都有两种做法：其一是用一块单板直接嵌入该支架的上下框板条中。其外侧面刻有浅浮雕图案，如草龙纹和梅兰竹菊纹样等，而用于承载坐面及靠背板的螺钉孔则直接设计在该饰板上，这样则要求该饰板具有相应厚度的承载剪力。当侧支架外框四杆件采用32 mm×22 mm尺度时，该饰板则采用100 mm×16 mm尺度。其二则取两竖向大边夹中央饰板的构造方

*图3.15

*图3.16

式。其特点是将该饰板的结构功能与装饰功能完全分解，由竖向大边承载坐面及靠背板的螺钉孔，而中央饰板既可以展示装饰纹样，同时也是整个侧支架的中心稳定构件，但如此则可采用更宽的板条。本设计从生态设计原则出发，在最初模型样品中采用的两竖向大边为 22 mm × 18 mm 尺度，而中央饰板为 100 mm × 12 mm 尺度，如此可以兼顾结构功能和外观的造型。然而这部分的具体尺度可以在具体设计项目的需求下进行适当调整。

（2）坐面及靠背的构件结构

参见该部分构件的构造分解图〔图 3.17 至图 3.19〕。

本设计产品中坐面和靠背这两个构件的框架构造同侧支架一样也有三种不同的杆条元素的联结方式：其一是横向杆件与竖向杆件以 45° 角相交；其二是横向杆件与竖向杆件以 90° 垂直相交且横向杆件取通长；其三是横向杆件与竖向杆件以 90° 垂直相交但竖向杆件取通长。靠背构件的

图 3.15 45° 相交侧板
（作者摄）
图 3.16 垂直相交侧板
（作者摄）
图 3.17 图案框架椅靠背
（作者摄）
图 3.18 图案框架椅靠背
正视图（作者绘制）
图 3.19 图案框架椅靠背
尺寸（作者绘制）

构造中再以另一根横向杆件置于中部偏下位置，由此形成靠背板框架。

坐面和靠背中心部位的设计有两种模式：其一是用板条嵌于坐面及靠背的框架中，以形成透气形板条式坐面及靠背；其二是用软包面料及海绵制成坐板及背板，并用螺钉固着在坐面及靠背的框架上。两种模式依客户及市场要求而决定其取舍。

（3）坐面与靠背构件各自的装配角度及其相互之间的夹角

本设计对坐面和靠背构件的装配角度设计立足现代人体工程学原理，相对于中

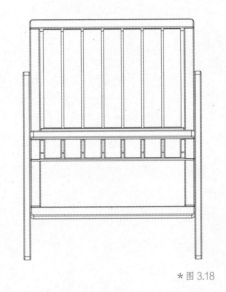

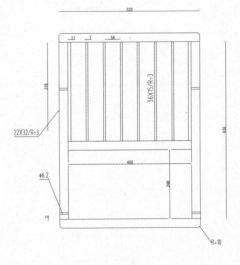

国古代座椅设计中用软屉编织物覆于坐面或靠背上以增加舒适度的权宜办法，本设计用科学的分析和构造的办法在最大程度上达到使用舒适度。

本设计产品中的休闲椅系列，坐面下倾的角度范围以 6°—10° 为宜。本设计在模型制作过程中以不同角度进行测试，最终取 8° 为建议角度。而靠背板面与竖直面的倾角范围经反复测试以 20°—25° 为宜，最终取 24° 为建议角度。因此本设计中休闲椅的坐面与靠背板之间的夹角为 106°，这是为大多数试用者感到最大舒适度的角度〔图 3.20〕。

本设计产品中的多功能椅系列，主要用于会议、餐厅、办公等场合，坐面下倾角度范围以 2°—5° 为宜，最终取 3° 为建议角度，而靠背板与竖直参照面的夹角范围则以 12°—21° 为宜，最终取 18° 为建议角度，因此本设计中多功能椅坐面与靠背之间的夹角为 105°〔图 3.21〕。

（4）三种（四件）构件的组合结构模式

本设计中所有产品均由四件形成板面的构件组成，它们再以三个向度交合形成稳定结构。侧支架的两条竖边各设 1 个螺钉孔，而侧支架中央饰板则设置 3 个或 2 个螺钉孔。因此，坐面及靠背板构件与侧支架之间用螺钉联结。最初的设计构思曾考虑坐面板用 6 根螺钉（每边 3 根）联结，后经测试检验，发现用 4 根螺钉（每边 2 根）联结已使坐面有足够的强度。因此，在最终产品中，不论是休闲椅系列还是多功能椅系列，都采用 8 根螺钉（每边 4 根）联结。

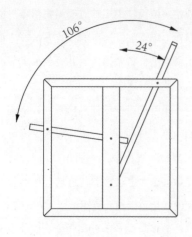

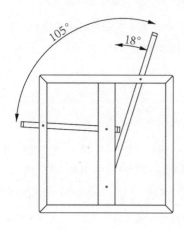

图 3.20 休闲椅系列角度分析（付扬绘制）
图 3.21 多功能椅系列角度分析（付扬绘制）

* 图 3.20
* 图 3.21

基本尺度

3.3 创新要点：对中国传统木构家具全新设计方法的探索

本设计最根本的创新点是对中国古代扶手椅的深入反思，立足现代人体工程学和生态设计原理，探讨出中国传统木构家具的全新设计方法及制作模式。

本设计的另一个创新点是通过对中国古代座椅的结构和构造方式进行全面深入研究，归纳并总结出由三种（四件）构件组合而成的图案框架椅系列家具。

本设计的创意还包括对中国传统装饰方式及内容元素的系统研究和归纳，并将对集中式装饰的使用作为本设计的基本出发点，采用中国古代流传已久的龙凤吉祥纹和梅兰竹菊等典型中国图案，使本设计在发扬光大中国古代家具设计智慧的同时，也适当展示中国古代装饰文化，并再次显示出中国设计传统中结构与装饰的相互依存和高度统一。

本设计产品是对中国古代设计进行现代化研究和借鉴的有益尝试，并由此创造出适合于现代生活和工作环境的图案框架休闲椅及多功能椅系列，它们立足现代生态设计及人体工程学原理，以最少的构件组合出最完整的功能效益，为人们在现代社会各种场合的工作和生活提供了健康舒适的家具新产品。

本设计产品因采用构件装配式模式，为生产、包装及运输等环节提供了极大的便利条件。本设计产品继续延续着中国古代木构家具的优良传统，使用各类硬木及软木制作，其装饰主题亦可按市场及客户需求进行调整。

（1）休闲式图案框架椅为 650 mm × 540 mm × 760 mm（长 × 宽 × 高）［图 3.22 至图 3.24］；

（2）多功能图案框架椅为 660 mm × 540 mm × 750 mm（长 × 宽 × 高）［图 3.25 至图 3.30］。

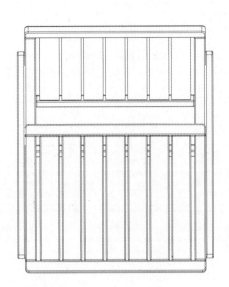

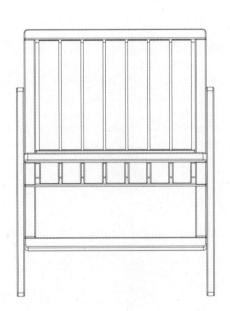

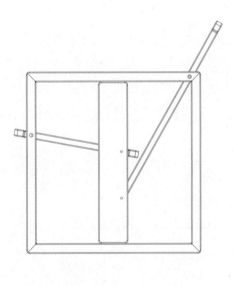

图 3.22 休闲图案框架椅三视图（付扬绘制）

* 图 3.22

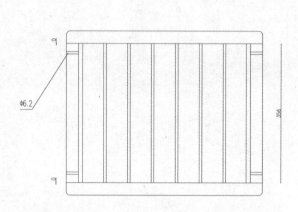

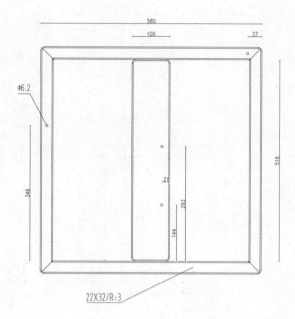

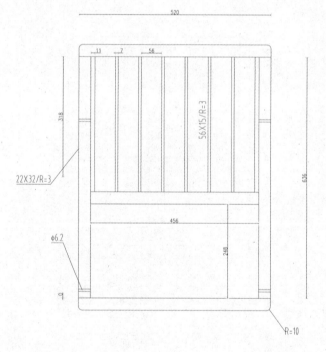

图 3.23 休闲图案框架椅坐板和侧板（付扬绘制）
图 3.24 休闲图案框架椅背板（付扬绘制）

＊图 3.23

　　　　＊图 3.24

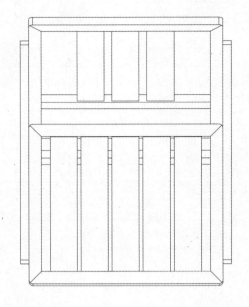

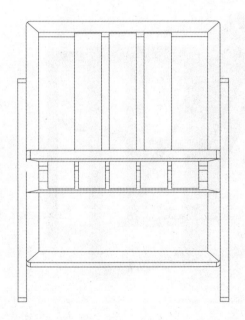

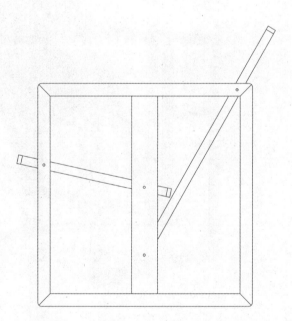

图 3.25 多功能图案框架椅三视图（付扬绘制）

* 图 3.25

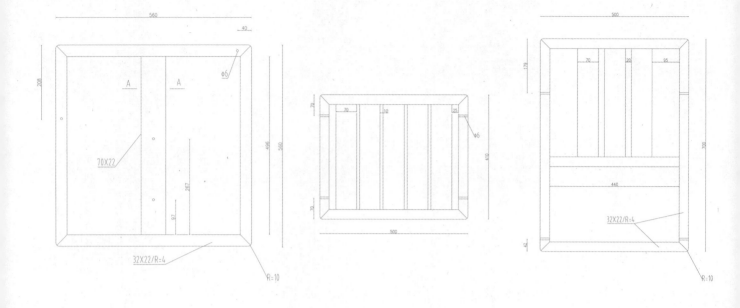

图 3.26 多功能图案框架椅侧板（作者绘制）
图 3.27 多功能图案框架椅坐板和背板（作者绘制）
图 3.28 图案框架椅和多功能框架椅之一（作者摄）

★ 图 3.26　　　　　★ 图 3.27

★ 图 3.28

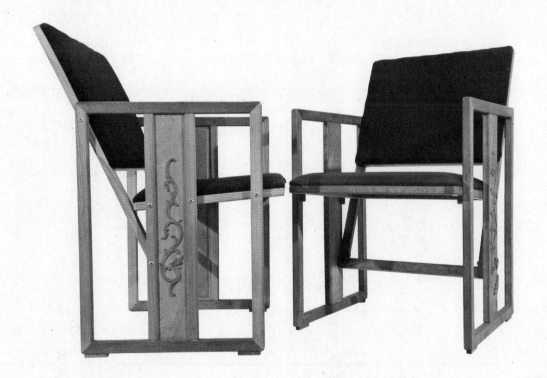

图 3.29 图案框架椅和多功能框架椅之二（作者摄）
图 3.30 带软垫的多功能图案框架椅（作者摄）

＊图 3.29

＊图 3.30

本设计涉及一系列新型现代化多功能座椅，这些座椅可用于休闲、办公、会议等多种功能场合。本设计依据生态原则，对材料的选择及每一构件的设计进行深入研究，选出最经济合理的构件模式。本设计依托人体工程学设计原理，以框架的基本构成方式作为设计的基本手法，创造出健康舒适的座椅系列。无论采用以红木为代表的实木还是新型合成竹材，本设计力求探讨材料本身的性能，测试出符合生态设计原则的构件，联结方式既有中国榫卯结构的革新模式，亦有螺钉联结，后者能够形成可拆装座椅系列，从而在最大程度上方便包装及运输。

4.1 设计构思：立足中国古代扶手椅，提炼功能主义设计原理

（1）本设计立足对中国古代家具系统中扶手椅这种最具代表性同时也使用极为广泛的中国传统座椅的深入检视和分析研究，提炼出中国古代扶手椅根本性的功能主义设计原理，即长期运用于各种官帽椅和玫瑰椅的组合框架式设计原理及相应的设计手法，在此基础上，详细分析其中每一处功能构件的具体功能表现及相应的构件设计要求。本设计的新型框架椅力求全面吸收上述分析中合理实用的设计元素并加以现代化的演化，在全方位考虑生态设计原则和人体工程学设计原理的前提下，用几何学手法结合装饰主题推导出本设计各种框架椅的基本构成模式，并继而探讨出一套成熟的框架椅设计理念与侧支架变体及其叠落功能、坐面及靠背板构件的组合模式，以及合成竹板条作为本设计主体材料的使用方法及性能分析［图4.1至图4.6］。

＊图 4.1

（2）本设计通过对中国古代设计经典作品的进一步检视分析，在上述图案框架椅系列的基础上，凝练出有望成为现代设计经典的框架椅系列产品。其造型上的最大特征是将原图案框架椅系列中的侧支架下框上移，留出更为通透流畅的腿足结构空间，亦方便日常使用及清洁工作。而在设计理念上的最大特征则是以生态设计理念深入思考材料本性，从而凝练出最小化、最简化的侧支架以及其他组成构件的设计原型，尤其在应用合成竹板条时，这种最简化设计理念尤为有效。与此同时，本设计在创作手法上的最大特征体现在产品造型上近乎随心所欲的丰富多彩，这种丰富多彩第一来自侧支架构造的几何组成模式，第二来自材料的选择，第三来自装饰主题及表现方式的变化，第四来自不同色彩的施加。

（3）本设计的最初想法源自对此前由本设计人创作的图案框架椅设计中装饰主题的再思考。首先是对这类设计产品中装饰位置的考虑，从而引发对侧支架构造方式的深入检视；其次是本设计中集中式装饰的位置、表现主题、装饰手法等元素的综合性思考也使本设计的基本构思理念得以完善，并在结构上更趋于合理，在造型上更趋于成熟；最后是在考虑装饰主题的尺度及布置的过程中，受荷兰风格派绘画基因及几何学构思理念的影响，对装饰的理解不断深入，对集中式装饰的认识逐步升华，最终形成以变幻无穷的几何纹样所形成的整个侧支架，实际上成为整个设计产品集中式装饰的表现方式，而合成竹板条的性能使这种几何式侧支架构件从生态设计的角度达到最佳状态，多种色彩的应用为最终产品提供了无限的可能性。

（4）本设计从构思理念到创作手法都为相应的设计产品的侧支架造型提供了无限的可能性。而这种侧支架造型构造的无限可能性又为座椅在人体工程学方面的设计构思提供了坚实的基础，因为任何基于

图4.1 中国明式黄花梨禅椅实例（引自方海著《现代家具设计中的"中国主义"》）

图4.2 中国明式四出头官帽椅实例之二（晋作；作者摄）

图4.3 中国明式南官帽椅实例之二（晋作；作者摄）

图4.4 中国明式玫瑰椅实例之二（苏作；作者摄）

图4.5 宋画中的框架椅式样（引自《宋画全集》）

图4.6 宋画李公麟《会昌九老图》中的框架椅（引自《宋画全集》）

人体工程学设计原理的角度所要求的坐面及靠背板构件的支点位置都可以通过对侧支架元素的调整来达到，由此将本设计的设计方法引入科学的轨道。从设计科学的角度来看，本设计建立起一种现代设计方法论的典范实例。

（5）基于上述设计理念及侧支架构件的成熟发展，本设计中的坐面及靠背构件可以在最大程度上采用自由思维健康发展，而无须考虑与侧支架构件之间的联系方式及位置。此前由本设计人完成的小靠背椅系列及图案框架椅系列已将由8根螺钉为主体的现代座椅装配式联结方式发展成熟，使之可以自由运用于类似的设计产品当中。本设计作品中坐面构件的基本模式采用平板框架加板条式，不仅体现以尽量小的材料元素组合成功能构件，而且使形成的坐面更具弹性和通透性，在人体工程学方面令使用者体验到健康及舒适。本设计的靠背构件也基本遵循同样的构思及设计法则，但在靠背板面的设计上有两种模式：其一是与前述图案框架椅系列中的靠背板类似，将板条式靠背置于上部可以让使用者直接能触到的位置，而其下部留空，只用于与侧支架的结构型联结；其二则以较长的板条嵌入靠背构件平板框架中，形成全面积的板条靠背，这种方式看似与生态设计原则不尽相符（至少该种靠背板下部板条是人体无法直接接触到的），然而，这种做法却更加贴合现代人体工程学的要求，因为这种全面积的板条靠背因板条加长而有更加弹性的性能，使用者由此获得更大的后靠弹力及由此带来的舒适感。同时这种全面积满幅竹板条形成的靠背构件也使整个座椅形象出现新的面貌，尤其从背面或侧背面观赏时可形成另类美感。

（6）在中国古代经典座椅如官帽椅和玫瑰椅中，腿足部分以圆形或半圆形、半方形截面设计是中国古代家具美学的关键环节，进而使得以非圆形构件为主体的其

＊图4.2

＊图4.3

＊图4.4

＊图4.5

＊图4.6

他家具彰显粗俗。尽管圆形构件的加工要求更高，其材料本身在加工过程中的浪费也不符合生态设计的原理。与圆形腿足相呼应，扶手、搭脑、联帮棍等其他构件也必须做成圆形截面的元素，它们固然使该家具具备整体美感，但同时也在生态设计方面有所欠缺。在中国经典扶手椅中，榫头与大边组成的坐面框架是中国古代设计的精华模式，但它与腿足的联结方式却失之繁复，由此形成的复合式结构需用牙条、牙板及"步步高赶枨"等构件加强，虽然在长期实践及设计思索中已形成独具一格的美学风貌，但其制作过程无法融入现代化生产理念，而产品本身在包装运输等环节都与现代生活和工作节奏不相符合。在人体工程学方面，中国古代家具设计取得了杰出成就，在扶手椅中则主要体现在座椅面和靠背板的设计中。中国古代扶手椅的坐面设计多用软屉，如竹编、藤编加棕绳编织的双层软屉坐面，它们一方面以明显的软弹力为使用者带来直接触觉的舒服感觉，另一方面因软屉变形而形成的坐面下倾为使用者带来体位的后倾与下倾，已达成人体工程学对设计的基本要求。然而，从更高要求的现代人体工程学的设计标准来看，中国古代座椅的坐面设计则从总体上缺乏倾角，因此需要新的设计产品用全新的设计手法达到相关要求。在这方面，本设计中坐面与靠背构件的倾角设计可以完全按照实际测试得到的最适用角度进行设计，与此同时，侧支架的构造模式为这一类坐面倾角设计提供了全方位的可能性。

中国古代扶手椅的靠背板设计是传统人体工程学所取得的最具显示度的成就。如典型的四出头官帽椅中S形靠背椅的设计最明显地体现出设计者对使用者背部脊椎结构的关怀，而许多南官帽椅中大致呈C形的靠背板设计则是中国古代人体工程学设计的另一种简明体现。至于外表端庄秀丽、结构严谨稳固的玫瑰椅，因其主要用于书房又被称作文椅，其靠背面基本与坐面垂直，这是由于中国古代人用毛笔写作，其坐姿的正襟危坐最适合于毛笔写作的方式。然而，以现代人体工程学的设计标准观之，中国古代扶手椅的靠背板设计都不尽完善，需要用现代设计方法加以改进，在这方面，本设计以可以自由符合人体工程学设计原理的角度布局的坐面和靠背构件圆满地解决了现代多功能扶手椅的坐面及靠背板设计的科学性及合理性问题。本设计通过对材料的系统研究，用数学的手段建立起严谨而多变的侧支架框架，全方位承担起现代座椅对生态设计和人体工程学的多层面要求。

（7）本设计以崭新的设计理念和多样化的设计手法为现代家具设计建立起一套全新的现代设计语言，即新中国主义设计语言，并随之带来相应的融科学性、合理性、舒适性及健康性于一体的新中国主义设计美学。

本设计所展示的新中国主义设计美学由一系列源自现代生态设计原理和人体工程学理念的设计手法全方位地体现出来，其中包括：通过对材料的系统研究，所选定的合成竹板条作为本设计所有产品的最基本元素；由竹板条元素以中国传统榫卯结构而形成的侧支架构件和坐面及靠背构件，三种（四件）基本构件之间的立体构成方式交合形成的稳定家具构架，家具构架之间所赖以联结的螺钉系统；调整侧支架而形成的装饰功能，源自集中装饰思维，兼具结构与装饰功能的雕刻或格架构件；用于呼应中国古代扶手椅中圆形构件精神无所不在的最基本元素板条的 R3 mm 圆角处理。

4.2 设计实施：方案历程、技术要点与基本尺度

图 4.7 作者于 2003 年绘制的框架椅系列的侧立面设计图

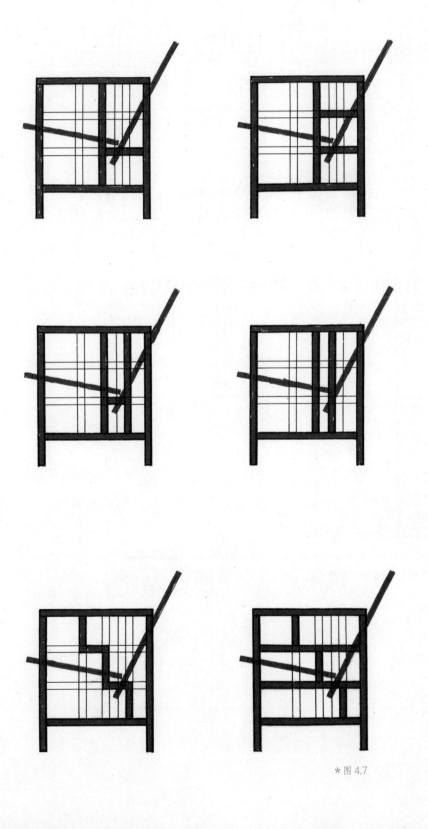

* 图 4.7

本设计的目的首先是在尊重中国古代家具设计智慧的前提下对中国扶手椅设计进行反思，进而探讨并提出一种全新的立足人文功能主义理念的现代设计美学；其次是结合对现代生态材料尤其是合成竹材料的深入研究，寻找并运用立足本设计所提倡的现代设计美学，即新中国主义设计美学基础之上的竹板条基本元素，进而发展出一整套方便组合、简洁洗练的设计构件；最后是设计出符合现代人体工程学基本原则的坐面及靠背构件，以同样遵循人体工程学设计要求的角度与侧支架构件以立体构成方式组合成牢固而富于弹性、健康而充满舒适感的现代多功能扶手椅，即框架椅系列。

基于上述反思，本设计也同时实现了以中国传统装饰主题作为现代设计的出发点，进而发展出一套科学合理而又灵活多变且具有广泛适用性的现代设计语言。通过灵活使用这种设计语言，本设计可使用多种主题、多种手法的集中式装饰元素，同时发展出由变幻无穷的几何元素组成的侧支架构件系列，使本设计的产品因其多样性和成熟合理的丰富性而适用于办公室、餐厅、家居空间等各种场合。

本设计所创造的现代设计语言模式也为色彩的自由使用提供了足够大的天地。而元素化构件式的多样化组合也促成了叠落功能机制，为产品的生产、包装、运输及市场营销提供了极大的便利［图 4.7 至图 4.10］。

① 老印·您好：我们估计四月21~22号到无锡，现请您用同样工艺再制作两件新椅子，见下面两张图纸。其中一件装饰板上建议采用满幅之山水代人物故事雕刻，并修饰自然本底色；另一件装饰板上建议采用细几何肌理雕，并涂黑色亚光漆。

② 两种雕饰的具体主题由您来最终决定，此图只是示意性的。

③ 如难，行里我们到无锡后将雕刻剂调好上漆即好。

谢谢您！

方海

MANY GREETINGS, SEE YOU SOON,

RELIEF 2

尺寸标注（左下图）：
- 500
- 10
- R10
- 22x32/R4
- 12x61/R4
- 290.5
- 420
- 744
- Ø6.5
- 65
- 420
- 65
- 65

尺寸标注（右下图）：
- 490
- R10
- 6.5
- 62.5
- 258.5
- 152
- 650
- 423.5
- 135.5
- 214
- 22x32/R4

DESIGN TEAM
FANG HAI
YRJÖ KUKKAPURO
RH - 1 HELSINKI -YK · FH

* 图 4.8

图 4.8 作者于 2003 年绘
制的第二轮框架椅系列
坐面与背板设计图
图 4.9 作者于 2003 年绘
制的第二轮框架椅系列
的设计图侧立面
图 4.10 作者于 2003 年绘
制的第二轮框架椅系列
坐面与背板设计图

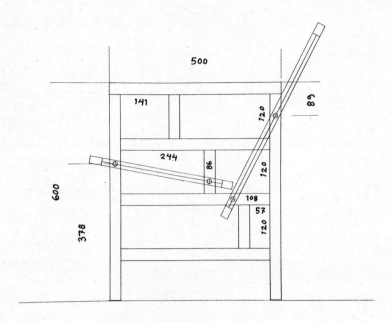

MATERIALS : 22 × 32　R3
材料　　　　11 × 75.2　R3

HOLES : ∅ 6.5
孔洞

SCREWS : M6 × 70
螺钉

* 图 4.9

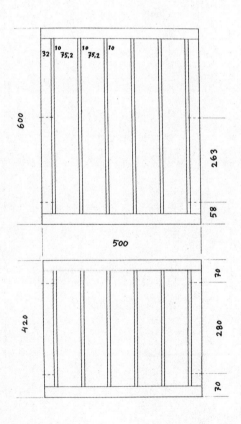

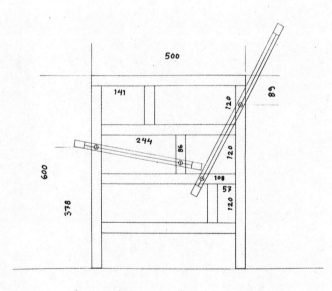

MATERIALS : 22 × 32　R3
　　　　　　11 × 75.2　R3

HOLES : ∅ 6.5

SCREWS : M6 × 70

* 图 4.10

本设计的最初创意灵感源自设计人对中国古代几种扶手椅集中式装饰中兼具构造与修饰功能的兴趣。本设计人通过仔细审视中国古代的几种典型扶手椅作品，发现其中的装饰细节往往首先吸引使用者的关注，并时常赋予健康而积极的含义，如四出头官帽椅中靠背板中央的浮雕草龙或荷花，南官帽椅中的牙条与牙头，玫瑰椅中的靠背板券口牙子和坐面下的罗锅枨，它们都是构造性的构件，但都以装饰的手法表现出来，因此兼具精神与物质的双重功能，从而使中国古代座椅设计达到前所未有的高度。

本设计因此始自侧支架构件中的饰板图案，或可以理解为本设计中的关键构件侧支架的设计是紧密围绕某一主题的饰板而展开的，而饰板本身也是侧支架设计中的重要构造元素。本设计人先提出两种置于侧支架一边的饰板模式并请印洪强家具工作坊制作相应模型以进行进一步的检视和改进，而后又设计出将饰板置于侧支架中央的构成模式，也请印洪强家具工作坊制作测试模型，这两种测试模型都达到了预想的设计效果中侧重于弘扬中国传统设计文化的成分。

此后本设计人考虑以更抽象的手法展开新一轮的侧支架设计，并使用回纹格架为主题的侧支架，在同样彰显中国文化元素的同时，也更明确地突出本设计的功能主义的现代性内涵，并由此走向更成熟的几何构成式侧支架设计。

本设计人在随后进行的多轮以几何构成为主题的侧支架模式的设计中逐步发现并深入理解这种几何构成式的主题是一种更含蓄、深层次的装饰观念，它同时更易于实施，也更具现代生态设计观念。

正如中国古代艺术大师石涛以"一画"作为其艺术创作的出发点，本设计中的一根合成竹板条也成为本设计创作的"一画"基石，由此出发，形成多种不同形态的侧支架构件，再形成坐面和靠背板构件，最后用现代螺钉组合成全新的适用于多种场合的多功能框架椅。

技术要点

本设计为实现上述目的所采用的技术要点有如下方面：

（1）源自饰板组合的侧支架构件；

（2）坐面与靠背构件的构造模式；

（3）三种（四件）构件组合而成的框架椅产品及其置放角度与人体工程学的关系；

（4）调整侧支架构造而产生的叠落功能。

图 4.11 第一设计阶段框架椅侧板（付扬绘制）

图 4.12 第二设计阶段框架椅侧板（付扬绘制）

图 4.13 第三设计阶段框架椅侧板之一（付扬绘制）

图 4.14 第三设计阶段框架椅侧板之二（付扬绘制）

要点分述

本设计的原型产品是以休闲为基本功能的多功能框架椅，这种框架椅因其几何构成式的数学特性，可以自由转化为相应比例与尺度的办公椅、会议椅和餐椅以及为特定建筑空间订制的特殊框架椅。

（1）源自饰板组合的侧支架构件

本设计在主体构件侧支架的设计中经历了三个发展阶段：第一设计阶段以浅浮雕饰板为设计出发点，用硬木制作模型。第二设计阶段以抽象回纹格形成的装饰面作为设计出发点，分别用硬木和合成竹制作模型。第三设计阶段由石涛的"一画"起步形成几何构成式侧支架，依现代生态设计和人体工程学原理创造出功能合理、健康舒适同时又灵活多变的多功能框架椅系列；该阶段的产品全部用合成竹板条制作，将合成竹这种现代生态材料运用到极致，通过由石涛的"一画"即合成竹板条引申出的延展式构架模式，力图发展出符合人文功能主义理念的"新中国主义设计美学"。

第一设计阶段：浅浮雕饰板成为本设计的出发点［图 4.11］。

第二设计阶段：抽象回纹格对本设计进行深化［图 4.12］。

第三设计阶段：几何构成模式成就完善的侧支架设计系统［图 4.13 至图 4.15］。

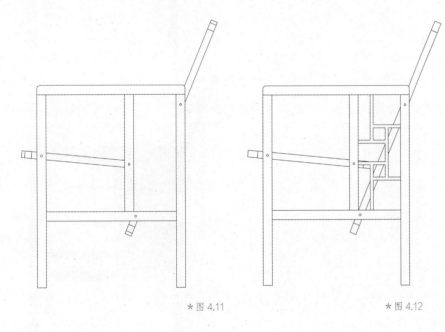

* 图 4.11　　　　　　　　* 图 4.12

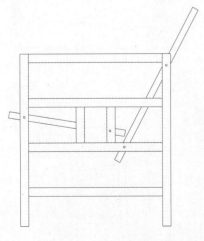

* 图 4.13

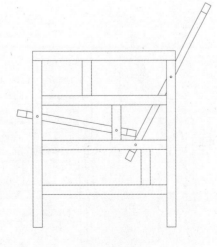

* 图 4.14

下文对这三个设计阶段进行详述：

• 第一设计阶段历程 [图 4.16、图4.17]

本设计人长期研究中国古代家具，尤其注重其设计原理、设计手法及装饰与构造一体化所带来的人文功能主义的因素，继而将这些研究内容应用于自己的家具设计实践当中。本设计人此前设计完成的龙椅系列及靠背椅系列都是这方面的典型实例，龙椅系列的命名直接源自该产品系列靠背板中央的浅浮雕草龙纹装饰，而靠背椅系列最初的图案式侧支架也以某中央的浮雕饰板条为灵感核心。

如前所述，中国古代座椅设计中所有的装饰部位都兼具构造及结构功能，由此成就中国古代朴素的人文功能主义情怀。本设计人对那些中国古代座椅代表作中靠背板中央的浮雕图案印象极为深刻，因为它们能立刻成为一个设计产品之所以吸引人的第一看点；本设计人对中国大批经典座椅中的券口牙子记忆犹新，因为它们以非常优美的装饰手法呈现精致的构造功能；本设计人对中国古代座椅中的许多雕塑化细节设计如四出头官帽椅的搭脑，各种官帽椅中的联帮棍，以及玫瑰椅中的罗锅枨及矮老等元素难以忘怀，因为它们使家具设计中的功能与艺术密切结合，从而使中国古代家具设计成为人类设计史上成就卓著的杰出艺术创造。本设计人意欲吸取这种艺术创造精华并嫁接到现代设计

图 4.15　各设计阶段的框架椅对比（付扬绘制）
图 4.16　第一设计阶段框架椅架构（作者摄）
图 4.17　第一设计阶段框架椅（带饰板；作者摄）
图 4.18　第二设计阶段框架椅（作者摄）

＊图 4.16

＊图 4.17

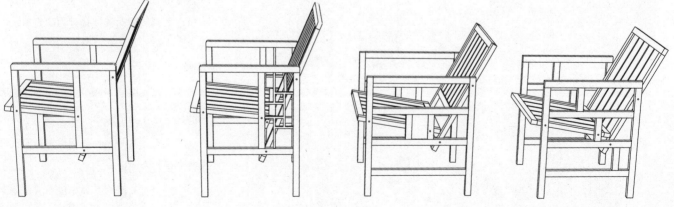

＊图 4.15

中，但决非重复古老的形式，而是不断探索与时俱进的现代设计理念和设计手法。

本设计的最初构思始于2003年年初对以雕刻板为主题的家具的设想。除了受到中国古代家具经典作品的直接影响之外，本设计人早年收藏的一批中国明代及清代的木雕门窗板对本设计亦有深刻的启发作用。这批精美的明清门窗板都来自古徽州即当今黄山地区，其中的几套明代门板更以其相对集中式的雕刻布局引人入胜。相对于清代门窗的满铺雕刻模式，这几套明代门板专注于在上半部宜入人眼部位的看面实施精美的雕刻图案令人终生难忘。本设计人由此更深刻地体会到建筑装饰所蕴含的人本主义情怀和人文功能主义的强大表现力。这种表现力不仅体现在建筑构造上，而且更加全方位地体现在建筑细节的布局上，为使用者带来的遍及身体和心灵的舒适美不胜收。它们至今仍对后代参观者施以根本性的震撼，以至于这批明代门板哪怕脱离了其原本生成的整体环境而被置于世界上任何一个角落，其艺术感召力都丝毫不会减弱，而有时正好相反，其创意构思及具体雕刻手法乃至图案细节都成为现代设计师、建筑师及艺术家的创作源泉。

本设计最初构思中用大幅雕饰板作为框架椅侧支架主体元素的设想主要来自观赏上述明代门板的体会，因此本设计人在写给模型制作者的信中建议"用满幅的山水或人物故事雕刻并保留自然木纹色"的方式设计制作第一批框架椅侧支架的雕饰板，而最早构思中尺度较大的雕饰板的另一层设计用意则是在某种意义上掩饰坐面构件与靠背板构件相交时可能会产生的不够和谐的构图因素。这块占据侧支架的方形框架内面积超过三分之一的雕饰板所产生的最大功能效果是确定了以后本设计所有产品侧支架设计的基本模式，尤其是最终合成竹框架椅系列成熟版本的侧支架构成模式。然而，坐面与靠背构件在空间组

合中的优美形态也使本设计人立刻意识到用如此大面积的雕饰板来掩饰构件交合状态是没有必要的，于是首先考虑将大尺度雕刻饰板改为小尺度饰板并调整布局，其次再考虑其他方式的侧支架饰板构架。

调整后的小尺度饰板从侧支架占一侧三分之一的位置移至中央，一方面是呼应中国古代座椅靠背板上雕饰惯常的中央位置，另一方面也是构图直觉中的第一选择构图。调整后的框架椅产品因饰板尺度的减小而在更大程度上达到集中式装饰的目的，同时也使产品的自重降低，该设计在总体上更加趋于成熟。

• 第二设计阶段设计历程 ［图4.18］

本设计人在多年研究中国传统建筑小木作系统及中国古代家具的过程中，不仅关注其典型实例中集中式装饰的环节，而且对具体装饰主题及手法的相应发展抱有浓厚的兴趣，并深信这其中的艺术设计及工艺发展规律非常值得现代设计师进行系统研究和引为设计参考。例如，中国古代

装饰主题中从具象到抽象形式的演化不仅是传统文化中吉祥纹样的发展，而且是构造方式和小木作工艺手法的进化。雕刻纹样主题的饰板，不论用浅浮雕、深浮雕或是透雕甚至圆雕，其工艺手法都属于在指定材料上的设计减法，而抽象化的几何纹饰则引发构造方式的革命。不论是中国古代门窗还是家具，其中大量用攒接工艺实现的各式图案纹样成为更高层次的装饰主题。中国古代攒接工艺的核心观念就是用精心设计并经千百年潜心发展而定型的中国细木工榫卯使极小的材料组合成大尺度构件，这种观念不仅体现了朴素的合理利用木工边角料的设计思想，而且蕴含了现代生态设计的精髓理念。

本设计在将雕刻饰板式主题转化为攒接式几何纹饰的过程中，不仅进一步领悟了中国古代攒接工艺的设计与技术含量，而且更深刻地理解了这种攒接工艺所提倡的生态设计理念，并在以后的设计实践中发展出立足石涛"一画"观念的框架模式。

＊图4.18

本设计人在这一阶段最初建议的抽象图案是明显脱胎于中国传统的山水或人物故事雕刻饰板的几何化构成，其中过多的攒接元素种类虽然令人更易于追溯其立意原型，但不利于加工制作。更重要的是，从设计理念的进化意义上来说，新的抽象化图案易于追溯其造型立意并非设计优点或需要彰显之处，因此，上述最初的抽象图案在实施制作的过程中被不断地进行简化，最终形成双万字纹的简洁式样，令人耳目一新。这种简化处理后的双万字纹式样所使用的攒接榫卯工艺使任何式样的几何图案都成为可能，从此为本设计产品在本阶段达到从设计理念到设计手法方面的成熟打下了坚实基础，更重要的意义则是引发本设计人对现代家具设计中基于生态理念的最基本设计元素的哲学思考。

人类设计过程由简入繁是一种进化，而紧随其后的由繁入简则是一种升华。本设计由具象浮雕饰板入手的侧支架模式设计发展的进化，接下来由几何图案为基础的抽象吉祥图案向纯几何侧支架的转化，都代表了本设计在构思理念和具体设计手法上的升华，这种升华伴随着本设计对最基本元素的认识有望达到科学方法论的深度，同时也伴随着设计人对材料的理解和掌握日趋成熟。

• 第三设计阶段设计历程〔图4.19、图4.20〕

活跃于明末清初的艺术家石涛是中国古代艺术家中最富有创造力的大师之一，他不仅革新了中国山水画的理念，而且对中国古代景观园林的发展贡献巨大，扬州个园的四季叠山是其代表作之一。石涛的创意思想集中体现在其画论著作《苦瓜和尚画语录》中。其中由"一画"为出发点而达万物的艺术设计创作思想是其艺术充满活力的关键。"一画"是石涛艺术创作的基石，这种深刻的艺术哲学理念为本设计的进一步发展注入新鲜血液，由此产生的设计活力立刻激励本设计人以"一画"

为引导，以中国古代攒接工艺为技术基础，发展出本设计系列中的"一画"即设计的最基本元素，而合成竹板条作为新型生态材料为本设计提供了物质基础。中国几千年来水乳交融的人竹共生的社会环境和文化基础为本设计全方位使用合成竹材提供了心理基础。在中国古代设计中，不论是竹编器皿还是竹家具、竹建筑，都使用原竹，虽然也因地制宜地发展出某些办法来解决原竹使用中防腐、防蛀、防潮、防晒诸类问题，但终究不能根除。现代合成竹材则依赖最新科技及化工材料的迅速发展，成为现代设计的优先选择。在本设计中，合成竹板材在平压和侧压工艺条件下所成型的一定厚度的规格化板材，可以切割任何尺度的板条。这些板条具备足够的强度，尤其是单向的抗压、抗弯、抗剪能力都非常强，因此理所当然地成为本设计在构思理念及创作手法中的"一画"元素。

本设计的框架椅系列，由"一画"所

代表的合成竹板条入手，这种合成竹板条经反复测验后选定20 mm×30 mm尺度为标准元素。"一画"竹板条的两端以榫卯结构连接"二画""三画"及其以后各种元素并逐步构成框架椅的侧支架模式。

本设计在进入第三设计阶段的设计历程时，曾以"一画"为引导的攒接工艺构想了多种侧支架模式，并最终确定其中的两种在构造及造型方面更为成熟。下文具体叙述每一种模式：

第一种直接源自本设计第一设计阶段中的大尺度雕刻饰板模式的侧支架成"⊞"形式，其中大尺度大浮雕板的位置由"一画"竹板条替代。第二种同样源自大尺度雕饰板模式的侧支架，成"⊞"形式。在此形式中，由于担心"一画"竹板条替代浮雕板强度不够，因此用两根竹板条替代浮雕板的构造位置。第三种和第四种原则上也是源自由大尺度雕饰板组成的侧支架，但替代浮雕板的竹板条由横向设置改

* 图4.19

* 图4.20

为以竖向设置为主，成"〓"和"〓"形式，其中尤其担心后者框内两根竖向竹板条的结构强度不够，特地又在两者之间加了一根横向短竹板条。第五种和第六种则是建立在小尺度雕饰板构造的侧支架基础上，分别呈"〓"和"〓"形式，其中前者摒弃框架内所有横向竹板条元素，后者则因构造稳定性的考虑在框架内加上两根横向竹板条元素。第七种和第八种则是在前面六种倒支架模式和反复测试分析的基础上达成的成熟模式，分别呈"〓"和"〓"形式，其中前者适用于整个框架椅构件完全由标准 20 mm × 30 mm 尺度竹板条组合的模式，而后者则同时易于在适当调整标准竹板条尺度的前提下，为不同建筑项目和不同市场需求设计特殊形式和规格的现代框架椅。

（2）坐面与靠背构件的构造模式

中国古代座椅在千百年来的演化发展中，对坐面及靠背板的设计有许多基于基本人体工程学原理方面的考量，当多数座椅的坐面为硬质板面上无倾角设置时，使用者时常会加上软垫来增加舒适度，而另一种更能体现设计意味的方式则是采用软屉坐面，由此带来使用时的自然倾角并增加舒适感。现代座椅的设计则首先从人体工程学的角度确定坐面及背靠板依功能需求而采用的倾角，由此不论坐面及靠背板使用硬质材料或软屉材料，坐面及靠背的基础倾角早已保证了座椅根本性的健康性与舒适感。本设计人此前完成的龙椅系列产品的坐面和靠背板面均采用合成竹板材，都依照精心计算的倾角设计使龙椅系列无论是休闲类还是多功能办公类家具都能在符合生态设计和人体工程学原理的前提下完满达成功能要求。

本设计的坐面设计只有一种模式，即由四根最基本（20 mm × 30 mm 尺度）的合成竹标准元素组成坐框，而后将坐面的一组竹板条嵌入坐框内。坐面本身的设计由家具设计史上流传已久的板面演化成板

条，自有其历史的因素，因为中国古代家具系列中的竹家具中各类竹椅、竹凳的坐面基本上都是由原竹小板条拼合而成的，这种因无大料而无奈而成的坐面设计却有人体工程学的积极意义：首先是小竹条的生态含义；其次是小竹条的弹性所带来的舒适度；最后是小竹条之间的缝隙所带来的透气感。

对于上述三点由中国传统竹椅引申的现代人体工程学的要求，现代合成竹板被切割成竹板条使用时都能够满足，加上坐面框与其他构件组装时选定的倾角作用，整个座椅便可在最大程度上满足使用者对舒适感与健康感的需求。本设计选用的基本标准面板条为 360 mm × 74 mm 尺度，其间距离在中间三处为 10 mm，但在两侧与边框相界处则为 15 mm，这是因为边框上有用于螺钉联结的钻孔，略宽的 14 mm 尺度能带来安装螺钉时的便利。当然，从构造和使用功能方面来讲，360 mm × 74 mm

竹板条尺度可加宽或变窄，10 mm 及 5 mm 的间距可略做调整，但 15 mm 的边距不能再窄，以免组装时安放螺丝带来不便。

本设计的背板设计则有两种模式：其一是满铺式竹板条背板［图 4.21］；其二是两段式竹板条背板［图 4.22］。前者延用与前述坐面构架完全相同的做法，仅将整体尺度延伸这种做法的优点是构件整体感强，背板能自然引发的弹性大，由此带来更多的舒适感，但都有用竹板材料过多之疑，其自重亦偏大。后者则针对前者的不足将靠背构件的实际与使用者后背直接接触的部位面积减小，这样形成下部空格，如此能节约材料并降低自重，但背板的自然弹性会稍受影响。本设计的坐面及靠背构件除了全部采用竹板条形成的硬度坐面外，亦可因特殊建筑项目需求使用软包面料，如在无锡大剧院贵宾厅的餐椅设计中，软包面料成为其坐面及靠背板表面的最终选择。在这种情况下，软包面料固着在普

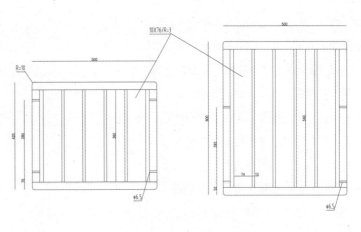

* 图 4.21

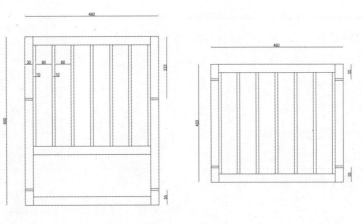

* 图 4.22

通的五夹板上，再用小螺钉固定坐面和靠背的竹框架上。

（3）三种（四件）构件组合而成的框架椅产品及其置放角度与人体工程学的关系

本设计的三种（四件）构件之间的基本联结方式是采用 M6 mm × 60 mm 的螺钉相联结，方式简便，自然形成装配式模式，方便产品的包装及运输［图 4.23］。

如前所述，本设计的产品从每个构件的单体设计到整个产品的组合模式都建立在现代人体工程学和生态设计的基础之上，相对于中国古代座椅设计中用软屉坐面及靠背板或用编织物覆于坐面或靠背上的方式，本设计则用科学的分析和构造的手法来达到合理的功能需求和最大限度的使用舒适度。

本设计的产品以休闲椅系列为主体，因此坐面下倾角度范围以 5°—10° 为宜，本设计在产品试制模型的过程中曾反复使用 5°、6°、7°、8°、9°、10° 的坐面下倾角进行试验，最终用作批量生产的框架椅采用 8° 的坐面下倾角。而靠背板与竖直线的倾角范围则以 20°—25° 为宜，本设计同样在产品试制模型过程中使用 20°、21°、22°、23°、24° 和 25° 的倾角进行试验，最终用作批量生产的框架椅采用 24° 的靠背板倾角。作为本设计产品休闲椅系列的标准模式，其坐面与靠背板之间的夹角为 106°，为大多数试用者感到最大舒适度的夹角。

本设计的产品也包括多功能椅系列，主要用于各类会议、餐厅、办公等公共场所。这类多功能椅，除了侧支架比前述休闲椅的侧支架略高之外，坐面下倾角度亦有不同，范围一般采用 2°—5° 为宜，本设计产品在反复测试的基础上，最终取 3° 为建议角度，因此本设计中的多功能椅坐面靠背板之间的夹角为 105° ［图 4.24］。

图 4.23 螺钉联结的节点大样图（付扬绘制）
图 4.24 休闲（左）和多功能（右）框架椅坐面及背板角度对比（付扬绘制）
图 4.25 "立铺"方式（付扬绘制）
图 4.26 "平铺"方式（付扬绘制）

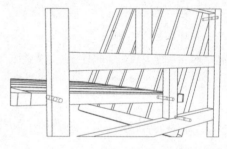

＊图 4.23

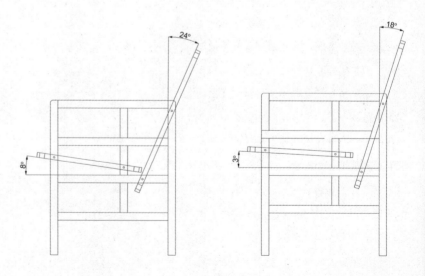

＊图 4.24

（4）调整侧支架构造而产生的叠落功能

本设计的主体产品在前文所述的所有设计实践中全部采用"平铺"的构成模式，即每一构件元素面积大的面为看面，如20 mm×30 mm尺度元素均为30 mm尺度面为看面。在随后的设计试验中，本设计人尝试用"立铺"的方式组合构件尤其是侧支架构件，并采用20 mm×40 mm尺度合成竹板条元素为基本单元，在此"立铺"指的是使用20 mm×40 mm尺度的元素时，以20 mm尺度面为看面。该试验基于两个方面的考虑：其一是测试本设计所大量使用的合成竹材用不同向度的方式使用时其受力情况如何？其二是这种"立铺"方式所形成的宽扶手可为使用者增加舒适度。考虑到本试验的基础性质及材料的受力特点，其侧支架构造选取"冂"形状。该试验模型中每个侧支架的4个螺钉孔有2个设计在中间的横枨上，另2个则放在侧支架的两足上。

从材料测验及美学考量方面观之，这种以"立铺"方式建立侧支架的思想在设计理念上并没有取得预想中的进步，然而，这种"立铺"方式却引导本设计人考虑用这种更简洁的结构取得叠落的功能。于是很自然地将上述试验中的"冂"形侧支架转化为"冚"形侧支架，同样使用"立铺"方式。这种新型的梯形侧支架立刻具备了竖向无限叠落功能，使本设计的功能设计更进一步。

然而，本设计人感觉到使用20 mm×40 mm尺度合成竹板条用"立铺"方式组合而成的侧支架并非最符合生态设计原则，于是又回到对最基本的20 mm×30 mm尺度合成竹板条的使用，而且由"立铺"方式改回"平铺"方式，形成更符合生态设计原则且更简洁的"冚"形态的侧支架模式，一方面达成竖向无限叠落的功能，另一方便也令使用者从观感到使用感都体会到更大的舒适度和稳定性［图4.25、图4.26］。

基本尺度

早期图案式框架椅（第一阶段）［图4.27至图4.29］；

攒接图案式框架椅（第二阶段）［图4.30至图4.32］；

侧支架框架椅（第三阶段，含休闲及多功能两类）［图4.33至图4.41］；

梯形侧支架框叠落式框架椅（第三阶段叠落式变体）［图4.42、图4.43］。

综合图示参见图4.44至图4.48。

具体尺度见本章相关图例。

* 图 4.25

* 图 4.26

图 4.27 早期图案式框架椅（付扬绘制）

* 图 4.27

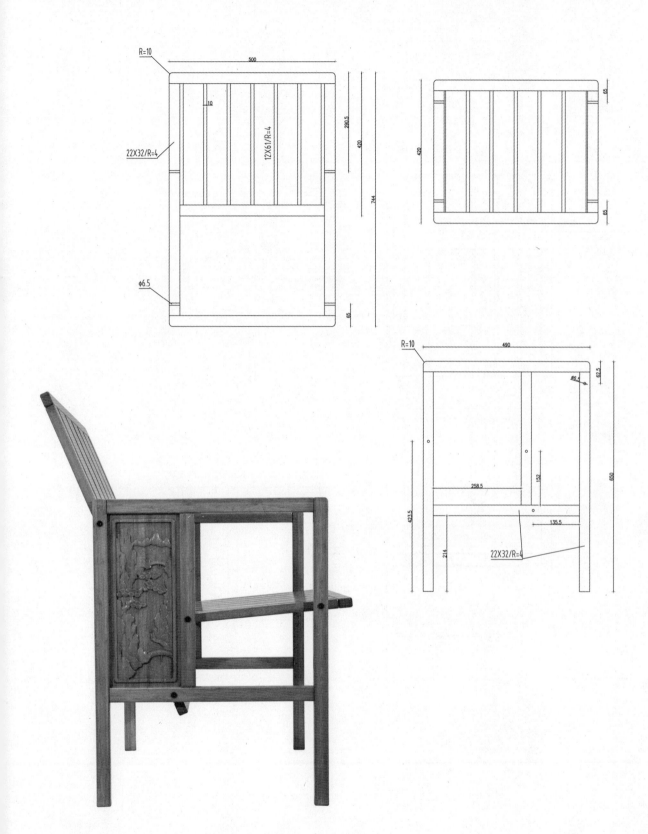

图 4.28 早期图案式框架椅背板、坐板、侧板（付扬绘制）
图 4.29 第一阶段框架椅（带饰板；作者摄）

＊图 4.28

＊图 4.29

图 4.30 第二阶段框架椅三视图（付扬绘制）

＊图 4.30

图 4.31 第二阶段框架椅实物样品（作者摄）
图 4.32 第二阶段框架椅两种配色实物样品（作者摄）

＊图 4.31

＊图 4.32

图 4.33 第三阶段多功能框架椅（付扬绘制）

* 图 4.33

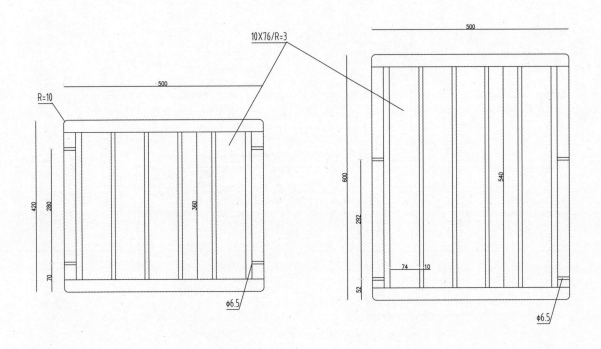

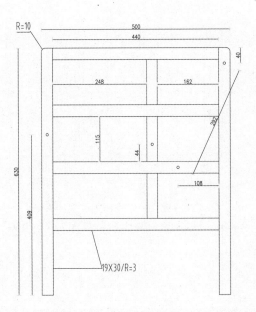

图 4.34 第三阶段多功能框架椅坐板和靠背板（付扬绘制）
图 4.35 第三阶段多功能框架椅变体侧板（付扬绘制）

＊图 4.34

　　　　＊图 4.35

图 4.36 第三阶段休闲框架椅（付扬绘制）

* 图 4.36

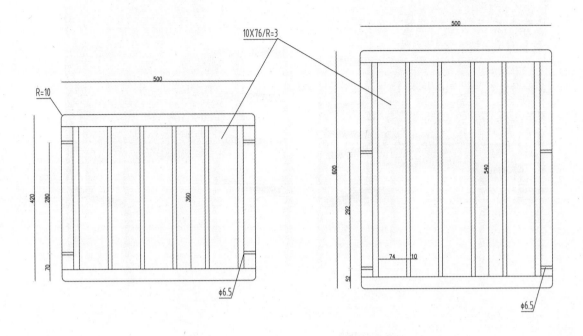

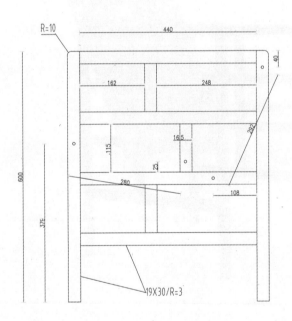

图 4.37 满铺式竹板条背板（付扬绘制）

图 4.38 第三阶段休闲框架椅侧板（付扬绘制）

＊图 4.37

　　　　　＊图 4.38

图 4.39　第三阶段休闲（左）和多功能（右）框架椅（作者摄）
图 4.40　第三阶段框架椅（配黑色；作者摄）
图 4.41　第三阶段框架椅（配蓝色；作者摄）

＊图 4.39

＊图 4.40　　　　　　＊图 4.41

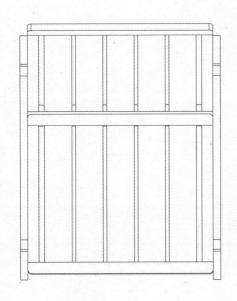

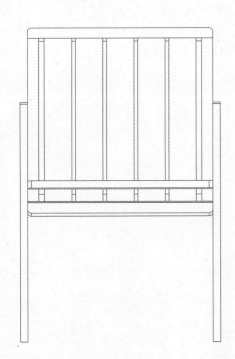
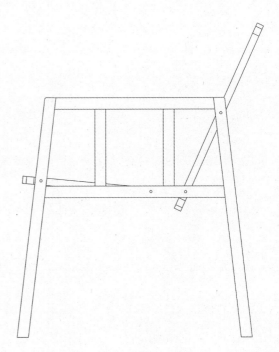

图 4.42 梯形侧支架框叠落式框架椅（平铺；付扬绘制）

＊图 4.42

图 4.43 梯形侧支架框叠落式框架椅（叠落；付扬绘制）

* 图 4.43

图 4.44 第三阶段叠落式框架椅变体叠落方式（作者摄）
图 4.45 第三阶段叠落式框架椅变体（作者摄）

＊图 4.44

＊图 4.45

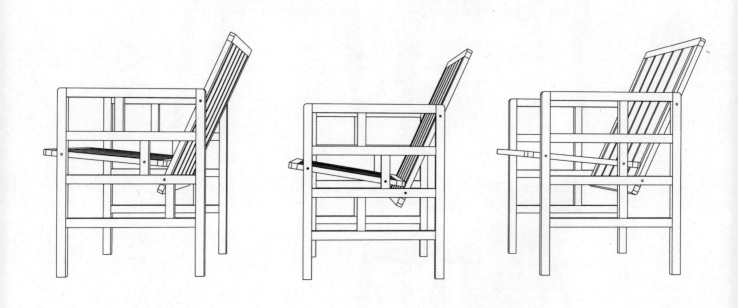

图 4.46 第三阶段几种框架椅的侧立面对比（付扬绘制）

*图 4.46

图 4.47 第三阶段框架椅的电脑分析图之一（付扬绘制）
图 4.48 第三阶段框架椅的电脑分析图之二（付扬绘制）

＊图 4.47

＊图 4.48

4.3 创新要点：将系统的科学思维全方位引入设计全过程

本设计所蕴含的最重要的革命性创新是现代设计理念的创新，是将系统的科学思维全方位引入设计的全过程，从而使本设计科学化、系统化、人性化、合理化。中华民族所创造的中国家具系统之所以能屹立于世界家具之林并成为引领人类生活起居风尚的两大家具系统之一（另一大家具系统是欧洲家具系统），是千百万人经过千百年逐渐发展成熟的结果，中国家具发展史上基本上没有留下家具设计师的名字，但文献记载中有许多文人艺术家及官员乃至帝王参与家具设计与制作的记录，足证中国古代家具发展历程中的全民化参与意识。与绘画和雕塑不同的是，家具同建筑一样，主要是功能的产物，而中国家具恰恰是沿着功能主义的轨迹逐步成形并成熟的，这一点可以自汉唐到宋明中国人由席地而坐到高坐起居的居住文明历程中座椅发展的每一步细节变化略见一斑。这种发展绝非一蹴而就，而是日积月累，渐次成形。人们从宋代绘画及出土文物中已看到中国传统家具的成熟状况，但直到明代中晚期，中国古代家具才进入尽善尽美的经典状态，并延续至清代、至民国、至现代，对全球范围内的设计理念产生了深远的影响。

相对于同期发展成熟的欧洲家具系统，中国家具系统更具功能性及科学性，从发展伊始就具有朴素的生态设计思维和初级的人体工程学方面的考量。然而如同中国古代科学和技术的发展在很大程度上是由试错法进行归纳总结而得出结论一样，中国古代家具在设计发展中也同样是由千百万工匠及使用者经千百年的试错、改错、再试错、再改错的螺旋式循环上升的发展过程而最终达到古代世界所可能成就的最辉煌状态。

现代家具设计和工业设计一样，源自现代化社会发展的需求，源自现代化社会中人的工作与生活状态的需求，源自现代社会中科技发展的需求，尤其是材料发展的强有力的召唤。工业革命之后的现代人一方面工作环境完全改变，一方面工作强度不断加大，因此不仅要求更加科学而严谨意义上的工业设计和家具设计，而且要求更健康、更舒适的休闲功能。现代家具设计早已不是仅仅用实木构件进行感性构造，而后仅凭反复试错就能达到完善的一门手艺或准科技行业了，而是隶属于设计学和艺术学的学科范畴，同时广泛涉及生态学、人体工程学、医学、心理学、建筑学、现象学、行为心理学、数学、美学、材料学、机械学以及创新学等诸多新老科学的一门综合性科学。

本设计的构思理念立足对中国古代家具的坐具系统进行建筑学、机械学和美学方面的检视分析，用现代生态学、人体工程学、心理学、医学和现象学的原理及相应标准进行综合诠释，从材料学、数学、机械学、创新学、行为心理学及美学的角度审视中国古代设计中的材料学态度，并探讨新型生态材料使用的可能性、使用规则及模式，再依据人体工程学、机械学、美学等诸多学科的相应原理及法则将由新型合成竹材组合而成的家具构件进行科学建构，最终形成一系列面貌全新的"新中国主义"设计品牌的产品。它们不仅在功能上健康舒适，完全符合现代化的办公及居家需求，而且以崭新的面目形成新时代的设计美学。

本设计所蕴含的另一项非常重要的革命性创新则是在创新学、数学和材料学的思维影响下，通过对中国传统榫卯结构系统的改良性运用，建立在中国古代艺术大师石涛《苦瓜和尚语录》中"一画"理论基础上的合成竹板条标准元素及相应构件的建构模式。这种模式首先通过材料学和生态学研究确定适合本设计产品的基本材料，依其性能状态取其单向强度和弹性，再依数学和美学原理决定以 20 mm×30 mm 尺度的标准元素作为"一画"的出发点，由"一画"出发，由立足材料科学和机械学基础之上的改良版中国传统榫卯结构的"一画"形成"二画"及"三画",继而形成各种式样的侧支架模式。与此同时,另一路"一画"则形成坐面及靠背板的构件模式,而后再由这批模式构件依人体工程学原理及机械学原理由选定的螺钉组拆成变化无穷、健康舒适、优雅美观的现代框架椅系列家具。

无论是形态各异的侧支架还是严谨规范的坐面及靠背板构件,它们自身由于上述系统而深入的研究设计,包括 R3 mm 圆角及螺钉孔毛刺处理,都可成为单独的艺术品或工艺品。因此它们在生产、包装、运输及最终装配的全过程中都能给任何制作者和使用者带来全方位的美学享受,这一点实际上也是现代人体工程学和现代设计心理学所提供和要求的一个重点要素。

本设计的有益效果有如下几个方面:

第一,本设计是"新中国主义"设计品牌的延续和发展,在对中国古代设计智慧的系统研究和深入探讨的基础上,依托现代社会各种科技的进步尤其是材料科学的发展,通过集成创新弘扬中华民族的优良设计传统。

第二,本设计在设计方法论方面进行根本性的创新,立足现代生态学、人体工程学、数学、材料学、机械学、行为心理学和美学诸学科的基本原理和规则,发明出一整套由"一画"入手形成半独立构件并由终端客户组装成最终产品的设计方法,这种设计方法具有哲学系统思考,因而具备普遍推广的潜力。

第三,本设计不论使用实木还是合成竹板材,都因为材料本身的深入研究和对设计构件的精心计算,在全方位达成功能需求的前提下,使材料的使用量达到最低,同时使本设计所有产品的自重都能达到同类产品的最低范畴,从而使本设计成为现代生态设计的典范。

第四,本设计任何产品经反复试验均可着色,尤其是合成竹材在着色后不仅呈淡化后的各类色泽,而且能清晰呈现竹材本身的自然纹理,从而为客户及市场提供无限多样的选择余地,同时亦可完全依赖建筑项目对家具的需求着色,以此全方位配合现代空间的再创造。

第五,本设计产品虽然全部采用构件组装式方法来达到节约空间,方便产品包装及运输的目的,但仍考虑部分产品的叠落式功能设计,由此达到更完善的功能安排,即不仅使产品在生产系统中节约空间并达成高时效,而且由终端用户自行组装后仍能以叠落功能节约空间并方便使用。

本设计涉及一系列新型现代化多功能靠背椅，其中一种靠背椅兼有叠落功能，它们可用于办公室、会议室、餐厅、休闲空间等多种场合。本设计系列产品原则上用实木制作，用革新后的中国传统榫卯结构联结，这种结构系统不仅适用于硬木，而且适用于普通软木。

5.1 设计构思：提炼中国古代靠背椅的现代服务设计元素

（1）本设计的基本构思源自中国传统家具设计的经典作品，通过深入透彻地分析中国古代座椅中的灯挂椅（又称靠背椅），提炼出其中仍能为现代设计服务的合理设计元素并加以融合，同时在设计融合中最大限度地结合现代人体工程学、生态设计学及家具结构设计原理等学科领域中的相关设计理念及设计手法，归纳提炼出以坐面为核心的稳定结构、举折式靠背椅形态及其变化格式以及简洁的叠落结构。

（2）在中国古代家具的座椅系统中，靠背椅这种类型主要包括灯挂椅和一统碑椅这两种形式：灯挂椅是中国发展最早的座椅类型之一，在唐代开始使用，至五代到宋代时已在民间普及，其设计及造型都已成熟，到明代则因硬木的使用使得这种灯挂椅成为中国古代经典设计之一；而一统碑椅则主要出现在清代，其设计更注重装饰和仪式，从而不得不牺牲座椅设计中的人体工程学和功能方面的部分因素。在中国广大民间，这两种靠背椅都被大量制作和使用着，并在不同时代呈现出许多设计精品，它们为本设计提供了灵感源泉。

（3）本设计的主要灵感源自中国古代的灯挂椅，中国古代经典的灯挂椅在如下几个方面取得了杰出的设计成就：其一是由榫卯系统支撑的非常稳定的框架结构。这一框架结构的上部是坐面，一般由软屉和框板组成，坐面下一般加上罗锅枨和矮老，它们既是结构上的辅助元素，又有视觉上的装饰功能；这个框架结构的下部则是俗称"步步高赶枨"的超稳定结构，其中前枨又叫踏脚枨或落地枨，专供使用者"落脚"之用，而前枨与侧枨下部又加牙条，形成结构"双保险系统"的同时也是视觉上的装饰元素。如果单独看这一框架结构，它便是中国古代的方凳，灯挂椅则是在此方凳后侧加上靠背而成。其二是由坐面框架的后脚直接延伸而形成的靠背系统。后脚延伸部分与上部的搭脑形成靠背的框架，而靠背板则是插在搭脑与坐面大边之间的单板，这块单板一般而言只占靠背框内面积的三分之一，并时常加工成S形、C形以求达到人体工程学方面的某些要求；搭脑的两头延伸一小段，似可挂灯或搭衣物，这是灯挂椅名称的缘由［图5.1至图5.5 ］。

（4）本设计的目的是创造一系列新型的、符合现代空间特点和现代生活节奏的、易使用和易清洁并具备叠落功能的简洁明快又舒适有效的多功能靠背椅。因此检视中国古代灯挂椅，对照现代生活的功能需求，本设计对灯挂椅构造设计的如下几个方面有进一步的改进性思考：其一是对灯挂椅的坐面框架结构进行简化性改进。本设计主要将"步步高赶枨"系统与"罗锅枨"系统合并后上升，一方面为该座椅的下部空间创造出更大的通透性，同时也方便清洁工作，另一方面使该座椅的整体更加轻灵易用，更符合生态设计的原则。其二是

图5.1 中国清式木梳式靠背椅实例（作者摄）
图5.2 出土于北宋时期孙四娘子墓中的木椅（引自濮安国《中国红木家具》）
图5.3 北宋时期宁波石椅复原图（引自陈增弼：《宁波宋椅研究》,《文物》1997年第5期）
图5.4 五代画家顾闳中《韩熙载夜宴图》局部之一（引自《宋画全集》）
图5.5 五代画家顾闳中《韩熙载夜宴图》局部之二（引自《宋画全集》）

＊图5.1

＊图5.2

对靠背板进行简洁化设计。本设计在对后脚延伸形成靠背框架这种科学方式保留的基础上，对靠背板系统的人体工程学设计进行了重新思考。一方面将人体背部支承的重量进行分解，从而集中设计背部支承系统中起决定性作用的中部背椎支承元素，并用中国传统建筑屋架中"举折"的方式形成本设计靠背板设计的折线形象；另一方面这种设计思维可以采用更多的小构件以取代相对而言仍然来自大料的中国古代灯挂椅中曲线形靠背板上部小构件元素的多种尺度、多种形式、多种装饰元素主题及手法的不同组合，为本设计的产品提供了更多样化的可能性。

（5）本设计在对中国古代灯挂椅进行系统而深入的检视研究后，以现代设计标准和使用习惯的需求为新型设计的出发点，对新型现代化多功能靠背椅的两个功能构件即坐面框架和靠背结构进行系统研究和设计。

（6）本设计新型多功能靠背椅的坐面框架结构是设计构思的第一个要点。首先是坐面形式。本设计决定摒弃中国传统灯挂椅坐面的框架板或软屉设计，代之以并列小板条组合坐面，从而达到用小块材料满足功能需求的目的。其次是合并后的坐面支承结构。本设计用多种可能性尝试最佳设计模式，先以坐面框架上半部分不同位置、不同形式的水平枨布局来探讨该框架的最简洁稳定结构模式，而后则考虑将四面的水平枨各自合并而成为上部单一的宽形大边兼枨板，该板同时兼具坐面框和水平枨的综合功能，由此为前部脚足所活动的区域留出最大限度的自由空间。实际上四面均等的自由空间，不仅为日常清洁提供了最大方便，而且使该设计的产品更符合现代空间自由流动与交流的精神。最后则是坐面支承结构的装饰元素。根据中国古代家具设计中集中式功能式装饰的原则，本设计在坐面结构设计中亦采用简洁易操作的装饰手法，使之紧密依托结构，

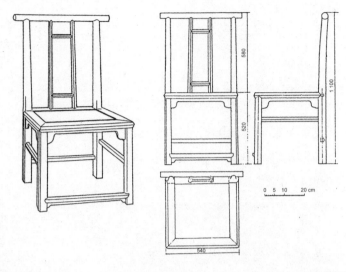

＊图 5.3

＊图 5.4

＊图 5.5

5.2 设计实施：方案历程、技术要点与基本尺度

同时又尽可能采用小块材料，以求将生态设计的原则贯彻到极致，也使材料的变形因素作用最小化。

（7）本设计新型多功能靠背椅的第二个设计要点是靠背板举折的上部构造。首先是基本构造思想仍采用小构件达成主体功能，而不同尺度的小构件又形成背板上部构造丰富多彩的变化；其次是背板部分的集中装饰设计，坚持与坐面结构同样的设计原则，为本设计的产品以集中装饰的手法提供主题。

（8）本设计新型多功能靠背椅的第三个设计要点是叠落式。现代建筑及空间观念的发展对家具能否最大限度地节省空间提出了越来越高的要求。中国古代家具中的座椅设计也曾以不同方式考虑节省空间这一主题，但因其主要出发点是使用者外出游猎或军事行动中对家具节省空间的需求，所以中国古代家具是由源自北方游牧民族的胡床入手，逐渐发展出折叠椅和交椅系列，它们在中国古代的日常使用中亦可以借折叠功能起到节省空间和方便携带的目的。由于种种原因，中国古代座椅系统并没有发展出上下叠落式的功能。因此本设计靠背椅系列中亦考虑一种叠落式靠背椅，以最简洁的设计手法，将延伸形成背板框架的两条后足之间的距离加宽，形成座椅叠落所需要的空间，这种叠落在正常置放情况下可能形成有限叠落，但如将该靠背椅后仰置放于专门设计的车架上则可形成上下无限叠落。本设计叠落式多功能靠背椅分为限叠落和无限叠落两种方式。

本设计的主要目的是为现代生活和现代化的工作环境创造一系列简洁实用、舒适有效同时又充满现代设计美感的多功能靠背椅。作为"新中国主义"设计理念的产物，本设计的基本构思建立在对中国古代座椅尤其是灯挂椅的深入研究和系统分析的基础之上，以中国古代灯挂椅为参照检视其不能适应现代工作环境的方面，进而分析并提炼出可用于本设计产品的设计元素和设计手法。与此同时，本设计在节点构造的设计方面主要采用中国古代榫卯结构的精华，并在具体设计过程中加以提炼和改良。本设计的所有产品都可采用普通软木制作，如用硬木制作，则性能更为优异，构件尺度亦可适当减小，从而在生态设计方面具有更大的意义。此外本设计所有产品均为木构，并延续中国传统家具设计中集中式装饰原则，将装饰与构造以最自然的方式结合起来。本设计的产品亦包括叠落式靠背椅，它们可达到有限和竖向无限的叠落功能，从而在必要场合达到节约空间的目的，同时叠落功能也为产品的包装及运输提供了极大的便利。本设计以人体工程学为设计基础，同时将生态原理作为本设计的基本原则，其中的主要体现就是以尽可能小的基本构件来完成尽可能大的功能，以此为本设计的基本思想，充分体现在坐面设计、坐面框架的设计以及靠背板的设计诸方面。

图 5.6 作者设计团队于
2003 年绘制的小靠背椅
设计图
图 5.7 作者设计团队于
2003 年绘制的小靠背椅
叠落方式

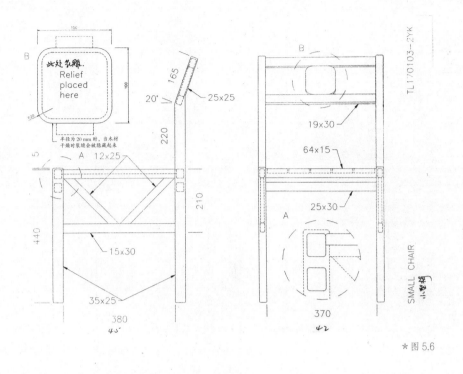

＊图 5.6

方案历程

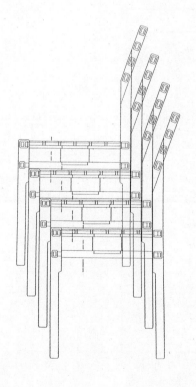

＊图 5.7

本设计的基本方案自 1999 年定稿之后，设计人就开始联系几家愿意为之制作测试模型的民营家具企业，其中最重要的是北京的君馨阁和江阴的印洪强家具工作坊，他们分别为本设计人制作出两套测试模型。君馨阁和印洪强家具工作坊都是精通中国传统榫卯结构的家具企业，他们分别制作出的第一批模型就完全符合设计人的设计意图。随后设计人将首批测试模型运到芬兰赫尔辛基进行展览，获得好评，随后因设计人团队的工作重点集中在上海、无锡一带，因此随后的模型制作均由江阴的印洪强家具工作坊完成。

自第一批测试模型成功展览并小批量生产 10 年之后，设计人开始进一步发展该设计的基本构思，由此做出新一轮测试模型。新设计样品在坐面构造及背板设计方面均有不同表现，而前后两次设计都可以同时用硬木和普通软木制作［图 5.6 至图 5.8］。

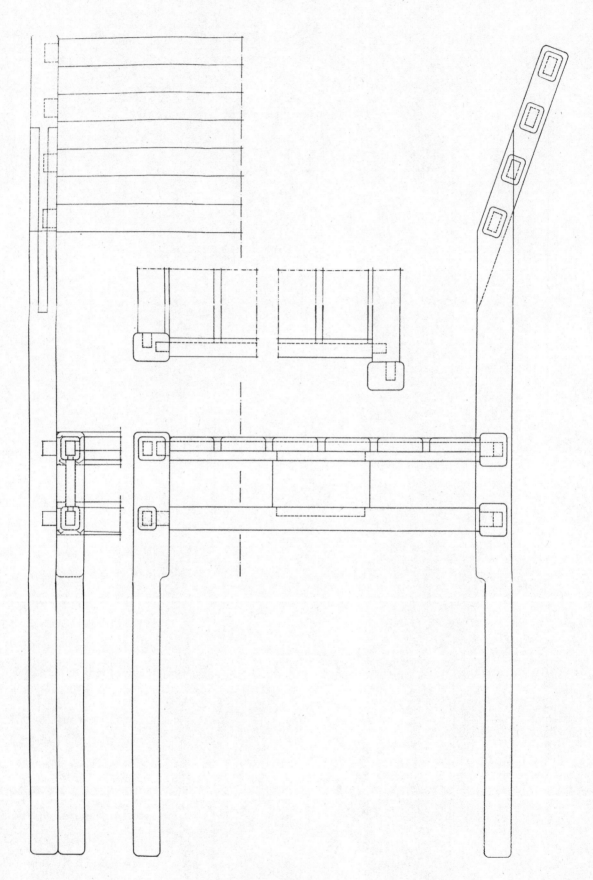

★ 图 5.8

图 5.8 作者设计团队于
2003 年绘制的小靠背椅
(1:1 细部节点)
图 5.9 第一种小靠背椅
（付扬绘制）

技术要点

本设计为实现上述目的所采用的技术要点有如下方面：

（1）新型坐面及其框架结构；

（2）新型举折式靠背结构；

（3）新型集中式装饰主题的模式及表现手法；

（4）新型竖向及斜向叠落功能所需腿足结构；

（5）综述几种设计方式的融合与互换。

要点分述

（1）新型坐面及其框架结构

中国古代灯挂椅使用的是一种超稳定框架结构，以现代空间设计的观念检视，这种结构过于封闭与繁复，以至于不便清洁，同时也不可能形成叠落的功能。本设计因此首先建立简化结构的观念，探索稳定性框架的最少化构件模式；其次考虑这些简化后的构件的构成方式；最后则考虑其装饰主题。

第一种简化设计采用前后用单直枨紧靠坐面框，其间距仅为该直枨的宽度，由此为下部腿脚驻留的空间留出最大的余地。左右两侧的水平直枨与坐面框拉开一段距离，其间用倒人字斜枨相连，取其三角形稳定原理以期达到中国古代灯挂椅的超稳定结构强度［图 5.9］。

第二种简化设计则以叠落功能作为设计的基本出发点，坐面框架两条前足之间距离小于两条后足之间的距离，以便叠落成形，因此坐面框架并没有与两条后足直接相连。四面的横枨均高抬接近坐面，横枨与坐面框的间距为横枨宽度的 2 倍，中国古代榫卯结构能保证这种构造方式是因为其有足够的稳定性，而左右两侧横枨与坐框之间则在中央部位放置一块饰板，宽度约为横枨长度的三分之一，该饰板的外看面以浅浮雕手法刻有中国传统云纹装饰，此饰板一方面使坐面框架结构更加稳定，另一方面起到集中装饰的作用［图 5.10］。

第三种简化设计首先是将四条足设计成有一定侧脚角度；其次是坐面框兼作饰板，以牙板牙条与坐框合为一体，牙条用凸边纹简洁装饰。此外，为了追求更完善的稳定性，又在坐面框架的左右两侧及后部加横枨，只在前部留空，以便使用者有最大限度的腿足活动空间［图 5.11］。

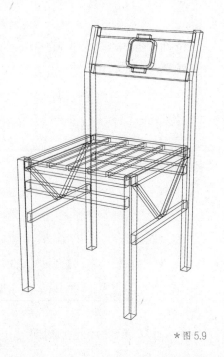

＊图 5.9

第四种简化设计则建立在第三种方案的基础上，以加强坐面框强度的方式去除全部横枨，形成最为简约的构架。坐面框的形象兼具牙板牙条的功能，并以此保证该座椅具有足够的设计强度及稳定性［图5.12］。

以上四种方式的设计均以小体量板条形成坐面本身，其中两种采用横向板条布置，另两种采用竖向板条布置，两种方式可任意互换。以小体量板条用于设计中不仅符合"以最小的材料获取最大的功能"这种生态设计的基本原则，而且可以为使用者提供更大的坐面弹性，也更加符合人体工程学的设计原理。

（2）新型举折式靠背结构

本设计的靠背结构均由坐面结构中两条后足向上延伸形成，其中两种方案的后足为垂直设置，另外两种则为侧脚方式。

第一种靠背方式的举折部分长度约占整个靠背高度的五分之二，举折部分形成的框架成为靠背的主体，其中央嵌以一块长方形饰板，看面以浅浮雕手法刻有花草纹样，成为装饰主题［图5.13］。

第二种靠背方式的举折部分长度则为整个靠背高度的二分之一，举折部分则利用四条槽板条形成靠背主体，与坐面板槽条形成呼应。这种较稀疏的板条式靠背板也为使用者的背部带来由附加的弹性所引发的舒适感［图5.14］。

第三种靠背方式的举折部分长度为整个靠背高度的二分之一，举折部分则用两窄一宽三块板条形成靠背板主体，体现出多样化的变体［图5.15］。

第四种靠背方式的举折部分长度约为整个靠背高度的二分之一，但举折主体并不以框架组成，而是用直接嵌入后足延伸体上端的两块板组成，这两块板均为外凸的曲线形，为靠背带来最直接的舒适度［图5.16］。

上述四种举折部分靠背的高度变化，主要是为本设计提供了多种可能性的示范，同时也表达出本设计产品全面考虑不同身高和体量的使用者不论坐在上述任何一款靠背椅上，均可自动调整坐点前后位置以找到后背与靠背板的最佳接触部位，从而达到相应时间周期内的最舒适坐姿。

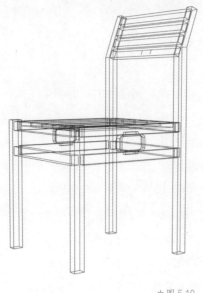

＊图5.10

＊图5.11

＊图5.12

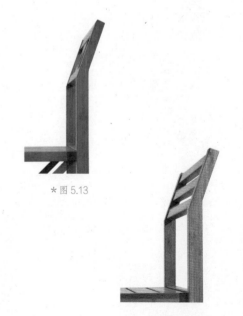

＊图5.13

＊图5.14

（3）新型集中式装饰主题的模式及表现手法

本设计主要采用三种装饰手法，每种均与结构和构造紧密联系。第一种用构件支架形成某种装饰式样，如"人字形"或"倒人字形"图案，其本身又完全是构造元素。第二种用简化后的中国古代家具元素作为构造元素，同时遗留部分装饰元素为设计带来趣味，如简化后的牙板牙条构件。第三种则是装饰板，它们可以不同形态出现在构造框架中，并以雕刻色彩纹饰等多种方式进行修饰，本设计产品中主要采用浅浮雕图案。这些装饰板中有些以结构功能为主，其他的则以不同程度的装饰为主旨，但总是兼及结构功能［图5.17至图5.20］。

（4）新型竖向及斜向叠落功能所需腿足结构

本设计产品系列中的叠落式靠背椅所采用的是最简单的腿足结构，即前足距小于后足距，从而使该座椅能插落在相应的空当中。其叠落模式有两种：其一是该产品正常放置状态下的竖向叠落，但此种叠落模式会导致叠落后的椅群重心不断前移，从而将叠落的靠背椅数量限定为5件；其二则是该产品在倾斜放置状态下的竖向叠落，本设计人为此专门设计了一种支架车，以使该座椅能以某种后倾斜的角度置放，以使叠落后的椅群重心保持在同一条垂直轴线上，由此形成理论上无限度的竖向叠落模式［图5.21］。

（5）综述几种设计方式的融合与互换

上述所列本设计的几种式样，适用于不同模型中的同一个构件位置，不同设计主题、式样及手法均可相互置换，由此形成更丰富的设计成果。

＊图5.15

＊图5.16

＊图5.17

＊图5.18

＊图5.19

＊图5.20

＊图5.21

第一种靠背椅［图 5.22 至图 5.25］；

第二种靠背椅（叠落式）［图 5.26、图 5.27］；

第三种靠背椅［图 5.28 至图 5.30］；

第四种靠背椅［图 5.31 至图 5.38］。

具体尺度见本章相关图例。

图 5.22 第一种小靠背椅三视图（付扬绘制）

＊图 5.22

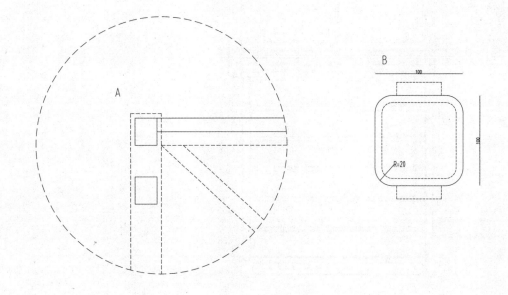

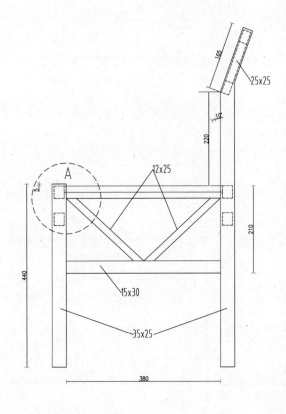

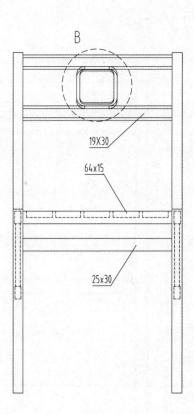

图 5.23 第一种小靠背椅细部（付扬绘制）
图 5.24 第一种小靠背椅尺寸之一（付扬绘制）
图 5.25 第一种小靠背椅尺寸之二（付扬绘制）

＊图 5.23

＊图 5.24　　　　　＊图 5.25

图 5.26 第二种小靠背椅三视图（付扬绘制）

＊图 5.26

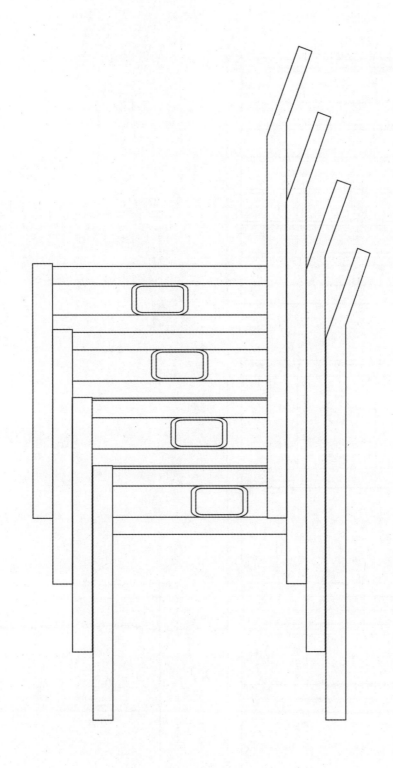

图 5.27 第二种小靠背椅叠落方式（付扬绘制）

* 图 5.27

图 5.28 第三种小靠背椅三视图（付扬绘制）

* 图 5.28

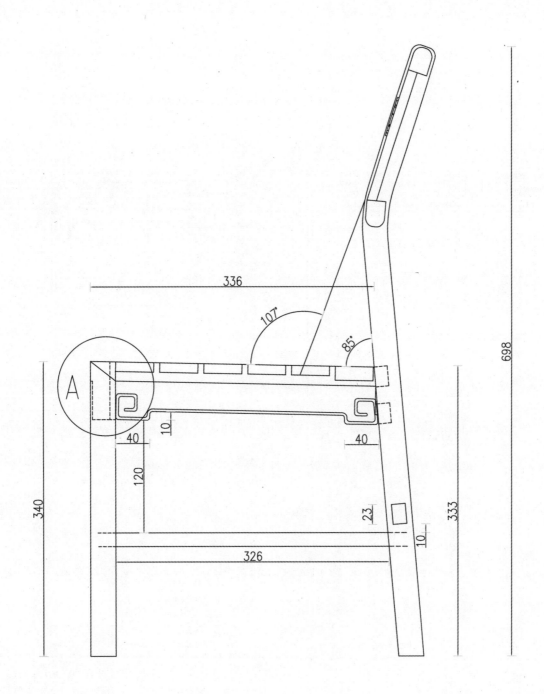

图 5.29 第三种小靠背椅坐面和背板（付扬绘制）

——————————————————————————————

* 图 5.29

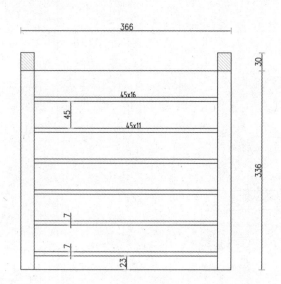

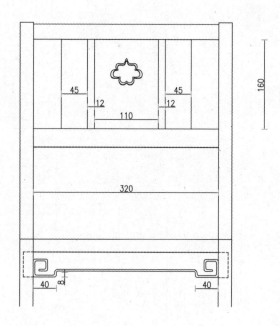

图 5.30 第三种小靠背椅的尺寸及榫卯连接方式（付扬绘制）

* 图 5.30

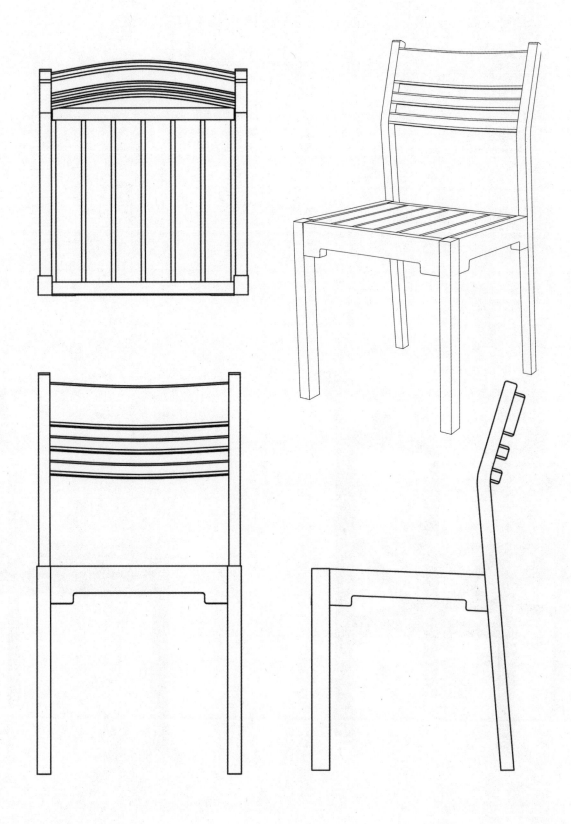

图 5.31 第四种小靠背椅三视图（付扬绘制）

* 图 5.31

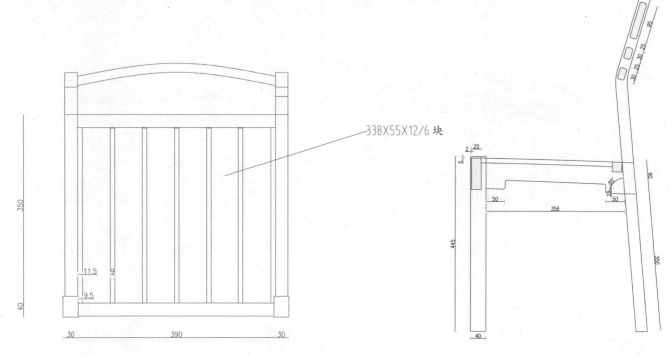

338X55X12/6 块

图 5.32 第四种小靠背椅的尺寸及榫卯连接方式之一（付扬绘制）
图 5.33 第四种小靠背椅的尺寸及榫卯连接方式之二（付扬绘制）
图 5.34 第一种小靠背椅（作者摄）
图 5.35 第二种小靠背椅（作者摄）

★ 图 5.32   ★ 图 5.33

★ 图 5.34   ★ 图 5.35

图 5.36 第四种小靠背椅（侧面；作者摄）
图 5.37 第四种及第二种小靠背椅叠落方式（作者摄）

∗ 图 5.36
∗ 图 5.37

图 5.38 第四种小靠背椅的两种配色（作者摄）

* 图 5.38

5.3 创新要点：设计手法的多样化为用户提供最大选择

本设计的革命性创新首先是设计观念的创新。通过对人们早已习以为常且广泛使用上千年的中国古代灯挂椅的详细检视和深入研究，再结合现代生活和工作习俗对现代家具的新的要求，提炼出中国古代家具中座椅设计的精华元素并对其进行全新的诠释，创造出适用于现代生活和工作环境的新产品。

本设计的革命性创新还表现在设计手法的全面更新上。密切结合人体工程学和生态设计原理，为本设计每一件产品中的每一个构件设计简洁、合理并具备最小化性能的模式。

本设计的革命性创新的第三个方面则表现为对装饰的取舍态度上。中国古代设计产品中的任何装饰都有其存在的合理缘由，本设计则力求取其适合于现代设计原理的装饰主题及表现手法，使产品在表达简洁性的同时也具备趣味与品位的丰富性。

本设计是设计人创建"新中国主义"设计品牌的延续，是对中国设计智慧的有益研读和积极吸取，并在此基础上通过创新设计延续中国优秀的设计传统。

本设计从中国古代社会使用最广泛的靠背椅入手，创造出现代社会生活中使用最广泛的多功能靠背椅，在符合人体工程学和生态设计等基本原则的基础上，提倡多样化的设计手法，为用户提供最大的选择余地。

本设计用实木为主体材料，采用中国传统榫卯结构，在简化革新中国古代工艺技术的同时，也保留和延续着中国传统的设计智慧和对材料的理解。

本设计的一个系列产品为叠落式靠背椅，由此展示对叠落这种现代功能的系统考虑，建议中的两种叠落模式使这个系统的产品可以用于任何场合，同时这种叠落模式也为产品的包装和运输提供了最大便利。

本设计涉及一种新型现代化多功能靠背椅，可用于家居空间、休闲空间、办公室、会议室、餐厅等多种功能场合。本设计产品是一种新型合成竹制品，综合运用平压和侧压合成竹集成材，由此设计制造的每个竹材构件又用中国古代传统榫卯结构系统相联结。

6.1 设计构思：立足中国古代靠背椅，
提炼稳定足部结构

图 6.1 中国明式灯挂椅实例（苏作；作者摄）
图 6.2 明代谢环《杏园雅集图》局部［引自国外所存的《中国古代绘画集》（Early Chinese Paintings）］
图 6.3 宋画中的竹靠背椅（原竹；选自《宋画全集》）
图 6.4 明式家具中的部分榫卯结构（引自杨耀著《明式家具研究》）

（1）长期以来，无论在中国和西方，各种靠背椅都是生活和工作中最大量使用的家具，进入现代社会，这种情况也没有变化，几乎可以用于所有场合的多功能靠背椅永远是现代座椅设计中最受关注的角色。本设计产品立足对中国古代家具中的灯挂椅（即靠背椅）的检视研究，结合现代设计对人体工程学和生态设计的基本要求，提炼出带有微侧角的稳定足部结构，以四足为联结支点的坐面与牙条框架系统，以及举折式靠背板设计［图6.1、图6.2］。

（2）千百年来，中国都是一个人竹共生的社会，人与竹的关系在衣食住行的各个方面都有明显表现。以家具而言，中国古代竹家具是中国传统家具系统中的一个重要组成部分，其中包括至今仍在大江南北普遍使用的各类竹编日常用品。用原竹设计现代家具成为很多设计师的梦想并被以各种方式不断实践着，然而原竹的固有特性使之很难满足现代设计的需求，于是合成竹应运而生，并迅速成为现代竹材应用的主体材料。本设计产品立足使用合成竹，以新型竹材设计现代生活和工作环境中使用最广泛的多功能靠背椅［图6.3］。

* 图 6.1

* 图 6.2

（3）本设计在设计造型及构造上的灵感源自中国古代家具中的灯挂椅，这是一种框架式靠背椅，其中严密的超稳定框架结构在本设计中将以现代方式重新诠释，而坐面板和后足延伸形成靠背框架的设计手法在本设计中将被继承，靠背板对人体工程学的思考将在本设计中用其他方式表现出来。本设计也会全面体现中国古代家具设计中集中式装饰主题的表现手法。

（4）本设计的主要构思出发点即用合成竹材来设计并制作这种多功能靠背椅，并以此来探讨和展示合成竹材的使用情况，尤其观察合成竹材在不规则切割使用时的材料表现。现代合成竹材大体上有单板平压和板条侧压两大类，根据两者的材料性能，前者更适合用于"板面形"构件，而后者则更适合用于"柱式"构件。本设计对合成竹材的选用即基于上述规则，四足构件用侧压型合成竹材，其余构件则用平压型合成竹材［图 6.4］。

（5）本设计力求用最简洁的构件组合方式达到最大的功能效果，并使其符合现代生活工作环境的多方面需求。首先体现在坐面构造，以近乎工业化的手法由四足、四条大边及四块牙板组成，从而在下部留出尽可能大的自由空间，表现出现代设计空间的通透性和流动性，同时也有利于清洁。其次体现在靠背板的设计上，直接用两块合成板材嵌入由后足延伸而成的举折靠背框上，构成极为简洁而舒适的靠背椅。靠背板同时也成为施加装饰主题的绝佳位置。

＊图 6.3

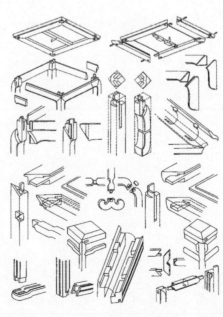

＊图 6.4

6.2 设计实施：方案历程、技术要点与基本尺度

本设计在对中国古代家具深入研究的基础上，以现代生态学的观念，选择当今世界尤其是中国当代最具代表性的生态材料——合成竹材——来设计并制作一种新型的多功能靠背椅。这种新型靠背椅不仅继承了中国古代家具设计的基本精神，而且按照现代人体工程学的原理进行了革新设计，从而使之更加符合现代生活和工作环境的普遍性功能需求。

方案历程

本设计构思源自本设计人早期设计的现代小靠背椅系列，它们都同源于本设计人对中国古代家具设计精华的强烈兴趣。而早期的设计及其制作实践都选用各种实木，包括硬木和普通软木如水曲柳等。然而，现代生态学尤其强调对材料的分析、研究及合理应用，因此本设计特别着眼于用新型合成竹材来制作多功能靠背椅。本设计人在确定基本方案后立刻在印洪强家具工作坊做出工作模型，用以测试该产品的基本性能，达成合理的设计与生产模式。

本设计落实上述目的所采用的技术要点有如下方面：

（1）新型坐面框架结构；

（2）新型举折式靠背板结构。

（1）新型坐面框架结构

本设计对中国古代灯挂椅的坐面框架结构进行深入研究，取其超稳定结构系统的合理因素并加以改良运用，形成符合现代空间设计观念同时又简洁稳固的坐面结构。坐面板是一块平压式合成竹板，同实木相比，合成竹板收缩膨胀性小，从而使坐面框架结构更易于制作。限定坐面板的四条大边则与下部起稳定作用的牙板一道以榫卯结构插入四根腿足中，牙块的宽度保证了该坐面框架的稳定性，同时牙条的凸边浮雕沿线成为集中装饰要素。

（2）新型举折式靠背板结构

中国古代靠背椅对人体工程学的典型体现就是背板的曲线设计，目的是使使用者的背部关键部位能有足够依托。本设计产品继承这种设计的基本精神，但却用更为简明有效的设计手法来达成现代人体工程学的要求。由后足延伸后所形成的举折式靠背板结构用最简捷的方式达到目的，由侧压式合成竹材切割成的后足构件形成108°角的举折方向，与此同时，后足与前足都形成轻微的侧脚结构，其侧脚角度为2°，由此形成非常稳定的座椅支架结构［图6.5］。

靠背板结构的主体是两块尺度相同的平压合成竹板，以传统榫卯联结嵌入举折后的后足延伸部分。两块靠背板随举折形成的角度带给使用者在普通坐姿的情况下舒适的体验，而两块板之间的缝隙则为靠背板的透气孔，使该靠背板的设计更完善地体现人体工程学对多功能座椅的要求。本设计靠背板的竹板条可以选用不同尺度的合成竹板材，亦可采用三块或多块布局，这些竹板材上的浅浮雕装饰可以成为特定的设计主题［图6.6］。

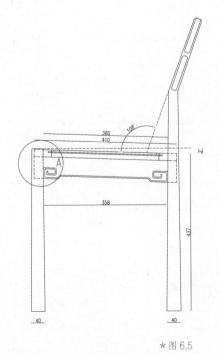

* 图 6.5

* 图 6.6

图 6.5 举折式靠背板结构（付扬绘制）

图 6.6 靠背板细部图（付扬绘制）

新中国主义靠背椅本［图 6.7 至
图 6.12 ］。

具体尺度见本章相关图例。

图 6.7 第四种、第二种、第一种（从左至右）新中国主义竹靠背椅、小靠背椅（陈晨摄）

＊图 6.7

图 6.8 新中国主义竹靠背椅三视图（陈晨摄）

＊图 6.8

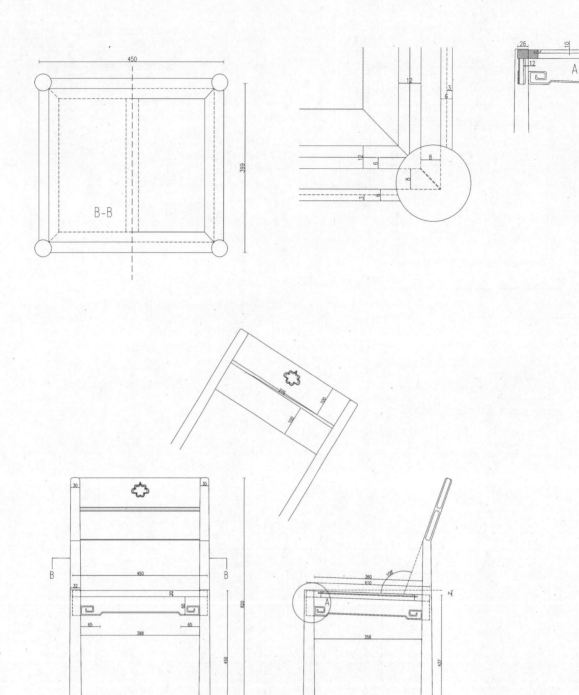

图 6.9 新中国主义竹靠背椅转角结构图（付扬绘制）

图 6.10 新中国主义竹靠背椅尺度分析（付扬绘制）

＊图 6.9

＊图 6.10

6.3 创新要点：大胆使用中国榫卯结构联结竹构件

图 6.11 新中国主义竹靠背椅侧背面(陈晨摄)
图 6.12 新中国主义竹靠背椅正侧面(陈晨摄)

＊图 6.11

＊图 6.12

设计的创新点首先是坚持"新中国主义"设计的集成创新发展方向，立足对中国古代优秀设计智慧的研究总结，同时结合对现代生态设计和人体工程学的体会理解，创造出既有中国文化神韵又符合现代功能要求的设计作品。

本设计的另一个创新点是在生态设计的原则支配下，大力提倡当代最有代表性的生态材料，即合成竹材的开发利用，以期在相当程度上减少对木料的依赖，同时也增强了产品的多样化面貌。竹文化本身就是中华民族文化的重要组成部分，合成竹材的使用和推广也是对中华民族文化的发扬光大。

本设计所创造的合成竹靠背椅完全符合现代空间的要求，能够为使用者提供最大的自由流动空间，方便清洁与移动；同时其符合人体工程学原理的靠背设计也为使用者提供了普遍的舒适度。

本设计产品大胆使用中国传统榫卯结构作为各构件的主要联结手法，既是对现代合成竹材料性能的研究探讨，也是中国古代设计文化传统的良性延续。

本设计涉及一系列全新理念的现代化多功能合成竹靠背椅，它最初源自中国古代家具中的灯挂椅，并经过用实木完成的小靠背椅和新中国主义竹靠背椅的演化历程，最终形成了全新理念的新中国主义家具的座椅系列。本系列设计的基本式样因其简约的造型，对合成竹这种质轻而强度大的新型材料的运用，以及对每一构件基础生态设计原则的科学计算及合理选料，已成为家具史上最轻便的座椅系列之一。本设计的各种产品均由四个基本构件组成，即坐面、靠背及两侧支架，这四个构件再用八根螺钉相连，简捷方便已成为现代家具极简主义风格的典范。这种装配式的设计理念同时也带来了包装及运输的极大便利。其中一个系列的两侧支架由垂直落地架改为侧脚落地架，并由此形成叠落功能，从而为该设计的产品在使用中增加了更大的灵活性。另有一个系列则将坐面及靠背上的竹板条换成软包面料，成为主要用于会议室或餐厅的多功能靠背椅。本设计最基本的技术出发点就是对合成竹材料的板条方式应用做系统而深入的研究。

7.1 设计构思：利用合成竹的综合性高强度，将设计语言简化

图 7.1 中国明式灯挂椅实例（晋作；作者摄）
图 7.2 中国明式靠背椅实例（徽作；作者收藏）
图 7.3 中国浙江雁荡山地区民间靠背椅（作者摄）
图 7.4 合成竹靠背椅靠背角度（付扬绘制）

* 图 7.1

* 图 7.2

本设计产品从设计原理上以及从人体工程学的基本思考的角度立足对中国古代家具设计智慧进行检视和深入思考，同时也反复检讨并研究前一阶段由本设计人完成的建立在中国古代家具原型基础上用实木完成的多种靠背椅产品和用合成竹完成的新中国主义竹靠背椅。在上述思考及研究的基础上，本设计力图在家具设计理念上有重大突破，从基本设计语言的模式化到装配式的设计手法，再到叠落功能的延伸及软包系列的开发，都成为新中国主义家具设计的创新基点和标志性符号［图 7.1 至图 7.3］。

在中国古代建筑中，以及在中国古代陶瓷、青铜器与日用产品的生产中，模式化和模数制都曾是其发展的标志性成就，但这种模式化和模数制在中国古代家具的设计及生产实践中都并不明显，尽管它们也被运用在部分构件的制作过程中。本设计最主要的设计理念就是充分利用合成竹

* 图 7.3

材的综合性高强度，尤其是同向侧压合成竹材的高强度兼高弹性，将全部设计语言简化为尺寸不同的单根竹板条，由此达成最为简明的加工过程。这些单根竹板条再分别组合，用中国古代榫卯结构联结而成四部分家具构件。这三种（四件）家具构件不仅在重量上成为有史以来最轻便的座椅之一（本设计的系列产品中最轻的座椅为 0.85 kg），而且在空间上也可压缩成极小的空间，在最大程度上方便产品的包装及运输。这三种（四件）构件由 8 根完全同样的螺钉直接装配，任何非专业人员都可不经过训练就能胜任这种安装工作。

本设计的主要构思理念如下：

（1）本设计在全方位应用合成竹板条的基础上，将每个构件设计成最简洁的几何形体，这样不仅能最大限度地方便生产制作，而且使本设计的产品精美耐看、品质高贵，用简明的数学语言将设计学的功能需求及生态设计的简约观念充分而含蓄地表达出来，在生态美学方面力求达到极致。

（2）本设计的产品在基本结构和人体工程学的设计方面，虽源自中国古代家具中的座椅设计理念以及相应手法，但已在诸多方面超越古人。首先是座椅的结构稳定性已不用框架构造来保证，而代之以几个构件的多向度交叉支承系统，这种多向度交叉支承系统同时也在座椅前部留出最大可能的空间，以方便使用者腿足的多方向自由活动。其次是靠背构件的后斜向放置（108°角后倾）不仅是人体工程学对使用者后背舒适度的基本要求，而且加强了整体结构装配后的强度。本设计思想与历史上的荷兰风格派家具作品非常吻合，但更加简洁，并在材料的使用方面有革命性的突破［图 7.4］。

（3）本设计主流产品中的坐面和靠背这两个构件用密实排列的合成竹板条组成，这一方面是全方位贯彻使用竹板条元素的设计出发点，另一方面也因为这个方式本身所达成的双重功能结果，即竹板条之间的空隙所形成的坐面及靠背板的通透性能，以及板条元素由于尺度及厚度都达到足够小所形成的可以为使用者带来明显舒适度的弹性。

（4）本设计一个系列的四个构件中有两个侧支架被设计成梯形，一方面使得该构件本身更加稳固，另一方面则达成叠落功能，从而使得本设计的部分产品在不同场合的使用中拥有多方面的附加功能。

（5）本设计中的任何产品所使用的合成竹板条均可着色，从而为产品的多样化面貌提供了丰富的可能性，同时着色过程均在四个构件分置状态下进行，使这种着色更为简便易行。

（6）本设计所创造的设计语言及设计原理可以按不同建筑项目的具体要求进行调整，从而创造出不同的变体以适应不同建筑空间及室内功能环境的需要。如无锡大剧院（设计：芬兰萨米宁建筑事务所）的餐椅设计，就是建立在本设计基本原型基础上的一种变体。其变化一方面是每个构件的竹板条元素尺度的加大，另一方面则是坐面及靠背两个构件由竹板条系列排布换成软包面料，固着在普通胶合板的软包面料用小螺钉联结到坐面及靠背框架上。此外，本设计中的坐面板条构件在保持基本不变的前提下，靠背板的设计可以有无穷尽的变化，如每块竹板条尺度的变化，其中包括宽度、厚度和高度（长度）。还可以在某些板条上增加装饰图案，如在当中较宽的板条中央雕刻浅浮雕图案（如龙纹、荷花纹、云纹等吉祥图案），以达成项目所需要的文化品位。

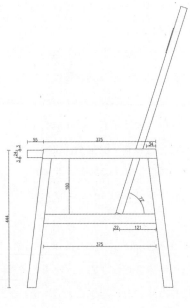

＊图 7.4

7.2 设计实施：方案历程、技术要点与 基本尺度

方案历程

本设计旨在对中国古代家具中的靠背椅进行深入研究的基础上，以及在对本设计人此前研发的多种靠背椅系统检视分析的基础上，密切结合现代生态设计理念及人体工程学设计原理，为家用空间、办公空间及公共空间等各类场合创造出一系列令人耳目一新的多功能靠背椅。这些构件由简约几何形式限定其形态及尺度，从而形成一种视觉上由平面构成和立体构成相交融的模式，并由此衍生出该系列座椅设计的无限变体的可能性。

合成竹板条在本设计中占有非常关键性的地位，同一形态但尺度不一的合成竹板条兼有硬木的强度和竹材本身的韧度和弹性，加上竹材本身在中国传统文化中所占有的无所不在也无可替代的位置，使合成竹板条成为本设计中庄重典雅又自由灵活的单一设计元素，由此成为本设计中艺术创意的原点。以此原点出发，先形成三种（四件）基本构件，这三种严格按照几何形体构成的构件又组合成座椅，这一系列座椅由此将数学的严谨与艺术创意的浪漫结合起来，同时融入设计人对现代人体工程学和生态设计的深度思考，力求以最少的构件、最轻的质量创造出最广泛意义上的多功能靠背椅。

本设计人在经历此前的几种靠背椅的设计过程中，虽已尝试使用不同实木及合成竹材，但对合成竹材的使用总感觉达不到最合理的技术状态。换言之，此前的设计方案对所使用的合成竹材性能的了解并不深入，因此对材料的使用难以达到生态设计所要求的最合理状态。鉴于以上经历，本设计经过对合成竹这种材料的深入研究，发现这种材料在单向板条状态下的运用非常合理，不仅能发挥该材料极佳受力状态，而且材料用量最小，从而接近最佳性价比。基于上述研究，本设计开始构思一系列完全基于这种单向板条元素的设计方案，以完整几何形体为基本造型语言，逐步形成基于三种（四件）设计构件的装配性多功能靠背椅模式。

方案确定后，本设计人分别找到位于安吉、宜兴及江阴的三家家具企业用不同竹材加工厂制作的合成竹材试制模型，以测试这种设计构思的合理性，最终由江阴印洪强家具工作坊所选用的杭州大庄竹合成板制成的几件测试模型较完善地表达出本设计的构思意图，由此印洪强家具工作坊同本设计人一道合作，进入该设计产品的进一步改进测试阶段。经反复测试，最终选定 20 mm×30 mm 尺度的合成竹板条作为该设计产品的标准构件元素，10 mm×58 mm 尺度的合成竹薄板条作为坐面及靠背板的面料。作为直接与人体接触的面板，这种分为数段的薄板条除具有透气的功能外，亦提供了轻微的弹性。

本设计的基本模式确认后，又通过将侧支架构件设计成梯形来产生一种叠落式靠背椅模式，从而使该设计又多了一种现代化功能要素。与此同时，该设计的基本模式受到了许多设计师的欢迎，例如中国无锡大剧院的主创建筑师萨米宁教授即决定邀请本设计人以此基本模式为基础为无锡大剧院设计餐椅，由此使该设计有了更广泛的应用范围。

技术要点

图 7.5 侧支架构件（付扬绘制）

图 7.6 第一种坐面构件和靠背构件（付扬绘制）

本设计为实现上述目的所采用的技术要点有如下方面：

（1）由榫卯相连的三种基本构件模式；

（2）由三种（四件）构件的立体交叉联结方式形成的稳定结构模式；

（3）坐面与靠背竹板条所形成的简洁而多功能的构造模式；

（4）侧支架为梯形时所形成的叠落功能模式；

（5）基本构件的变体模式；

（6）坐面及靠背的代替模式。

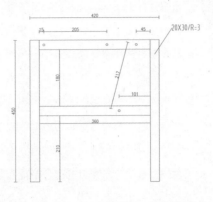

* 图 7.5

要点分述

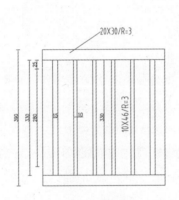

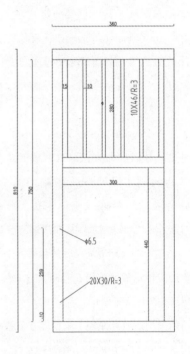

* 图 7.6

（1）由榫卯相连的三种基本构件模式

其一是侧支架构件（共两件）。该构件由 2 根 450 mm/20 mm×30 mm 的竹板条和 2 根 360 mm/20 mm×30 mm 的竹板条组成，其间用榫卯结构相联结，在两根 360 mm/20 mm×30 mm 的竹板条上，钻有 4 个螺钉孔，其中 2 个孔用于坐面构件的联结，另外 2 个孔则用于靠背构件的联结，同时这 2 个孔的位置也决定了靠背构件 108° 的倾斜后仰角［图 7.5］。

其二是坐面构件，该构件有两个尺度模式：第一种将 20 mm×30 mm 的竹板条全部平放，由榫卯相接构成坐面大边构架，再用 10 mm×46 mm 尺度的薄板条以榫卯结构嵌于中间［图 7.6］。第二种则将

2根 20 mm×30 mm 尺度与侧支架相连的板条竖放，同时将另 2 根 20 mm×30 mm 尺度的板条平放，形成坐面大边构架，再用 10 mm×58 mm 尺度的薄板的榫卯结构嵌于中央。坐面两侧与侧支架相连的大边分别钻有 2 个螺钉孔，距两边 75 mm 尺度，由此使坐面构件在各种情况下安装都不易出错［图 7.7］。

其三是靠背构件，该构件也有两种尺度构成模式：第一种由 2 根 360 mm/20 mm×30 mm 尺度的大边和 750 mm/20 mm×30 mm 尺度的大边平放形成靠背主框架。其上部加 1 根同样平放的 300 mm/20 mm×30 mm 尺度大边形成靠背本框架，其中以榫卯方式嵌入 5 块 280 mm/10 mm×46 mm 的薄板条作为靠背板的主体。其下部则在大边上钻 4 个螺钉孔与侧支架联结。第二种将 2 根 750 mm/20 mm×30 mm 尺度的大边竖放，另 2 根 360 mm/20 mm×30 mm 尺度的大边平放，并以榫卯方式嵌入竖放大边当中，其间将 1 根 360 mm/20 mm×30 mm 尺度的大边平放嵌入竖向大边，形成靠背板框架，其中的榫卯方式嵌入 5 块 240 mm/10 mm×58 mm 尺度的薄板条作为靠背板主体。其下部则在竖向大边上钻 4 个螺钉孔与侧支架联结。

依据生态设计原理，本设计方案基本使用最小化的竹板构件。在这种情况下，竖向放置的大边在钻孔的情况下强度更高些。但上述两种方式均有效。

（2）由三种（四件）构件的立体交叉联结方式形成的稳定结构模式

本设计已摒弃中国传统家具设计中四平八稳的框架式稳点结构模式，而代以构成式交叉联结稳定模式，尤其当其中的一个平面向度以 90° 或 180° 以外的任意角度与另外两个平面向度联结时，该设计即可达到正常的稳定性。

（3）坐面与靠背竹板条所形成的简洁而多功能的构造模式

本设计用一种简洁方便又符合生态设计原则的方式设计坐面与靠背板。作为广泛适用于各种不同场合并能够被各种人物以各种方式多重使用的多功能靠背椅，坐面及靠背是使用最频繁也是受损最严重的地方，因此这两处的材料及其构造方式应简洁牢固。合成竹板条有足够的强度和耐磨性能，因此本设计重点考虑如何以简明生态的方式进行构造。与此同时，人体是柔性的，希望与之接触的部位都能在某种程度上具备柔性和弹性，本设计最终选用 10 mm×46 mm 或 10 mm×58 mm 尺度用于坐面或靠背竹板条，因其在适当压力下具备细微的弹性，从而使用户感到明显的舒适度。竹板条而非整块竹板的方式所形成的坐面和靠背，则又增加了坐面及靠背的呼吸与透气的功能，使本设计的产品更加人性化。

本设计产品中所有构件元素中的 R3 mm 圆角处理及所有螺钉孔洞周边的 R1 mm 圆角处理也是本设计之构件设计的关键细节。这些圆角处理不仅排除了竹合成材使用中任何可能出现的毛刺现象，而

且使整个产品形象轻盈舒畅。不同构件联结所形成的线角也为产品外形增加了耐看性、美观性。

（4）侧支架为梯形时所形成的叠落功能模式

本设计的基本产品由于装配式的构造模式，使其在包装及运输过程中已达到了节省空间和方便运输的目的，但在装配之后的日常使用过程中，如果再考虑节省空间及灵活使用产品，则叠落功能是最方便的解决办法。本设计为增加叠落功能而做的调整是将侧支架由长方形转化为梯形，从而使该产品能以竖向无限方式进行叠落［图 7.8 至图 7.10］。

图 7.7 第二种坐面构件和靠背构件（付扬绘制）
图 7.8 非叠落式合成竹靠背椅（付扬绘制）
图 7.9 叠落式合成竹靠背椅（付扬绘制）
图 7.10 合成竹靠背椅叠落方式（付扬绘制）

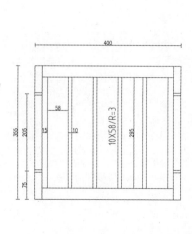
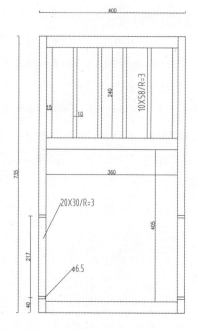

＊图 7.7

基本尺度

多功能竹靠背椅［图 7.11 至图 7.13］；
叠落式多功能竹靠背椅［图 7.14 至
图 7.18］；

软包靠背椅［图 7.19、图 7.20］。

具体尺度见本章相关图例。

（5）基本构件的变体模式

本设计的三种基本构件均可进行适当
调整以形成不同形象的变体，例如将侧支
架的各元素尺度放大，所产生的大尺度靠
背椅可用于订制的场合，再如坐面及靠背
的板条亦可调整其尺度及数量，并加入集
中式装饰，从而产生不同形象的产品。此
外，整个产品均可漆上不同色彩来增添产
品的丰富性。

（6）坐面及靠背的替代模式

本设计的基本产品均使用合成竹板条
组成的透气式板条坐面及靠背，以此达到
生态设计的基本原则，即用最少的材料达
到最大功能，同时又以立体构成法则产生
的靠背角度及竹板条的弹性获得人体工程
学的基本设计指标。但在特定情况或某些
建筑项目的专门要求下，本设计产品的坐
面及靠背均可进行根本性的替代，而这种
替代是建立在坐面及靠背框架不变的基础
上。例如，坐面及靠背中央内芯均可换成
合成竹板材或者竹编织面。

而更广泛的替代模式则是软包面料形
成的坐面及靠背直接固着在本设计的坐面
及靠背框架上。

＊图 7.8

＊图 7.9

＊图 7.10

图 7.11 非叠落式多功能竹靠背椅三视图（付扬绘制）

＊图 7.11

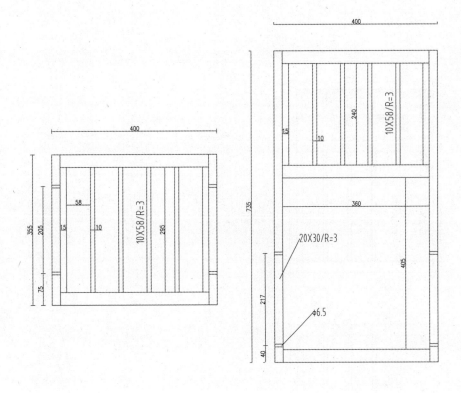

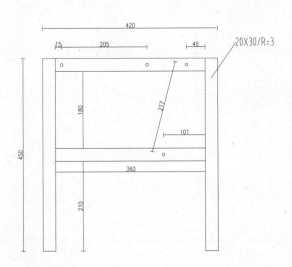

图 7.12 第二种坐面构件和靠背构件（付扬绘制）
图 7.13 侧支架构件（付扬绘制）

＊图 7.12

＊图 7.13

图 7.14 叠落式多功能竹靠背椅三视图（付扬绘制）

* 图 7.14

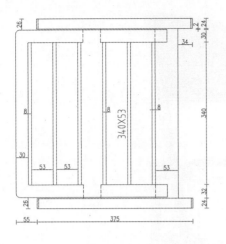

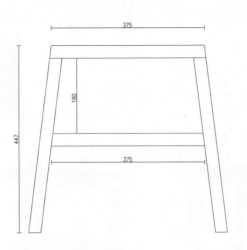

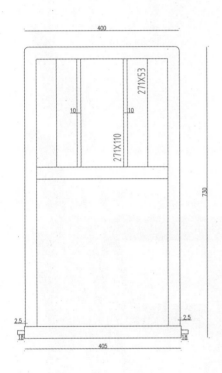

面框

图 7.15 叠落式多功能竹靠背椅尺寸之一（付扬绘制）
图 7.16 叠落式多功能竹靠背椅尺寸之二（付扬绘制）
图 7.17 非叠落式合成竹靠背椅（陈晨摄）
图 7.18 叠落式多功能竹靠背椅（陈晨摄）

＊图 7.15

＊图 7.16   ＊图 7.17

          ＊图 7.18

图 7.19 多功能竹靠背椅软包面版本（陈晨摄）
图 7.20 合成竹靠背椅叠落方式（陈晨摄）

* 图 7.19

* 图 7.20

7.3 创新要点：合成竹板条作为主材配以几何法创造构件

本设计的革命性创新首先是设计观念的创新，通过从根本上摆脱中国传统家具设计中的框架式超稳定结构，以现代生态设计理念和人体工程学原理为基本出发点，从而使本设计的所有产品简洁实用、健康有效。其次是材料观念的创新，本设计人曾作为国际竹藤组织项目"竹产品的现代化研究"科研课题的设计顾问，由此得以深入了解现代合成竹材料的研发情况及相关合成竹产品的发展现状，进而从材料的角度全面审视中国古代家具系统，从材料观念上全面更新现代多功能靠背椅的设计观念，继而选择最合理的合成竹板条作为本设计产品的主体材料，使本设计的产品坚固而有韧性，质朴而有文化底蕴。最后是设计手法的创新，本设计从方案之初即已摆脱在中国古代家具精品模式的基础上进行修补改良式推进的设计手法，代之以从平面构成与立体构成的角度对设计主题及其功能进行分析归纳，继之以荷兰风格派设计大师所发展出的艺术与设计创作语言为依托，以几何学基本手法创造出本设计各产品的构件元素，并使之有无限发展及合理调整与改良的余地。

本设计的成果是本设计人所开创并提倡的"新中国主义"设计品牌的最新诠释，对"新中国主义"的观念内涵及设计手法都有所拓展和更新。

本设计产品洗练简约、功能全面，是现代多功能靠背椅的一种高雅而时尚的模式。同时，该设计的系列产品均为用螺钉这一简明而单一的方式联结而成，其装配式样简单易行，任何人均可操作，从而为该系列产品在包装及运输方面提供了最大便利。

本设计亦包含叠落系列产品，为其在日常工作和生活中的使用提供了很大便利。同时，本设计的基本模式具有极大的可调节性，在构件尺度、材料色彩、坐面及靠背面料等诸方面均可进行调整和置换。

本设计及其系列产品是中国传统竹文化的延续和发展，是对中国古代竹家具的研究、改良与探索，是中华民族延续数千年的人竹共生文化的最新和充满活力的表达。

本设计的产品在设计理念上倡导全面而深入的研究分析，在生产制作上力求简单易行，在使用功能上力争丰富多样、坚固耐用，在造型语言上则达到科学与艺术的有机结合，最终希望成为新时代设计文化的典型代表。

本设计涉及一种新型现代化可调节性儿童椅，此椅可用于1—6岁成长中的儿童用餐、娱乐或其他活动。本设计由四个板式构件组成，每个构件又由一系列条形材料以中国榫卯结构构成，而四个板式构件则由螺钉系统联结而成。同时，相应的板式构件上附加的孔洞既为本设计中的儿童椅可调节性椅架提供了足够的进深，又保证了儿童椅的安全性。本设计原则上用合成竹材制成，亦可用实木如红木以及其他木材制作。

8.1 设计构思：源自一种最直接的客户需求

本设计源自一种最直接的用户需求，即当时为一位 1 岁多的女婴设计一款日用座椅，并希望这件儿童座椅能随着该儿童的成长一直用到上学的年纪，甚至可用到 10 岁以上的年纪。本设计人的设计构思从如下几方面入手：对传统同类设计的考察，对现代同类设计的分析，对儿童座椅设计理念的评估，以及设计语言和设计手法的表现。本设计的背景技术知识即来自上述四个方面的思考与论述。

（1）对于传统的儿童座椅，我们并没有太多的历史文献资料能在手边随时查阅。因为儿童椅这一门类自古都不是能上大雅之堂的家具门类，因此实际上并无太多系统而详尽的历史记载。但中国民间极为丰富的实物遗存又表明儿童椅在民间设计中的多样化创意，这可能与中国社会长期以来重生育、重人口增长的传统有关。事实上，在中国传统文化范畴中，地位最高的门类永远是诗词、书法、绘画，其次是玉器、金银器、青铜器等，整个家具同其他日用工艺品一样长期处于中国传统文化范畴的边缘地带。当漆器、陶瓷器、竹藤器、文房四宝、奇石异树开始成为文人墨客乃至广大民众的收藏宝物时，中国家具几乎是被人们纳入收藏的最后门类，而其中的儿童椅或儿童家具无疑是中国家具当中最后的分门类。这当然可以归因为中国家具数量太大、举目可见的状态，但同时也有民族文化观念的因素［图 8.1、图 8.2］。

（2）在世界家具史当中，儿童家具的出现并不晚，从古埃及考古发掘中我们能看到不少明显给儿童使用的家具，其中最著名也是最精美的一件就是图坦卡蒙墓出土的儿童椅尺度的宝座，明显可以认为是墓主儿童时代使用的家具，其设计的成熟

和装饰的精美无以复加。可以想象在以后的欧洲各国一定都延续着各类儿童椅的设计和使用，无论是在宫廷还是广大民间，它们虽不受重视，但依然广泛存在并发展着。中国古代图像资料如绘画中也时常出现儿童椅形象，但民间日常使用的儿童椅才是真正的儿童椅设计宝库，它们设计精巧、品种繁多、用材科学，并且经久耐用，实际上构成了现代儿童椅设计的灵感源泉。本设计人偶然走访的江苏省江阴市长泾民俗博物馆中就陈列有多种儿童椅。它们主要有两种材质——木材和竹藤，而这两类材质的设计制作均有不同的理念。木制的儿童椅大多采用桶状和腰鼓状的形态，其纵剖面分别呈"冂"和"区"的形式。这类儿童椅尤其适用于冬天，因为其桶内或鼓内会置放用木炭取暖的小火盆（小火盆一般都置放在桶内或鼓内的儿童座位下方并保证使用者不可能触碰到火盆本身），从而使儿童能生活在温暖的环境中。另外

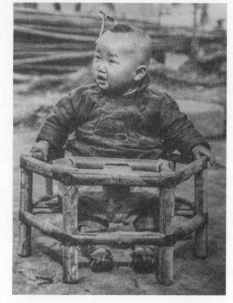

图 8.1 中国民间的儿童椅实例［引自罗伯特·雅各布森（Robert D. Jacobsen）《中国古典家具：明尼阿波利斯艺术馆藏》（*Classical Chinese Furniture: In the Minneapolis Institute of Arts*）］
图 8.2 中国明代绘画中的儿童椅［引自罗伯特·埃尔斯沃思（Robert Ellsworth）《中国家具》（*Chinese Furniture*）］
图 8.3 思拓科公司生产的儿童餐椅（Tripp Trapp）［引自朱迪思·古拉（Judith Gura）《北欧家具》（*Scandinavian Furniture*）］
图 8.4 20世纪60年代丹麦设计大师娜娜·第赛尔设计的儿童椅［引自亨里克·斯滕·莫勒（Henrik Sten Moller）《娜娜·第赛尔之书》（*The Book of Nanna Ditzel*）］

* 图 8.1

图 8.5 20世纪70年代芬兰阿泰克公司出品的儿童椅（作者摄）

* 图 8.2

一类木制儿童椅则是仿自中国传统座椅的框架式，原则上将成人尺度的座椅尺寸缩小并适当调整即成儿童椅。这类儿童椅的坐面或脚踏板下面亦可放置木炭火盆用于冬季取暖，但取暖效果不如桶状及腰鼓状的儿童椅，然而它们有时可达到另一种取暖效果，即同时亦可使儿童椅所在的房间或空间保持某种意义上的温暖，即大人与儿童同时取暖。竹藤编的儿童椅依其材料特性，大多取上述两大类木制儿童椅形态的中间状态的样式，用于结构的竹竿件可制作框架式竹制儿童椅，它们本身即成一种儿童椅；还有一类则用竹竿件的结构作为儿童椅的骨架，再用细竹条或藤条在竹骨架上面编制构造面或装饰面，形成丰满多姿同时又充满趣味性的儿童椅。竹藤编的儿童椅同样可用木炭火盆取暖，这类木炭火盆多为铜制或铜锡合金制作，亦有金银制高级火盆，有些火盆本身亦用竹藤编织再外包一层，达到既安全又美观的功用。

（3）民间设计所呈现的创意是无止境的，中国民间儿童椅就是这方面的典型样板。南京艺术学院何晓佑教授收购的一件民间两用儿童椅是中国儿童椅设计的优秀案例，更是多功能家具设计的优秀案例。这是一款框架式儿童椅，下部支撑体的四足部位有两用脚轮，从而使该设计产品平常在室内是用作普通的儿童椅，在户外活动时或旅行时则用作儿童用手推车，其功能转换只需使用者的一次性动作即可完成。该设计产品是中国民间设计智慧的经典体现，融多功能设计理念、以人为本的设计原则、人体工程学的设计原理，以及机械学、材料学等相关学科于一体，在最大程度上满足了用户的使用要求。其设计精美属于传统儿童椅设计的优秀样板，为现代设计师带来极有价值的设计灵感。

（4）现代儿童椅大多采用宝塔状高坐式，主要用于大人同高尺度的餐桌，这类儿童椅一般用于3个月至3岁年龄的儿童，其经典实例是芬兰阿泰克（Artek）设计公司出品的一款儿童椅。作为现代儿童椅的代表作，该作品用实木和层压胶合板共同打造，至今已生产了半个多世纪，对现代儿童椅的设计产生了深远的影响［图8.3至图8.5］。

（5）本设计力求对上述古今中外各种儿童椅进行综合反思，然后从设计反思中获取合理的设计灵感。古埃及青年帝王图坦卡蒙的童年宝座是一种特殊的儿童椅，其仪式功能大于实用功能，因此其装饰的精美无以复加，舒适度要求只能屈居第二位。而中外民间的儿童椅千变万化，设计智慧及相应的设计手法层出不穷，但其最基本的出发点是安全，其次是舒适，如保暖功能和取暖方式。中国民间儿童椅的多功能设计是中国传统家具设计的一个精美高峰，基本上能全方位满足用户多方面的使用需求。西方现代儿童椅因社会整体环境的改善，早已不需考虑取暖、保暖的功能，因此其设计着眼点全部集中在安全舒适的设计构思方面，再辅以新技术、新材料的适当运用，已有的现代儿童椅中绝大多数都是这种安全第一、舒适第二，同时又尽可能封闭以求最大安全指数的设计产品。

（6）本设计的构思在理念上最大的突破是变封闭型思维为开放型思维，从而将当今世界绝大多数儿童椅的相对保守型的设计引入一种开放、积极、开拓、进取的理念境地，进而提倡一种新型的现代儿童教育理念，即以绝对的安全第一为导向的教育理念转向开放式的安全与进取兼顾的同时又是成长型的教育理念。在这种开放性设计理念的引导下，本设计的构思以用于成人的框架椅为基本原型，以本设计人此前完成的螺钉装配式手法为依托，使灵活调节的功能从成长期跨度达到尽可能大的年限。本设计的儿童椅产品，实际上可用于1岁至10岁甚至直到成年人的正常使用模式，具体需设定多长的成长期跨度可依市场需求而定。

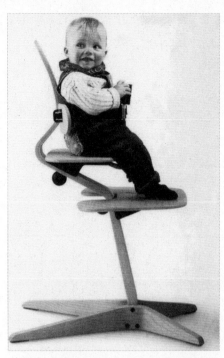

＊图 8.3

＊图 8.4

＊图 8.5

8.2 设计实施：方案历程、技术要点与基本尺度

方案历程

本设计首先是采用一种新兴的开放式的教育理念设计一种全新的儿童椅，使之不仅能用于儿童1岁到10岁的成长期，而且可以延展用作成年人的正常办公椅和休闲椅。

其次本设计的目的也包括现代设计方法论方面的探讨。通过对古今中外相关设计实例的系统研究，分析归纳现代儿童椅的真实功能需求，从而引发现代设计理念与现代教育思想的互动性交流，最终产生能够指导本产品构思过程的现代设计语言及具体表现手法。

再次本设计的目的还在于本设计人对此前完成并长期倡导的新中国主义设计美学的进一步完善，除了继续以生态设计的理念系统使用合成竹材之外，亦对现代儿童椅的特殊功能要求与产品基本构件的装配方式进行综合研究，从中归纳出适合成长期儿童生理和心理两方面功能需求的细节处理模式，并最终发展成为成熟合理的儿童家具产品。

最后本设计的另一个目的也是开发一种新型的用户参与设计模式，体现用户为核心的设计理念，在设定儿童椅最基本结构的前提下，由用户参与制定产品设计其他多方面的设计参数，以及材料和色彩的选择。

本设计人的一位芬兰朋友在12年前从广东遂溪县领养了一名6个月大的中国女婴。为了这个女婴日常成长的方便，本设计人被要求设计一款现代儿童椅，并希望这件儿童椅不仅具有市场上普通儿童椅的基本功能，而且更具开放性和趣味性，尤其能够在尽可能多的层面上引导和激发儿童的好奇心和学习欲望。本设计人当时正在进行现代框架椅的设计，并全方位尝试由浙江大庄实业集团研发的各类合成竹材构件，于是自然考虑用相同的竹材来设计这件独特的儿童椅。经过对古今中外各类儿童椅的设计研究分析，我们开始制作测试性的工作模型，之后再进行用户调研，反复调整有关参数以求达到最合理的功能状态。

最终成型的这件现代儿童椅在基本设计手法上继续沿用本设计人在此前框架椅中创造的新中国主义设计语言，但在设计理念上则纳入寓乐于用、开放延展的现代儿童教育理念，增加使用的趣味性和科学性，同时也使该儿童椅的使用不仅从1岁延续到10岁，更可以延续到成年人的尺度［图8.6］。

新的测试模型很快被用户评论所认可，同时开始考虑产品更广阔的延展使用功能，如演化为普通的多功能椅和休闲椅，并通过加大侧支架构件的元素尺度来满足更多钻孔之后的构件强度要求。

从市场的角度出发，本设计的产品除选用竹材本色之外，亦可选用其他色彩。另外，侧支架的设计是一种极简主义的原型设计。在原型构件的基础上，可依用户需求或市场需求加入装饰构件，从而更能体现儿童家具活泼多彩的特性，同时也表现出产品的多样性。

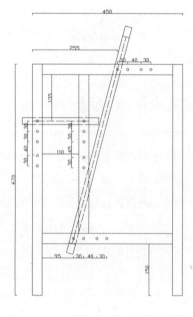

＊图8.6

图 8.6 儿童椅系列（支持
座高可调的侧支架；付
扬绘制）
图 8.7 该部分侧支架的构
造分解图（付扬绘制）

本设计为实现上述目的所采用的技术要点有如下方面：

（1）源于极简主义思维的侧支架构件；

（2）坐面与靠背构件的设计模式；

（3）基本构件之间的位置转换模式及其连接模式。

（1）源于极简主义思维的侧支架构件

本设计的侧支架设计作为一种原型，是极简主义的典范，其中的每一个构造元素都是必不可少的。在此原型基础上，侧支架造型可以有无限的可能性，如在任何两个元素的连接交角加入牙角饰件，或在侧支架的内部格子中加入各类饰件，或用不同色彩装饰侧支架的构造元素或饰件元素。

本设计最终的测试模型的基本尺度如下：高 670 mm，侧宽 450 mm，面宽 460 mm。原型侧支架由 5 件元素组成，2 根竖向通高元素 a，2 根横向元素 b，以及 1 根竖向连接杆 c，其原型构件形态为"　"。其中前面 a 元素和 c 元素上部是用于钻孔的部位，如以 1—6 岁的时间段为使用期限，则放了 3 组钻孔，如以 1—10 岁的时间段为使用期限，则可放 5 组钻孔。2 个 b 元素上则可放 2—4 组钻孔，可用于 1—10 岁的使用期限。原型侧支架的每个元素的基本尺度仍采用 20 mm × 30 mm/R3 mm 圆角，则钻孔间距为 20—30 mm 时相应的竹竿元素仍能保有足够的强度，但如钻孔加多，则可适当加大元素基本尺度，如 22 mm × 32 mm/R3 mm 圆角［图 8.7］。

（2）坐面与靠背构件的设计模式

本设计的坐面设计是专为儿童的使用而建议的小坐面，尺度仅为 230 mm × 420 mm，但当考虑本设计的全方位成人使用时，则可设计另一备用坐面置于靠背的后部，尺度可建议为 350 mm × 420 mm，整个儿童椅的构架状态为"　"。在此简图中，a 为常规儿童坐面（230 mm × 420 mm 尺度），b 为常规靠背，c 为备用坐面（350 mm × 420 mm 尺度），用于该儿童椅将来改装成成人椅之时。b 靠背的设计模式有两种，分别为

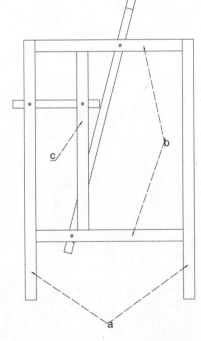

＊图 8.7

"▥"式及"▢"式，前者用料虽多但有非常充分的功能考量：其一是该儿童可以椅必须具有足够的重量，以免因儿童可以过于轻易移动椅子而带来不必要的伤害；其二是靠背框内板条愈长则使靠背有更大的弹性，使用起来更能符合人体工程学的要求。后者则依据极简主义原则进行设计，以作为原型式样［图 8.8］。

无论取用哪种模式，坐面及靠背构件的外框元素均取 20 mm×30 mm/R3 mm 圆角，外边转角则取 R10 mm，而内置板条为 10 mm×58 mm/R3 mm，板条与外框间距为 15 mm，而板条之间的间距为 10 mm，这批构件除竹材本色外，亦可选用其他色彩。

（3）基本构件之间的位置转换模式及其连接模式

侧支架上面的钻孔布置决定着坐面 s 构件和靠背 b 构件的位置，s1 与 b1 相对应，s2、s3 与 b2 相对应，s4 与 b3 相对应，s5 与 b4 相对应。从原则上讲，使用者在 1—2 岁时取 s1 位置，在 3—5 岁时取 s2 位置，在 6—8 岁时取 s3 位置，9 岁以上时则取 s4 位置，但亦可使用 s3 位置作为高位坐姿的形态，如取 s5 位置，则该儿童椅已转化为休闲椅。因此，此儿童椅的设计并非局限于儿童时代的使用，如该椅状态正常，则可继续被用于普通框架椅或休闲椅［图 8.9 至图 8.11］。

基本尺度

本设计中儿童椅［图 8.12 至图 8.15］的基本尺度参见本章相关图例。

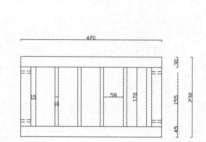
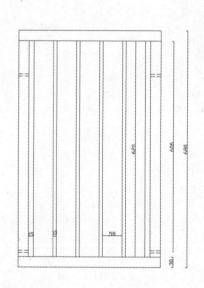

＊图 8.8

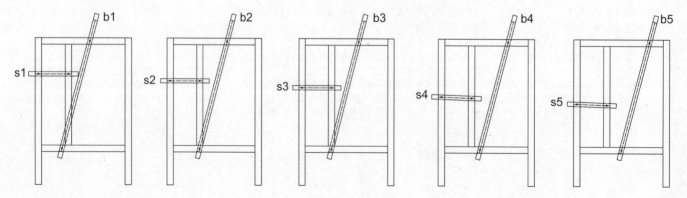

＊图 8.9

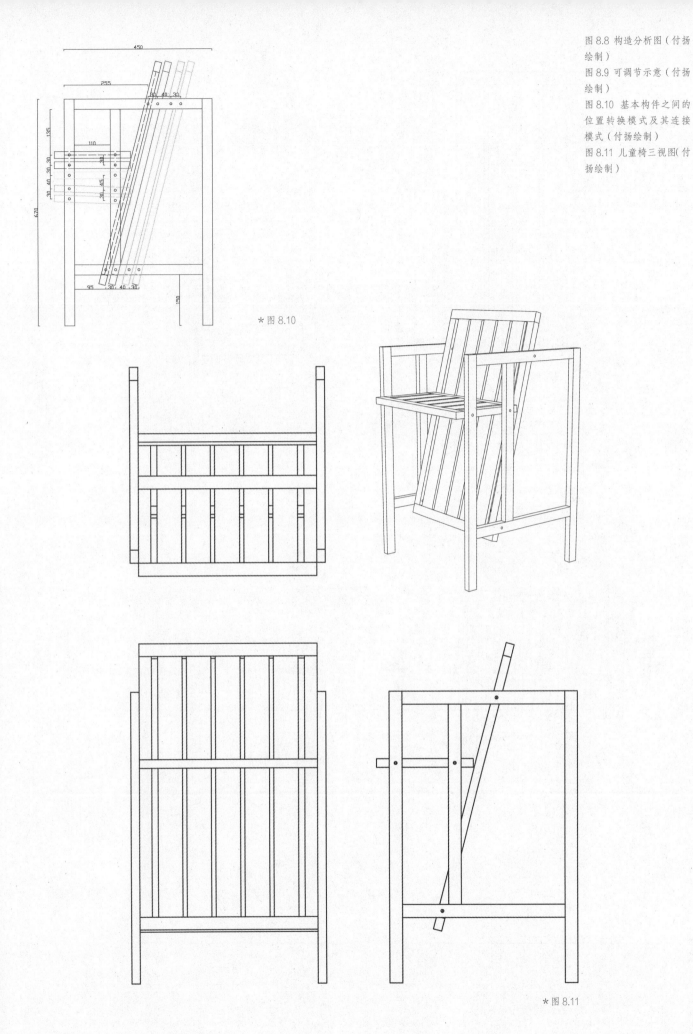

图 8.8 构造分析图（付扬绘制）

图 8.9 可调节示意（付扬绘制）

图 8.10 基本构件之间的位置转换模式及其连接模式（付扬绘制）

图 8.11 儿童椅三视图（付扬绘制）

＊图 8.10

＊图 8.11

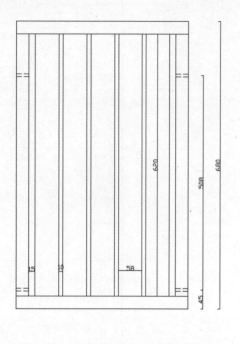

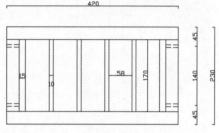

图 8.12 儿童椅坐面和背板（付扬绘制）

图 8.13 儿童椅系列（可调不同形式；付扬绘制）

图 8.14 儿童椅系列（儿童模式；付扬绘制）

＊图 8.12　　　　　＊图 8.13

＊图 8.14

8.3 创新要点：小范围非功能性转变为较大范围功能性

本设计所蕴含的革命性创新首先表现在对现代儿童椅的全新定义上，即从长期传统认知中对儿童椅相对保守的安全定义转向在安全基础上进行开放式设计的成长型儿童椅模式。

本设计的另一项革命性创新表现在设计方法论方面，即从对设计中每种构件的原型设计入手，达成极简主义理念下的功能表述，以及生态设计理念下的构件原型，并由这些原型组成设计的最本质造型。在此基础上，本设计的相关产品在其各个构件上都有发挥和发展的空间，通过装饰主题和修饰手法的变化创造出变幻无穷的儿童椅系列。

本设计的第三项革命性创新则是多功能设计，即将儿童椅由成长形态的小范围非功能性转变向大范围的功能性转化，由儿童椅转化为普通框架椅和休闲椅。所有上述功能转化都以 8 根螺钉的便捷连接方式为基础，实现产品从包装运输到用户组装使用的最大程度的方便性和有效性。

图 8.15 儿童椅（陈晨摄）

＊图 8.15

本设计涉及一种新型现代化吧台椅，可用合成竹材或实木制作。本设计主要用于现代酒吧和咖啡厅以及相应场合的休息空间如机场、高铁车站等，其产品设计以现代人体工程学为基础，按照生态设计的法则，力求用最少的材料达成最大的功能。合成竹材系列的吧台椅用竹板条做成可拆装的构件，而后用螺钉联结；实木系列（红木或其他实木）则全部用中国榫卯联结，形成传统制作手法与现代功能的有机结合。

9.1 设计构思：源自对当代中国休闲文化中酒吧室内的研究

本设计的构思源自对当代中国休闲文化中酒吧室内的研究。改革开放后的中国早已接纳来自世界各地的饮食与休闲文化，愈来愈多的酒吧和咖啡厅早已与中国传统茶馆平分秋色，因此相应的酒吧家具尤其是吧台椅设计显示出其吸引力。

（1）中国和西方的餐饮和休闲文化有很大的差异性，这其中喝茶与喝咖啡所带来的文化差异最为典型，体现在建筑、室内及家具设计方面。中国各地的茶馆是最具普及性的中国老百姓的休闲交流场所。其间的茶桌、茶椅、茶凳都显示出低矮的特征，非常符合聚众聊天的功能需要。在欧洲，与中国茶馆相对应的场所是酒吧和咖啡馆，顾名思义就是品尝啤酒和咖啡的场所。与中国茶馆的低矮家具不同的是，欧洲的酒吧和咖啡馆中总有一批高式座椅或坐凳，又称为吧台椅、吧凳，它们往往与柜台及高台融为一体。酒吧是欧洲广大民众非常喜爱光顾的休闲场所。

（2）当今中国随着经济发展，休闲文化的内容也发生重大变化，在各大城市及著名旅游地区，西式的酒吧和咖啡馆正占据着越来越显著的位置，受到更多中国人的青睐。在此文化背景下，现代吧台椅设计逐渐成为一种时尚，本设计人因此拟将一种现代吧台椅纳入新中国主义设计体系当中。

（3）本设计的吧台椅有两种产品：其一为延续此前本设计人发展出来的框架椅的设计理念及手法，运用相同的构件装配构思，结合吧台椅特定的高尺度要求及低矮靠背，完成螺钉装配式吧台椅；其二则采用中国传统的榫卯结构组成该吧台椅的各个构件，再以榫卯方式将各构件连接起来。这两种形式的吧台椅均可应用合成竹材料和实木制作。本设计在测试模型的样品中，第一种采用合成竹材，第二种采用酸枝木，二者之间的区别除螺钉连接与榫卯结合的差异之外，还有侧支架的不同形式，前者取正规的长方形框架，后者则取梯形框架，从而形成不同的视觉形象。

（4）本设计的两种吧台椅继续发展着新中国主义设计美学，在所有构件的设计中首先创造出极简主义的设计原型，达成功能的完善，而后再视用户设计的具体需求展开其他系列的延伸产品设计。

图 9.1 作者于 2006 年绘制的吧凳的初步设计图之一
图 9.2 作者于 2006 年绘制的吧凳的初步设计图之二

9.2 设计实施：方案历程、技术要点与
基本尺度

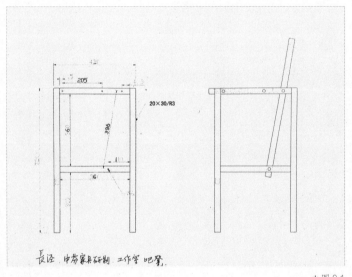

长泾 中芬家具研制 工作室 吧凳.

＊图 9.1

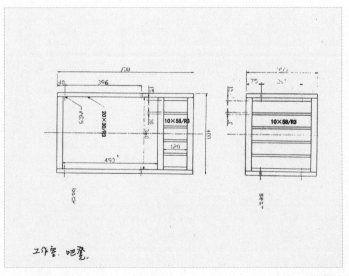

工作室. 吧凳.

＊图 9.2

本设计的目的首先是整合功能需求，即当代中国社会对酒吧和咖啡厅为代表的休闲文化的研究和应对。尽管中国传统的茶文化休闲场所以低矮家具为主体布局元素，但现代中国的全方位开放早已呼唤多文化的休闲模式，其中酒吧和咖啡厅是最有普遍意义的代表，并因此引发中国当代休闲文化对吧凳设计的需求。

与此同时，本设计亦继续寻求新中国主义设计美学的进一步发展，力求将此前完成的新中国主义设计手法的基本内容与吧凳的功能要求结合起来。这种结合将立足三个方面的设计考量：一是构造的合理性；二是以人体工程学为出发点的舒适性；三是用于特定休闲内容的功能性。

此外，本设计的基本设计手法虽以构件装配的思想为主体，以方便产品的生产、包装及运输等诸多环节，但对于产品设计本身而言，本设计人亦时刻不忘检视现代设计思维和中国传统设计智慧之间的碰撞与交融，并从材料选用及构造细节诸方面入手，以期寻求更合理、更多样化的产品形象［图 9.1、图 9.2］。

当我们要为自己的工作室设计吧台椅时，正值我们完善已进行数年的框架椅系列并同时进行儿童椅的设计，于是我们决定采用同系列的装配式构架模式，再以吧台椅的功能要求进行构造调整。

与普通的框架椅和儿童椅相比，吧台椅的特征表现在踏脚构件上。在设计中，最初的踏脚构件只是 1 根竹板条置于两个侧支架之间，但我们立刻在测试模型中发现其稳定性方面的问题，于是改为由 4 根竹板条组合而成的长方形框架，并用 4 根同样的螺钉固着于两个侧支架之间，形成稳定的结构。

在以后的测试模型试验过程中，重心升高的吧台椅仍能给部分试坐者带来不稳定的感觉，尽管这种情形可以用主构件的材料弹性及其带来的某种柔性来解释，但我们仍然决定以此为出发点再用中国传统榫卯结构做出另一件实木测试模型。

与装配组合式的第一件测试模型相比，除了竹材与实木的材料区别之外，还有三个不同点：一是所有构件的联结均采用榫卯结构；二是踏脚构件的简化，只用一根木条以榫卯联结置于两个侧支架之间；三是侧支架形状由长方形改为梯形，由此保证更大的稳定性。与此同时，梯形的侧支架亦使该系列吧台椅具有叠落功能。

本设计为实现上述目的所采用的技术要点有如下方面：

（1）两种侧支架构件；

（2）坐面与靠背构件的构造模式；

（3）踏脚构件的两种模式。

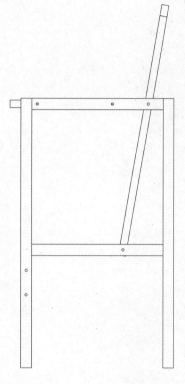

＊图 9.3

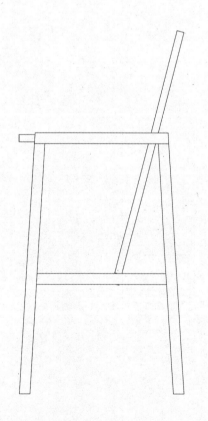

＊图 9.4

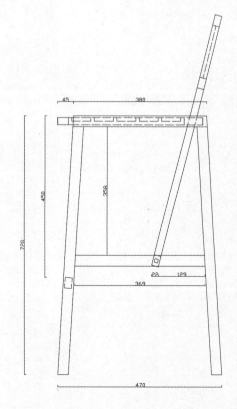

＊图 9.5

（1）两种侧支架构件

如上文所述，在本设计中，最初的侧支架是延续框架椅的基本设计理念，同时依吧台椅的功能要求拉长侧支架，使其重心升高。这种吧台椅在保持基本稳定性的同时，也带来更大的弹性，这种弹性对一部分使用者而言意味着更大的舒适性，但对另一部分使用者而言则有不稳定感。针对这种情况，直接的解决办法是加固侧支架本身，如直接加厚、加宽每个构件元素，或在横向与竖向元素之间加入牙条、牙角类装饰板，使其兼具结构与装饰双重功能［图9.3］。

另一种解决办法是由榫卯结构替换螺钉装配式模型，并将侧支架由长方形改为梯形，变直角支撑为三角形支撑，由此增强整个构架的稳定性，也顺便带来该吧台椅的叠落功能［图9.4、图9.5］。

（2）坐面与靠背构件的构造模式

在螺钉装配式的吧台椅模式中，坐面和靠背构件的基本元素仍采用此前框架椅系列中已发展成熟的几种合成竹元素，如边框元素（20 mm × 30 mm/R3 mm）和内板元素（10 mm × 58 mm/R3 mm）。但边框的构造有两种方式：一是坐面和靠背边框两侧边与侧支架连接的元素采用竖直位置；二是上述两侧边采用水平位置。两种构造方式只在整体构造系统层面有微妙区别，但后者因与踏脚构件构造相同，使整体吧台椅看起来更加协调。此外，上述两种方式所使用的连接螺钉的长短有所不同。

在榫卯结构的吧台椅模式中，可采用硬木如酸枝木，则其基本元素的尺度可与上述合成竹材的基本尺度相对应，仅稍做调整，如边框元素为 24 mm × 30 mm/R3 mm，内板条元素为 10 mm × 54 mm/R3 mm，各不同构件间均用木梢插入式连接，以达到足够的稳定性。

（3）踏脚构件的两种模式

第一种踏脚用于螺钉装配式吧台椅，是一种长方框形式，用4根螺钉固着在2个侧支架之间。该踏脚构件除了用于落脚之外，亦是整个吧台椅的结构稳定构件之一。

第二种踏脚则是一根实木，以榫卯结构固着于2个侧支架之间。榫卯结构本身能保证该吧台椅的整体稳定性［图9.6、图9.7］。

图9.3 吧台椅(螺钉装配，竖直式；付扬绘制)
图9.4 吧台椅(榫卯固定，梯式；付扬绘制)
图9.5 榫卯固定式吧台椅尺寸及榫卯位置(付扬绘制)

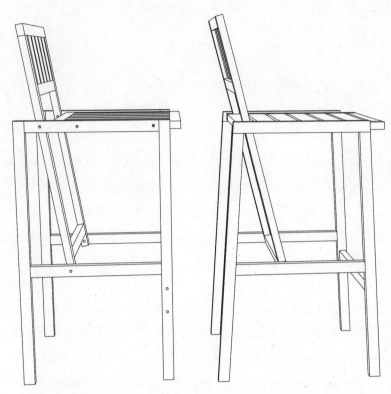

螺钉装配式吧台椅 [图9.8至图9.10];

榫卯固定式吧台椅 [图9.11至图9.13];

综合图示参见 [图9.14、图9.15]。

具体尺度见本章相关图例。

图9.6 两种吧台椅侧面(付扬绘制)
图9.7 两种吧台椅透视图(付扬绘制)

∗ 图 9.6

∗ 图 9.7

图 9.8 螺钉装配式吧台椅三视图（付扬绘制）

* 图 9.8

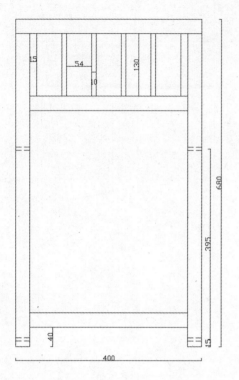

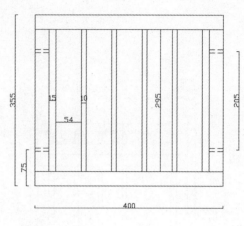

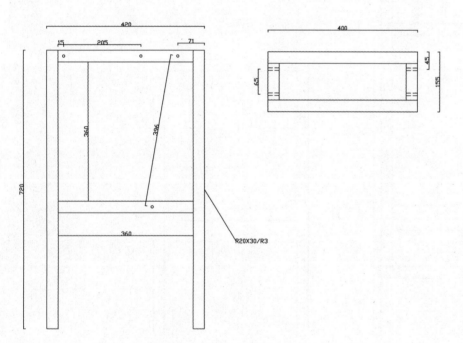

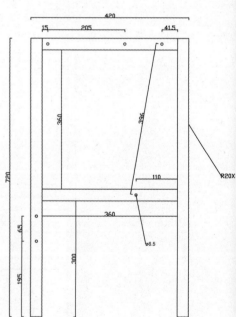

图 9.9 螺钉装配式吧台椅尺寸图之一（付扬绘制）
图 9.10 螺钉装配式吧台椅尺寸图之二（付扬绘制）

＊图 9.9

＊图 9.10

图 9.11 榫卯固定式吧台椅三视图(付扬绘制)

* 图 9.11

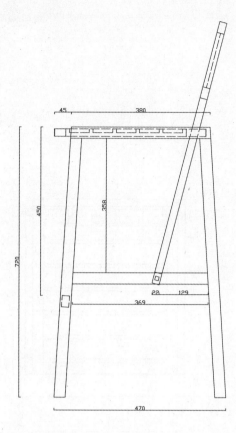

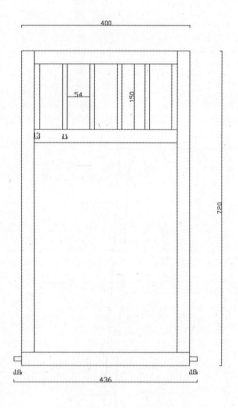

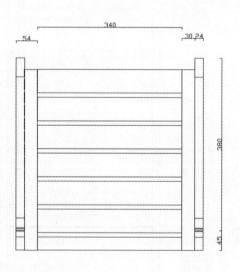

图 9.12 榫卯固定式吧台椅尺寸及榫卯位置（付扬绘制）
图 9.13 榫卯固定式吧台椅尺寸（付扬绘制）

＊图 9.12

＊图 9.13

图 9.14 螺钉装配式吧台椅（陈晨摄）

＊图 9.14

图 9.15 榫卯固定式吧台椅（陈晨摄）

* 图 9.15

9.3 创新要点：由框架椅模式转向榫卯结构获取多样性

本设计的革命性创新及有益效果表现在如下几个方面：

首先是对现代休闲生活中酒吧及咖啡厅环境建设的一种积极回应。新的生活方式需要相应的室内环境与家具设计。当今中国的各类酒吧、咖啡厅的家具大多为两类：一是直接来自欧美的舶来品或仿制品；二是用中国传统家具暂时充当新式功能的载体。它们当然都可以暂时担负相应的功能，但绝非恰当更远非完善。本设计在理念上基于对中西方家具文化的融合，希冀从现代和传统两个方面入手发现新设计的切入点，再结合本设计人此前发展多年的新中国主义家具设计系列，从中发展螺钉装配式的吧台椅，再在测试过程中加入榫卯结构的吧台椅变体。

其次是本设计的构思过程是对新中国主义设计美学在设计方法论层面上的一种发展，以此丰富和完善新中国主义设计手法。设计的认知过程最初始于对当代中国吧台椅现状的调研，而后决定发展出符合中国新时代生活方式的新型吧台椅，将现状中沉重的、假冒伪劣的、功能性脆弱的各类吧台椅发展成为轻盈舒适、健康美观并具品牌标志的新型吧台椅。在具体的设计方法方面，本设计人在调研后立刻能想到的是新中国主义框架椅的设计原理，由此发展为新型吧台椅。这是一种最便捷的中西方设计思想的快速融合，也是现代与传统的最直接对话，此后的过程是对测试模型的反复试验及设计反思，其结果则是对中国传统榫卯结构思想的深层认知，并由此发展出另一系列的由中国传统榫卯结构完成的新型吧台椅。在此，设计的民族性、功能性、思想性得到更多强调。

最后本设计的发展过程展示了本设计人对功能设计系统中不同方面的强调，这种不同方面的强调又进而发展为不同价值取向和功能场合的设计产品。例如，螺钉装配式的合成竹吧台椅为快速组装、包装及运输提供了最大方便，更适合大范围市场及国际市场发展的需求，并尤其适用于现代开敞的公共交流空间，其轻灵通透的设计个性及产品形象使之更方便随时移动并利于清洁。而由中国传统榫卯结构完成的吧台椅则更适合本地区项目定制的业主需求，同时也更强调中国传统文化元素的介入。

本设计的每一类产品都是一种原型设计，即由最基本的功能构建成基本生理功能完善的产品。但丰富多样的市场需求合理地提出更多心理功能的需求，本设计产品则可以装配构件满足各种心理功能需求。在本设计产品的每一个构件中，均可以在各元素交合部位加入牙条、牙角、牙板，这类附加构件均可以采用浮雕、透雕或彩绘方式进行装饰设计，从而达成心理需求，但同时这类牙条、牙角、牙板也是辅助性结构元素，它们会使吧台椅的整体构造更加稳定。各种辅助性装饰元素也是新中国主义设计美学的一种文化标志和价值取向，但它们决不局限于中国传统装饰图案范围内，亦可依业主要求及市场需求选用全球各民族的传统或现代装饰图案。

总而言之，本设计由建筑场景的功能分析入手，发展新中国主义设计美学的新品类，设计的过程既是设计理念在中西方文化的穿越，也是设计手法在功能需求和装饰取向中的游离和选择。产品的设计取向先偏向正在发展成熟中的新中国主义框架椅模式，再转向中国传统榫卯结构，并在此过程中获得产品的多样性。这是一种合理而丰富的设计发展模式，也是一种永远被期待也永远处于发展完善状态的设计模式。

本设计涉及一种新型的现代化多功能凳，采用可拆装结构，用设计好的四个构件，以螺钉相联结。本设计产品采用合成竹材制作，以单向竹板条为基本元素构成本产品的四个构件，充分利用了合成竹材料中单向板的最佳强度特性，完美符合生态设计的原则。本设计产品的结构采用框架设计原理，依不同功能需求在形式、尺度、比例诸方面可进行多种组合，既可用作坐具，也可用作台面及茶几等日用形式。本设计的可拆装结构使产品的包装和运输更为便利。

10.1 设计构思：引向设计产品人文功能主义特征的建立

（1）凳子是人类最古老的家具类型之一，虽然没有非常确切的证明论证，但世界各大文明古国的考古发现早已能证明这一点。人类遗留至今最早的凳子实例来自古埃及墓葬，那里出土的大批最古老的家具却也构成了最成熟的家具体系之一，由此可推及这类家具在此前已有相当长时期的发展。在古埃及的凳子系列中，框架凳和折叠凳形成两大主要凳子类别，并对以后的古希腊、古罗马及欧洲各国产生了持续而系统的影响。在以后数千年的欧洲家具系统的发展史当中，凳子的设计基本上没能突破古埃及的框架凳和折叠凳的范畴。

（2）中国家具的发展源远流长，最终形成影响深远的世界两大家具系统之一。直到汉代的中国人都依从席地而坐的生活习俗，但魏晋南北朝至隋唐期间中国人开始经历日常生活习俗的根本性改革，即从席地而坐转向高坐式，而其高坐式生活习俗的最早坐具则为凳子，而后是椅子以及其他坐具。中国坐具的发展虽有佛教传播的影响和北方游牧民族的部分基因，但更为本质的发展动力则是人们适应环境的生活追求。在家具设计中追求舒适和健康是中国古代家具发展的首要动力，中国古代

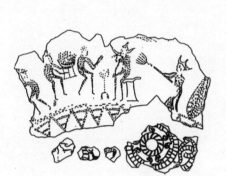

* 图 10.1

* 图 10.2

* 图 10.4

* 图 10.5

* 图 10.3

家具由此成为最经典的人文功能主义产物。

（3）中国在古老的席地而坐的时代就已产生了坐凳的家具模式，尽管远未普及，但毕竟是一种影响后世的设计思想的萌芽。我们现今能看到最早的古代中国坐凳图像资料来自西周时代的青铜刻绘，描述的是一种框架凳［图10.1］。框架凳是中国凳的第一种基本模式。随后我们在汉代墓葬的壁画中发现了鼓墩式坐具，其图面上的功能虽用于杂技表演，但其造型却指向中国凳的第二种基本模式，即中国鼓墩凳［图10.2］。中国凳的第三种模式则是源自古埃及经北方游牧民族传入中原的折叠凳了。

后来在中国大地上被广泛使用的这三种凳子类型在中国的发展轨迹各不相同，长的有数千年，短的也发展了近两千年，其中，折叠凳即为早期的胡床［图10.3］，基本上源自西方及北方游牧民族，其最终极来源应为古埃及。中国鼓墩凳的来源应与西域和印度有更多关联；而框架凳则是地道的中国本土发明。

（4）折叠凳最早源自古埃及及和古西亚地区，四千多年前的图像和实物表现出这种家具在当时已达到非常成熟的地步［图10.4、图10.5］。折叠凳除在欧洲由古希腊、古罗马继承发展之外，也逐渐开始向东方传播，并至迟在北魏已在中国北方出现。折叠凳早期在佛教圈中使用居多，但隋唐以后则出现在宫廷及民间，宋元时代折叠凳使用日益广泛，到明清则已成为老百姓的日用器物了。中国古代设计贤哲们对折叠凳这种家具类型进行了深入细致的思考研究，并最终发展出种类繁多的折叠椅系列，贡献出与欧洲式折叠椅形式完全不同的中国式折叠椅，与此同时中国折叠凳也日趋完善，并在中国各地城乡广泛使用。而鼓墩凳在中国广泛出现的时间大致与折叠凳出现的时间相同，并与佛教在中国的广泛传播有关。鼓墩凳在唐宋宫廷中大量出现并被设计成多种引申模式，但竹藤编

制的鼓墩凳则在唐宋600余年间被社会各个阶层广泛使用，到明清时代，用硬木制作的各种精美鼓墩凳已成为财富的象征和时尚的标志，同时也成为典型的中国家具文化的符号［图10.6］。

（5）中国框架凳的基本构架出现很早，但发展很慢，真正普及于广大民众的生活空间是在唐宋时代，从《清明上河图》中可以看到中国框架凳的无所不在的使用［图10.7］。在长期的发展中，中国框架凳的设计师和制作工匠们创造出不可胜数的绝妙设计模式，它们不仅出现在唐宋元明清的绘画以及其他图像资料当中，而且以实物存在于中国各省市各地区，是中国老百姓在日常生活中所使用的最基本的家具。中国框架凳大致分为三大类，即有束腰框架凳、无束腰框架凳和条凳，它们是本设计多功能凳系列的主要灵感源泉［图10.8、图10.9］。

图10.6 中国明式坐敦实例［晋作；引自马科斯·弗拉克斯（Marcus Flacks）《中国古典家具》（*Classical Chinese Furniture*）］
图10.7 北宋张择端《清明上河图》局部（引自北京故宫博物院藏《中国古代绘画》）
图10.8 明代画家仇英《汉宫春晓图》（绢本重彩，纵30.6 cm，横574.1 cm，台北故宫博物院藏）
图10.9 宋画中的框架凳（引自《宋画全集》）

＊图10.7

＊图10.8

＊图10.9

＊图10.6

（6）中国框架凳同中国其他门类的家具一样，都曾启发现代西方设计师创造出一大批为新时代服务的现代家具，其中包括现代凳子的设计。如维也纳学派的旗手奥托·瓦格纳用金属方管为支架设计出现代框架凳；又如芬兰建筑大师阿尔托首先发明合成胶合板，而后再用胶合板设计制造出极为简洁明快并可叠落的多功能凳［图10.10］；再如丹麦设计大师娜娜·第赛尔则关注传统竹藤编制工艺，设计出一批将现代功能与传统工艺有机结合而生成的现代编凳［图10.11］。此外，世界各地更多的设计师或从历史传统出发，或从材料研发入手，或将二者结合，创造出一大批新型框架凳。

（7）本设计作为新中国主义设计风格的一种尝试，以传统设计智慧为创作灵感，通过对中国古代几种凳子的考虑，选取框架凳作为灵感原型，而后依据生态设计原则考虑材料的选用及构件尺寸的确定，再依据人体工程学的功能需求确定本设计多功能凳的比例关系，最终创造出一系列简洁至极少主义的构件系统。本设计的构思过程力求科学化、系统化和人性化，最终达成一种科学设计方法，使每一设计步骤条理分明、功能合理，由此引向设计产品以人为本的人文功能主义特征的建立。

（8）本设计最初的创意是设计一种简便且易装配的功能小凳，因其轻便而可被置放于任何空间的角落。但随后发现其多功能的含义可扩展至更广泛领域如茶几、小桌等家具，具体只需调整局部或全部构件的尺度而已，同时保持设计的整体系统不变，节点连接方式不变，材料及构件造型语言不变。此外该系列多功能凳亦可用作休闲椅和阅读椅的脚蹬。本设计最终确定的4个构件加8根螺钉的装配式模式能保证该产品的装配、更换、包装及产品运输都达到简洁高效，在用户体验设计方面亦能取得令人满意的效果。

＊图10.10

图10.10 20世纪30年代阿尔托设计的三足可叠落凳（作者摄）

图10.11 20世纪50年代丹麦设计大师娜娜·第赛尔设计的藤编坐凳和座椅［引自亨里克·斯滕·莫勒（Henrik Sten Moller）《娜娜·第赛尔之书》（The Book of Nanna Ditzel）］

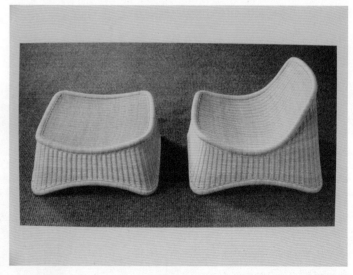

＊图10.11

10.2 设计实施：方案历程、技术要点与基本尺度

本设计的首要目的是以现代空间的思维考虑创造出一系列可广泛用于多种场合、多种目的的多功能凳。自从中国人民从席地而坐转入高坐式文化习俗的一千多年来，各种中国凳始终是中国任何家居生活当中无所不在的家具。这其中由中国本土发明产生的框架凳成为中国凳的主体，它们丰富的文化内涵和多姿多彩的设计手法成为本设计的直接设计灵感之源。

本设计的第二个目的是力图综合多学科的相关知识创造出一种科学化、系统化的设计方法，为现代设计学的发展做出贡献。通过框架凳的设计创造出一系列现代空间的多功能凳类型，在中国家具最简单同时也最普遍运用的类型中全方位运用生态设计原理、人体工程学原则和用户体验设计模式，同时结合几何学、材料学和机械学等传统科学的基本内容使本设计的产品制作建立在科技与创意密切结合的基础上。

本设计的第三个目的是通过视觉传统中最简单的多功能凳的设计过程继续探讨本设计人提倡并发展多年的新中国主义设计的内涵，力图通过新的功能探索和设计语言的尝试丰富和发展新中国主义设计风格，尤其从材料的选择和节点的设计入手探讨新中国主义设计手法的多样性。

本设计的第四个目的是对现代家具的多功能性进行更深入的讨论，通过多功能凳这种最简单的现代坐具模式切实探讨现代多功能家具设计的某种极限意义。本设计中的产品系列由各种尺度的凳类到不同功能的桌几，再到延伸功能的格架，充分反映出现代家具对空间的积极体现，并由此为现代人的日常生活带来极大的便利和舒适。

再使用同样的方法做出测试模型并请人反复试坐，对其稳固性进行测试后再做细微的修正，最后构造的定型已是多次测试并修正的结果。

在用于坐具功能之外，本设计人开始考虑该构件模式用于茶几或其他日用小桌的可能性，并设计出一种加覆玻璃桌面的茶几。该茶几的基本框架与上述小凳完全一样，唯有坐面中空，取消板条元素，而用一块 660 mm × 740 mm × 10 mm 的普通玻璃代之。茶几的整体尺寸为 450 mm × 660 mm × 800 mm，同样由 8 根螺钉装配而成，经测试后使用方便，简洁易动，透明而富有现代感。

本设计发展至此便开始考虑产品出口运输之细节，同时考虑不同文化背景的用户对产品色彩的选择，于是在竹材本色之外开始考虑油漆其他颜色。我们分别用白色和黑色的自然漆涂在合成竹的表面，其色泽适中，并能隐约透出竹材纹理。此外用其他色泽的自然漆亦可，从而提供更多的色彩选择，为用户设计提供足够的选择余地。

本设计除普通板条坐面之外，亦可使用软包坐面，以适应某些场合对舒适度的特殊要求。

本设计的起因源自一种观察：在多年观察中国各地区各种凳子类型的家具的过程中，我们发现大多数设计与制作有某些创意的产品都精美且昂贵，但都缺乏多功能性的现代化需求；与此同时大多数廉价的产品都不够精美，并且在日常使用中也缺乏耐久性。因此本设计人决心创造出一系列新型的多功能凳并使之物美价廉同时功能多样。

上述观察引发本设计人开始构思一种能够用于多种场合、多种用途的多功能凳。除物美价廉和功能多样之外，本设计人亦希望此凳能达到轻便易带且拆装方便的状态，并因此开始考虑用合成竹材料作为基本材料。

我们首先设计并绘制一种 450 mm 高的普通小凳，然后做出测试模型，采用 8 根螺钉装配完毕后开始由不同体量的使用者进行测试。然后又设计并绘制一种 380 mm 高的矮型小凳，但凳面由前者的 400 mm × 450 mm 变为 500 mm × 420 mm，

本设计为实现上述目的所采用的技术要点有如下方面：

（1）极简主义原则下的侧支架构件；

（2）"丁"字形坐面支承构件组合；

（3）8 根螺钉的装配模式。

要点分述

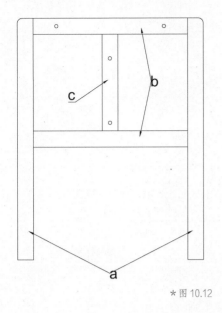

*图 10.12

*图 10.13

*图 10.14

图 10.12 多功能凳侧支架
构件（付扬绘制）
图 10.13 "丁"字形坐面支
承构件（付扬绘制）
图 10.14 8 根螺钉组合方
式（付扬绘制）

（1）极简主义原则下的侧支架构件

本设计的侧支架构件［图 10.12］采用一种彻底的功能主义的原型设计，即其中的每一个元素都是极简到极致，整个构件没有任何多余元素，所有的功能元素组合成的侧支架构件展示出一种新中国主义设计美学中最洗练的部分。本设计的侧支架造型语言以"冂"为核心，其中两根竖向支杆为 a 元素，两根横向撑杆为 b 元素，中间竖向连杆为 c 元素。这三类元素均选用平压合成竹材，尺寸为 20 mm×30 mm/R3 mm 圆角外观，除足部接地部分外其余部分外转角均为取 R10 mm 圆角。

本设计的产品为多功能凳，即该系列产品有多种不同的比例尺度对应不同的使用功能，换言之，上图中 a，b，c 诸元素的尺度随不同使用功能而变化。但本设计力求有几处相对尺度保持不变：一是上部横向撑杆 b 上面两个用于螺钉连接的钻孔位置，不管 b 元素尺度如何，两个钻孔距两边的距离均取 45 mm；二是中间竖向连杆 c 元素上面两个用于螺钉连接的钻孔位置，亦不论 c 元素本身的尺度如何，两个钻孔中下部端头的距离取 15 mm，上部端头距离随多功能凳的中央联结构件尺度而定。

在侧支架构件的极简主义原型设计的基础上，我们可以依用户设计原则加入其他以装饰功能为主题的元素，形成系列产品，迎合市场需求。

（2）"丁"字形坐面支承构件组合

本设计的另外两种主体构件分别连接两个侧支架，即水平放置的凳面和竖直放置的中间支撑构件，它们之间形成"丁"字形组合［图 10.13］，但实际上两个构件并不接触，而是用一种数学延伸的方式维持着整个设计的稳定。

水平放置的凳面，可用作坐面、桌面、几面或台面，依该多功能凳的具体设计功能而定。该构件仍采用本设计人在以前的框架椅系列中发展成熟的合成竹板条构造，边框元素尺度取 20 mm×30 mm/R3 mm 且外圆角取 R10 mm，直接用作坐面中心元素的板条则取 10 mm×54 mm/R3 mm，再依具体设计功能所需的最终家具尺度确定板条间的间距，如本设计最初多功能小凳的坐面为 355 mm×400 mm，则其板条之间的间距为 10 mm，而板条与边框之间的间距则为 15 mm。

如具体的设计功能为玻璃茶几，则该凳面框架为普通边框，再将相应的玻璃几面直接覆盖其上；如具体的设计功能为软包脚凳，则在普通边框之上覆以软包元素，或选皮革或选纺织品，再决定色彩。

本设计的中央支承构件亦为极简主义原型设计，即单一框架，并依成熟的新中国主义设计风格取 20 mm×30 mm/R3 mm 合成竹板条，且外圆角取 R10 mm。

（3）8 根螺钉的装配模式

本设计中 8 根螺钉的装配模式［图 10.14］与此前完成的框架椅系列中以 8 根螺钉完成自主装配的方式是一脉相承的，它们都是极简主义的构造模式，是新中国主义设计美学的典型体现。另外本设计多功能等产品［图 10.15］的 4 个构件的拆装及运输模式的极简主义风格也是新中国主义设计美学的经典案例。

普通坐凳（高尺度实例）为 450 mm × 400 mm × 450 mm（长 × 宽 × 高）［图 10.16］；

休闲坐凳（矮尺度实例）为 500 mm × 420 mm × 380 mm（长 × 宽 × 高）［图 10.17］；

玻璃面小茶几为 800 mm × 660 mm × 450 mm（长 × 宽 × 高）［图 10.18］；

软包坐面脚凳为 500 mm × 420 mm × 400 mm（长 × 宽 × 高）［图 10.19、图 10.20］。

综合图示参见图 10.21、图 10.22。

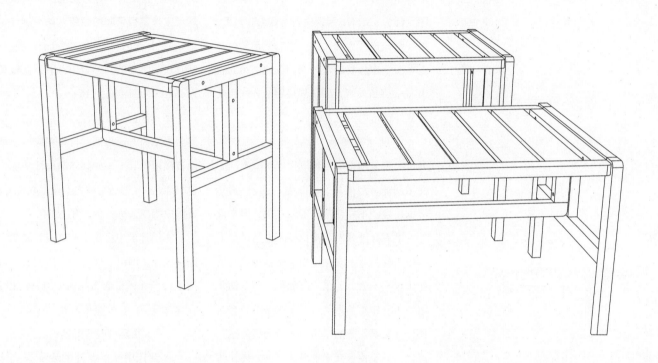

图 10.15 两种不同高度和功能的凳子（付扬绘制）

＊图 10.15

图 10.16 普通坐凳三视图（付扬绘制）

* 图 10.16

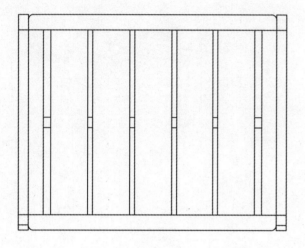
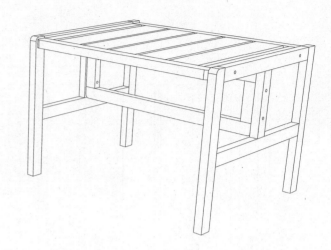
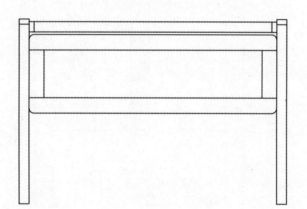
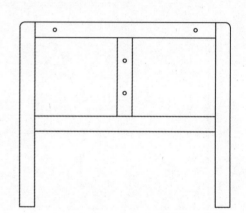

图 10.17 休闲坐凳三视图（付扬绘制）

* 图 10.17

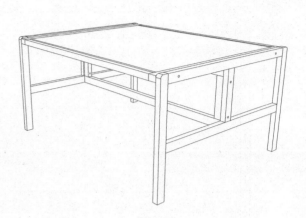

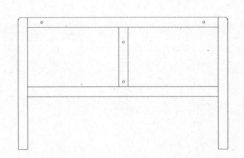

图 10.18 玻璃面小茶几（付扬绘制）

★ 图 10.18

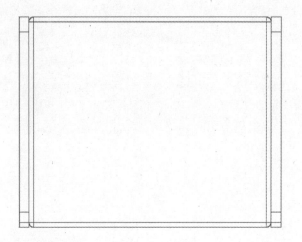

图 10.19 休闲软包坐面脚凳（付扬绘制）

* 图 10.19

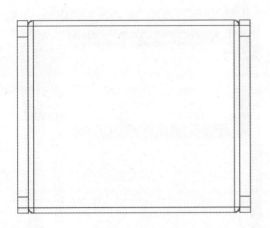

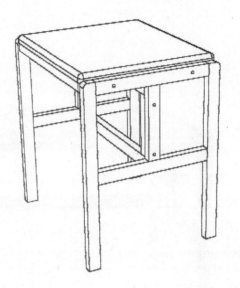

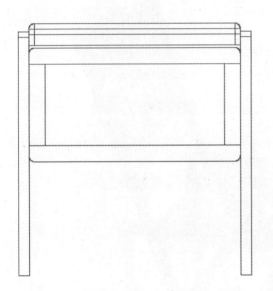

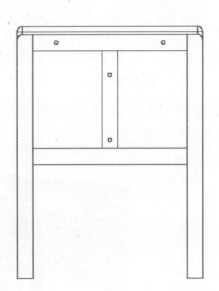

图 10.20 普通软包坐面脚凳（付扬绘制）

* 图 10.20

图 10.21 休闲（左）和多功能（右）两种坐凳（陈晨摄）
图 10.22 和其他系列椅子搭配使用的坐凳（陈晨摄）

* 图 10.21

* 图 10.22

10.3 创新要点：最具原型意义的元素达成极简主义的原型设计

本设计将系统化研究与设计过程密切结合，自然而然得出合理的设计产品，这其中蕴含的革命性创新及有益效果有如下几个方面：

第一，本设计的构思过程本身就是某种意义上的设计史论研究。通过系统考察东西方主要家具系统中凳子的发展历程及相关实例研究，归纳总结出人类历史发展中这类使用最广泛、历史最悠久、设计最具原型意义的家具所具备的基本元素，最终达成生态学意义上的极简主义原型设计。

第二，本设计对设计方法论的探讨是对现代设计进入科学化设计学研究的一种推动和具体进展。通过对设计产品每一构件的科学化、系统化设计，将设计构思的全过程融入生态学、人体工程学、几何学、机械学、材料学、心理学和人类行为科学等诸多科学分支当中，从而使本设计成为一种现代设计科学意义上的研究案例。与此同时，本设计产品中的每一构件所依据并展示的极简主义美学传统也是现代艺术精神对本设计的影响标志，现代设计的灵魂往往来自现代艺术的创意思维和哲学理念，本设计也因此成为现代设计与现代艺术密切结合并走向成功设计的典型案例。

第三，本设计由产品名称"多功能凳"入手，展开对凳子功能的原型研究及其多样化的系统探讨，并在此过程中逐渐明晰本设计在设计科学意义上的本质要素，并自动转化为对组成框架凳的四个构件的系统研究。新中国主义设计科学影响下的多功能凳由此具备不同的功能内涵。本设计引导使用者和广大民众对凳子进行深入思考，而后进入多功能凳的设计实例研究。

第四，由科学而系统的研究型设计过程所产生的极简主义的多功能凳的原型设计，其自身不仅成为现代设计的经典实例，而且成为无穷尽的设计变体的起点。以原型设计为基础，人们能从装饰元素的形成和色彩、软包构件的色彩及面料质地种类，以及构件的尺度等方面引发多功能凳的千变万化的积极结果，由此具有现代用户设计的意义。

第五，同本设计人此前设计完成的框架椅一样，本设计用 8 根螺钉装配多功能凳的连接方式使本设计产品的包装、运输及用户自主装配诸环节都能达到简捷方便、接近理想状态的境界。

本设计涉及一系列新型座椅——现代阅读椅，它们可以被用于家庭办公室，公共交流场所、大学及各类图书馆等多种功能空间。本设计的构思与实施分为两个阶段：第一阶段是对现代阅读椅基本构架的研究、分析、选材并最终确定一系列设计模式。该阶段的重点是依据人体工程学的基本原则和生态设计原理对阅读椅的各个构件进行分解设计，以合成竹材为设定中的理想材料设计出现代阅读椅的几种基本模式，使其本身满足阅读与休闲的基本功能并同时成为最为经济合理的构架模式。

本设计的第二阶段又可分为前后两个部分：前期的软包坐面及靠背设计使本设计的阅读椅在人体工程学方面达到更理想的状态，同时也伴随着相应框架基本构件的调整和修改；后期的设计则在软包坐面及靠背设计之外又增设了对各基本构件选材色彩的研究及定型，由此形成现代阅读椅丰富多彩的类型及样式选择。

本设计中以合成竹板条为基本材料，力求达成对这种现代生态材料的适宜及恰到好处的运用，在遵循生态设计原则和人体工程学原理的前提下，充分展示合成竹板条的强度、弹性及材料纹理。与此同时，本设计亦可采用红木等硬木以同样尺度制作阅读椅，但如用普通木材，则需适当加宽、加厚每一构件中各个构成元素的尺度。无论使用竹材或木材，各个构件中的每一元素之间均以中国传统榫卯结构联结，但每个构件与其他构件则用现代金属螺钉连接，由此形成充分考虑用户体验的可拆装式现代阅读椅系列，从而使从生产包装到运输的全过程都经济合理且简捷有效。

11.1 设计构思：源自对现代阅读椅舒适度的深度追寻

（1）人类自从发明了文字，就有了阅读。随着人类文明的发展进程，人们需要越来越多的阅读，从而使阅读状态成为人类文明一个重要的标识因素。人们当然可以站立阅读以处理瞬间发生的紧急事务，但更多的阅读需要更长的时间，因此对于绝大多数民族而言，坐着阅读便成为日常生活和工作中的标准和恒定状态。从考古史料中我们可以看到，世界各民族在不同的历史发展时期都能展现出不同式样的用于阅读的座椅，其中的大多数展示阅读状态的座椅当然也会用于其他的功能场合，但也确实有某些被用于阅读状态的座椅主要用于阅读，并可称之为阅读椅，例如在中国古代图像资料和实物考古史料中，尤其是从宋代到清代的绘画和版画资料中，我们可以看到大量阅读椅的形象资料［图11.1 至图11.3］。

（2）在世界各民族的家具发展系列中，中国家具展示着最完整、最典型的人文功能主义传统，而中国座椅设计又是其中最有代表性的家具品类，这来自一个独特的历史事实：中华民族的整个日常生活方式从公元8世纪到10世纪的大约200年间，完成了从席地而坐到高坐式的彻底转变；从宋代开始至今的1 000年间，中华民族发展出足以引领世界日常生活方式潮流的座椅系列。中国家具系统中名目繁多且功能各异的座椅构成了中国家具中最大的类别。自唐代以来，各类座椅都能成为国家的象征、家庭身份的标准、财富的符号，以及生活方式的代表。在中国，从东到西、从南到北，我们始终能看到基本结构相同但材料及装饰细节各异的中国椅系列，它们构成了中国人日常生活方式的核心元素，同时直白而明确地展示着中国人生活与工作状态的不同方面，这其中的阅读椅是中国座椅中最为优雅又最具功能创新意识的家具。

（3）作为世界四大文明古国之一，同时也是世界上唯一从创世到现今从未中断

＊图 11.2

＊图 11.3

＊图 11.1

过人类文明的国家，中国的文字起源甚早，经历代文化的不断发展，中国文字不仅是日常交流的记载工具，而且演化成中华民族的最高艺术表现方式，正如中国书法和历朝历代的书法家在中国始终享有崇高的地位。中国文字是世界上延续时间最长又始终连续使用的最古老文字。与之相应的，中国人为书写的方便而发明了纸张，又为文字的传播而发明了活字印刷术，再为文字阅读的方便而发明了各种装订模式，而生活和工作中对阅读越来越多的需求自然引导着中国阅读椅的设计、发展和广泛使用。在唐代以前的考古资料中，中国人尽管大多仍然席地而坐，但当他们有阅读行为时，都会配置相应的阅读桌或阅读几，由此反映出中国人对阅读的尊重以及相应的对阅读方式的探索，这种探索到了宋代以后，当中国人进入高坐式时代，终于结出丰硕的家具设计果实。中国家具系统中每一门类中的每一件家具都是日常生活和工作需求的产物，都是典型的古典人文功能主义的设计成果。每一件中国古典家具，其生产和发展一定依赖于人们对生活舒适的追求和对工作效率的关注。中国古代长期行之有效的文官系统实际上也是一种文件阅读系统，而且这种文件的发明、制造和阅读并非局限于文官阶层当中，我们可以经常看到武将阶层也有惯常而系统的阅读状态，中国社会的其他阶层也都存在着行有定规的阅读状态。其中最引人注目的就是女红阶层和青楼阶层，她们的日常生活基本上以阅读和手工制作为核心，而这两种活动都配有不同的家具尤其是座椅，明清时代的文椅或称玫瑰椅就是其中最著名的代表性家具。

（4）阅读是人类最高雅的行为，是人类文明发展的标志之一。无论是在中国还是欧洲，阅读都分为两大类，即工作阅读和休闲阅读，从而相应地发展出两种类型的座椅——普通阅读椅和休闲阅读椅。这两种类型在欧洲各国和中国历代的考古及图像资料中都有大量展现，使我们得以观赏东西方的前人们在什么样的姿态阅读。在中西方国家发展史的图像资料中我们可以观察出以欧洲人和中国人为代表的高坐式民族是如何发展其阅读习惯以及相应的阅读椅的。这种发展历程又与人类座椅的普通发展规律相符合，即由坐凳到简单的靠背椅，由靠背椅到扶手椅，由扶手椅到休闲椅，再由休闲椅到躺椅。人们的阅读生活在这些种类繁多的座椅当中充分展现，同时也逐渐能发展出目的性更为明确的阅读椅。如中国的文椅和欧洲的美人靠（沙龙用阅读椅，主要用于日常阅读和午间休息），而在中国从宋代开始出现到明清普遍使用的休闲阅读椅则成为中国封建社会晚期一道独特的人文景观。这在考古资料、传世绘画及版画图录中得以大量展示，它们是中国古典家具设计的经典文献。

（5）在中国，传世绘画和各类版画及画谱文献已经形成中国古代阅读椅的普通图像文章，从而能够使研究者和设计师从中发现中国阅读椅明确而又丰富多彩的发展脉络，这些脉络中的各类结点图式随即成为现代设计的灵感之源。中国传统绘画中最古老的人物画和最年轻的界画这两大门类都保存着代表当时生活习惯的座椅史料，其中大部分辅以色彩，从而使人们甚至可以体会出当时家具使用的材料品种。中国古代流传至今的各类丛书和画谱，尤其是儒释道三方的文献史料往往辅以精美的配图，它们为后人生动演示着当时的生活与工作状态，尤其是相关人物使用的座椅。而那些宋代以降尤其是明万历以来大量流传至今的木刻版画文献更是中国古代家具的资料库，如清中期画家上官周的《晚笑堂画传》中就有近四分之一的人物坐在不同的座椅上，其中的大部分座椅都是广义的阅读椅。再如晚清画家吴友如等人用石版画刻印的《点石斋画报》中的四千余幅图像则为人们展现了清代晚期中国社会的方方面面，包括大量描绘室内生活及家具的内容，其中大量的阅读椅至今仍存在并被使用于中国南北各地［图11.4］。

* 图 11.4

（6）本设计人在研究世界家具发展史时，切实发现世界家具的两大主体系统，即中国家具系统和欧洲家具系统都各自发展出自成一体的、适用于彼时日常生活的家具体系；而同时，当我们现代研究者站在当代生活和工作需求的角度观察和思考传统设计智慧时，则会发现中国家具系统和欧洲家具系统又以不同的方式为当代社会贡献出不同的设计思维和手法，从而使当代设计师轻而易举地建立起现代家具的新思潮。总体观之，中国家具更多的是从结构和构造的角度发展家具，这主要是因为中国家具的发展完全是功能主义的产物。日常功能的直接需求引发设计原点，随后发展出解决问题的方法，这一过程又伴随着中国人的主流生活方式从席地而坐到高坐式的惊人改变，这一改变彻底颠覆了中国唐代以前以席箱为主体的日常家具体系（如同当代日本、韩国的日常生活模式），而转化为以桌椅为主体的高坐式日常家具体系，桌椅的尺度又决定着床、柜、架、格等其他所有的中国日常家具门类尺度。这中间所有转化及发展过程都以家具功能结构的进化为根基，同时中国家具从发展演化之初即与中国传统建筑的构造思想完全一致，由此发展出突出结构及构造功能的木构榫卯系统，实为以古典功能主义美学为典范。而与中国家具系统并行发展的欧洲家具系统则遵循着另一条发展演化的轨迹。欧洲的物质文明源自埃及文明和两河流域或称之为美索不达米亚文明，这两种古老文明虽都早已不存在了，但都是人类熟知的古老文明。近现代考古成果向人们展示出埃及古文明高度发达的物质文化成就，其种类繁多的日用家具早已达到非常成熟的境地，即便用当代设计的标准来衡量也丝毫不逊色。后来的古希腊和古罗马文明在相当大程度上继承了古埃及

和古西亚美索不达米亚文明，并在诸多方面发展多于继承，然而在家具方面，则明显是继承多于发展。从现有的考古资料及遗留文物来看，古希腊和古罗马在家具方面并没有超越古埃及的成就，而且有趣且引人深思的是，这种情形或称为文化发展的传统在欧洲以后的家具发展中始终占主导地位。换言之，欧洲在几千年的家具发展中并没有跳出古埃及文明创造的设计原型，直到近代来临，中西方的深入而广大的文化交流才产生了革命性的家具设计果实。在欧洲3 000年左右的家具发展历程中，有两大主题是其发展的关键：其一是装饰主题的演化；其二是对生活舒适度的追求。后者直接引发家具设计中尤其是座椅设计中软包体系的发展，其结果是以欧洲的沙发为主体的软包系列家具蓬勃发展及后来对全球的广泛而持久的影响，这种影响经过与中国家具系统碰撞及结合，产生了"国际式现代家具"，从某种意义上来理解，这种文化交融的结果也是当代信息社会的标志之一。本设计的阅读椅系列，即从中西方文化交融的宏观背景入手，具体到设计思想及手法，则是全面思考中国传统家具中的结构要素和欧洲家具系统对舒适度的追求，进而将两者有机结合，最终完成一系列现代阅读椅。

（7）从中国古代的图像和文献资料中，我们看到家具大都以表现基本结构为主，极少装饰成软包修饰内容，而这也

正是中国传统家具的精华所在。功能主义思想主导下的结构思维及由此引发的以榫卯系统为主体的构造体系是中国家具的灵魂，是中国家具奉献给人类的宝贵文化遗产。它们最终在20世纪初经过与欧洲家具系统相关元素的历年交融磨合，诞生了现代家具系统。本设计从一开始就思考中国传统家具中座椅的基本元素，进而考虑现代阅读椅的组成元素，在此基础上试图完成本设计的结构设计。再看欧洲传统家具的图像及文献资料，从古埃及到古希腊、古罗马，从哥特到文艺复兴，从巴洛克到洛可可再到新古典主义，虽时达3 000年左右，却鲜见功能及结构的根本性进化，只见装饰主题的反复更替。然而在这种装饰主题的替换演化的过程中，欧洲社会发展出对日常生活舒适性的系统性追求，这种追求同时也伴随着欧洲社会对科学与技术的追求，因为最终舒适性的达成毕竟有赖于科学与技术手段的支撑，其最典型的表现就是化学的发展带来各种泡沫塑料的合成并进而批量生产，从而成为达成舒适性的最重要材料。相比之下中国传统家具中座椅和床榻系列中满足舒适性追求的办法则是采用竹藤编织物和纺织品装饰面料。两者比较，虽然各有千秋，但中国的竹藤编织及传统纺织品面料在传统意义上都是手工制品，难以进入现代化工业批量生产，因此在现代家具生产的全球化时代，只能日渐退出家具软包的主流角色。本设

计的第二阶段思维即集中于阅读椅的软包设计，借助于欧洲传统沙发的软包设计经验，设计出符合阅读功能的现代阅读椅系列。

（8）一般来说，阅读椅的概念有两层含义：其一是工作阅读，多用于普通的扶手椅，其原型则是中国传统书房中的文椅；其二是休闲阅读，多用于躺椅类型的扶手椅，其原型是中国传统的春椅或休闲椅。而现代生活中对休闲椅的理解更倾向于后者，即休闲阅读式，这也是本设计的内容。从座椅的基本构造上看，普通扶手椅的主体构件是坐面和靠背，而阅读椅的主体构件则是坐面、前背和靠头，从而更强调人们在用心阅读这种专注情形下对背部和头部的深层关注。尤其是靠头构件的设置，为使用者在阅读过程中间歇性后仰式休闲提供了人体工程学意义上的健康支撑，从而方便人们在阅读和仰头靠在靠头构件上的休闲这两种状态中置换，防止过度疲劳。本设计的创意核心即在这三个主体构件之间寻求合理的位置及相关角度。在中国传统休闲椅的设计实例中，很早就有靠头构件的设计，如宋代的荷叶托及明清大量使用的靠枕式构件，都是功能明确的靠头构件设计，但其设计构思都是依附于靠背框架的。本设计的设计构思则力图在靠头构件的设计方面突破前人依附靠背框架的思路，而以独立设置的靠头构件代之，从而形成更大、更灵活的可调节性，同时也力求为产品的装配和更换提供方便的可能性。

（9）本设计的阅读椅的基本框架源自中国传统框架椅，更直接来自此前本设计人构思完成的诸种框架椅系列。首先是侧支架的设计模式，沿用此前框架椅的设计法则，借助中国传统建筑和家具中的小料攒接方法进行侧支架的设计。相较于此前完成的普通框架椅系列，本设计阅读椅的侧支架构成更为丰富，其增大的面积为攒接连接手法提供了更大的发挥余地，在基

本框架之间，最先形成最简洁又受力合理的模式，如"目"或"目"式样，而后可演化成无穷尽的框架模式，如"目"或"目"或"目"或"田"或"目"等构图式样。当然，上述每一种侧支架的构图式样并非随心所欲的几何排布，而是建立在思考该阅读椅的坐面、靠背及靠头的位置及联结方式的基础之上，坐面、靠背及靠头的每处落点都必须落在侧支架的构建元素上，由此形成侧支架构件构图式样的形成条件。坐面、靠背及靠头的位置设置完全依据人体工程学的基本原理进行设计，其每一构件自身的设计同侧支架的设计一样，都严格遵循生态设计原则，力求以最少、最小的材料构件完成最大的功能要求，由此完成该系列阅读椅最基本的原型设计，随后再依据市场及个案的需求加入软包或构件装饰方面的内容。

（10）依据生态设计原则，本设计力求用最小的断面材料来达成最大功能，同时又能保持设计美学的一致性。因此本设计考虑两类材料：其一是硬木，如花梨木、红木、鸡翅木等；其二是合成竹材。两类材料都能达成本设计的功能需求同时又能保证设计美学的完整性，但合成竹材具有更深刻的生态设计方面的思想背景。同时合成竹材单向强度更大，弹性亦更大，尤其适用于坐面及背板和靠头构件。选定材料后即开始对坐面板、靠背板及靠头板三个构建要素进行协同式组合，最终选出若干种合适的角度进行组合。

（11）本设计阅读椅的基本形态是不施软包的框架式休闲椅，其坐面板、靠背板及靠头板均由纵向排列的细条竹板条组成，以保证弹性及相应舒适度。而后进入另一种类型的阅读椅设计，即软包式阅读椅。软包的引入是为增加舒适度，同时也引发产品外观、色彩及其材质的系列变化，但侧支架可保持不变。然而，软包的坐面板、靠背板和靠头板都要求相应构件的底框架只保留四周的基本框架，由软包面板

替代细条主板构成面板。

（12）本设计中阅读椅的侧支架及相应构件亦可采用其他尺度的构建系统，如将构件元素的单板尺度加大，从而使构图更为简洁，但更重要的是为了能够更好地适应加厚的软包坐面、软包靠背及靠头构件的美学体系。此外，作为基本结构的侧支架构成亦可沿用条形结构板条与块状加固元素的有机结合方式，如"目"或"目"或"目"等，其中块状加固元素的布置条件是给坐面、靠背及靠头构件提供连接的落脚点，同时这些不同大小、不同形状的加固板亦形成系统的构图，再加上不同色彩的搭配，更能创造出多样化的阅读椅系列。

图11.4 五代画家周文举《宫中图》局部（引自《宋画全集》）

11.2 设计实施：方案历程、技术要点与基本尺度

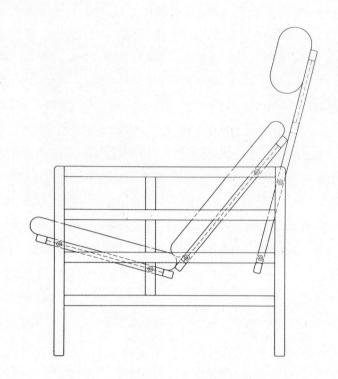

Bamboo　　　　chair XL　　　　TL-270207-FHYK 1:5

DESIGN TEAM
FANG HAI
YRJÖ KUKKAPURO
HELSINKI

* 图 11.5

本设计的目的首先是用现代设计的思维创造出一系列新型阅读椅；其次是尝试一种融会古今中外家具设计智慧的现代设计方法论，即在系统分析研究世界家具发展史的基础上总结归纳出适用于本设计案例的构思原型，继而用现代生态设计原则和人体工程学原理为设计依据进行现代家具设计；最后是延续本设计人此前已开始发展的新中国主义现代设计美学，使之能够在更广泛的功能需求中得到进一步的积极发展，并在这种发展中逐步完善。基于上述设计思想，本设计人最终在欧洲和中国的传统家具系统中发现并研究阅读椅的设计原型，进而使用其不同的设计要素作为本设计的创意起点，即中国传统阅读椅中的结构及构造体系和欧洲传统阅读椅中对舒适性的追求及其相应的设计手法。这两个方面的创意起点在设计过程中并非泾渭分明、非此即彼，而是彼此渗透、相互促进，交替进行中的灵感互动不断引发着本设计的构思进程，直至完成本设计的设计语言及具体手法。

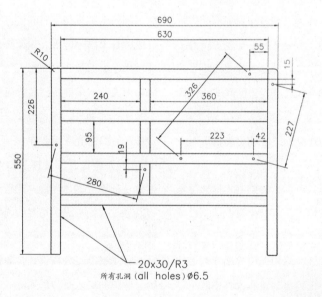

所有孔洞（all holes）Ø6.5

Bamboo　　　　chair XL

DESIGN TEAM
FANG HAI 270207-1FHYK 1:5
YRJÖ KUKKAPURO
HELSINKI

* 图 11.6

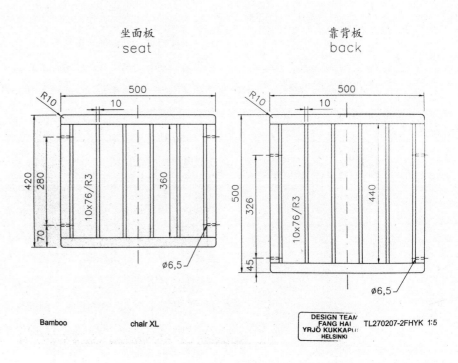

坐面板
seat

靠背板
back

Bamboo   chair XL

DESIGN TEAM
FANG HAI
YRJÖ KUKKAPURO
HELSINKI

TL270207-2FHYK 1:5

* 图 11.7

本设计基于生态设计的思想，对硬木和合成竹材都有进一步的探索和使用，在寻求最佳构造模式的同时也尝试不同的产品表达方式。与此同时，本设计也探讨色彩与材料的互动运用，为客户提供尽可能多样化的选择，而装配式的结构模式同样基于产品包装、运输的方便和自己动手制作（DIY）理念的贯彻［图 11.5 至图11.8］。

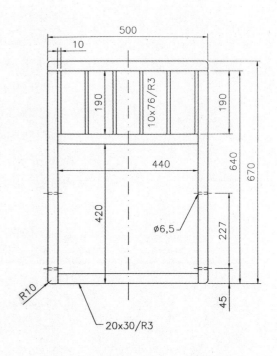

Bamboo   chair XL

DESIGN TEAM
FANG HAI
YRJÖ KUKKAPURO
HELSINKI

07-3FHYK 1:5

* 图 11.8

我们每个人都有不同的阅读习惯及相应的阅读姿势，这其中有健康的也有不健康的。本设计力图从建立人类健康的阅读习惯的角度出发，尝试一系列现代阅读椅的设计，以期用立足人文功能主义的现代家具设计的理念创造出一系列有益于身心健康的阅读椅，从而有机地结合生活、工作和休闲，用现代家具设计的理念引导新兴的、健康的阅读习惯。

阅读椅的概念是人类阅读习惯和人体工程学共同发展的结果。从广义上讲，人类可以在任何情形下阅读：站着阅读，坐着阅读，躺着阅读，行进中阅读等。但随着人类社会的发展，坐着阅读成为人类主要的学习方式，从而将健康的座椅设计与有效的阅读习惯紧密联系起来。从人体工程学的角度分析，人类在座椅上阅读时最易集中注意力，同时也最易进行与阅读并行相关的其他阅读活动，如写作、记录、讨论等。当书本成为人类阅读的主要客体时，人类主体与书本客体的关系便成为影响阅读习惯的关键因素，并因此成为阅读椅设计的首要思考元素。人类手持书本的阅读习惯自然引发人类对座椅扶手的需求，因此阅读椅必须是扶手椅，尽管人们在其他座椅上也能达成阅读的功能。随后，阅读的时间性因素对趋向于专业设计的阅读椅提出了进一步的要求：在相对长时间的阅读活动中，人们需要更舒适的坐姿，同时也需要间歇性休息的动作，于是相对低位的休闲椅形态和靠头构件成为现代阅读椅的构成元素。至此，现代阅读椅的"设计任务书"趋于完整，本设计人开始构思该系列阅读椅的基本框架。

本设计阅读椅基本框架的设计实际上是两套构件体系的相互交融并最终确定构造定位的过程，即一对侧支架组成的一套构件和由坐面板、靠背板及靠头板组成的另一套构件。本设计人对这个基本框架的设计构思完全来自对中国传统家具的研究分析，其侧支架的简化式攒接构造来自中国传统建筑及家具实例中的格架及门窗设计模式，坐面、靠背及靠头构件的面板基本构造亦源自中国传统建筑及家具中的板条式面板设计模式。这些基本构思引导着本设计的构思演化进程，在最初的设计图完成之后，设计人团队制作出两件测试模型，通过坐面、靠背及靠头构件在不同位置的角度变化来调整阅读椅的合适的或最佳的构造方式［图 11.9］。

现代人的阅读量越来越大，无论是传统图书阅读还是电子阅读都呈现同样的发展态势，因此对阅读椅的要求也越来越专业，这些要求主要体现在坐面、靠背、靠头的位置及它们之间的置放夹角上。人们正常阅读时的坐姿取决于坐面及靠背的位置，但阅读时间歇休息的状态则取决于靠背与靠头的位置。本设计人随后又做出两件测试模型用于深入系统地检视阅读椅的最佳构成状态。实际上，本设计的所有测试模型都是作为设计原型进行发展的，这些设计原型都是基于生态设计原则的极简主义的作品。在此设计原型的基础上，我们可以延续新中国主义设计美学的方向对该系列阅读椅的各部分构件进行重组、装饰及转化，形成多元化的现代阅读椅系列。

本设计阅读椅的下一个环节是软包系统的介入。软包设计是对阅读椅舒适度的进一步追求，但同时也是对现代阅读椅的重要思考。这种思考表现在本设计的软包设计一方面可以在前述框架的基础上加设软包面料元素，但另一方面也可以改变基本框架的构成模式及元素尺寸。为此本设计人构思出不同形态的软包构件，并用不同的联结方式与基本框架融合。软包设计需要更多层面的测试及评估，涉及坐面、靠背、靠头软包构件选用的相同或不同强度的海绵，面料及其质地与色彩的选择测试。色彩系统的选择与测试评估则与基本框架的设计同步进行。

技术要点

图 11.9 阅读椅透视图（付
扬绘制）
图 11.10 阅读椅系列侧支
架构件（付扬绘制）

＊图 11.9

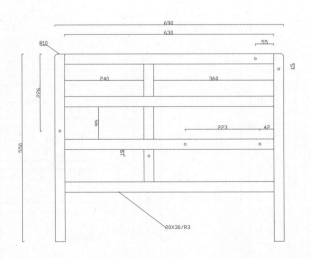

＊图 11.10

本设计为实现上述目的所采用的技术
要点有如下方面：

（1）源自中国古代设计中攒接构造的
侧支架构件；

（2）坐面、靠背及靠头构件的设计
模式；

（3）软包设计及色彩、面料的设计
模式；

（4）现代阅读椅的设计演化模式：一
种新中国主义设计视角。

要点分述

（1）源自中国古代设计中攒接构造的
侧支架构件

攒接构造是中国古代建筑、室内装
饰和家具设计中广泛使用的一种构造模
式，具体是指在特定框架中用小料通过精
密榫卯联结方式形成格式图案，其图案式
样可繁可简，依设计意图而定。这种用小
料拼接成大型构造的方式是中国古代生态
设计的智慧，对当代设计具有极大的启发
作用，也是本设计中侧支架设计的起点
［图11.10］。

本设计中的侧支架构件有两个基本元
素：其一是小料截面元素；其二是大料截
面元素。前者指用设计预念中最小的可能
性截面的材料做侧支架构件的元素，此处
的侧支架用于非软包系列阅读椅，同时探
讨该系列阅读椅的基本框架设计。后者则

尝试用相对大一些的截面材料做侧支架构件元素，此处的侧支架则用于软包系列阅读椅。在此种情形下，本设计一方面考虑侧支架本身采用最简洁的方式，因此需要相应大一些的截面元素；另一方面考虑到软包构件相对大一些的质量与最简洁的侧支架构造方式最易协调。无论哪一种情形，其具体截面元素尺寸还需视材料而定，如用紫檀则可用最小截面，如用水曲柳则必须用大截面，如用合成竹材则可取中。

本设计的基本侧支架始于"一横两竖"的外框以及"冂"模式，然后从联结坐面、靠背和靠头构件的功能角度和图案设计角度出发，进一步设计侧支架，演化为"冐"和"囲"或"囶"等模式，亦可演化为"田"和"曱"或"甶"等模式。从数学上讲，这种侧支架图案模式的演化是无穷尽的，但严格的功能需求会将这些图案模式限制在一定的选择范围内［图 11.11］。

本设计的软包系列侧支架则取大截面单板元素，即使用宽一些的板条做基本攒接元素，同样始于最基本的"一横两竖"外框，但其内部的图案则趋于极简而成"冊"式，这是因为软包阅读椅的坐面、靠背及靠头构件都显厚重，因此其设计模式力求古典端庄。侧支架模式亦极简，其每一单板元素的大截面能保证坐面、靠背及靠头构件有足够选择的联结点，而前者极小单板元素的侧支架则依赖众多的攒接单板元素为坐面、靠背及靠头构件提供尽可能多的联结点。

（2）坐面、靠背及靠头构件的设计模式

一般而言，广义的阅读椅可泛指各类扶手椅，而现代阅读椅则是一种主要用于阅读功能的休闲椅。其主要设计要素是系统考虑支撑人体的臀部、背部和头部的坐面、靠背和靠头三大构件的细节设计以及它们相互之间角度关系的选择性设计。本

设计首先用两件侧支架构件来界定该阅读椅的基本构造，而后在侧支架界定的空间内置放坐面、靠背及靠头构件，其基本模式为"冎"，其中 a 为坐面，b 为靠背，c 为靠头，它们当中每一构件的置放位置和角度都可变化，达到本设计人所认可的最佳值域。

本设计的坐面宽度定位为 500 mm，因此 a，b，c 三种构件的外形尺寸分别为 500 mm × 420 mm，500 mm × 500 mm 及 500 mm × 700 mm，其中所有边框及内框元素均用 20 mm × 30 mm/R3 mm 尺度，该尺度用合成竹材或硬木均能达到足够的强度；所有外框转角均为 R10 mm 圆弧，以求持续本设计人创造的新中国主义设计美学的细节传统；a，b，c 三种构件中的内板的基本尺度为 10 mm × 76 mm/R3 mm，其相互间距及边框间距均为 10 mm。总体设计思维的依据是在完全保证 a，b，c 三种构件结构强度的前提下能提供舒适的弹

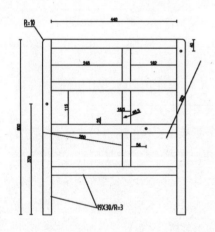

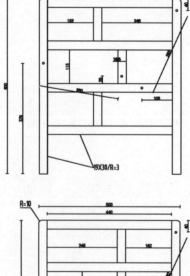

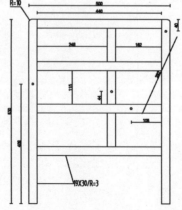

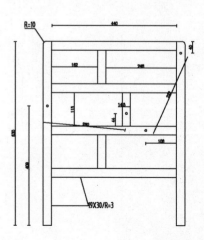

* 图 11.11

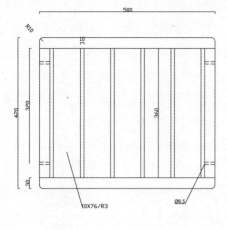

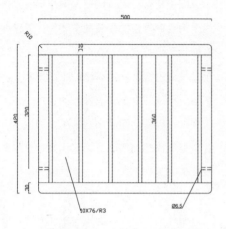

＊图 11.12

图 11.11 侧支架构件的不
同原型构图
图 11.12 两种坐面（a）
尺度
图 11.13 a，b，c 三种构
建与侧板的关系

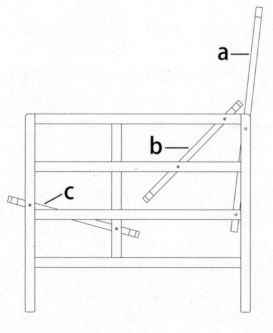

＊图 11.13

性，使人体与之接触时能感受自由的舒适
度，多块板条之间的 10 mm 缝隙则为人体
留有透气之处，因为整个人体的任何部位
都有呼吸功能，所以都需透气所在。上述 a，
b，c 构件每一件均由 4 处 φ6.5 mm 钻孔
布局在侧边框上，用 φ6.0 mm 的长螺钉
联结。它在侧边框上的具体方位由设计人
对各构件的倾角设计而定，同时亦与侧支
架的钻孔相互呼应［图 11.12、图 11.13］。

本设计中的每一构件都应遵循相应
的规则，其中两个侧支架均垂直置放，而
a，b，c 三种构件则取倾角。适宜的倾角
设计是现代阅读椅取得完善功能的关键，
以水平线为基准，侧坐面 a 构件的夹角可
在 10°—20° 范围内，本设计的测试模型
最终选定 15° 作为普适夹角；靠背 b 构件
的夹角则可在 45°—55° 范围内设定，但
亦需与 a，c 两种构件的倾角相呼应。本
设计的第一件测试模型特地将靠头 c 构件
设为垂直角度，以检验该构件的设置极
限，随后将 c 构件的倾角范围设为 75°—
85°，最终以 75° 倾角得到了绝大多数试
坐者的舒适认可。对于构件 b，本设计的
第一件测试模型将其倾角设为 55°，随
后又分别用 50°、48° 及 45° 进行测试，
最终与 a，c 构件综合匹配后选用 50°，
因此本设计的 a，b，c 三种构件的基本设
置倾角分别为 15°、50° 及 75°。

（3）软包设计及色彩、面料的设计
模式

本设计中的坐面、靠背及靠头的软包
设计包括两种基本模式：其一是固着式，
即软包材料与 a，b，c 三种构件框架用螺
钉紧密固着在一处；其二是分体式，即软
包构件另外设计后用搭扣附着在 a，b，c
构件上，此种模式方便拆装及更换清洁，
同时亦方便用户在不同季节的不同用法，
即夏日取消软包，冬日则加上软包，以达
到最大的使用舒适度。

现代人体工程学告诉我们，普通人体
在任何姿态下的舒适度首先取决于骨骼的

基本搁置方位，其次是皮肤的接触状况，再次则是人体对色、香、味、听诸功能的满足程度。因此本设计的构思首先致力于发现最合理的阅读椅框架及主题构件的倾角设计，而后则进一步考虑使用者能直接接触到的各个构件表面的软包设计，最后是面料的色泽及织品的选择比较。

本设计中第一类固着式软包的设计需要对前述 a，b，c 三大基本构件的框架做适当调整，以求方便软包元素的装配。其基本原则如下：侧边框取 20 mm×30 mm/R3 mm 尺度，转角 R10 mm，上下及内边框或称所有横向边框则取 20 mm×50 mm/R3 mm 尺度，如此则有宽松合理的钻孔方位。前述 a，b，c 软包构件的基本组合如下：三层构造，即以五类板为基本材料的底板，均取 R50 mm 转角；选择适度的海绵或其他泡沫塑料，以及不同色泽及纹理的表面覆料，一般用皮革或纺织品材料。底板之上的金属抓钉留孔，其位置与框架上的螺钉钻孔位置对应，最终以螺钉钻入抓钉方式进行连接，这种方式亦方便日后对构件的更换。在软包构件的三层构造中，中间的海绵或泡沫塑料的密度及厚度对设计中的舒适度起主导作用，本设计在测试模型中曾尝试过 20 mm 至 50 mm 的不同厚度，以及不同密度的海绵材料。一般而言，坐面 a 构件的软包海绵密度亦取 40—60 kg/m³，靠背 b 及靠头 c 构件的软包海绵密度则取 30—40 kg/m³。在本设计的最终测试模型中，a 构件取 30 mm 及 50 mm 厚、50 kg/m³ 密度的海绵软包，b，c 构件取 30 mm 及 50 mm 厚、35 kg/m³ 密度的海绵软包。

本设计中软包系统第二类分体式的设计则完全维持前述 a，b，c 三大基本构件不变，进而另外设计分体独立的软包垫构件。总体而言，a，b，c 三部分独立软包垫的侧边框采用直角，上下边框则采用圆角，以符合安装的方便及使用的舒适需求。该类软包有两个层面组成：内部作

为内核的海绵或其他泡沫塑料；外部作为表皮面料的皮革或纺织品。其中构件 a 和 b 的厚度可在 30 mm 至 50 mm 之间选择，构件 c 的厚度则可在 40 mm 至 80 mm 之间选择。至于海绵密度或强度，构件 a 选用 40—60 kg/m³，构件 b 及 c 选用 30—40 kg/m³。在本设计该类测试模型中，最终 a 构件取 50 mm 厚、50 kg/m³ 密度的海绵软包，b 构件取 50 mm 厚、35 kg/m³ 密度的海绵软包，c 构件取其 75 mm 厚、35 kg/m³ 密度的海绵软包。

本设计中的 a，b，c 三种构件软包元素的色彩选择取决于面料的内容，主要有皮革和纺织品两大类。如用皮革类则基本可选择的色泽有黑色、白色、红色及棕色四种，特殊客户亦可专门订购其他色泽。如用纺织品则有更大的选择余地，事实上每一类纺织品均可提供不同的色泽选择［图 11.14、图 11.15］。

（4）现代阅读椅的设计演化模式：一种新中国主义设计视角

绘制人类阅读椅的演化模式，从而展示本设计人创立的新中国主义设计美学对现代阅读椅的演绎及诠释。新中国主义是本设计人创立并提倡的一种现代设计风格，立足将中国传统设计智慧与现代生活节奏有机结合，其设计美学致力于用现代生态设计思想深入、系统地分析中国传统设计手法，取其精华，发扬其以人为本的经典设计理念，进而总结出符合现代生活及办公需求的现代人体工程学原理。与此同时，新中国主义设计美学亦关注并系统研究欧洲家具系统及世界其他国家和地区的家具风格中符合现代生态设计原理及人体工程学原则的设计元素，进而结合到现代设计实践中来。

现代阅读椅的设计是本设计人系统研究中外坐具发展史及人类书写及阅读演化史的结果。世界各地的民族，无论是以古埃及、古西亚直到古希腊、古罗马为代表的高坐文明，还是以东亚中国（唐代以

前）、日本、韩国为代表的古代席地而坐文明，乃至以中东及印度为代表的软垫倚靠文明，他们都在各自文明的发展进程中发展并完善着各自的阅读习惯，由此成为现代设计师为当代生活及工作场景进行新型创意设计时取之不尽的设计灵感源泉。

最古老的古埃及座椅也是古代社会最成熟的坐具设计，它们为现代阅读椅设计提供了完美的雏形。与古埃及同时甚至更古老的古代西亚美索不达米亚文明亦有大量图像资料，但古埃及大量坐具实物的出土为人们带来的视觉冲击和设计灵感的碰撞是无可替代的。在东亚，中国古代最早是发展古老的席地而坐的生活方式，后来随着民族的大融合及佛教的传入，中国人在汉代以后逐渐采用高坐垂足的生活方式，至唐代达到高潮，到宋代则在全国普及高坐式起居方式，宋代家具成为中国古典家具的典范，并延续至元明清直至现代。明代更由于大量运用硬木而发展出能突出体现中国传统美学的明式家具，其构造体系及榫卯系统臻于完善，成为现代设计师时常首选的结构设计灵感之源。欧洲文艺复兴之后的家具发展逐渐转入各种装饰主题的交替登场，但其中对舒适度的追求则导致欧洲率先发展出相对科学的软包家具，即沙发家具系统，成为现代设计师进行相关舒适度设计时的重要参考。与此同时，中东及印度的伊斯兰文明的软包式座椅系统设计亦带来现代设计的独特灵感，从而为现代设计师及本设计人提供多方位、多层面的设计灵感图像。

本设计的构思理念溯源于对古埃及座椅实物的考察，但随后发现中国古代框架椅系统早已达到自成一体且非常完善的地步，本设计人很快从中国古代座椅设计中总结出现代阅读椅的基本元素及结构系统，继而分解出主体构件的构造模式。再进一步，在对现代阅读椅舒适度的深度追寻中，欧洲沙发体系的软包系统为本设计提供了更为直接的设计灵感。以后的设计

进程基本上是上述两种灵感源泉的交替与交融，直至达成最终的设计成果。

　　本设计中的每个构件都可在一定范围内调节位置，以适应不同的或特定人群客户的要求。例如作为主要结构元素的侧支架构件，因其使用中国传统攒接方式而变化无穷；但在攒接方式之外，本设计人亦采用边框加结构饰板的组合模式，用兼具结构及装饰功能的单色或多色饰板嵌于侧支架框架当中，其灵感则部分源自荷兰风格派大师蒙德里安及凡·杜斯堡的绘画作品，从而更具现代气息。再如作为阅读椅主体构件的坐面、靠背及靠头三部分的尺度均可在一定范围内进行调整，以期获得符合人体工程学的阅读椅框架。最后，色彩的系统设计涉及本设计所有产品当中的每一构件，最终充分体现出以客户需求为中心的用户体验原则。

图 11.14 软包侧支架阅读椅（陈晨摄）
图 11.15 阅读椅第一批测试模型（左）及阅读椅第二批测试模型（右）（陈晨摄）

* 图 11.14

基本尺度

　　第一批两种攒接侧支架阅读椅［图 11.16 至图 11.25］；

　　第二批软包侧支架阅读椅［图 11.26 至图 11.31］；

　　现代阅读椅的设计演化中各阶段座椅［图 11.32 至图 11.35］。

　　具体尺度见本章节相关图例。

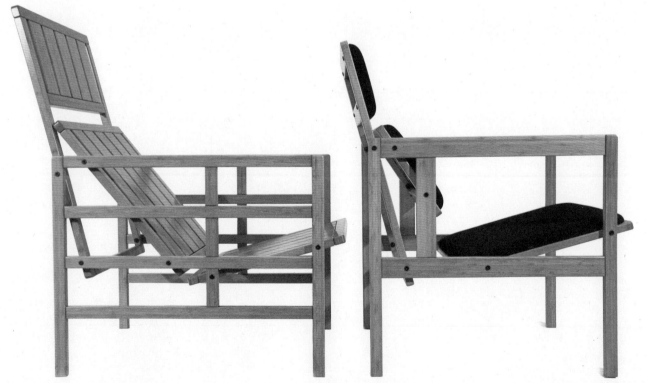

* 图 11.15

图 11.16 阅读椅第一批测试模型的第一种样式（付扬绘制）

* 图 11.16

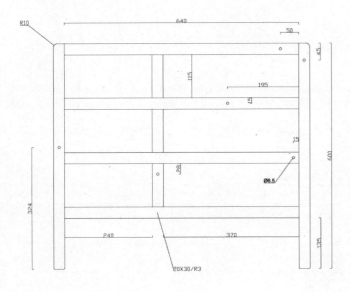

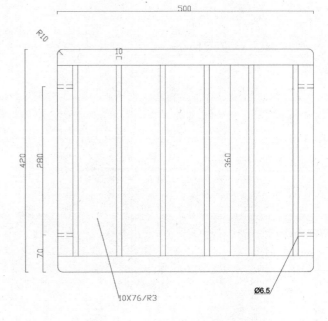

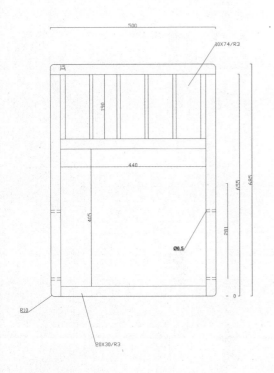

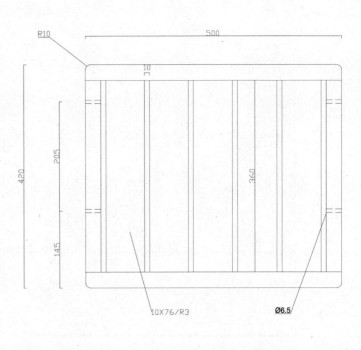

图 11.17 阅读椅第一批测试模型的第一种样式侧板尺寸图（付扬绘制）

图 11.18 阅读椅第一批测试模型的第一种样式坐板尺寸图（付扬绘制）

图 11.19 阅读椅第一批测试模型的第一种样式头靠板尺寸图（付扬绘制）

图 11.20 阅读椅第一批测试模型的第一种样式背板尺寸图（付扬绘制）

＊ 图 11.17   ＊ 图 11.18

＊ 图 11.19   ＊ 图 11.20

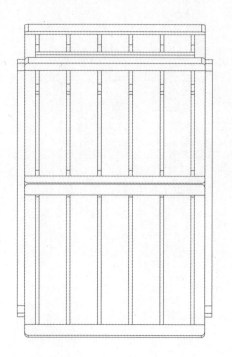

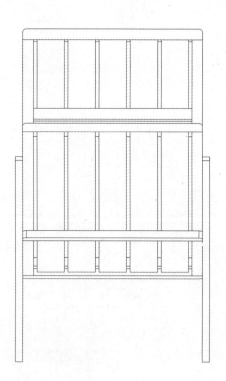

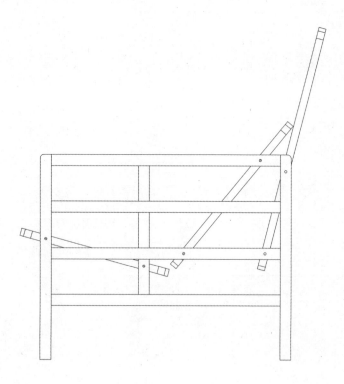

图 11.21 阅读椅第一批测试模型的第二种样式（付扬绘制）

＊图 11.21

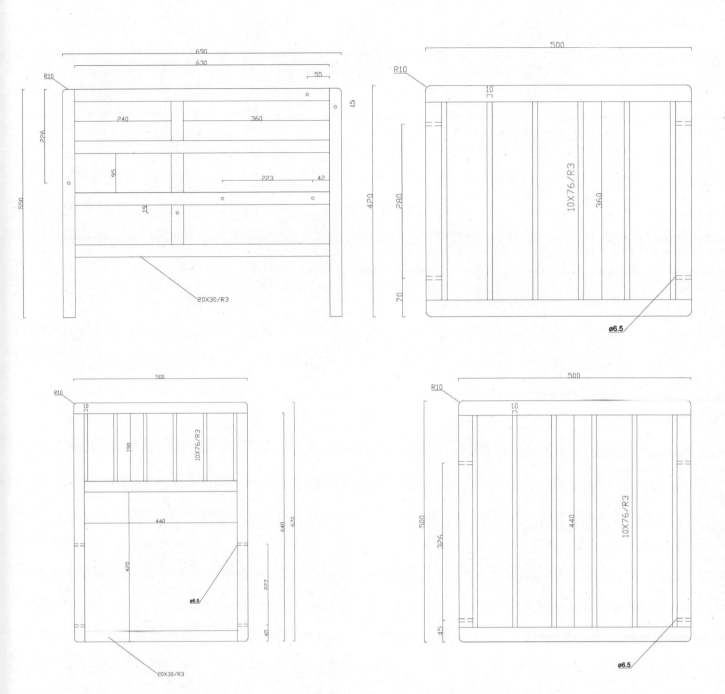

图 11.22 阅读椅第一批测试模型的第二种样式侧板尺寸图（付扬绘制）
图 11.23 阅读椅第一批测试模型的第二种样式坐板尺寸图（付扬绘制）
图 11.24 阅读椅第一批测试模型的第二种样式头靠板尺寸图（付扬绘制）
图 11.25 阅读椅第一批测试模型的第二种样式背板尺寸图（付扬绘制）

＊图 11.22　　　　＊图 11.23

＊图 11.24　　　　＊图 11.25

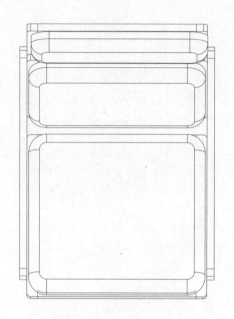
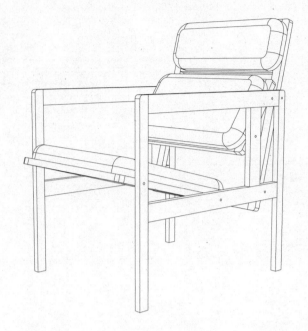
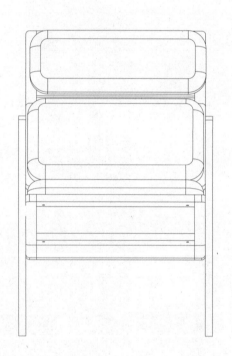
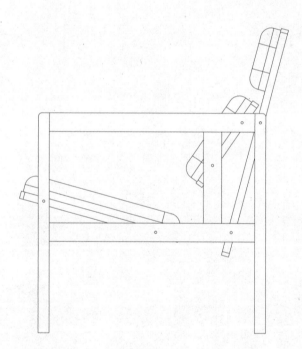

图 11.26 软包侧支架阅读椅三视图（付扬绘制）

* 图 11.26

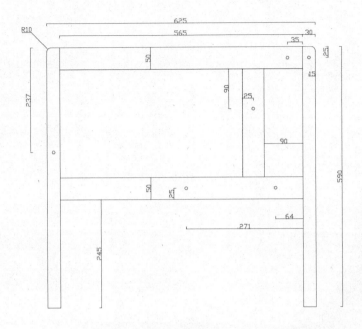

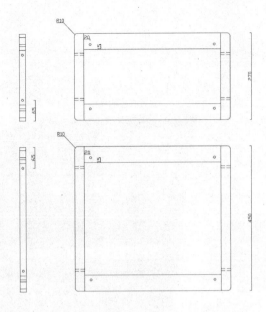

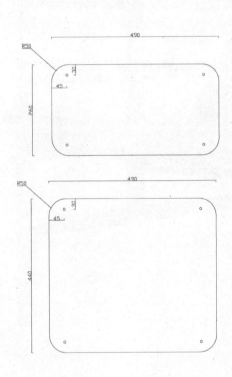

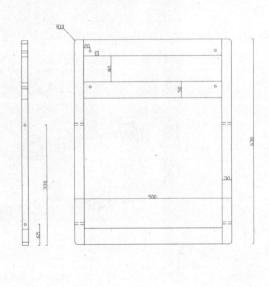

图 11.27 软包侧支架阅读椅侧板尺寸图（付扬绘制）
图 11.28 软包侧支架阅读椅背板和坐板尺寸图（付扬绘制）
图 11.29 软包侧支架阅读椅背垫和坐垫尺寸图（付扬绘制）
图 11.30 软包侧支架阅读椅头靠板尺寸图（付扬绘制）
图 11.31 软包侧支架阅读椅头枕尺寸图（付扬绘制）

* 图 11.27   * 图 11.28

* 图 11.29   * 图 11.30

                    * 图 11.31

图 11.32 现代阅读椅前侧面（陈晨摄）

＊图 11.32

图 11.33 现代阅读椅后侧面（陈晨摄）

＊图 11.33

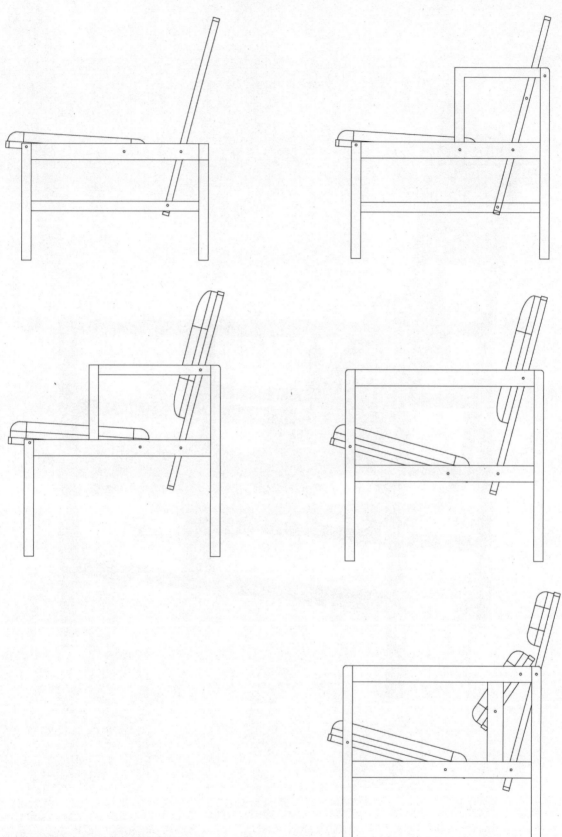

图 11.34 现代阅读椅设计演化中的几种模式（付扬绘制）

* 图 11.34

图 11.35 带软包的现代阅读椅（陈晨摄）

* 图 11.35

11.3 创新要点：在主体构件之间寻求合理的位置及相关角度

本设计的思考过程和设计实施进程是建立在本设计人对多学科基本原理的体认基础上。这诸多学科既包括传统的设计学及相关史论、艺术学及相应史论、数学尤其是几何学、新型材料科学等，也包括近半个世纪发展出来的许多新兴学科，如符号学、类型学、语言学、博弈论、运筹学等，更包括与现代工业设计息息相关的生态学和人体工程学领域。基于上述多学科的综合思考而发展出来的本设计现代阅读椅系列产品具有如下几个方面的革命性创新贡献以及带来的有益效果：

（1）设计类型学方面的革命性创新

本设计通过现代阅读椅这一命题，从设计类型学背景出发，对人类历史上各民族的坐具文化进行了基本梳理，进而聚焦于用于写作和阅读的座椅这类相对专门化的家具品种。建立在上述系统的梳理和分析研究之上，本设计人从古今中外不同的家具文化中萃取精华分别用于现代阅读椅这一新式坐具的各个构件上，如来自中国家具系统的框架结构和基于榫卯构造的攒接方式，又如来自欧洲家具系统的软包构件，再如来自伊斯兰家具文化的用于依靠的软囊构件，它们都为本设计的创意思路带来灵感并提供设计原型。

人类文明的进展原本是积累向前的，每个时代都会对生活提出新的要求。进入信息时代的人类面临着愈来愈快的生活节奏和愈来愈广的信息来源，因此必然会对与日常生活和工作密切相关的阅读椅提出更高的要求。时代的发展不断更新着人类的阅读方式，从流传数千年的书本阅读到现代化的影视阅读，再到当代无所不在的手机与互联网视屏阅读，它们一方面可使阅读行为发生在任何场合，另一方面也让人类愈加珍重传统阅读方式的传承与革新，更重要的是人体的骨骼结构及大脑系统并不会随着现代科技的发展而发生迅速的变化，因此人类一方面仍然需求阅读椅，另一方面现代阅读椅必须源自人类的坐姿传统。实际上，无论是影视观赏还是互联网阅读，人类选取的最佳姿态必须是坐在阅读椅上，由此彰显现代阅读椅设计的重要性，现代阅读椅虽源自人类古老的坐具，却是现代家具领域的创新门类。

（2）设计方法论方面的革命性创新

本设计从一开始便力求在设计方法论方面达成鲜明的革命性创新，从而使本设计的构思具有严谨的科学性、系统性和经济性。本设计在设计方法论方面的系统尝试所带来的革命性创新是引导现代设计步入设计科学领域的重要环节，由本设计人开创并倡导的新中国主义设计力求兼具艺术性和科学性，从而使现代家具设计更加合理、健康、舒适、耐用。

本设计在设计方法论方面的创新首先从材料科学入手，通过研读古今中外设计经典而最终采集到的产品造型模式必须选用科学合理的材料才能达成完善的功能指标。同时本设计力求遵循现代生态设计的最基本原则，即凡事力求用最少的材料达成最大的功能，以经久耐用同时又兼有美感获取现代生态设计的表达效果。硬木是中国古典明式家具的常用材料，但从全球环境保护的理念出发又不宜提倡，而合成竹材恰恰是在相当大程度上可取代硬木的材料。合成竹材取自当今被视为最重要亦最普及的生态材料的竹子，利用机械学和材料分析学科的发展创造出可用于不同目的、品种繁多的现代合成竹材，它们普遍具有质轻、耐压、强度大尤其是具备良好弹性的优点，更不用说竹子在中国几千年传统文化中所具有的独特内涵和艺术品牌标志。本设计最终选用合成竹在大家族中最普通的平压板材，主要取其足够大的单向强度和舒适宜人的弹性，因为本设计决定使用单一性能的平压合成竹时，已有计划力求使本设计所创立的设计手法的表现力能尽可能达到极致。

其次本设计在设计方法论方面的创新表现在传统设计文化的语义诠释学上，具体做法即通过系统研读古今中外传统设计文化中的优秀设计范例，从中深入体会在现代设计科学方面的语义，同时展开新的诠释，最终提炼出适合本设计现代阅读椅的基本构件、设计细节进而达成完善的设计系统。如取自中国传统座椅的侧支架结构，它们不仅吸收中国古代建筑、室内及家具系统中大量使用的攒接构造，而且借用中国明式家具中集中式装饰构件的兼具结构与装饰双重功能的特点为本设计的阅读椅侧支架设计提供了另一系列的可能性。又如欧洲家具系统中从古埃及的斜靠背支撑构件到沙发系统的软包设计实例，都为本设计现代阅读椅的发展带来了新的语义解读，进而被诠释为阅读椅设计中的重要构件。

最后本设计在设计方法论方面的一项显著创新表现在数学方面，具体而言即对几何学的基本运用，每个元素和每个构件都严格遵守几何学原理，从构件尺度、弧度、角度及方位设置均依据几何学做精细计划，以取得科学的合理形式。然而本设计中对数学的运用还更有意义地体现在代数学中参数变量函数的原理性运用上。本设计中的现代阅读椅由12根螺钉连接5个构件组成，其中每个构件间的相对位置变化从理论上讲是无穷尽的。对设计中的每一构件的位置安排，均可设置坐标设定某一定点后再依相关参数的变化设定其他的构件定位点。如侧支架构件中的攒接元素，其形式、尺度乃至数量均可依据坐面、靠背及靠头的功能位置做几乎无穷尽的调整；又如坐面、靠背及靠头三构件的定位设计，其绝对及相对角度设置均在理论上变化无穷，在实际设计中只需设定其中某一构件的经验位置，还可进行另外两个构件的多向度的定位选择；再如面料及色彩的选择，更易进行轻松自如地设置与定位。

（3）现代设计美学方面的革命性创新

从历史上看，古今中外各个民族的文化发展都不是孤立的，大多数人类文明最重要的成就都得益于不同范围内不同民族不同文化间的交流与合作，这种现象随着社会的发展而日趋广泛、深入，直到今天的信息社会依然如此。然而各地乃至个人的文化创造，不论是艺术创意的形式还是以科技进步的形式，都必须立足自身的专注及努力，同时借助文化交流的力量作为灵感刺激的媒介。

本设计人所开创的新中国主义设计是立足中国传统设计智慧但又放眼全球的设计文化，在不断创造出符合时代需求的设计产品的同时，亦开创并发展着一种崭新的现代设计美学，即新中国主义设计美学。新中国主义设计品牌源自 1997 年由本设计人开始设计的中国龙椅系列，进而扩展至不同类别的框架椅系列，以及茶几、办公桌椅系列、书柜及相关灯具等，逐渐形成简洁明快的人文功能主义设计风格，其中蕴含并始终不断发展着这种新中国主义设计美学，其主要的革命性创新表现在如下四个方面：

第一，它来自传统，而且来自古今中外的人类文明宝库中的优秀设计传统，从而保证这种设计美学有极其厚实的文化根基，为任何当代的设计创意实践提供取之不尽的艺术养分。以现代设计的范畴观之，本设计人重点关注中国和欧洲这两个设计系统，但同时亦从其他文化中吸取相关灵感。

第二，它重视科技，尤其是最新最前沿的材料科学及相关的加工技术，以期在具体的设计实践中对材料的选择和驾驭能够得心应手。材料的选择不仅时刻关联着每一步的设计构思，而且在很多情况下设计师对某种材料的研发本身已成为某一系列创新设计的出发点。

第三，它关注设计科学的发展，并因此在设计试验的每一阶段都有意识地引介相关科学和技术门类，尤其是现代社会的发展所带来的新型学科，如精神分析学、社会心理学、行为社会学、符号学及类型学等等，与此同时亦随时发挥传统学科（如几何学、代数学、机械学及材料学等）的引导作用。新中国主义设计美学对设计科学的关注和发展，使得该设计美学思想指导下的产品设计能够自然达到 4E 设计原则，即兼具生态理念、人体工程学原理、经济原则和美学要求，完美的产品设计是现代设计师对人类社会的最大贡献。

第四，它关注细节，注重节点设计。新中国主义设计产品中系统而精美的节点设计是其设计美学的一个重要方面，针对某种专用材料的深入研究而形成的一系列构件元素的细节设计与制作，逐渐成为该设计风格的创意标签，如本设计现代阅读椅系列中所有边框元素的 R3 mm 圆角及 R10 mm 外转角，外框元素单板的 20 mm × 30 mm 断面及内框铺板元素单板的 10 mm × 76 mm 断面，它们都已趋于定型并以其足够的强度和附加的舒适弹性令整个产品达成一种以人为本理念上的成熟。而 φ6 mm 螺钉及 φ6.5 mm 钻孔组合更成为该系列产品设计的唯一连接方式。

（4）用户体验设计方面的革命性创新

以用户体验为核心的现代工业设计理念早已成为当代设计美学的关键性内容，对用户体验的全方位考虑及相关设计系统是以人为本的最重要体现。本设计中的现代阅读椅从最初的草图构思到测试模型的制作，从材料的选择到色彩的搭配，都

以用户体验为中心，在一定范围内用假设中的用户群体进行反复测验，依据各阶段用户群体的反馈意见对设计内容进行修正并制成新一批测试模型以供用户群体再行测试。

除常规的模型测试环节之外，本设计的用户体验还包括设计的每一步骤都伴随着用户群体的意见反馈及讨论，如材料的选择伴随着材料专家的建议，结构的测试则始终在与模型制作者的讨论中进行，软包面料及色彩的选择则必须经过更广泛用户群体的建言。

（5）设计与市场一体化方面的革命性创新

本设计除了在用户体验方面的全方位考虑之外，亦潜心关注设计与市场一体化方面的创新。同本设计人此前完成的各种框架椅系列一样，本设计亦采用螺钉装配式的家具组合模式，此前的多数框架椅是 4 个构件用 8 根螺钉装配成型，但本设计中的阅读椅则有 5 个构件，因此用 12 根螺钉装配成型。由此使得家具的装配极简化，任何没有受过专业训练的人都可操作，产品的拆装系统更使得产品运输非常方便。

本设计案例在设计与市场一体化方面的另一层含义是设计产品的多功能性。本设计的主体功能是现代阅读，但同时亦可用于多种场合的休闲，尤其是当本系列阅读椅与休闲凳组合在一起时，立即成为典型的现代休闲家具。本设计以人为本的多功能用途设计还表现在对软包构件的设计方面，软包构件的尺度、抗压强度及海绵厚度的变化使之可用于普通的阅读状态或是程度不同的休闲状态；而不同面料和色彩的选择又能最大限度地迎合不同用户群体变化多端的个性化要求。

本设计涉及一系列新型现代化休闲椅。该系列休闲椅以带有主题装饰的扶手构件为命名特征，可广泛使用于家居及公共场所，尤其适用于主题文化空间及办公空间。本设计主要依据对现代人体工程学的深入研究，探讨休闲及休闲式办公交流状态下的座椅设计文化，将时尚艺术及传统装饰主题适当引入设计主体，同时严格遵循生态设计及设计经济原则，使主题装饰的范畴及内容恰到好处。本设计适用于多种材料，尤其用合成竹材可最大限度地展示本设计的技术优势，并在设计过程中逐步探寻最合理的细节构造，使之在最大程度上契合合成竹材的材料性能。在设计构件的联结方式上，依不同装饰主题选用不同的构造及细节处理手法，如浮雕式经典中国传统图案、透雕式现代抽象图案、可移动式饰板组合，以及与主体结构构件融为一体的组合式构件。主体结构仍以改良版中国传统榫卯结构为主，辅以螺钉联结，由此形成可拆装家具，利于产品包装及市场化运输。

12.1 设计构思：源自一种对创作灵感多元化、设计模式合理化的追求

＊图12.1

＊图12.2

＊图12.3

（1）本设计立足追求创作灵感的多元化，而后在功能需求和构造方式的基础上选择合理的设计模式。古往今来，设计创意的灵感大致来自如下几个方面：其一是最直接的功能需求，并延伸至前辈已存在的同类产品所能提供的样式；其二是艺术的启发，尤其是图像来源所能提供的视觉资料；其三是科技手段带来的灵感，这方面的灵感时常能带来结构及细部构造上的革新；其四是新型材料的出现所能提供的新的设计表达手段及构成语言，设计及艺术发展上的许多飞跃都直接源自对最新材料的研发及应用；其五是从大自然中获取设计创意的线索，因为大自然的创意是无限的，也是神秘的，更是永远合理的，因此大自然永远是人类在设计创意方面的老师。

（2）本设计的基本立意是创造出一系列简洁洗练、充满现代感，同时又能以带有中国传统文化内涵的构件充当兼具构造功能的装饰元素，从而使本设计的系列产品不仅为使用者带来健康、舒适的使用功能，而且为产品所置放的环境场合创造出温馨、活泼并充满趣味的情调氛围。作为现代休闲椅的创作，本设计首先立足同类产品的功能主义检视和人文主义分析，对

中国古代家具系统中的框架椅系列做了系统分析及功能性研究，力求在其产品基本功能和造型模式之间归纳出可资借鉴的设计规则［图12.1至图12.3］。其次本设计从不同历史及艺术文献中关注及寻找能够为本设计产品提供趣味性的构件甚至结构性设计灵感的图像片段，并最终从南宋著名艺术家刘松年的画作《四景山水图》中看到中国宋代设计完美的休闲座椅［图12.4、图12.5］。此外本设计人通过对中国古代家具图像史广泛而深入的调研，在古代中国春宫图中发现大量更加符合现代社会行为方式的休闲椅图像资料。与刘松年的休闲椅相比，中国古代春宫图中的休闲椅形式更加多样，功能更加多变，并从中引发出改良后的后推式扶手构件，正是这一个设计要素成为本设计产品在设计创意方面的基本出发点。再次本设计借助于近年高度发达的材料科技所带来的日趋成熟的合成竹技术，对这种材料进行广泛的测试选择，最终获取完全符合本设计使用意向的合成竹构件。最后本设计在构造与装饰的结合方面，力求从大自然和人类的艺术发展积淀中获取灵感，从中国传统的兰竹图案装饰到现代抽象艺术演化而成的透雕图案装饰，再到结构元素与装饰元素组合而成的复合式构件，处处体现出大自然的创意对人类设计的馈赠。

（3）现代座椅的设计愈来愈趋向于对使用者日常活动尽可能大的支持和关怀。人们在使用休闲椅时，也愈来愈希望身体的各个部位都能有回旋的余地，尤其是双臂及双足，更需要足够自如的伸展空间。在这方面，中国传统家具从实物和文献两方面都为本设计提供了明确的图像参考，使本设计的基本构思建立在座椅的设计能为双足的活动范围几近180°的范畴。本设计通过对史料的考证研习和对中国传统家具实例的检视，通过对现代人体工程学原理的科学应用，通过对现代人休闲方式的综合研究，通过对新型合成竹材的反复

* 图 12.4

* 图 12.5

图 12.1 故宫收藏的明代宝座（引自《故宫博物院藏明清家具全集》）

图 12.2 故宫收藏的清代宝座（引自《故宫博物院藏明清家具全集》）

图 12.3 故宫收藏的清代扶手椅与茶几（引自《故宫博物院藏明清家具全集》）

图 12.4 刘松年《四景山水图》局部（引自北京故宫博物院收藏的《中国古代绘画》）

图 12.5 《四景山水图》局部放大（引自《宋画全集》）

测试运用，最终归纳出本设计主题装饰休闲椅系列设计中的 h 形侧支架主题及稳定结构模式、后推式扶手构件与侧支架主题共同形成的超稳定座椅构造，兼具装饰与结构双重功能的移动式饰板，坐面与靠背板的组合模式及其与侧支架体系的连接方式，以及坐面与靠背板构件自身的设计原则。同时，本设计也从生态设计、结构设计、几何设计和装饰设计的角度归纳总结出扶手构件的构造模式、扶手构件与侧支架的多种联结方式、扶手饰板装饰主题的选择及扶手构造的结合方式，还有彩色饰板的尺度设计、嵌入位置选择及嵌入方式的设计。

（4）本设计在家具基本结构设计方面的突破是将经典的框架式座椅结构发展为 h 形侧支架模式，从而使本设计系列座椅能够为使用者提供更大范围的身体活动空间，同时也为该休闲椅系列提供更多的结构与造型的创新可能性。出于家具结构稳定性的考虑，同时也出于该家具系列各构件之间的联结方式的考虑，h 形侧支架模式中横向元素的尺度必须适中而合理，其宽度必须足以支撑 h 形侧支架构件的结构稳定性，但亦应控制在尽可能小的尺度范围，以免违背生态设计和设计经济原则，同时力图保持美学上的均衡。

（5）现代休闲椅在设计上的要点之一就是坐面构件有适当的倾角，因此本设计在构思 h 形侧支架时使该支架前端略有延伸但并不能影响使用者身体尤其是双足的自由移动，其顶端的螺钉孔成为坐面板在座椅前端的固着位置，其后端则固着于 h 形侧支架的横向板条上，由此形成坐面板的天然倾角。与此同时，靠背版构件则取 h 形侧支架后足端顶部的螺钉孔和横向板条的螺钉孔，依据人体工程学原则所要求的倾角及与坐面构件的夹角来确定螺钉孔的最终位置。

（6）本设计所选用的主体材料是合成竹板，其强度和弹性是本设计产品在构件尺度选择和人体工程学设计方面的依据。常规状态下我们选用自然碳化处理后的合成竹材，但亦可着色，如整体着黑色或用三原色饰板作为侧支架及扶手构件的构造及装饰双重要素。一般情况下，合成竹板条自身的弹性已使坐面及靠背板构件能为使用者提供适当的舒适度，如有特殊需求，本设计亦可采用软包坐面及靠背构件，以提供更加好的弹性及柔性。

（7）本设计立足对中国古代家具系统中经典框架式座椅的研究，但更从中国古代绘画中获取关于休闲椅设计的直接灵感，尤其是南宋刘松年的绘画及明清春宫图中丰富多彩的休闲椅造型。本设计另一条创意灵感线索则基于对现代人体工程学的深入研究，从而对本设计的产品构思提出明确的功能要求，并由此层层推出本设计的构思理念、设计原则、设计手法及材料选择模式，旨在为本设计人所开创的"新中国主义"设计理念提供更多的理论依据和实践案例，为中国当代家具设计领域建立一套新型"新中国主义设计语言"。该设计语言集中华民族的历史性与民族性、现代科学性和人文功能主义理念于一体，提炼出与时俱进的"新中国主义设计美学"。

12.2 设计实施：方案历程、技术要点
与基本尺度

方案历程

＊图 12.6

图 12.6 明朝唐寅《醉八仙图》细部（引自王世襄《明式家具研究》）

本设计的目的首先是用现代设计方法，即立足人体工程学和生态设计原则的人文功能主义设计方法，创造出一系列现代休闲座椅。其次是在设计过程中通过对中国传统家具工艺和传统绘图资料的研究获取设计灵感，进而发展出一系列"新中国主义设计语言"，利用这种设计语言，设计师可以举一反三，创造出现代功能主义的家具作品，从而建立新中国主义设计美学。最后是结合对新兴材料的研发，选择合成竹材作为新型生态材料，探索其在家具的结构、构造及装饰设计中的各种可能性，同时也考虑施加不同色彩的可能性。

本设计最初的想法源自一个问题：中国古人的休闲状态如何？中国古代的休闲家具尤其是休闲椅是怎样的一种形态？从历史的角度看，人类在过去经历过许多黄金时代，那时人们优雅休闲、富足自乐，必定有舒适合宜的好家具伴随着这些祖先的日常生活，但我们只能从考古遗迹、文献图片及少量的实物遗存中去寻找和欣赏古人的休闲状态。

中国古代的休闲座椅或躺椅设计源远流长，文献图片资料及实物都能提供案例。本设计人曾专门调研过中国休闲家具的发展状态，看到很多晚明至清末的躺椅实例，其中既有实木家具，也有竹藤家具，形式多样，设计各异，但都为着休闲的功能极尽巧思。历史文献和古代绘画中更有大量图像资料，给人印象最深的是南宋刘松年《四景山水图》中的休闲椅和明代唐寅《醉八仙图》中的休闲椅或称躺椅［图 12.6］，以及平时难得一见的中国明清春宫图中大量设计奇巧的休闲躺椅，这些充满创意的休闲家具设计已成为中国古代春宫图与欧洲春宫图和日本及印度春宫图相比较而言最大的特色之一。这些春宫图躺椅不管出于怎样的使用状态，其设计形态都为今天的休闲椅设计提供了创意灵感。

根据上述设计灵感，本设计人决定在以前设计的框架椅基础上进行演化，主要是侧支架形态的改变，从"冂"形转化为h形，并因此重新考虑该设计整体结构的稳定性能，最终则由后推式扶手结构将该设计的侧支架结构置于完全稳定的状态，而这种扶手模式的支撑元素正好成为设计师施加装饰主题的温床。

在人类家具发展的历史长河中，我们能清晰地看到装饰主题的力量，这种力量并非仅在于修饰产品结构，或取悦于使用者心境，更重要的则是记载历史，传承文明，为考古学、社会学、民族学、民俗学、文字学、历史学、美术学、艺术史论等诸多学科提供无尽的原始史料。沿着西方家具系统的发展脉络，我们看到四千年前的埃及家具即已非常成熟，随后的几千年它们只是在装饰手法及装饰主题上进行演变。而后的古希腊、古罗马家具在结构设计方面并未超出古埃及的成就，其特色大多只能在装饰主题上进行展示。再往后的哥特及中世纪，文艺复兴、巴洛克、洛可可、古典主义、浪漫主义等都是在装饰主题和装饰手法上大做文章，以至于物极必反，超出人类发展所能容纳的限度，终于迎来包豪斯及现代主义的登场，但矫枉往往过正，现代主义开天辟地以绝对功能主义摒弃任何装饰主题的思想在短时间内完成其打碎旧世界的使命后，人们必然再次回归以北欧学派为代表的人文功能主义，寻找对人的关怀，从而使合理而适当的装饰主题以构造或结构的方式不断出现，如此方能满足人类生活的日常心理需求。这种需求有时甚至能达到极为强烈的地步，如20世纪80年代的后现代设计思潮就是另一种方向的矫枉过正。人类的任何设计必以功能需求为基础，但装饰主题使其充满生命力。

古往今来的人类文明传承永远离不开装饰主题的发展，我们看任何设计物品往往不会注意到其结构或功能方面的因素，

而装饰的主题或手法却能长时间吸引我们的注意力，因为它们传递着更多更明确的文化信息。就像科学和艺术同样都是人类文明的基石，但艺术往往更能引起人们的注意力。无论是古代家具还是现代家具，我们往往会对其形态结构熟视无睹，却对其装饰细节记忆犹新，这是人类的普遍心理。古埃及家具文化中令人印象至深的大都是装饰主题，并从此影响整个欧洲的家具发展系统的演化主旋律。这种现象在世界其他文化中也是如此，我们看到美索不达米亚考古遗存中的大量家具史料及图像记载特定的装饰主题，它们在相当大的程度上构成了西亚文化的基本特征；我们看到非洲传统家具虽粗犷率真、融于自然，但其文化内涵却完全由家具中形态及手法各异的装饰主题表现出来；我们看到美洲尤其是南美的古代家具虽已脱离生活的现实，并充满血腥的文化礼仪，但程式化的装饰主题仍是南美家具以及其他日用品设计的主旋律；而伊斯兰文化中的家具设计则同其建筑、室内、日用品设计一样，完全是建立在装饰图案的前提下，甚至令人完全忘却结构。

相对而言，作为世界家具两大体系之一的中国家具具有最鲜明的功能主义特征。中国家具的发展完全伴随着家具功能的需求和演化而不断增添新的功能因素。以坐具为例，中国人从席地而坐到广泛采用高坐式起居，中国家具的主体便由席柜组合演变为桌椅组合，而坐具本身的演进则追随着生活中对使用功能的呼应，由此形成中国古代家具鲜明的功能主义设计风格，也正因如此，现代功能主义的西方设计大师才能不断地从中国古代设计中获取创新灵感。然而即使如此，中国古代家具中的装饰主题、装饰手法以及与结构和构造密不可分所形成的装饰美学在中国古代家具设计中仍具有崇高的地位，我们对许多优秀古代设计产品的最终和最持久的印象往往是某种装饰主题。本设计人最早设

计的源自中国古代圈椅的龙椅系列其名称即来自靠背板上的雕龙图案，而本设计休闲椅系列最早建立的扶手饰板也是采用中国传统文化中家喻户晓的"梅兰竹菊"题材，并因第一件样品模型采用兰花图案的扶手饰板而将该休闲椅最初称为"兰花椅"。

根据上述研究和设计构思，本设计人绘制了第一组本系列休闲椅，并已决定选取中国传统装饰主题应用于本设计产品的扶手饰板上，本设计人对印洪强先生建议的装饰主题是中国传统的"梅兰竹菊"，印先生在制作样品时为第一款模型选用的是兰花装饰纹样，此乃"兰花椅"命名的来龙去脉。

整个兰花椅系列共有五种模式，其中第一种到第四种都建立在h形侧支架模式的基本原型上，第五种则采用变形后的h形侧支架，原本用于参加芬兰和意大利两次设计展览的作品后来也发展成兰花椅的新变体。本设计系列的五种模式分别源自本设计人意欲探索本设计产品基本结构的功能完美性和扶手及其饰板模式的最佳搭配方式，并在反复试制样品的过程中逐步发现这其中的每种模式都有其合理性并能发展出各自相对独立的休闲椅式样。

本设计虽以中国传统装饰主题入手，但随后即不断加入更多的现代艺术及设计理念方面的装饰元素，不仅立意于增强本设计的现代感，而且探讨本系列设计产品的多样性模式。从中国传统装饰图案的概念化处理到荷兰风格派绘画主题作为装饰元素的引入，也强调本设计对材料性能的综合考虑以及对日后工业化生产及包装运输方面的通盘规划。

本设计的所有产品在配件组装方式上仍沿用本设计人在框架椅设计系列中所发展出来的8根螺钉组装法，使产品更加标准化和系统化，但又保持装饰图案模式的相对灵活性和创造产品多样化的可能性。

技术要点

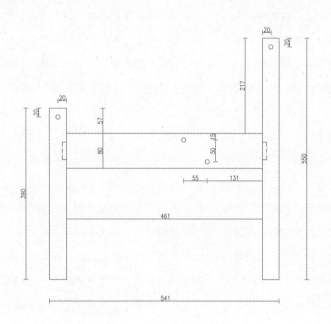

*图 12.7

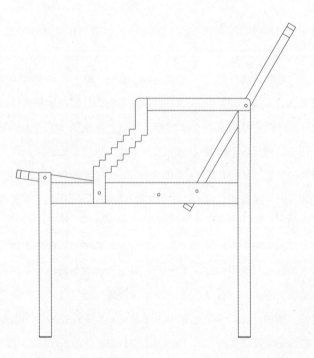

*图 12.8

本设计为实现上述目的所采用的技术要点有如下方面：

（1）h 形组合的侧支架构件；

（2）后推式扶手构件；

（3）饰板的装饰主题与构造模式；

（4）坐面板与靠背板构件的构造模式；

（5）激光切割技术及现代图案设计带来新型构造模式。

要点分述

（1）h 形组合的侧支架构件

本设计虽然从创意构思方面得益于中国古代资料良多，但在具体结构及构造的处理方面都借助于此前完成的框架椅系列。本设计中 h 形侧支架构件脱胎于框架椅的"开"形侧支架，而围合结构体使本设计必须重新考虑 h 形构件中的横向元素设计，即加宽该元素以便使其两端开长榫或至少开双榫甚至开三榫，从而使 h 形侧支架构件自身能达到足够稳定的状态。

在本设计的休闲椅的前面四种模式中，h 形侧支架均采用水平方向的横向元素，该横向元素有足够的宽度维持 h 形模式的稳定性，同时这种宽度也为联结坐面及靠背板的螺钉孔位置提供足够的空间。在此基础上，后推式扶手以其不同的装饰手法、装饰主题以及与 h 形侧支架的不同结合方式，标榜出本设计休闲椅系列的四种模式［图 12.7］。

第五种模式则采取完全不同的设计构思，它在某种意义上又回归到本设计人此前设计完成的框架椅系列的"开"形侧支架设计，或可以理解为前者框架椅和后者休闲椅在侧支架设计上的一个折中模式，其“冃”形构件中的双足都由复合式标准杆件合并而成，形成阶梯状变体构件，其前足的阶梯状元素在某种意义上也使该设计模式的扶手后推。在此非常重要的是“冃”形构件中的双足复合形式中的每一杆件都是本设计人统一采用的 20 mm × 30 mm 标准杆件，从而使整个结构具有合理易行的特点，同时又形成和谐的韵律。

与前面四种模式中的 h 形构件中的横向元素的水平布局不同，第五种模式中的第一款模型的侧支架中央横向元素采用斜向布局，其倾斜方向则与坐面的倾斜方向完全一致，达成另一种和谐与结构理性。而在第五种模式的第二款模型中，h 形构件中的中央横向元素则采取折齿状外形，这样的元素虽以水平方向布局，但仍给人以斜向布局的印象，这种印象中的倾斜方向当然也与坐面的倾斜方向一致，同样取得理性与和谐的形象效果［图 12.8］。

（2）后推式扶手构件

该构件在本设计中具备如下三个功能：其一是扶手功能；其二是构造功能，以使侧支架更加稳定；其三是装饰功能，承载本设计的主体装饰主题。

本设计的后推式扶手构件共有四种模式，各种模式分别有不同的装饰主题及装饰手法，同时也伴随着不同的构造形式以及扶手构件与侧支架构件之间不同的联结方式。

第一种模式：兰花饰板式。

第二种模式：抽象图案饰板式。

第三种模式：框架格板饰板式。

第四种模式：彩色嵌片饰板式。

以下分别说明：

第一种模式：兰花饰板式。

本设计意欲用中国传统装饰图案充当扶手饰板的主题，形成视觉的聚焦点。最初建议以“梅兰竹菊”入手，因第一个测试模型采用兰花饰板，遂成该模式名称［图 12.9］。最终产品系列可按市场需求及客户要求选择中国传统装饰图案宝库中的其他元素。

该模式由两个元素组成：水平置放的扶手条板和竖直置放的浮雕饰板。水平置放的扶手条板后端与侧支架后足联结，以中国传统榫卯结构嵌入。竖向置放的浮雕饰板则置于水平扶手条板和侧支架的横向元素之间，均以榫卯嵌入，由此同时形成另一层次的稳定结构。

第二种模式：抽象图案饰板式。

本设计人在设计构思过程中，由对中国传统装饰图案的思考转向对现代抽象图案的关注，并由此形成另一种不同装饰主题、不同装饰手法、不同联结方式的后推式扶手模式。

该模式最初的扶手饰板装饰图案是一种立足艺术大师康定斯基的抽象画的图案，并用浅浮雕的装饰手法实施［图 12.10］。而后在实际制作的过程中意识到不同的饰板模式最好能采用不同的装饰手法，于是将最初的“康定斯基抽象图案”简化为大小方格图案，并用透雕的装饰手法实施［图 12.11］。这种透雕形式不仅使

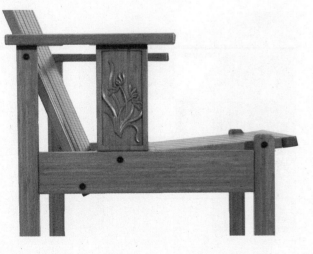

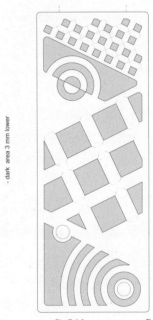

- dark area 3 mm lower
Bamboo
RL (Relief)
TL120608-3FHYK 1:1

*图 12.10

R3
R5
20
262
70
50
90
Bamboo
RL (Relief)
TL120608-2FHYK 1:1

*图 12.11

*图 12.9

图 12.7 h 形组合侧支架构件（付扬绘制）
图 12.8 阶梯形组合侧支架构件（付扬绘制）
图 12.9 兰花饰板式（陈晨摄）
图 12.10 抽象饰板之一（付扬绘制）
图 12.11 抽象饰板之二（付扬绘制）

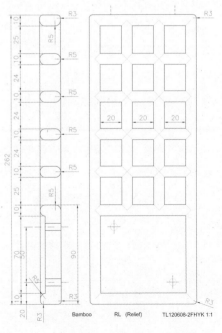

该装饰本身更加简洁洗练，而且使整个休闲椅更具通透性和明晰的视觉效果。在结构方式上，该模式也不同于第一种模式，扶手的横向元素以竖直面与倒支架后足和饰板联结，与侧支架后足的联结采用螺钉，并同时联结靠背板构件的边框元素，与抽象图案饰板则以榫卯嵌入，而该饰板的下部与倒支架的中央横向元素相叠后以螺钉相连，两个螺钉分别又联结坐面板构件的边框和靠背板构件的边框，与此同时两个螺钉也为饰板提供了最合理的稳定联系方式。总体而言，该模式的扶手构件与侧支架构件形成彼此相叠的两个构造层面［图12.12］。

第三种模式：框架格板饰板式。

本设计人长期以来对现代家具及产品设计抱有一种观念，即希望将每件家具中的每一个构件甚至每一个元素都设计成能够独立存在的艺术品，并以雕塑的方式、以绘画的方式，或以雕刻与绘画相结合的方式加以实现。从产品系统设计的角度来看，本设计的系统设计产品都采用螺钉相联结的装配式包装及运输模式，每个产品设计中的每个构件实际上都已成为独立的艺术品，从而对每一个构件及构件中的每一个元素的设计都提出更高要求。本设计前两种模式的扶手设计完全从结构和功能的角度进行设计，当然也可因其工艺上的精细和设计上的独特使之成为艺术品，但并非完全自觉意义上的艺术创造，而第三种模式则用框架格式形成一件近乎独立的艺术品被用于扶手功能［图12.13］。

框架格板这种形式是中国古代大木作及小木作建造体系中的基本构成模式，尤其用于门窗及各类室内外空间隔断，往往因其设计的精良和装饰手法的多样以及装饰主题的丰富而成为自成一体的设计元素。在任何情况下脱离建筑和室内空间的框架格板都能被看作独立的艺术品，本模式中的框架格板的基本设计理念就是创作一种独立的艺术品或工艺品，它们同时又

图 12.12 抽象图案饰板式（陈晨摄）
图 12.13 框架格板饰板式（陈晨摄）
图 12.14 彩色嵌片饰板式（陈晨摄）

＊图 12.12

＊图 12.13

＊图 12.14

可以被用作本设计产品中的休闲椅扶手构件。

本模式中这种独立的扶手构件可以被设计成无穷变化的式样，可分别采用中国传统装饰花格及饰板图案、现代抽象几何元素，以及传统与现代设计结合的综合图案，其设计及装饰要点只是考虑好该饰板构件上有螺钉钻孔的合理位置并能与侧支架准确联结。本模式最初的试制模型所用的框架和板扶手采用四向风火轮加中央浮雕饰板的模式，边框及中间的杆件元素都可留有螺钉钻孔的位置，而后用螺钉使该格板扶手与侧支架这两个构件层面相叠成型，使扶手构件的形象非常明显，其中央的浮雕饰板可依业主的不同要求和爱好采用不同的装饰图案。该扶手构件因其被视为可独立存在的艺术品而享有极大的设计自由度，为艺术与设计及工艺之间的跨界创意提供了无限的可能性，并兼及产品的模数化设计思想的运用与发展。

第四种模式：彩色嵌片饰板式。

本模式源自荷兰风格派尤其是蒙德里安绘画艺术的启发［图12.14］。荷兰风格派是欧洲20世纪早期最重要的艺术流派之一，对现代艺术、建筑、设计及工艺等诸方面都有深远影响，其主要旗手蒙德里安和凡·杜斯堡的绘画及室内设计作品以几何构图的深层研究及色彩的精致布局形成现代抽象艺术的一大门类，成为与康定斯基和马列维奇齐名的现代抽象主义经典大师。

一方面，本模式的设计构思同时取用风格派绘画中对几何图形和色彩的研究灵感并在休闲椅的结构设计中与家具的基本构造有机结合，最终形成一系列变幻无穷的彩色嵌片饰板式休闲椅。另一方面，这样的构思也使本模式中的扶手以构造元素与色彩嵌片的装饰元素分开布局，而彩色嵌片在主要担当装饰角色的同时也能起到类似于中国传统建筑中雀替功能的构造和加固作用。

本模式的扶手构造简单而直接，由横向水平置放的元素与竖向置放的元素在端头用榫卯联结，形成相对独立的扶手构件，再将其两个端头用螺钉分别与侧支架后足上端及靠背板框架相联结，同时与倒支架水平元素相连，并因此形成10个螺钉的联结体系。

彩色嵌片选用方形（180 mm×180 mm尺度），以展示其最基本的几何尺度，同时也是对前辈大师如蒙德里安、杜斯堡、马列维奇和阿尔伯斯的致敬，这几位大师都曾对方形进行过系统而深入的研究和创作。这些彩色嵌片都用中国传统的凸凹槽方式与侧支架及扶手构件相联结。最初的嵌片色彩设计取用红黄蓝三原色，而嵌片有两种：其一为最基本的素面嵌片；其二为凹刻有简单纹样的嵌片。这些装饰纹样的设计变化可以为本模式带来无限的产品形象变化。

本模式的色彩嵌片可与自然色泽的休闲椅主体搭配，也可与黑色或其他色彩的休闲椅主体搭配，并可调整基本色彩的选择，如在红黄蓝三原色的基础上加上白色等色泽的嵌片，可为产品形象提供更多的变化余地。

（3）板的装饰主题与构造模式

本设计名为主题装饰休闲椅，因此如何选用装饰主题以及用何种构造模式来表现这些装饰主题就成为本设计的重要创意主题。首先是从结构方式上分类，有四种方式：其一是承载装饰主题的元素被直接设计为构造元素，并以榫卯或螺钉的方式与其他构件相连；其二是承载装饰主题的元素被设计为纯装饰元素置放在扶手构件中；其三是作为装饰主题的元素同时也兼具结构功能被置于能够加强家具整体稳固性的结点位置；其四是将家具设计中的其他构件进行装饰化变形设计，使主体结构本身兼具装饰效果。

其次是从装饰主题的选择方式上分类，亦有四种方式：其一是从中国传统装饰图案中选取素材并进行简化组合后使用；其二是从几何图形中选取基本图样并进行设计组合后使用；其三是从现代艺术流派及艺术大师的作品中获取设计灵感并转化为设计元素，如上述对风格派艺术大师的研究与借鉴；其四是本家具设计的构件经艺术再创造后演化为具有新的设计含义的产品。

最后则是从装饰手法的选择方式上分类，也有四种方式：其一是中国传统小木作系统中应用最广泛的浅浮雕手法，尤其适用于中国传统装饰图案；其二是透雕成圆雕手法，普适于各类装饰纹样，但尤其适用于几何图形装饰主题；其三是着色手法，以色彩展示设计元素的主题，或色彩与浮雕等手法相结合展示设计主题；其四是主题构件中的各元素以楔卯或螺钉方式相联结形成带有明显装饰主题的结构构件。

家具固然是日用品，但也是艺术品，这种理念由来已久，至迟自古埃及时代以来家具就已以其绚丽的装饰主题和装饰手法成为古埃及文化的一个重要组成部分。古埃及以后的欧洲家具系统在功能上基本延续前代，从而只能在装饰主题和装饰手法上大做文章，使主流家具基本艺术化，以至于渐渐丧失功能因素，从而随着工业革命的到来，现代设计的先驱们只能打破传统设计理念，拥抱工业文明及其相伴而来的去装饰化倾向，进而演变成绝对功能主义以及国际式风格。然而，人类追求装饰、渴望艺术进步的天性是永恒存在的，因此现代功能主义早在第一代经典大师手中既已与艺术密不可分，而后更是形成艺术与设计的跨界创意格局。

本设计在创意理念上除秉承北欧人文功能主义设计传统之外，更在艺术创意方面着墨甚多，并以主题装饰的方式表达出来，这种创意理念实际上是在延续并发展着现代设计中"艺术引领设计"的思维传统。"艺术引领设计"作为现代设计乃至人类所有设计活动的金科玉律,在现代家具设计领域有非常精彩的表演。

先看现代设计的第一代大师——芬兰的埃利尔·萨里宁、英国的麦金托什、美国的赖特等都是他们那个时代的杰出画家,他们的绘画作品为后世设计师树立了明确的榜样。荷兰设计大师里特维德是木匠出身,早年读书不多,但后来加入荷兰风格派艺术团体,直接接受来自艺术大师蒙德里安和杜斯堡的强烈影响,从而引起他在家具及建筑方面设计风格的根本性转变,创造出"红兰椅"和"施罗德住宅"等一系列划时代的设计作品。包豪斯的创始人兼首任校长格罗皮乌斯是建筑师出身,并强烈推崇工业化生产及功能主义国际式,但其无与伦比的艺术鉴赏力使他的建筑、家具及首创的现代设计教育体系从一开始就充满健康的艺术气质,也因此能请来20世纪最具创造力的一批艺术大师:康定斯基、克利、费宁格、伊顿、纳吉、苏莱曼、阿尔伯斯、布劳耶尔、拜耶,以及包豪斯第三任校长密斯·凡·德·罗。再看柯布西耶,本身就是20世纪早期最重要的艺术家之一,在他勤奋创作的近40年工作生涯中,其作息时间是上午绘画及雕刻,下午进行建筑设计及城市规划,晚上写作。毫不奇怪,艺术与设计对于柯布西耶而言完全是融为一体的,并由此铸成其作品的不朽和影响力的深远。与柯布西耶共铸20世纪现代设计辉煌的阿尔托更是一位全才艺术大师,他的油画别具一格,并与其建筑、城市规划及工业设计思路有着天然的内在联系,他对胶合板的反复试制与发明不仅是科技史上的一件重要事件,而且为他提供了日后进行雕塑创作的基本构思和媒介。

本设计以主题装饰为题,在充分满足该系列产品功能需求的前提下,在对新型生态材料深入研究的基础上,在反复探讨人体工程学诸方面细微要求的过程中,力求对该系列产品进行最大化的艺术创造,

争取获得对现代设计经典的最新诠释。在这方面,历代设计大师的宝贵经验永远值得学习和借鉴。在柯布西耶和阿尔托之后,美国的伊姆斯夫妇和小萨里宁(即艾洛·萨里宁)成为战后世界设计舞台上最有影响力的设计大师。除了他们杰出的建筑成就之外,其产品设计尤其是新型家具设计达到了现代设计的顶峰,成为艺术与设计完美结合的典范。小萨里宁生长在大师之家,从小耳濡目染世界顶级艺术家的言传身教,成年后又在专修建筑学之外赴意大利研习雕塑和绘画数年,从而使其日后的所有家具设计和建筑设计作品无不饱含高贵的艺术气质,并且成为人文功能主义的典范。蕾·伊姆斯本身是一位卓有成就的艺术家,查尔斯·伊姆斯则是具有浓厚科学家意味的设计天才,他们的组合形成的设计创作团队在产品艺术创造力方面宛若天成,设计精品层出不穷,引领世界设计潮流数十载,至今仍对全球设计行业有着不间断的影响力。

本设计一方面学习现代设计大师的经验,另一方面也悉心研究中国传统设计文化尤其是家具设计方面的精华。中国宋代以后的家具趋于成熟,这种成熟建立在艺术引领设计这条金科玉律的基础上,看看宋代绘画前无古人后无来者的成就,再看看宋代陶瓷至今仍无法超越的工艺高峰,后人仅从宋代绘画及版画等图像资料中就能想象宋代家具艺术设计成就,这种成就又直接引导明代并在明代集其大成,达到人类古典家具设计的最高峰。宋明家具的成就是多方面的,但最著者则在艺术创造,具体又表现在如下三方面:其一是建立在古代生态设计和人体工程学基础上的简洁而合理的家具结构及构造设计,由此最大限度地保证设计产品的舒适与健康,同时又能经久耐用;其二是建立在中国古代经验主义科学观基础上的对材料的选择和研究,进而能按不同使用目的选择不同材料来制作适宜于不同场合、不同客户群的家

具类别。看看中国古代种类繁多且各具特色的漆饰家具、硬木家具、柴木家具、竹藤家具,各自都依其不同的材料性能和使用功能创造出古代世界完善的功能主义设计产品,同时总结出对现代设计具有决定性启发作用的设计手法和设计原则。其三是多样化的装饰主题和装饰手法所主导的独特的艺术形象,即早已蕴含现代人文功能主义设计内涵的中国传统家具艺术形象,这些艺术形象往往分别或同时使用多种艺术创作手法来提升设计的艺术品位。例如家具作品各个构件本身的雕塑化形象处理,有时其构件自身已卓然成为艺术珍品,当其因材料的独特纹理而形成充满自然情趣的画面时,整个构件已是不可多得;例如漆饰家具,无论是流行于皇家贵族的雕漆家具还是遍布于寻常百姓家中的大漆家具,都能通过对自然漆饰的精心把握来创造全新的装饰主题;再如中国各种家具最普遍的雕刻装饰,它们承载着全方位的中国传统文化的装饰主题,使用着多种多样的雕刻手法,并能在非常古老的岁月中就已实行目前全球方兴未艾的用户研究及以用户为中心的设计原则,依不同客户不同需求设计制作不同装饰手法和不同装饰主题的家具及日用品。

(4)坐面板与靠背板构件的构造模式

本设计的基本构造建立在已经完成的框架椅设计基础上,尤其是坐面与靠背板构件的构造模式,二者基本采用同一种方式进行不同构件的装配组合,即用8跟螺钉联结侧支架、坐面及靠背板构件〔图12.15〕。本设计侧支架构件中横向水平元素的宽度使螺钉的位置有足够的选择余地,从而使设计师可以最大限度地依据人体工程学需求调整该系列设计中坐面与靠背板各自的角度,以求达到休闲椅所要求的舒适程度。合成竹材的材料特性保证了这种联结方式的牢固及稳定性,而竹材自身的天然弹性则带来附加的舒适度。

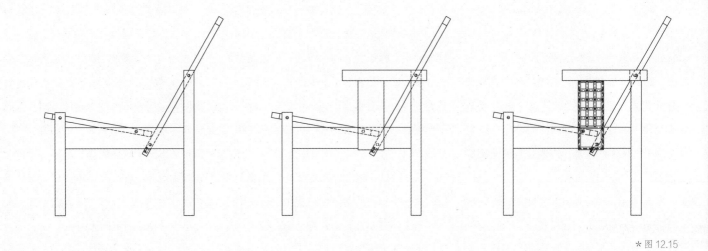

图 12.15 坐面板与靠背板
构件的构造模式（付扬
绘制）

（5）激光切割技术及现代图案设计带来新型构造模式

本设计在构思演化的过程中，由传统入手，即立足中国传统家具设计的精华要素，再结合现代设计科学，主要是生态设计原理和人体工程学原则，同时注重现代材料学研究，最后发展出主题装饰休闲椅系列的主干。

中国传统设计是经验主义的，经典而优美的设计作品都是中国设计师，即中国古代文人或官员与匠人，长期测试改进再试验而修炼成熟的成果，正如神农尝百草而知中医大要。中国古代家具经几千年精心铸炼而成洋洋大观的经典设计，泽被后世，不仅使后来人直接使用古来之设计作品，而且以其蕴含的丰富设计原理来启发现代设计师。

如同中国古代艺术传承的主流方式的"模、仿、临"，中国古代家具亦以复制传统定型样式为设计的基本指导方针，以师傅带徒弟的"口心相传"为主，间或由某些天才文人或官员的闲情逸致的方式贡献出独特的设计构思，以完成中国传统家具设计历史长河的某些重要篇章。它们散落于浩瀚的文献当中，一旦经与民间匠人的天作交融，即会碰撞出设计创意的火花，从而为人类的设计不断增添佳作。本设计承继这种设计创意传统，由中国与芬兰设计师协力创作、共同构思，再由中国民间杰出工匠制作模型并反复测验，经多年讨论修改渐成完整的产品系列。与此同时，作为现代设计师，本设计更立足现代科学与艺术的结合，尤其注重现代科技最新成果的运用和现代艺术带来的启发，从而在科技与艺术灵感相融合的过程中发现艺术与设计创作的规律，进而归纳总结出相应的设计模式语言，并发展出有限意义范畴内的设计方法论，为现代设计科学做出贡献。

本设计在设计与研发的后期开始结合欧美最近发展的电脑控制激光切割技术和更新版芬兰热压胶合板技术以进一步尝试产品构件的最新处理手法，同时继续广泛而深入地研习现代艺术大师蒙德里安、杜斯堡、康定斯基、马列维奇、克利、莱热、纳吉、阿尔伯斯、维克多·瓦沙雷（Victor Vasarely）和草间弥生等，他们对图形与色彩的系统研究以及由相关研究引发出来的对设计科学和艺术创意的深入理解成为本设计的灵感之源。由此灵感之源再演化为系统设计的涓涓细流，为现代设计科学中的设计方法论增添有益的启示和实例。除了对现代艺术大师的研习之外，本设计人对现代平面设计尤其是招贴设计亦有相应关注及研究，并由此获得灵感的启发，从而实现跨界设计的突破，印证跨界创意在现代设计实践中的重要价值。

芬兰作为现代胶合板材的发明地在热压胶合板技术方面始终保持着全球领先的地位。本设计人在过去 20 年与芬兰著名胶合板制造厂家密切合作，将平面设计图案植入胶合板层压技术当中，使胶合板本身成为硬质加厚版的平面设计作品，而后通过组合式切割形成独特的图案式家具。本设计人曾与芬兰已故平面设计大师塔帕尼·阿尔托玛（Tapani Aartomaa，1934—2009）合作设计出广告图案椅系列，该系列产品成为当年全球设计师大会的礼品，而后又从本设计人所收藏的中国民间剪纸图案中获得灵感设计出"图案版中国龙椅"，这些鲜明而独特的设计产品均建构于将图案直接热压在胶合板上的技术之上。

近年欧美兴起的由计算机全程控制的激光切割技术为本设计提供了新的设计及相应制作的可能性。因激光切割技术的精密而带来的家具设计构件的转角的多变演变为产品的无穷丰富性，科学与艺术在此自然交融，创造出现代设计的无限可能性，从而为市场为多层面多品位的客户提供了更全面的服务。这种更全面的服务建立在以客户为中心的设计（User-Centered Design，UCD）理念之上，强调设计的功能普适性与客户的个性化需求相结合，以不同的侧重点强调不同产品的独特性，集功能性、科学性、艺术性和趣味性于一体。

本设计在悉心研究和借鉴中国传统设计精华的同时，力求以科学而系统的方法打破中国传统艺术创作和工艺制作中的"模、仿、临"的创作模式，并代之以科学与艺术相结合的跨界创新的设计模式，尤其关注最新科技的发展和新材料新工艺的研发和实际应用。

基于上述所言的激光切割技术和现代艺术与现代图案的启发，本设计在主题装饰休闲椅系列设计中又发展出如下四个设计子系列：

子系列之一：基于新型图案热压胶合板及色板嵌片工艺的休闲椅模式［图12.16］。

该模式最初的设计灵感源自本设计人在20世纪90年代与芬兰平面设计师阿尔托玛的跨界创意合作，由阿尔托玛的招贴设计引发本设计人设计一种新型图案并打

印在一种特殊纸板上，而后将这种带有图案色泽的特殊纸版与层压胶合板叠在一起进行一次性热压，由此定型的胶合板成为设计师所着意表达设计理念及装饰主题的构成元素。本设计人随后再通过切割新型胶合板形成设计构思所需要的构件形式及色彩配件，最终组合成与阿尔托玛的原始招贴设计相一致的多功能靠背椅，又叫招贴椅。

20世纪90年代后期本设计人在展示所收藏的中国民间剪纸的过程中，再次引起艺术大师阿尔托玛的兴趣并由此引发以新型中国龙剪纸图案设计为主题的新型热压胶合板，并结合本设计人在20世纪80年代为芬兰国家设计博物馆设计的博物馆椅创造出一款装饰主题鲜明、制作工艺精良同时功能又非常完善的"中国龙椅"限量版。在此限量版"中国龙椅"身上，现代招贴设计与中国传统图案、现代科技手段与功能主义设计理念有机融合，造就了新型座椅，并以其完美的三角支撑结构、无限叠落式机能和合理的人体工程学倾角构成创造出一种现代生态设计典范，更以

其强烈而夸张的图案设计引人入胜，在任何场合都能成为整个空间领域的焦点，同时也为以后的设计带来创作灵感。如21世纪初的国际平面设计师联盟大会就邀请本设计人为大会设计一种作为永久纪念品的休闲椅，由每一位参会设计师提供各自的招贴设计图样，再由本设计人用热压胶合板技术制作带有这些图样的家具构件，再用拼装方式形成休闲椅。最终，每位参会设计师收到一件纸箱，里面装着四件家具构件，他们带回家打开后即能组装成展示自己设计招贴图案的休闲椅。

本设计是对上述设计构思和技术手段的进一步发展和运用。首先是用于侧支架的胶合板采用22 mm厚层压板加双面彩色面纸，选用的色彩可包括红、黄、蓝、绿、咖啡、黑、白、灰等多种色系及同色系变体色，从而形成色彩搭配的选择率。这些热压胶合板材成形后则可切割成设计所需的构件元素尺寸并以榫卯方式组成基本构件。其次是用于色板嵌片的胶合板采用20 mm厚层压板加双面彩色面纸，选用的色彩也是红、黄、蓝、黑、白、灰及其变

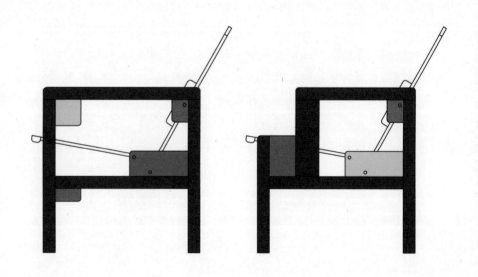

体色系，热压成形后依设计需要切割成不同尺寸的构件元素，它们因与侧支架构件元素在胶合板厚度上的细小差距而形成产品看面在视觉上的突兀有致的层次感，再加上色彩的变化组合，从而带来产品在造型上极高的显示度。最后是用于坐面和靠背板的胶合板采用 12 mm 厚层压板加双面彩色面纸，但选用的色彩限于黑、白、灰三色系，坐面的前沿用于接触腿部关节的部位用软包海绵嵌合，靠背板中部则用一块 200—300 mm 宽的软包海绵垫以人体工程学的原理支撑背部。该设计模式中坐面和靠背板与侧支架的联结方式采用钢管与螺钉系统，即按坐面板和靠背板在侧支架上所需联结方位钻出侧支架上的螺钉孔，两边侧支架以钢管支撑其间并以螺钉相系。而后用本设计人在 20 世纪 80 年代所发明的 A500 系列座椅中的橡胶螺钉座固着在钢管的相应位置，再用另一组小螺钉固着面板和靠背板。

该模式的另外一种坐面及靠背板设计系列选择用平面框架，即用前述的 20 mm 厚胶合板作为框架，以 12 mm 厚胶合板作为内条板并以内槽榫卯嵌入框架中，而后按本设计主体竹胶合板的联结方式用螺钉直接联结侧支架与坐面和靠背板。

该模式除材料的新颖和相关技术的更新应用以外，最大的特色是由彩色的无穷尽组合所形成的产品造型的多样性，以及由此体现出的以客户为中心的服务概念和相应设计理念。由于产品结构设计的稳定性和选用的胶合板材料的高强度，该模式在侧支架的构件元素的尺度和形状两方面都有极大的变化余地，再加上不同色彩的选择与搭配，更使得该模式在侧支架设计上享有极高的自由度。此外用于装饰但同时亦具有辅助结构功能的色彩嵌片也在尺度、形状和色彩三方面都有无穷尽的选择变化余地，从而为设计师提供完全开放的设计思路，并以客户使用为核心，为市场和终端客户提供了无穷尽的产品组合及选择余地。

在此模式的设计过程中，本设计人综合运用了如下学科知识内容：生态设计、人体工程学、数学中的排列组合和几何学、色彩学、材料科学及现代胶合板技术、激光切割技术，以及不同材质的产品构件之间的连接方式方面的专业知识。

子系列之二：基于新型胶合板和激光切割技术的休闲椅模式［图 12.17］。

该系列的休闲椅模式在产品基本构造、功能设置及材料选择等诸方面都与前述子系列之一的休闲椅模式相同，在此基础之上的不同点或创新点则是基于对计算机控制下的激光切割技术的应用所带来的侧支架造型设计的新的可能性，以及相应的色彩变化所共同形成的以用户为中心的极大化的产品造型选择余地。在子系列之一的产品模式中，所有的构件元素都采用传统的机械或半机械手工切割，而后用榫卯联结方式组合成预想的构件模式，而在本模式中，激光切割技术可以切割出任意转角以及由此引发的任意构件元素的形状，这样就能使本子系列产品达到如下设计目标：其一是在产品形象设计中产生新的形式要素；其二是新形式要素往往是子系统之一的产品模式中几种元素的组合形式，因此这些新形式要素不仅展示新的造型，而且蕴含更坚固的结构；其三是激光切割技术可以轻易形成任何构件转折处的圆角，从而形成产品设计中的新的美学因素，并与此前子系统之一产品模式中由不同构件元素榫卯连接所形成的方角交合模式形成对比；其四是运用激光切割技术可轻易模仿或借鉴中国传统家具设计中的某些经典构件元素，如牙头和牙脚构件，如本模式中采用的 L 形色板嵌片实际上是中国传统家具中的牙角构件，从形式和功能两方面都完全一致，它们一方面能起到更好的结构和装饰双重作用，另一方面也是中国传统设计精华的复活与应用，在以用户为中心的设计理念方面更符合中国用户的心理需求。

子系列之三：基于激光切割技术的文字图案设计的休闲椅模式［图 12.18］。

同前述子系列之二相同，本子系列也是建立在子系列之一的基础上，但在侧支

图 12.16 子系列之一（作者绘制）
图 12.17 子系列之二（作者绘制）

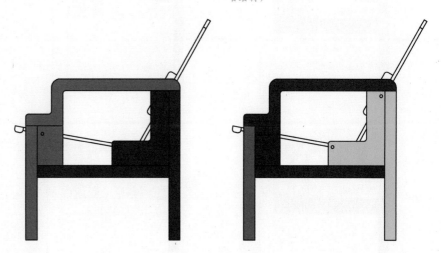

＊图 12.17

架的设计方面有所不同，虽然也同子系列之二一样运用激光切割技术制作出独特造型的侧支架构件，但具体的构造理念和色板嵌片的装饰理念都有新的创意。本模式的侧支架由三个元素构成，除简洁的后足和中央水平横条之外，最引人关注的是前足与扶手一木连作的元素，该元素由激光切割技术打造而成，一方面简化了侧支架的元素联结环节，另一方面在结构上更加固定而简明有力。然而，本模式的最大亮点却是侧支架上的色板嵌片。

在人类文化的发展中，文字的力量极为巨大，无论是中国的汉字、伊斯兰的书法还是欧洲的字母系统都成为各自文化发展过程中的重要传承要素。与此同时，艺术创意所引发的简化图案也是人类设计文化中最重要的装饰要素之一。本子系列的休闲椅模式力图用简明而集中的设计与装饰一体化原则展示该产品的魅力，从而一方面能继承并借鉴中国传统家具设计中功能至上和集中式装饰的优秀设计理念，另

一方面力求在科技主导下的功能主义设计中更多地注入人文主义的元素。本子系列的集中式装饰位于侧支架的专用饰板上，该饰板可用 20 mm 厚或 12 mm 厚胶合板制成，并可自由选用不同色彩，其最基本的装饰主题即为色彩，其他装饰主题包括由艺术图案为灵感的抽象图像和文字图案，并全部由激光切割技术制作成镂空饰板，使装饰主题不仅可以从全方位进行鉴赏，而且其自身也显空灵。这些饰板虽以装饰功能为主，但其位置也使它们具有明确的辅助性结构功能。从以客户为中心的设计原则出发，本模式亦为客户和市场提供了无限的产品选择余地，首先是对色板嵌片的色泽选择；其次是对几何抽象图案或其他艺术主题式样的选择；最后是对文字或数字主题的选择，这方面可以用极具个性化的方式发展设计师与用户之间的互动创意，最终达成寓乐于购、寓教于作的以用户为核心的现代产品创意模式。

子系列之四：基于激光切割技术引发

的新型图案侧支架系列休闲椅模式及相关设计方法探讨。

在现代家具设计史上，材料的革新和相关科技的进步往往带来设计理念和设计手法的突破性进展，进而带动对设计方法论的思考和研发。本设计人在该模式的设计发展至子系统之四的阶段时，开始采用方格草图纸构思绘制本系列休闲椅侧支架构建元素，并在每个构件元素的设计过程中追寻其构造与形式的相互统一关系。

该模式的形成，首先得益于新型图案热压胶合板的优秀物理性能，即板材自身的抗压、抗拉、抗弯诸方面的超高强度和该板材在各个平面方向因交叉叠落木纹纤维的叠合作用而产生的相同且超常的抗拉、抗弯强度，因此，无论截取这种胶合板的任何一部分，它都能保证材料的优秀性能。

其次新近成熟的由计算机全控的激光切割技术可以自由切割高强度的胶合板，尤其能以任何曲线、任何角度及任何复杂

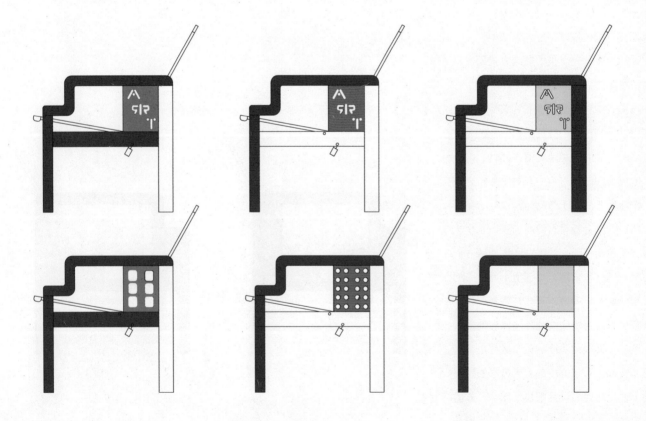

* 图 12.18

的形式切割出形态完整的构件元素，这些构件元素再以榫卯结合方式组成侧支架构件，由此形成一种系统化、模数化、图像化的侧支架演化及构建系统。

再次艺术灵感的全方位介入并与该模式中科技与材料的进步相融合，最终促成一种成熟的跨界设计创意方法，这种方法可以将各种各样的艺术灵感片断引入设计的过程。如中外传统艺术图案、民间设计图样、现代艺术作品及其演化图形、现代图案招贴图样等均可成为该模式侧支架构成设计的元素。如本设计在该子系统的最初设计实例中选用的是几何图形元素，其基本灵感源自中国古代传统装饰图案中的变形云纹，这些元素可在方格草图纸上用科学方法绘出，再转化为激光切割图案。这些图案的设计原则只有两条：其一是保留螺钉孔的合理位置；其二是图案自身的谐调美观。

最后色彩的设计为该模式休闲椅再添活力。该子系列产品的侧支架构件元素可用已进行双面色纸热压的带图案新型胶合板制作，有时其构件元素的轮廓及色彩均已融入胶合板的双面，本设计人只需依设计意图转入激光切割系统。另一种着色方式是先用普通双面自然色胶合板完成设计

切割，而后再依设计意图给不同构件元素涂上不同色彩，而后再进行构件组合。

该模式的坐面与靠背板的具体做法和安装方式，以及整体构造的诸多细节处理均与本设计子系列之一的方式相同。

基本尺度

高式兰花饰板式休闲椅［图 12.19 至图 12.21］；

矮式兰花饰板式休闲椅［图 12.22 至图 12.24］；

抽象图案饰板式休闲椅［图 12.25 至图 12.29］；

框架格板饰板式休闲椅［图 12.30、图 12.31］；

彩色嵌片饰板式休闲椅［图 12.32、图 12.33］；

变体侧支架休闲椅之一［图 12.34、图 12.35］；

变体侧支架休闲椅之二［图 12.36、图 12.37］。

具体尺度见本章节相关图例。

图 12.18 子系列之三
（作者绘制）

图 12.19 高式兰花饰板式休闲椅三视图（付扬绘制）

* 图 12.19

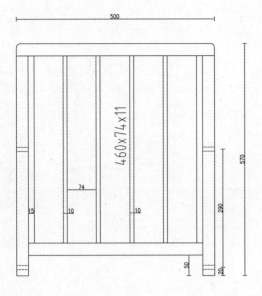

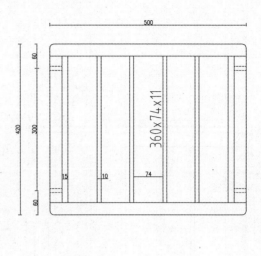

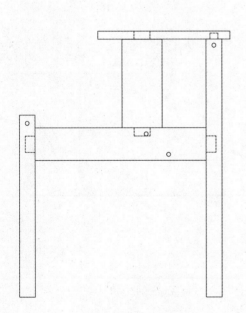

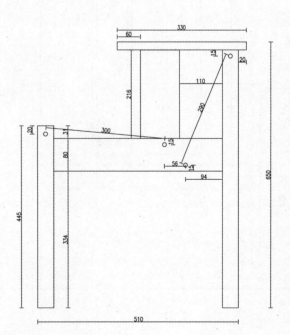

图 12.20 高式兰花饰板式休闲椅背板和坐板（付扬绘制）
图 12.21 高式兰花饰板式休闲椅侧支架（付扬绘制）

＊图 12.20

＊图 12.21

图 12.22 矮式兰花饰板式休闲椅三视图（付扬绘制）

＊图 12.22

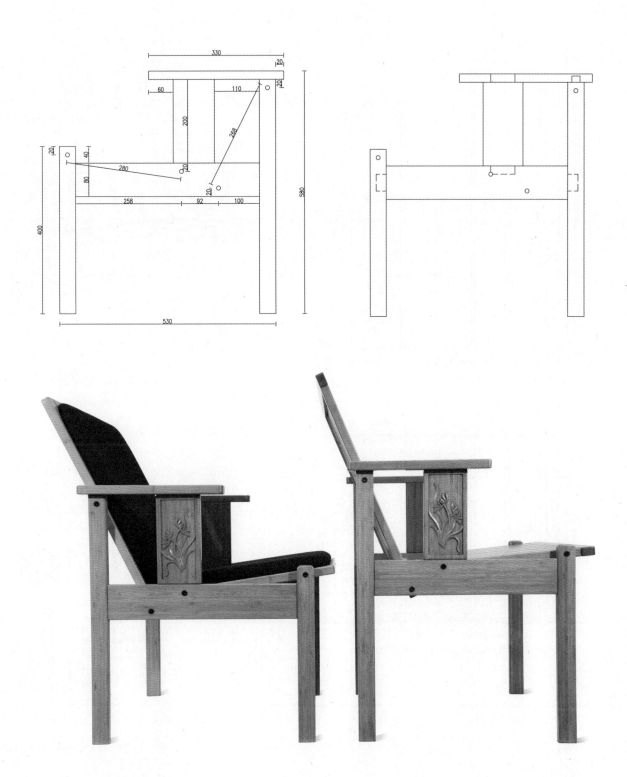

图 12.23 矮式兰花饰板式休闲椅侧支架（付扬绘制）
图 12.24 矮式和高式兰花饰板式休闲椅（陈晨摄）

＊图 12.23

＊图 12.24

图 12.25 抽象图案饰板式休闲椅三视图（付扬绘制）

＊图 12.25

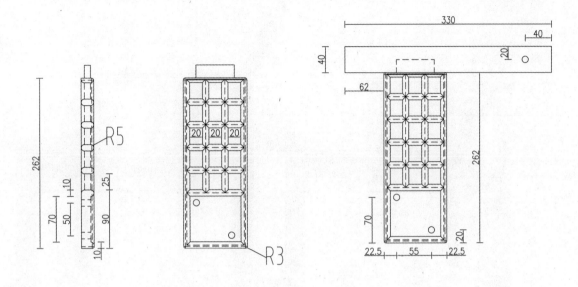

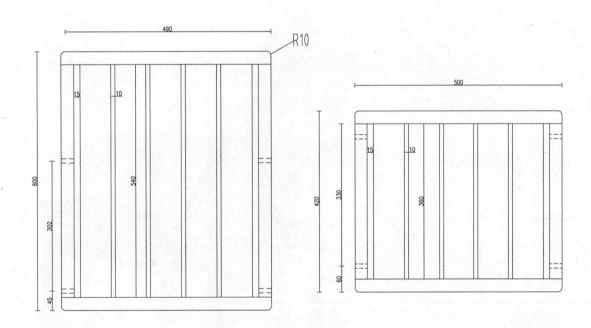

图 12.26 抽象图案饰板式休闲椅饰板及扶手构件（付扬绘制）
图 12.27 抽象图案饰板式休闲椅靠背板和坐板（付扬绘制）

＊图 12.26

＊图 12.27

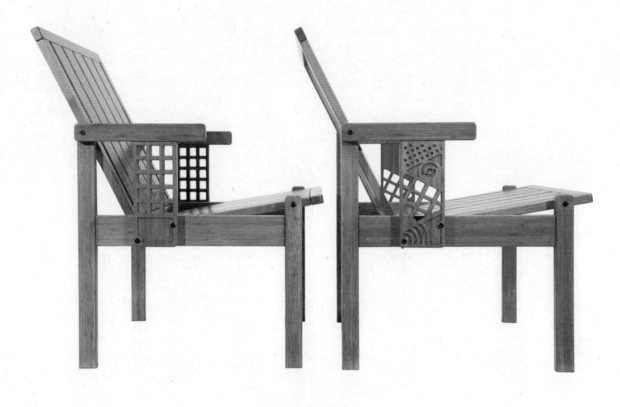

图 12.28 两款抽象图案饰板式休闲椅（陈晨摄）
图 12.29 抽象图案饰板式休闲椅（陈晨摄）

＊图 12.28

　　　　＊图 12.29

图 12.30 框架格板饰板式休闲椅三视图（陈晨摄）

* 图 12.30

图 12.31 框架格板饰板式休闲椅（付扬绘制）

* 图 12.31

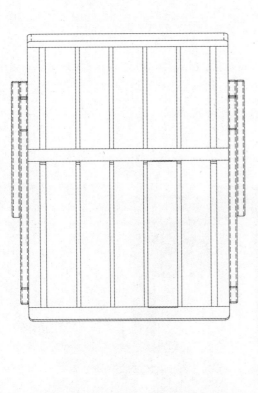

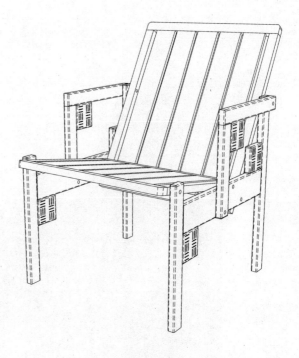

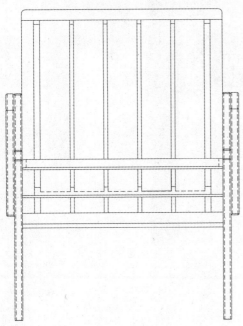

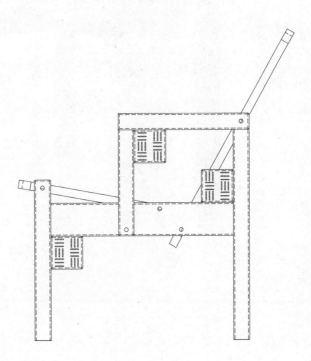

图 12.32 彩色嵌片饰板式休闲椅三视图（陈晨摄）

★ 图 12.32

图 12.33 彩色嵌片饰板式休闲椅（付扬绘制）

* 图 12.33

图 12.34 变体侧支架休闲椅之一三视图（陈晨摄）

＊图 12.34

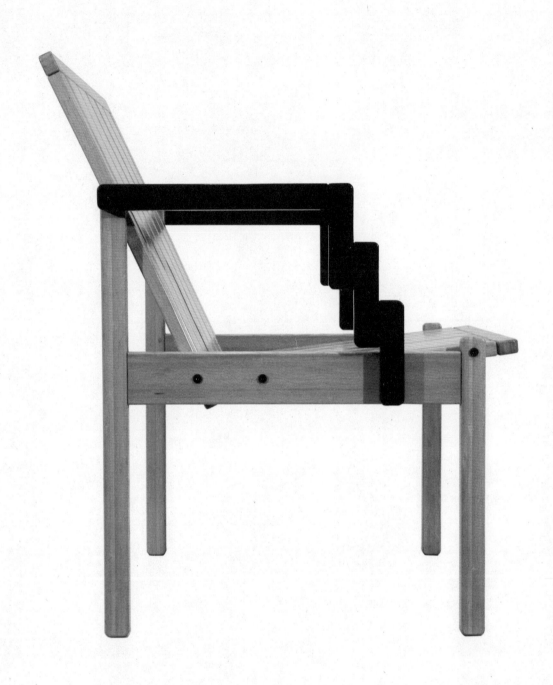

图 12.35 变体侧支架休闲椅之一（陈晨摄）

----

* 图 12.35

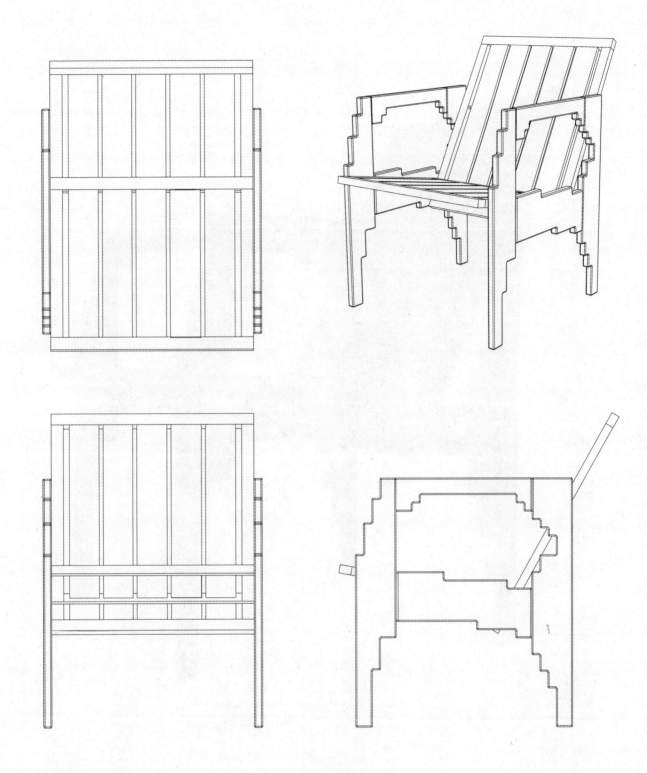

图 12.36 变体侧支架休闲椅之二三视图（付扬绘制）

* 图 12.36

图 12.37 变体侧支架休闲椅之二（陈晨摄）

----

* 图 12.37

12.3 创新要点：对"艺术引领设计"的最新诠释

第一，本设计的革命性创新是对"艺术引领设计"这一现代设计金科玉律的最新诠释，立足中国传统家具设计中装饰主题的装饰手法的系统研究及其对中国古典家具形象的决定性影响的体认获取本设计主题的基本灵感。与此同时，本设计通过全面考察现代设计经典大师作品中"艺术引领设计"的主旋律来更加深入地理解主题装饰对家具设计尤其是休闲椅设计的功能影响。

第二，本设计的革命性创新表现在对现代设计的系统化、科学化、人性化研究上，在此研究基础上提出符合现代生态设计及可持续设计发展原理的设计原则及手法，最终演化为"新中国主义"模式设计语言，对本设计人开创"新中国主义"设计品牌提供新型素材并做出新的发展诠释。

第三，本设计在已完成的框架椅系列的基础上，继续探索合成竹材料的使用方式，以设计模式上的演变尝试独立构件单元的灵活设计原则及用螺钉进行装配式联结的各种可能性。

第四，本设计以主题装饰为引导，切入休闲椅主题设计文化，对中国古代休闲家具设计进行现代化理解和改良，从而使本设计的系列产品在人体工程学方面能最大限度地满足使用者的休闲需求及休闲中身体尤其是四肢的自由活动空间的需求，并在此基础上设计出简明而练达的扶手构件模式，以形成主题装饰的载体。

第五，本设计以装饰主题的选择为切入点，进行以用户为核心的现代设计方法论研究，对每款设计的装饰主题及装饰手法提供从传统图案到现代色彩系统的最广泛的可能性，并由此展开对不同扶手构造模式的设计研究，最终引发无穷尽的休闲椅设计模式，为客户提供最大化的产品选择。与此同时，本设计的装饰主题多样化设计也为用户在不同设计阶段介入并参与设计提供最大便利，真正体现以用户为核心的现代设计原则。

本设计源自传统但在使用功能方面超越传统，对现代休闲椅设计以系统化模式语言的方式进行诠释，对其功能需求的主题装饰的方式进行解读，创造出充满现代气息但又包涵传统意味的现代休闲家具。

本设计在设计构思及理念方面得益于中国传统家具的主流设计门类，但同时也是中国传统竹家具设计文化的继承和发展，用新中国主义的设计理念对中国传统竹家具进行全新探索，并结合合成竹材的全方位运用，从科技发展和材料科学的角度对中华民族数千年的人竹共生文化提供新颖而具活力的设计表达。

本设计从设计理念到设计方法提倡全面而科学的研究分析，但在具体的设计手法方面则力求简单易行，产品的结构与构造方面则既强调创意体现，又关注其经久耐用，同时在使用功能方面力求多样化，从而在造型语言上达成科学与艺术的统一，成为新中国主义设计的典型实例。

本设计涉及一种全新的现代简约风格的功能主义休闲椅，其坐面及靠背板的软包面料为休闲功能注入新的元素，可用于公共空间及家居场合。本设计的总体造型源自中国传统家具图样，但功能设计则完全依靠现代人体工程学基本原理，对每一构件进行细致的功能分析，并选取合成竹材作为框架材料，使之具备最基本的生态设计的内涵。本设计的基本结构沿用本设计人以前完成的框架椅模式，以8根螺钉联结整体结构，形成装配式构造，以便最大限度地方便产品包装及市场营销。

13.1 设计构思：源自中国座椅框架系统与欧洲沙发系统的有机结合

（1）本设计首先立足对中国古代家具系统中休闲椅模式的研究，以求归纳并提炼出适用于现代家具设计的基本设计原理。在中国古代家具系统中，坐具是一种基本类型，这其中又可分成厅堂类或办公类（如各种官帽椅、圈椅或玫瑰椅等）和休闲椅类（如各种躺椅、春椅及休闲椅等），这些丰富多彩的中国座椅类别固然有大量的实物遗存，但存在于图像资料中的中国座椅形象无疑构成中国古代设计更为引人注目的灵感宝库。本设计人长期关注并研究中国传统家具设计的图像资料，以求汲取其合理的设计元素并运用于现代设计的实践中去。

（2）在中国古代家具中，厅堂类及办公类家具座椅与休闲椅一般而言具有相同的结构模式和造型语言，其区别主要表现在座椅的高度及宽度，坐面与靠背板的设置角度及其相互之间的角度，以及坐面及靠背板的面料设计方面。长期以来中国座椅对舒适程度的追求更多地表现在家具结构及构造的创意方法上，即以符合人体工程学角度的坐面及靠背板设计来获取最大化的舒适结构，并在此基础上再对坐面及靠背板本身的面料进行设计选择。在中国古代座椅设计中，坐面主要有两种设计模式：其一是板式坐面；其二是软屉坐面，即采用棕绳和藤竹编织用作坐面的软包材料，并在此基础上，覆以织物增加更大的舒适指数。而中国古代座椅的靠背板设计也有两种模式：其一是板式硬面构造；其二是覆以织物或藤编软屉构件，由此增加柔软性及舒适度。此外，中国古代家具系统中的竹藤家具则有其自身固有的对舒适度的设计，这种设计又结合特定的材料形成独具一格的产品类型［图13.1至图13.5］。

（3）西方家具的发展在早熟的古埃及家具成就之后，主要沿着不断更新装饰主题的方向演化，虽然古希腊和古罗马时代都曾出现少量独创而有个性的座椅类型，

* 图13.2

* 图13.3

* 图13.4

* 图13.5

* 图13.1

* 图 13.6

* 图 13.7

但总体而言，西方家具尤其是座椅类大多都是在不同时代的装饰主题尤其是建筑主题的影响下演化发展，从中世纪哥特式到文艺复兴，从巴洛克到洛可可，从古典主义到浪漫主义，不同时代的装饰主题成为西方家具发展的主旋律，尽管其间也曾出现诸如英国温莎椅、美国萨克家具及摇椅等功能主义设计产品，但其主流设计仍以装饰主题为引领，很少能在家具结构上进行人体工程学方面的系统思考。然而另一方面，西方社会对舒适度的追求却引发了沙发这种完全以舒适度为第一考虑要素的家具类型，并从此将面料设计、软包材料及图案设计诸方面因素全方位引入家具设计领域，使人们对人体工程学的理解更加全面，对家具的设计更加合理而实用。

（4）在全球范围内，现代家具的发展来自中国家具的功能主义传统与西方家具的装饰主义传统的结合，同时也来自中国古代家具中结构主义传统与西方家具以沙发设计为代表的追求舒适理想的设计理念的结合，由此产生现代设计中的生态设计观念、人体工程学设计原理、设计经济原则和人文功能主义设计美学。本设计的主题是从中国传统设计中寻求造型语言的引导，同时从现代设计的理念及手法中探索最合适的方式以达成最大化的舒适度，最终创造出一系列符合现代设计诸原则，简洁明快、坚实耐用，同时兼具装饰元素的现代休闲座椅，又因本设计所取用的休闲方式拟依软包方式达成功能，故而称之为软包休闲椅。

（5）本设计休闲椅的总体造型灵感原则上来自中国传统框架椅如官帽椅及灯挂椅或玫瑰椅系列，这方面的现代设计尝试已见于本设计人在早期"框架椅系列"竹家具设计中。然而对于本设计而言更直接的造型灵感则来自中国南宋画家刘松年的《四景山水图》中的夏景户外休闲椅，该椅造型简洁清晰、功能明确，是宋代典型的休闲椅，曾对本设计人"主题装饰休闲

椅"有过关键性的启发，而在本设计中它的启发则集中在该休闲椅如何实现休闲的功能：从图像中能够清晰可见的是其坐面的竹藤编屉的形式所形成的弹性舒软的接触面，而其斜置的靠背板则是专门设计的可调式背板，其格架设计中亦有竹藤编靠背格［图 13.6］。另外，本设计人在论著《现代家具设计中的"中国主义"》中曾收录引用一件传世明式休闲椅与刘松年画中的休闲椅非常相似，只是其靠背板是由整块竹藤编织板面构成的，从而形成更为完整而舒适的背板设计模式［图 13.7］。本设计从上述图像及实物资料中获取设计灵感，进而引发设计中的几个主体构件元素：侧支架构件及坐面与靠背板系统，以及随后考虑发展的装饰嵌板元素。

（6）本设计在设计理念上力求在研究分析中国传统家具的基础上归纳出现代休闲椅的基本设计语言，这种设计语言建立在生态设计原理和人体工程学基础之上，并具有广泛的可调节适宜性，最终成为"新中国主义"设计品牌的组成部分。本设计在创意手法上则延续此前在"框架椅"及"主题装饰休闲椅"系列中的思维方式归纳出最基本的"冂"形侧支架模式，进而发展出带有主题装饰嵌板的"冈"形侧支架模式，前者秉承现代功能主义的精髓元素，后者则融入中国传统家具设计中集中式装饰的优秀设计传统，而这类集中式装饰元素又同时具备构造功能，传承中国传统小木作设计文化的细节精华。

（7）中国传统座椅长期以来主要依据传统人体工程学的原理设计出合理的坐面及靠背角度以及相应的框架配套构造来达到座椅的整体舒适度，某些座椅也用竹藤编屉来达到坐面及靠背板更大的舒适度，本设计则决定用西方现代设计常用的软包手法完成坐面及靠背板的基本设计，以面料织物及其海绵内衬为主体完成坐面及靠背板的接触面设计。本设计的软包构件不同于西方传统沙发中的软包元素，而是针

对本设计所依据的新中国主义设计语言，创造出构造形成与结构非常贴切、视觉语言与构件元件一致的软包坐面板和软包靠背板。同时，本设计中的软包构件均采用可拆装式构造，便于对磨损后的软包构件进行更换，而无需变动结构框架。这样本设计的全部构件均为可拆装式，在最大程度上方便用户选择构架模式、面料色泽及质地以及侧板雕饰，更方便产品的包装和运输［图 13.8、图 13.9］。

13.2　设计实施：方案历程、技术要点与基本尺度

本设计首先立足从设计师的角度对现代生活的健康进行诠释，并使这种诠释建立在设计师对中国传统设计文化深入、系统的解读上。其次是通过对现代人生活方式的体认和人们对生活舒适度的追求，更加深入地理解生态设计原理和人体工程学

*图 13.8

*图 13.9

图 13.8 丹麦汉斯·威格
纳设计的带软包坐垫的
中国椅（作者摄）
图 13.9 瑞典设计大师布
鲁诺·马松设计的带皮革
软包的休闲椅（作者摄）

方案历程

的精华，并参照设计师对中国传统设计图像资料的梳理归纳出现代休闲椅设计的基本模式。最后是系统对比中国古代和欧洲社会对舒适与健康的不同理解及其引申出的各自座椅尤其是休闲椅的不同设计模式，对比之后再进行归纳与融合，最终将中国座椅的框架系统与欧洲沙发传统中的面料软包系统有机结合，发明出一种简洁、舒适同时又具备多种装饰可能性的软包休闲椅系列。

在现代设计的百年发展中，中国家具的功能主义传统备受赞扬，但其适应现代舒适生活的设计潜力也长期受到很大期待。与此同时，以欧洲为代表的西方家具在巴洛克和洛可可时代之后则进入对沙发式舒适度和时尚装饰主题的无止境追求中，现代家具的发展从某种意义上讲就是东西方设计传统的交融和再创造，这一点尤其是中国现代家具设计的使命。

本设计的进展自始至终贯彻着现代生态设计的核心原则：以最少的设计元素达成最大的功能。因此，本设计的核心目的就是创造出一种现代休闲椅的设计原型，并能由此引申出无穷尽的设计主题。本设计的原型由最基本、最简洁的侧支架和框架组成，而源自欧洲沙发精神的软包坐面及背板同样被简化到极致，以求在充分保证健康及舒适度的前提下使软包构件的造型语言与休闲椅的整体视觉形象保持一致。在基本原型基础上，本设计引入侧支架嵌入式饰板，形成附加而相对独立的装饰系统，为本设计产品的丰富性及市场性提供无限度的用户选择。

本设计的起因源自为无锡大剧院的休息大厅提供一组具有中国传统设计风韵的休闲椅。芬兰建筑大师佩卡·萨米宁在无锡大剧院的设计中，其主要构思灵感来自蜻蜓的飞翔动态及普通的白菜形态，然而在室内设计中萨米宁决定大量学习和引用中国传统设计元素和材料，包括竹材、陶瓷等中国传统建筑及装修材料，本设计人参与了无锡大剧院设计的方案阶段和部分室内及家具设计的内容。休息大厅的休闲椅是该建筑项目中的一款新产品。

无锡是中国传统文化的重要城市，同时又是中国现代化的前沿和代表性城市，作为该城市最重要的文化建筑的无锡大剧院自然希望能在每个方面都体现出传统的魅力和时代的气息。本设计的切入点也自然来自对中国传统家具文化的研究，同时又深入分析现代休闲座椅的各组成要素，用细致分解的方式梳理本设计所建议的种种设计模式及组成元素。

在对中国传统座椅进行系统研究的基础上，同时参照本设计人此前设计完成的框架椅竹家具系列，本设计人为无锡大剧院休息大厅设计出一种侧支架及相应框架的各元素尺寸都略大些的构件，以适应休闲椅的人体工程学受力需求及坐面、背板软包的尺度所引发的尺度形象需求。随后制作的初步模型被送到无锡大剧院施工现场进行反复测试，各方面结果都令人满意，于是得以确认该软包休闲椅的基本框架尺度。

最初的软包构件在芬兰赫尔辛基加工完成并带到无锡，完成第一批软包休闲椅

的原型模式，并于 2007 年年底得到无锡大剧院业主的首肯。随后，业主于 2008 年年初提出要求，希望该软包休闲椅能带有典型的中国元素。本设计人立刻决定发展一套嵌入式可拆装的装饰构件用于该设计产品中，这种装饰构件本身自成一体，可视为一件独立的中国传统木雕或竹雕工艺品，当嵌入本设计的软包休闲椅的侧支架横框中时，便成为该设计产品的集中式装饰，但同时这种嵌入式饰板也起到加固侧支架的构造作用。

技术要点	要点分述

本设计为实现上述目的所采用的技术要点有如下几个方面：

（1）基于生态设计和极简主义原理的侧支架构件；

（2）基于装饰及构造双重功能要求的嵌入式饰板；

（3）坐面板和靠背板的框架结构与软包接合方式；

（4）三种（四件）构件组合而成的休闲椅模式与人体工程学方面的考量。

（1）基于生态设计和极简主义原理的侧支架构件

本设计原型产品的侧支架构件源自对中国古代座椅框架的系统分析和研究，同时也参照本设计人此前完成的多功能框架椅的侧支架构件式样。然而在本设计中，对生态设计和极简主义原理的考量使本设计的休闲椅产品完全建立在科学分析和尺度精确推敲的基础上，依据现代休闲椅的功能特性，同时充分考虑软包构件的尺寸与形式，本设计的侧支架构件中的每一种元素的形状和尺寸都经过了反复推敲和测试。

本设计人最后选定杭州大庄的合成竹材作为框架材料，经反复测试，30 mm 宽度的竹条板证明了该宽度是一种休闲椅腿足的理想尺寸，但其厚度却值得本设计人深思：20—25 mm 厚度符合科学分析，20 mm 可以视为符合生态设计原理的极简尺度，但设计中对心理因素的考量使得25 mm 更适合普通使用者的视觉习惯，而20—25 mm 厚度可以作为不同客户的选择参考。

在本设计人此前完成的多功能框架椅中，其侧支架构件的横向框架元素也与其腿足元素相同，都采用 20 mm × 30 mm 的尺度，从而完成现代生态设计原理下的极简主义的表达模式。但在本设计的软包休闲椅中，侧支架的两根横向框架元素则最终选用 52 mm 宽度的竹条板。在反复的比较与测试中，50—52 mm 的宽度被认为最科学的匹配有软包的坐面和靠背板构件。这一方面是因为侧支架构件元素的横向尺度加大但同时竖向尺度不变的模式能在整体构架保持生态极简设计的同时又能呼应软包构件所带来的尺度变化，从而使该设计的休闲椅在总体外观上更加协调。另一方面是因为这种加宽的侧支架横向构件元素可以为坐面和靠背板与侧支架的交接提供更多的选择余地，从而使产品的整体外观更加干净利落。

＊图 13.10

本侧支架的其余构件元素的尺度均参照现代休闲椅的常规尺寸，所有元素均采用全方位 R3 mm 转角，侧支架顶端外转角则采用 R10 mm 转角，由此延续本设计人此前设计中即已提倡的新中国主义设计美学中的部分细节。

（2）基于装饰及构造双重功能要求的嵌入式饰板

在古今中外的家具发展中，装饰主题永远都是视觉的焦点和记忆的核心，而中国传统家具尤其是明式家具文化中独具一格的集中式装饰手法是现代设计最值得借鉴的长处之一，本设计中的嵌入式饰板是对中国明式家具中集中式装饰手法的科学提炼和极简主义运用。

这种嵌入式饰板本身是独立的构件，也可看成独立的工艺品，它可以用固定榫卯嵌入设定的位置，但本设计更倾向于活动式或称可拆装式的嵌入方式，即饰板上下均设有榫头，侧支架横向元素构成的框架内侧留有槽轨以便饰板抑入并滑入设定位置。

本设计的嵌入式饰板设在侧支架后部（即靠近背板位置）是基于如下两个方面的设计考量：其一是结构上的加固作用。因为侧支架的后部正好是靠背板与侧支架的交合之处，所以其成为整个产品结构受力的关键点。嵌入式饰板的附加支撑力对该设计的整体结构有积极作用。其二是视觉形象上的美化作用。此前侧支架中横向元素加宽的目的主要是在某种意义上遮掩坐面和靠背板的视觉交合部位，而嵌入式饰板则更加全面地完成了这种功能需求。中国古代的设计智慧中最重要的一点就是用内部精致复杂的构造来支撑外部简洁而规整的形象，本设计中嵌入式饰板的设置即为此种传统设计智慧的一种体现［图13.10、图13.11］。

本设计中嵌入式饰板的尺寸定为 200 mm×200 mm，以此作为本设计中饰板

的原形尺寸，但实际上这种尺寸可以随着侧支架上框架的尺度变化进行调整，从而在饰板的基本尺度上产生无穷尽的变化可能性。而嵌入式饰板的图案则更是具有无止境的选择可能性，如本设计制作的样品中展示的两种经现代变形的中国传统吉祥图案，在此采用镂空透雕形式。这种透雕形式可采用中国传统工艺进行加工制作，亦可采用现代激光切割技术并选用现代几何图案或抽象设计图案进行加工制作。

除图案主题的变化和雕刻方式的不同所形成的丰富性和多样化之外，色彩的变化又能为这类饰板提供更广泛的功能和形象的多样化，最常见的固然是竹材本色加清漆色泽，但黑色和红、黄、蓝等其他颜色亦可轻易施用，并能在色泽之下看到竹材的纹路肌理。

（3）坐面板和靠背板的框架结构与软包接合方式

本设计软包休闲椅［图13.12］的坐

图 13.10 本设计饰板的标准构件式样（付扬绘制）
图 13.11 侧视角及饰板构件（付扬绘制）
图 13.12 软包接合（1. 侧支架；2. 坐面支架；3. 坐面软包；4. 靠背支架；5. 靠背软包；6. 侧支架饰板。付扬绘制）

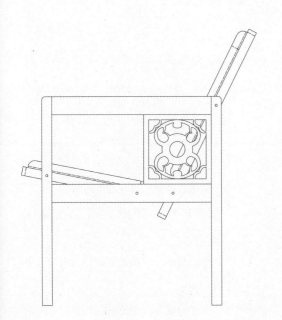

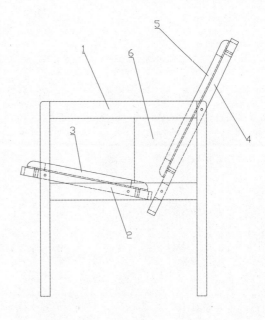

*图 13.11

*图 13.12

13 软包休闲椅 345

面板和靠背板的底框设计主要遵循三项基本原则：第一是造型同样简洁明快，与侧支架保持完全一致的精神面貌。第二是所有构件元素的尺度与侧支架构件元素的尺度完全相同，坐面板与靠背板的侧边框均为 30 mm 宽，厚度同样是 20—25 mm，而坐面板的前后边框和靠背板的上下边框则为 52 mm 宽。第三是所有构件元素均采用 R3 mm 转角，而坐面板和靠背板所有外框转角均为 R10 mm，从而与侧支架外框转角完全相同，保持着贯通一致的设计手法和设计美学。

坐面板和靠背板的软包面板由三个层面组成：底板、海绵层和纺织品面层。底板由 4 mm 厚的三夹板或精致五夹板组成，海绵层则由经测试挑选的中等弹性海绵组成，纺织品面层也需经受正常的耐磨测试后再选定，而后决定面料的色泽和图案。两种软包面板尺度分别为 390 mm × 470 mm 和 466 mm × 470 mm，但其四角均用 R55 mm 圆角，从而使其与底框接合后仍能展现出底框的构造纹理。软包面板的底板与海绵层之间设有抓钉螺栓，螺钉透过底框上相应的螺钉孔进入抓钉螺栓，完成最终的坐面板和靠背板构件。

（4）三种（四件）构件组合而成的休闲椅模式与人体工程学方面的考量

本设计中软包休闲椅的几种模式以人体工程学为基本考量，对比不同角度的坐面板和靠背板形式的休闲椅模式及其舒适性，最终建议坐面板和靠背板最合适的置放角度范围。

现代人体工程学追求用科学分析的方式精确表达设计产品的功能需求，本设计的休闲椅模式在确定侧支架、坐面板和靠背板的具体构造之后主要关注的焦点就是如何选择上述构件之间的接合方式及接合角度，这种选择包括理论分析和实物测试两个方面，并在这两个方面的反复交融中确定本设计休闲椅的最终形式。

休闲椅的设计必须明确人体重心的位置与人体休闲姿态的关系，并由此决定坐面下倾的角度和靠背板后倾的角度。本设计的软包休闲椅建议在坐面下倾角度即坐面与水平面的夹角以 8°—12° 为宜，在产品模型的反复测试过程中对 8°—12° 中的每一种倾角均做试验，经反复试坐采用 10° 倾角，但在产品化之后可建议 2—3 种不同倾角的软包休闲椅作品，以便于客户进行多方面选择。靠背板的后倾角度即靠背板面与竖直面的夹角以 24°—27° 为宜，在产品模型的反复测试过程中对 24°—27° 中的每一种整数倾角均做试验，反复试坐并比较其各自舒适度的体验，最终采用 26° 倾角，但产品化之后亦可建议 2—3 种不同倾角的作品，为客户提供多方面的选择余地。作为本设计产品的软包休闲椅的标准模式，坐面与靠背板之间的夹角为 106° 时，大多数试用者能在单位时段内感受到最大的舒适度。

基本尺度

休闲椅的总体尺度参见 ［图 13.13］；

侧支架构件的详细尺度参见 ［图 13.14］；

坐面板和靠背板的底框构件尺度参见 ［图 13.15］；

坐面板和靠背板的软包构件尺度参见 ［图 13.16］。

综合图示参见 ［图 13.17 至图 13.22］。

图 13.13 软包休闲椅三视图（付扬绘制）

＊图 13.13

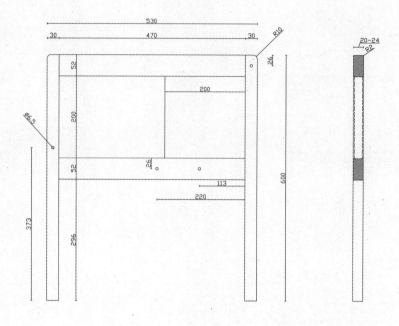

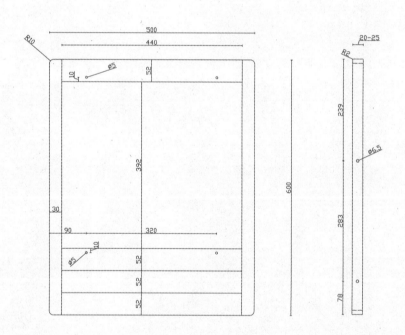

图 13.14 软包休闲椅侧支架（付扬绘制）
图 13.15 软包休闲椅靠背板（付扬绘制）

- -

＊图 13.14

＊图 13.15

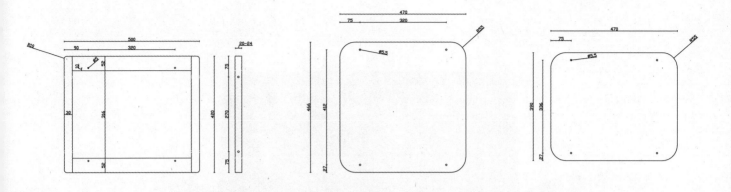

图 13.16 软包休闲椅坐板、坐垫、靠背软垫图（付扬绘制）

图 13.17 软包休闲椅侧面（陈晨摄）

＊图 13.16

＊图 13.17

图 13.18 软包休闲椅正面（陈晨摄）

＊图 13.18

图 13.19 软包休闲椅背面（陈晨摄）

* 图 13.19

图 13.20 软包休闲椅背侧面（陈晨摄）

* 图 13.20

图 13.21 饰板软包休闲椅三视图（付扬绘制）

＊图 13.21

图 13.22 可拆装式构件装配（陈晨摄）

*图 13.22

13.3 创新要点：大胆引入独立式可嵌入饰板

同本设计人此前设计的龙椅系列和框架椅系列一样，本设计软包休闲椅最重要的革命性创新同样是现代设计理念的创新，是在检视中国传统设计智慧的过程中将系统的科学思维全方位引入设计与制作模型的全过程，从而使本设计科学化、系统化、人性化地建立在现代人体工程学、生态可持续设计材料学、行为心理学及大众美学等学科的基础上。

本设计的革命性创新还体现在本设计人团队的人员组成及各自分工方面、主

创设计师方海对中国传统家具文化有深入系统的研究，同时对中国竹材尤其是现代竹合成材有相关知识的积累。另一位主创设计师库卡波罗作为当代最著名的设计大师，在其60余年的设计生涯中对各种材料都进行过尝试并分别创造出划时代的经典设计作品，同时他又是一位现代人体工程学研究与应用方面的专家。本设计团队的第三位设计师印洪强是一位技术娴熟的手工艺大师，对传统木工及竹材工艺的全过程了如指掌。这三位设计师的合作珠联璧合，取长补短，各自发挥其长处，进而在相互讨论与交流中使本设计的构思趋于完善。主创设计师方海通过对中国传统设计的系统研究发现中国古代家具中仍能牵动现代生活节奏的元素并加以深入研究后转化为现代新中国主义设计语言，而当代设计大师库卡波罗则以其丰富的设计经验和在人体工程学方面的熟练预感不断对发展中的新中国主义设计语言提出批评和改善建议，并结合自己长期的材料学知识与经验对本设计合成竹材作为新型家具材料的应用不断提出合理化建议，在此基础上，身兼模型制作者和设计师的印洪强开始依设计初稿制作不同的测试模型，并依托其对材料及工艺的娴熟掌握不断提出对设计细节的改进建议。每组测试模型完成之后的研讨会自然成为本设计的新一轮设计循环，经讨论修改后的测试模型再次进入修改的过程，直到令人满意的终极模型最后定稿。

此外，本设计的革命性创新还表现在对现代休闲椅尤其是中国当代休闲家具的革新上，具体而言则充分体现在简洁明快的框架系统的建立，舒适而轻便同时又易于更换清理的坐面板和靠背板系统的调整和完善上。

本设计的有益效果有如下几个方面：

第一，作为新中国主义设计品牌的组成部分，本设计用集成创新的手法综合古今中外各种合理的设计元素，依托现代科技及材料的进步，对中国古代设计文化进行重新诠释的同时创造符合现代生活节奏的新型休闲家具。

第二，本设计延续并继续完善着源自新中国主义设计品牌的设计方法，即基于严格的科学分析和材料研究而发展出来的构件元素设计，基于人体工程学原理和构件组成方法，以及基于现代组装和运输理念的可拆装式构件装配系统。

第三，软包构件是本设计的核心因素之一，其设计理念来自西方沙发并经现代化改良及简化，其结果是对中国古代追求座椅舒适方式的一种革命，同时也是一种自然进步。相对于中国古代以竹藤编织或纺织品覆面为主体的追求舒适度的手法，本设计的软包构件不仅能提供更大的舒适度，而且更具整体感和设计感。此外，本设计的软包构件还保留了中国古代软包构件易于更换清洗的优点，以螺钉连接的方式保证坐面板和靠背板的软包构件随时更换但又不影响产品结构的整体性。

第四，本设计的每一步设计都建立在生态设计的基础上，对产品的每一构件元素进行极限最小化设计，但同时又综合考虑产品整体构架的形式语言的美学和视觉平衡结果，以及中国人传统视觉习俗方面的因素，最终创造出一系列结构牢固、形式简洁、功能完善、舒适健康的软包休闲椅。

第五，本设计秉承中国古代家具传统中对集中式装饰的偏爱，大胆引进独立式可嵌入饰板，此类饰板本身即为独立工艺木雕或竹雕产品，以榫槽嵌入侧支架中形成集中式装饰，既是某种意义上的视觉中心，又成为侧支架的构造元素，对整体结构有积极作用。

第六，同本设计人此前设计的框架椅系统一样，本设计亦采用装配式方法，以期为客户尤其是远程客户的包装和运输提供便捷服务，同时也可为不同客户提供更多的产品选择余地。

后记 作为系统工程的设计与设计科学

古往今来，设计永远是一种团队工作，是一项系统工程。

日本著名科学家池内了教授为其主编的《从三十项发明阅读世界史》所撰写的前言命题为"身边的事物都有历史"，意指人类的任何发明和设计都是"踩在巨人的肩膀上"得到的结果。从中国古代四大发明——造纸术、指南针、火药和印刷术到世界各地的发明，如车轮、船舶、玻璃、钟表、火箭、眼镜、望远镜、蒸汽机、电池、铁路、电话、飞机和计算机等，每一样都由不同时期的设计团队发明、改进、完善和应用。如果一定要理清谁是最初的发明人和设计师，最终一定会落入"先有蛋还是先有鸡"的永恒争议当中。设计与设计科学源自人类和社会需求，成于团队的精诚合作，《新中国主义设计科学》的作者只是这个团队的一个成员，以"新中国主义"发轫的对"设计科学"的探索，也只是人类的设计科学这一系统工程中的一个小小环节。

"中国主义"是现代设计尤其是现代家具设计运动的重要设计源泉之一，我的拙著《现代家具设计中的"中国主义"》对此有系统论述，而我作为研究者对"中国主义"与现代家具进行系统研究的同时，也作为设计师开始了"新中国主义家具"设计的探索，由此发现中国传统家具文化中取之不尽的设计智慧和制作手法。我的导师郭湖生教授在教导我"论从史出"的同时，也反复告诫"没有广度就没有深度"在学术研究上的重要意义，也为我引介了许多建筑与家具方面的著名学者，如王世襄先生、傅熹年院士、陈增弼教授等，王世襄先生又介绍我认识了马未都、田家青、胡德生等研究并收藏中国古代家具的著名专家。同门师兄张十庆教授、常青院士、应兆金博士等学者的相关研究也时常启发我。中国建筑学会室内设计分会的老会长曾坚先生、《室内》杂志的老主编杨文嘉先生、北京君馨阁古典家具有限责任公司的袁剑君先生、以及家具设计界的著名学者和设计师胡景初教授、彭亮教授、许伯鸣教授、张青萍教授、周浩明教授、石大宇先生、朱小杰先生、彭文晖先生等，都以不同方式参与我的设计思考，分享中国古代的设计智慧，探索中国现代家具的发展方向和制作模式。

在19世纪末到20世纪上半叶的现代主义设计运动中，"中国主义"家具流派的推动者和实践者都是欧美设计大师，从英国的麦金托什到美国的赖特和格林兄弟，从荷兰的里特维尔德到丹麦的威格纳，他们的"中国主义"家具作品给我带来了无尽的启发。而我提倡的"新中国主义"家具设计的首席导师与合作者则是芬兰当代设计大师约里奥·库卡波罗。库卡波罗在设计理念上继承了包豪斯和柯布西耶的传统，更直接的设计导师则是阿尔托、塔佩瓦拉、卡伊·弗兰克和威格纳以及瑞典的人体工程学研究。此外，我在芬兰对家具的研究和设计还受到其他学者和设计师的关注、指导与合作，其中包括瑞典学者约翰·马特留斯（Johan Mårtelius）、挪威学者史美德（Mette Siggstedt）、芬兰学者拜卡·高勒文玛（Pekka Korvenmaa）以及芬兰设计大师昂蒂·诺米斯耐米（Antti Nurmesniemi）、约里奥·威勒海蒙（Yrjö Wiherheimo）、艾洛·阿尼奥（Eero Aarnio）、西蒙·海科拉（Simo Heikkila）、尤科·雅威萨洛（Jouko Järvisalo）和卡尔勒·洪伯格（Kaarle Holmberg）等。我通过与欧美学者和设计师的交流与合作，一方面深入系统地学习西方现代家具的发展脉络和设计细节，另一方面从全新的视野重新观察、体会和理解中国传统设计文化的合理元素，从现代生态学和绿色设计的角度，从人体工程学的角度，从经济与市场的角度，以及从现代美学的角度，考量"新中国主义"家具设计的内涵、形式和具体细节。

我倡导的"新中国主义"家具设计发展至今，从来没有脱离对中国传统家具设计及其工艺与结构的研究与应用，在设计实践中我与库卡波罗领衔的设计团队与中国木匠印洪强主导的"印氏家具"的深度合作是"新中国主义"家具系列得以逐步实现的基本保证。印洪强先生是当代中国传统家具制造的优秀代表，他年轻时曾游历大江南北遍访中国民间木匠高人以期学到精湛手艺，而后回到江阴市长泾镇老家开办自己的家具作坊。难能可贵的是，他并非全盘照搬前辈传授的家具式样和模具做法，而是随时思考传统家具的合理性并在自己的产品中做出改进。他对创新的关注促使其以最自然的方式融入与我设计团队的长期合作，从最初的设计打样到后来的局部构造建议，再到目前从设计构思到细节处理的全方位设计探讨，印洪强先生在沿着我设计团队的设计思路发展工艺制作的同时，也在自己的室内与家具工程项目中尝试"新中国主义"设计的其他可能性。以印洪强—印锋—印臻焕祖孙三代为代表的中国传统家具系统在传承与弘扬中国"工匠精神"的同时，也为"新中国主义"设计科学注入了流传数千年的中国设计文化遗传因子。

我在早年出版的《20世纪西方现代家具设计流变》一书的前言中曾感叹"20世纪世界现代家具设计丰富多彩的舞台上，竟然没有中国人的一席之地"。究其原因，主要是缺乏创新思维和设计科学理念，而西方的现代家具设计成就主要建立在建筑学、材料科学、机械科学和设计科学思维的理念之上。幸运的是，我20年来对"新中国主义"设计科学的探讨始终得到一批国内著名科学家、建筑师、设计师和学者的理解、支持和帮助，其中最突出的是为我写序的徐志磊院士、程泰宁院士、张齐生院士和胡景初教授，以及国内设计界的著名专家学者柳冠中教授、凌继尧教授、许平教授、高建平教授、何晓佑教授、李立新教授、何人可教授、郑曙旸教授、杭间教授、方晓风教授、王昀教授等，

他们的学术观点时常启发我。此外，我的"新中国主义"家具设计的实践在与芬兰建筑和设计大师佩卡·萨米宁（Pekka Salminen）、汉诺·凯霍宁（Hannu Kahonen）和威沙·洪科宁（Vesa Honkonen）的合作中不断获得检验与改进，而广大中国当代建筑师立足本土文化自信的理论和实践，也是"新中国主义"设计科学形成与发展的沃土和灵感之源，如程泰宁院士的"立足当代，立足本土"、孟建民院士的"本源建筑"、崔恺院士的"本土建筑"、王澍教授的"业余建筑"，以及以常青院士、玉建国院士、张雷教授、张轲教授、刘家琨教授、刘克成教授、李兴钢教授和渠岩教授为代表的著名建筑师、设计师和艺术家的设计实践和理论探讨，都从不同的视角审视了中国传统文化与现代设计的关系，以不同的方式构筑着"新中国主义"设计科学。

本书的设计与制作也同样是团队工作的结果，从我与库卡波罗的设计构思到印洪强家具工作坊的样品制作，从景楠博士的理论研究到付扬博士的全套技术图纸的绘制，从陈晨博士的产品摄影到胡茜雯博士的图文注释，从戴梓毅博士的版面设计到著名设计师彭文辉的初期封面设计，再到著名设计机构瀚清堂的整体设计，他们的精心工作与东南大学出版社编辑徐步政和孙惠玉两位老师的敦促和组织交相辉映，得以最后成书。没有他们的工作，本书的完成是不可能的，而书中可能产生的任何错误和不恰当观点以及不良设计，均由我承担全责。时值中国经济腾飞之时，中华民族文化自信之日，我谨以《新中国主义设计科学》抛砖引玉，期待以"新中国主义"设计为代表的中国设计文化的全面复兴。

本书作者

方海，建筑师，建筑学与设计学专家。芬兰阿尔托大学（原赫尔辛基艺术设计大学）设计学博士，东南大学建筑学硕士、学士。从事建筑与环境设计、工业设计领域的跨学科交叉研究、中西方设计比较研究 30 余年。现为广东工业大学"百人计划"特聘教授、博士生导师，艺术与设计学院院长。

担任中国创新设计产业战略联盟中国设计教育工作委员会副主任委员；广东省本科高校设计学类专业教学指导委员会主任委员等。曾任芬兰阿尔托大学、东芬兰大学，以及北京大学、同济大学、江南大学、中南林业科技大学等院校兼职教授。发表论文 150 余篇，申请专利 40 余项，主持国内外重大科研课题 10 余项。

2017 年获联合国世界绿色设计组织"绿色设计国际贡献奖"；2016 年获芬兰狮子骑士团骑士勋章（Knight of the Order of the Lion of Finland）；2015 年获"中国工业设计十佳教育工作者"称号；2013 年获芬兰"阿尔托大学杰出校友奖"；2005 年获芬兰"文化成就奖"。

主要出版著作有《现代家具设计中的"中国主义"》《尤哈尼·帕拉斯玛》《艾洛·阿尼奥》《约里奥·库卡波罗》《城市景观与光环境设计》《芬兰新建筑》《芬兰当代设计》《芬兰现代家具》《建筑与家具》《家具设计资料集》《论建筑》《太湖石与正面体：园林中的艺术与科学》《艺术与家具：艺术引领家具设计》等。